高等数学
同步学习指导

（下）

主　编　　庄容坤　罗　辉
主　审　　潘庆年

北京大学出版社
PEKING UNIVERSITY PRESS

内 容 简 介

　　《高等数学同步学习指导》是与《高等数学(上)、(下)》相配套的同步教学辅导书,分为上、下两册.本书根据高等学校理工类本科专业高等数学课程的教学大纲及最新的《工科类本科数学基础课程教学基本要求》,适应地方性本科高校的培养目标和目前普通高中已实行新课标教学的现状,主要针对应用型本科院校相关专业学生,专门为帮助学生学习"高等数学"课程知识而编写.

　　《高等数学同步学习指导》共分 11 章.上册包括函数、极限与连续,导数与微分,微分中值定理与导数的应用,不定积分,定积分及其应用,常微分方程(共 6 章);下册包括向量代数与空间解析几何,多元函数微分法及其应用,重积分及其应用,曲线积分与曲面积分,无穷级数(共 5 章).第 1 章～第 6 章内容分为:知识梳理、学习指导、常见题型、同步练习四个部分;第 7 章～第 11 章内容分为:知识结构、学习要求、同步学习指导三个部分.本书每章均列出知识结构、教学内容、教学要求、重点与难点,对学生学习过程中存在的疑难问题答疑解惑,突出高等数学中处理问题的思想方法和关键技巧.同时列举了大量典型例题,概括了有关的知识点和解题注意事项,归纳总结了各类题型的解题方法.同步学习指导部分每节后都提供了与教材配套的同步练习,并随后给出了简答.章末还提供了复习题和部分历年考研真题,供学有余力以及致力于考研的学生参考使用.

前　　言

　　《高等数学同步学习指导》是与《高等数学(上)、(下)》相配套的同步教学辅导书,分为上、下两册.

　　本书紧扣高等数学课程教学基本要求,重视知识系统性,着重体现微积分基本思想及其在工程技术与经济管理领域中的应用,并融合编者多年来教学改革中的成功经验和有效方法,适度适时理论联系实际,为适应当前教学改革的形势,对相关内容进行了调整和增删,体现了地方院校的适用性、突出针对性、可操作性强的特点.

　　本书由我系多名经验丰富的教师参与编写,教材努力体现特色性、应用性和创新性.本书结合编者多年来的教学经验,对学生学习过程中存在的疑难问题答疑解惑,对重点概念及容易混乱的问题进行诠释及辨析,突出了高等数学中处理问题的思想方法和关键技巧.同时,本书列举了大量典型例题,通过分析给出详细解答过程,概括了有关的知识点和解题注意事项,归纳总结了各类题型的解题方法.为了帮助学生考研复习,特在下册每章增加了历年考研真题的相关内容.为配合读者更好地学习《高等数学》教材,章末还提供了与教材配套的同步练习和复习题,并随后给出了同步练习的简答,书末给出了复习题参考答案.

　　本书可供高等院校理工类学生使用,也可作为研究生入学考试复习使用.

　　本书由庄容坤、罗辉主编.习题解答由吴红叶、刘玉彬、李文波、杨莹、陈国培、邬振明、罗辉、庄容坤完成.袁晓辉、谷任盟筹备了配套教学资源,苏娟、龚维安提供了版式和装帧设计方案,在此一并表示感谢!

　　虽然我们希望编写一本质量较高、适合当前教学实际的教学辅导书,但限于水平,错漏之处在所难免,敬请广大读者不吝指正.

编　　者

目　　录

第7章 向量代数与空间解析几何

一、知 识 结 构

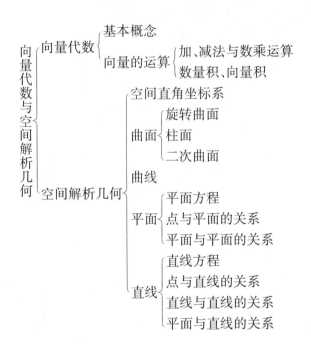

二、学 习 要 求

（1）理解空间直角坐标系和向量的概念及其表示.

（2）掌握向量的运算（线性运算、数量积和向量积）以及两个向量平行、垂直的条件.

（3）理解单位向量、方向角和方向余弦的概念；掌握向量的坐标表示以及用向量的坐标表达式进行向量的运算.

（4）熟练掌握平面方程和直线方程及其求法.

（5）会求平面与平面、直线与平面、直线与直线之间的夹角；会利用平面与直线的关系（平行、垂直、相交等）解决有关问题.

（6）会求点到直线、点到平面的距离.

（7）了解曲面方程和曲线方程的概念.

（8）了解常用二次曲面的方程及其图形；会求以坐标轴为旋转轴的旋转曲面方程及母线平行于坐标轴的柱面方程.

（9）了解曲线的参数方程及一般方程；会求曲线在坐标面上的投影方程.

三、同步学习指导

7.1 向量及其运算

(一)内容提要

向量的线性运算	向量的加、减法	三角形法则与平行四边形法则
	向量与数的乘法	λa:当 $\lambda > 0$ 时,λa 表示和 a 同向的向量; 当 $\lambda < 0$ 时,λa 表示和 a 反向的向量; 当 $\lambda = 0$,λa 表示零向量
		主要性质:(1) 与 a 同向的单位向量为 $a^0 = \dfrac{a}{\|a\|}(a \neq 0)$; (2) $a /\!/ b \Leftrightarrow a = \lambda b$
向量的坐标	点 $M_1(x_1, y_1, z_1)$ 与点 $M_2(x_2, y_2, z_2)$ 之间的距离:$\sqrt{(x_2-x_1)^2+(y_2-y_1)^2+(z_2-z_1)^2}$	
	向量的线性运算:设向量 $a = a_x i + a_y j + a_z k$,$b = b_x i + b_y j + b_z k$,$\lambda$ 为实数	$a \pm b = (a_x \pm b_x)i + (a_y \pm b_y)j + (a_z \pm b_z)k$
		$\lambda a = \lambda a_x i + \lambda a_y j + \lambda a_z k$
	向量 $a = a_x i + a_y j + a_z k$ 的模、方向余弦:$\|a\| = \sqrt{a_x^2 + a_y^2 + a_z^2}$; $\cos \alpha = \dfrac{a_x}{\|a\|}, \cos \beta = \dfrac{a_y}{\|a\|}, \cos \gamma = \dfrac{a_z}{\|a\|}$	
	向量 a 在直线 u 上的投影:$\mathrm{Prj}_u a = \|a\|\cos\varphi$,其中 φ 为向量 a 与直线 u 的夹角	

(二)析疑解惑

题 1 向量之间能比较大小吗?

解 不能.因为向量既有大小又有方向,而方向没有大小的概念.向量的定义中"既有大小"是指向量模的大小,向量的模可以比较大小.

题 2 向量的大小和方向与直角坐标系的选择有关吗?

解 向量的大小和方向与直角坐标系的选择无关.直角坐标系的不同,只影响向量在具体坐标系中的坐标,但不改变向量的大小和方向.

题 3 向量在某一轴上的投影也是向量吗?

解 向量在轴上的投影是个常用的概念,要注意向量在轴上的投影是一个数量而不是一个向量,也不是一个线段.

题 4 在坐标面上和在坐标轴上的点的坐标各有什么特征?

解 在各坐标面上的点的坐标有一个分量为零,在坐标轴上的点的坐标有两个分量为零.

(三)范例分析

例 1 设向量 $u = a - b, v = 3a + 2b$.(1)试用向量 a, b 表示 $2u - 3v$;(2)试用向量

u, v 表示 $3a + 4b$.

解 用某些向量表示另外一些向量,涉及向量的线性运算性质.

(1) $2u - 3v = 2a - 2b - 9a - 6b = -7a - 8b$.

(2) 由 $u = a - b, v = 3a + 2b$,得

$$a = \frac{2}{5}u + \frac{1}{5}v, \quad b = -\frac{3}{5}u + \frac{1}{5}v.$$

于是

$$3a + 4b = 3\left(\frac{2}{5}u + \frac{1}{5}v\right) + 4\left(-\frac{3}{5}u + \frac{1}{5}v\right) = -\frac{6}{5}u + \frac{7}{5}v.$$

例 2 如图 7-1 所示,已知菱形 $ABCD$ 的对角线 $\overrightarrow{AC} = a, \overrightarrow{BD} = b$,试用向量 a, b 表示 $\overrightarrow{AB}, \overrightarrow{BC}, \overrightarrow{CD}, \overrightarrow{DA}$.

解 根据三角形法则,有

$$\overrightarrow{AB} + \overrightarrow{BC} = \overrightarrow{AC} = a, \quad \overrightarrow{AD} - \overrightarrow{AB} = \overrightarrow{BD} = b,$$

且四边形 $ABCD$ 为菱形,所以 $\overrightarrow{AD} = \overrightarrow{BC}$,则 $2\overrightarrow{AB} = \overrightarrow{AC} - \overrightarrow{BD} = a - b$,即 $\overrightarrow{AB} = \dfrac{a-b}{2}$. 于是,有

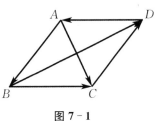

图 7-1

$$\overrightarrow{CD} = -\overrightarrow{DC} = -\overrightarrow{AB} = \frac{b-a}{2},$$

$$\overrightarrow{AD} = \overrightarrow{BC} = \frac{a+b}{2}, \quad \overrightarrow{DA} = -\frac{a+b}{2}.$$

例 3 求点 $M(5, -3, 4)$ 到各坐标轴的距离.

分析 点到坐标轴的距离相当于求点到坐标轴投影点的距离,需掌握点在坐标轴的投影点的坐标.

解 因为点 $M(x, y, z)$ 在 x 轴的投影点为 $(x, 0, 0)$,所以点 $M(5, -3, 4)$ 到 x 轴的距离为

$$\sqrt{y^2 + z^2} = \sqrt{9 + 16} = 5.$$

同理,点 $M(5, -3, 4)$ 到 y 轴的距离为

$$\sqrt{x^2 + z^2} = \sqrt{25 + 16} = \sqrt{41}.$$

点 $M(5, -3, 4)$ 到 z 轴的距离为

$$\sqrt{x^2 + y^2} = \sqrt{25 + 9} = \sqrt{34}.$$

例 4 在 yOz 面上,求与三点 $A(3, 1, 2), B(4, -2, -2), C(0, 5, 1)$ 等距离的点.

解 所求点在 yOz 面上,则可设所求点的坐标为 $(0, y, z)$. 由条件可知,

$$\sqrt{9 + (y-1)^2 + (z-2)^2} = \sqrt{16 + (y+2)^2 + (z+2)^2} = \sqrt{0 + (y-5)^2 + (z-1)^2},$$

整理得 $\begin{cases} 3y + 4z = -5, \\ 4y - z = 6, \end{cases}$ 即 $\begin{cases} y = 1, \\ z = -2. \end{cases}$ 故所求点为 $(0, 1, -2)$.

例 5 已知两点 $M_1(0, 1, 2), M_2(1, -1, 0)$,试用坐标表示式表示向量 $\overrightarrow{M_1M_2}$, $-2\overrightarrow{M_1M_2}$,并求与 $\overrightarrow{M_1M_2}$ 同向的单位向量.

解 $\overrightarrow{M_1M_2} = \{1, -2, -2\}, -2\overrightarrow{M_1M_2} = -2\{1, -2, -2\} = \{-2, 4, 4\}$.

与 $\overrightarrow{M_1M_2}$ 同向的单位向量为

$$\frac{\overrightarrow{M_1M_2}}{|\overrightarrow{M_1M_2}|}=\frac{\{1,-2,-2\}}{\sqrt{1+4+4}}=\left\{\frac{1}{3},-\frac{2}{3},-\frac{2}{3}\right\}.$$

例 6 求与向量 $a=\{16,-15,12\}$ 平行、方向相反,且模为 75 的向量 b.

解 由条件可得 $b=\lambda a$,b 的模为 75,所以

$$|\lambda|\sqrt{16^2+15^2+12^2}=75, \quad 即 \quad \lambda=\pm 3.$$

又 b 和 a 反向,所以 $b=-3a=\{-48,45,-36\}$.

例 7 已知两点 $M_1(4,\sqrt{2},1)$,$M_2(3,0,2)$,计算向量 $\overrightarrow{M_1M_2}$ 在 x 轴上的投影、在 y 轴上的投影分量以及向量 $\overrightarrow{M_1M_2}$ 的模、方向余弦、方向角.

解 $\overrightarrow{M_1M_2}=\{-1,-\sqrt{2},1\}$,从而 $\overrightarrow{M_1M_2}$ 在 x 轴上的投影为 -1,在 y 轴上的投影分量为 $-\sqrt{2}\boldsymbol{j}$.

根据向量模、方向余弦和方向角的计算公式,可得

$$|\overrightarrow{M_1M_2}|=\sqrt{1+2+1}=2, \quad \cos\alpha=\frac{-1}{2}, \quad \cos\beta=\frac{-\sqrt{2}}{2}, \quad \cos\gamma=\frac{1}{2},$$

即

$$\alpha=\frac{2\pi}{3}, \quad \beta=\frac{3\pi}{4}, \quad \gamma=\frac{\pi}{3}.$$

例 8 设有向量 $\overrightarrow{M_1M_2}$,且 $|\overrightarrow{M_1M_2}|=2$,它与 x 轴和 y 轴的夹角分别为 $\frac{\pi}{3}$ 和 $\frac{\pi}{4}$.已知点 M_1 的坐标为 $(1,0,3)$,求点 M_2 的坐标.

解 设向量 $\overrightarrow{M_1M_2}$ 的方向角分别为 α,β,γ,则 $\cos\alpha=\frac{1}{2}$,$\cos\beta=\frac{\sqrt{2}}{2}$.因为 $\cos^2\alpha+\cos^2\beta+\cos^2\gamma=1$,所以 $\cos\gamma=\pm\frac{1}{2}$.

设点 M_2 的坐标为 (x,y,z),则由 $\cos\alpha=\frac{x-1}{|\overrightarrow{M_1M_2}|}=\frac{x-1}{2}=\frac{1}{2}$,得 $x=2$;由 $\cos\beta=\frac{y}{|\overrightarrow{M_1M_2}|}=\frac{y}{2}=\frac{\sqrt{2}}{2}$,得 $y=\sqrt{2}$;由 $\cos\gamma=\frac{z-3}{|\overrightarrow{M_1M_2}|}=\frac{z-3}{2}=\pm\frac{1}{2}$,得 $z=4$ 或 $z=2$.于是,点 M_2 的坐标为 $(2,\sqrt{2},4)$ 或 $(2,\sqrt{2},2)$.

例 9 一向量的始点为 $A(-2,3,0)$,它在 x 轴、y 轴和 z 轴上的投影依次为 $4,-4,7$,求该向量的终点 B 的坐标.

解 因为该向量的坐标分量即为它在 x 轴、y 轴和 z 轴上的投影分量,且设终点 B 的坐标为 (x,y,z),所以有

$$\overrightarrow{AB}=\{x+2,y-3,z\}=\{4,-4,7\},$$

即 B 的坐标为 $(2,-1,7)$.

(四) 同步练习

1. 求点 $M(1,3,-2)$ 到坐标原点及各坐标轴的距离.

2. 试用向量证明:梯形两腰中点的连线平行于底边且等于两底边之和的一半.

3. 设向量 a 与各坐标轴的正向的夹角相等,求它的方向余弦.

同步练习简解

1. 解 因点 $M(1,3,-2)$ 到 x 轴、y 轴、z 轴的投影点分别为 $(1,0,0),(0,3,0),(0,0,-2)$，故点 M 到坐标原点及各坐标轴的距离分别为

$$d_0 = \sqrt{1^2+3^2+(-2)^2} = \sqrt{14},$$

$$d_x = \sqrt{(1-1)^2+(3-0)^2+(-2-0)^2} = \sqrt{13},$$

$$d_y = \sqrt{(1-0)^2+(3-3)^2+(-2-0)^2} = \sqrt{5},$$

$$d_z = \sqrt{(1-0)^2+(3-0)^2+(-2+2)^2} = \sqrt{10}.$$

2. 证 如图 7-2 所示，设 E,F 分别为梯形 $ABCD$ 的腰 AB,CD 的中点. 由 $\overrightarrow{AD}$ 与 $\overrightarrow{BC}$ 方向相同可知 $\overrightarrow{AD}^0 = \overrightarrow{BC}^0$. 又因为

$$\overrightarrow{EA}+\overrightarrow{EB} = \mathbf{0}, \quad \overrightarrow{DF}+\overrightarrow{CF} = \mathbf{0},$$

$$\overrightarrow{EF} = \overrightarrow{EA}+\overrightarrow{AD}+\overrightarrow{DF}, \quad \overrightarrow{EF} = \overrightarrow{EB}+\overrightarrow{BC}+\overrightarrow{CF},$$

故

$$2\overrightarrow{EF} = \overrightarrow{AD}+\overrightarrow{BC} = (|\overrightarrow{AD}|+|\overrightarrow{BC}|)\overrightarrow{AD}^0.$$

因此，

$$|\overrightarrow{EF}| = \frac{1}{2}(|\overrightarrow{AD}|+|\overrightarrow{BC}|) \quad \text{且} \quad \overrightarrow{EF} /\!/ \overrightarrow{AD},$$

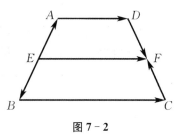

图 7-2

即梯形两腰中点的连线平行于底边且等于两底边之和的一半.

3. 解 设向量 $\mathbf{a}$ 与 x 轴、y 轴、z 轴的夹角分别为 α,β,γ. 由 $\alpha = \beta = \gamma$ 及 $\cos^2\alpha + \cos^2\beta + \cos^2\gamma = 1$，得

$$\cos\alpha = \cos\beta = \cos\gamma = \frac{1}{\sqrt{3}} \quad \text{或} \quad \cos\alpha = \cos\beta = \cos\gamma = -\frac{1}{\sqrt{3}}.$$

7.2 向量的数量积、向量积

(一) 内容提要

数量积	定义及运算：$\mathbf{a}\cdot\mathbf{b} = |\mathbf{a}||\mathbf{b}|\cos\theta = a_xb_x+a_yb_y+a_zb_z$（$\theta$ 是向量 $\mathbf{a},\mathbf{b}$ 的夹角）
	主要性质：(1) $\mathbf{a}\cdot\mathbf{a} = |\mathbf{a}|^2$；(2) $\mathbf{a}\perp\mathbf{b} \Leftrightarrow \mathbf{a}\cdot\mathbf{b} = 0$；(3) $\cos\theta = \dfrac{\mathbf{a}\cdot\mathbf{b}}{|\mathbf{a}||\mathbf{b}|}$
向量积	定义：$\mathbf{a}\times\mathbf{b}$ 的模为 $|\mathbf{a}\times\mathbf{b}| = |\mathbf{a}||\mathbf{b}|\sin\theta$，$\mathbf{a}\times\mathbf{b}$ 的方向按 $\mathbf{a},\mathbf{b},\mathbf{a}\times\mathbf{b}$ 的顺序构成右手规则
	运算：$\mathbf{a}\times\mathbf{b} = (a_yb_z-a_zb_y)\mathbf{i}+(a_zb_x-a_xb_z)\mathbf{j}+(a_xb_y-a_yb_x)\mathbf{k}$
	性质：(1) $\lvert\mathbf{a}\times\mathbf{b}\rvert$ 表示以 $\mathbf{a},\mathbf{b}$ 为邻边的平行四边形面积；(2) $\mathbf{a}\times\mathbf{b}\perp\mathbf{a},\mathbf{a}\times\mathbf{b}\perp\mathbf{b}$；(3) $\mathbf{a}/\!/\mathbf{b} \Leftrightarrow \mathbf{a}\times\mathbf{b} = \mathbf{0}$

(二) 析疑解惑

■ 题 1 如何区分向量的数乘、数量积、向量积三种不同的运算？

解 向量的数乘是数量与向量之间的运算，它的结果是一个新的向量，数量与向量之间一般不加任何符号，它的应用主要体现在利用已知向量去作一个共线的新向量. 而向量的数量积和向量积都是向量之间的运算，其中数量积在两个向量之间加一个运算符"·"，它的结果是一

个数量,满足交换律,典型物理背景是做功问题;向量积在两个向量之间加一个运算符"×",它的结果是一个与已知向量都垂直的新向量,不满足交换律,典型物理背景是力矩问题. 利用数量积可以求夹角,判断两个向量是否垂直,建立平面方程等;利用向量积可以求法向量或方向向量,判断两个向量是否平行等.

题2 在向量的数量积中,消去律成立吗?即由 $a \neq 0, a \cdot b = a \cdot c$ 能否得出 $b = c$?

解 不成立. 例如,取向量 $a = \{1,0,1\} \neq 0, b = \{1,1,0\}, c = \{0,1,1\}$,则 $a \cdot b = a \cdot c = 1$,但 $b \neq c$.

题3 在向量的向量积中,消去律成立吗?即由 $a \neq 0, a \times b = a \times c$ 能否得出 $b = c$?

解 不成立. 例如,取向量 $a = \{1,0,1\} \neq 0, b = \{1,1,0\}, c = \{0,1,-1\}$,则 $a \times b = a \times c = \{-1,1,1\}$,但 $b \neq c$.

题4 计算向量的向量积时,应注意什么?

解 (1) 注意向量积不满足交换律但满足反交换律,即 $a \times b \neq b \times a$,但 $a \times b = -b \times a$.

(2) 用坐标计算向量积时,要注意坐标的符号. 设向量 $a = \{a_x, a_y, a_z\}, b = \{b_x, b_y, b_z\}$,则

$$a \times b = (a_y b_z - a_z b_y)i + (a_z b_x - a_x b_z)j + (a_x b_y - a_y b_x)k = \begin{vmatrix} i & j & k \\ a_x & a_y & a_z \\ b_x & b_y & b_z \end{vmatrix}.$$

题5 下列等式对吗?为什么?

(1) 当 $a \neq 0$ 时,$\dfrac{\lambda a}{a} = \lambda$;

(2) $a \cdot a \cdot a = a^3$;

(3) $a \times a = a^2$;

(4) $a(a \cdot b) = a^2 b$;

(5) $(a+b) \times (a-b) = a \times a - b \times b = 0$.

解 以上等式均是错误的.

(1) 在向量中没有除法的定义,因而该等式左端是没有意义的.

(2) 该等式左端是没有意义的. 事实上,$a \cdot a$ 表示数 $|a|^2$,数 $|a|^2$ 与 a 的乘积是数乘向量的关系,不能写成 $|a|^2 \cdot a$,即 $(a \cdot a) \cdot a$ 不能写成 a^3. 教材中规定了 $a^2 = a \cdot a$,但 a^3 是没有意义的.

(3) 由于 $a \times a = 0, a^2 = |a|^2$,故该等式不成立.

(4) 该等式是套用实数乘法的结合律而得到的. 等式左端是向量 a 与数量 $(a \cdot b)$ 的乘积,是一个平行于 a 的向量,等式右端是数量 $a^2 = a \cdot a = |a|^2$ 与向量 b 的乘积,是一个平行于 b 的向量,这两个向量在一般情形下是不相等的,只有 a 与 b 同向时,等式才能成立. 事实上,若 $b = \lambda a (\lambda > 0)$,则

$$a(a \cdot b) = a|a||b| = a|a||\lambda a| = |a|^2 (\lambda a) = |a|^2 b = a^2 b.$$

(5) 该等式是套用实数的平方差公式而得到的. 由于向量积虽然满足分配律,但不满足交换律(仅满足反交换律),因此这个等式是不成立的. 事实上,

$$(a+b) \times (a-b) = a \times (a-b) + b \times (a-b)$$
$$= a \times a - a \times b + b \times a - b \times b = -2(a \times b).$$

（三）范例分析

例1 设 $|\boldsymbol{a}|=2,|\boldsymbol{b}|=3$,(1)当两向量的夹角 $\theta=\dfrac{\pi}{3}$ 时,求 $(\boldsymbol{a}+3\boldsymbol{b})\cdot(2\boldsymbol{a}-4\boldsymbol{b})$;

(2)当 $\boldsymbol{a}\perp\boldsymbol{b}$ 时,求 $|(\boldsymbol{a}+3\boldsymbol{b})\times(2\boldsymbol{a}-4\boldsymbol{b})|$.

解 (1)利用数量积的运算规律有

$$(\boldsymbol{a}+3\boldsymbol{b})\cdot(2\boldsymbol{a}-4\boldsymbol{b})=2|\boldsymbol{a}|^2-4\boldsymbol{a}\cdot\boldsymbol{b}+6\boldsymbol{b}\cdot\boldsymbol{a}-12|\boldsymbol{b}|^2=2|\boldsymbol{a}|^2+2\boldsymbol{a}\cdot\boldsymbol{b}-12|\boldsymbol{b}|^2.$$

又 $\boldsymbol{a}\cdot\boldsymbol{b}=|\boldsymbol{a}||\boldsymbol{b}|\cos\theta=2\times3\times\cos\dfrac{\pi}{3}=3$,故

$$(\boldsymbol{a}+3\boldsymbol{b})\cdot(2\boldsymbol{a}-4\boldsymbol{b})=-94.$$

(2)利用向量积的运算规律有

$$(\boldsymbol{a}+3\boldsymbol{b})\times(2\boldsymbol{a}-4\boldsymbol{b})=-10(\boldsymbol{a}\times\boldsymbol{b}).$$

于是

$$|(\boldsymbol{a}+3\boldsymbol{b})\times(2\boldsymbol{a}-4\boldsymbol{b})|=10|\boldsymbol{a}\times\boldsymbol{b}|=10|\boldsymbol{a}||\boldsymbol{b}|\sin\dfrac{\pi}{2}=60.$$

例2 设向量 $\boldsymbol{a}=\{3,5,-2\},\boldsymbol{b}=\{2,1,4\},\boldsymbol{c}=\{2,3,5\}$,问: λ 与 μ 满足怎样的关系能使得 $\lambda\boldsymbol{a}+\mu\boldsymbol{b}$ 与 $\boldsymbol{c}$ 垂直?

解 $\lambda\boldsymbol{a}+\mu\boldsymbol{b}=\{3\lambda+2\mu,5\lambda+\mu,-2\lambda+4\mu\}$.根据两向量垂直的充要条件是两向量的数量积为零,可知

$$(\lambda\boldsymbol{a}+\mu\boldsymbol{b})\cdot\boldsymbol{c}=\{3\lambda+2\mu,5\lambda+\mu,-2\lambda+4\mu\}\cdot\{2,3,5\}=11\lambda+27\mu=0.$$

因此,当 λ 与 μ 满足 $11\lambda+27\mu=0$ 时, $\lambda\boldsymbol{a}+\mu\boldsymbol{b}$ 与 $\boldsymbol{c}$ 垂直.

例3 已知三点 $M_1(1,-1,2),M_2(3,3,1),M_3(3,1,3)$,求同时与向量 $\overrightarrow{M_1M_2},\overrightarrow{M_2M_3}$ 垂直的单位向量.

解 由题意可知, $\overrightarrow{M_1M_2}=\{2,4,-1\},\overrightarrow{M_2M_3}=\{0,-2,2\}$,故

$$\overrightarrow{M_1M_2}\times\overrightarrow{M_2M_3}=\begin{vmatrix} \boldsymbol{i} & \boldsymbol{j} & \boldsymbol{k} \\ 2 & 4 & -1 \\ 0 & -2 & 2 \end{vmatrix}=6\boldsymbol{i}-4\boldsymbol{j}-4\boldsymbol{k},$$

此即为同时与 $\overrightarrow{M_1M_2},\overrightarrow{M_2M_3}$ 垂直的向量.因此,所求单位向量为

$$\pm\frac{1}{\sqrt{6^2+(-4)^2+(-4)^2}}\{6,-4,-4\}=\pm\left\{\frac{3}{\sqrt{17}},-\frac{2}{\sqrt{17}},-\frac{2}{\sqrt{17}}\right\}.$$

例4 设向量 $\boldsymbol{a}=2\boldsymbol{i}-3\boldsymbol{j}+\boldsymbol{k},\boldsymbol{b}=\boldsymbol{i}-\boldsymbol{j}+3\boldsymbol{k},\boldsymbol{c}=\boldsymbol{i}-2\boldsymbol{j}$,求:

(1) $(\boldsymbol{a}\cdot\boldsymbol{b})\boldsymbol{c}-(\boldsymbol{a}\cdot\boldsymbol{c})\boldsymbol{b}$;   (2) $(\boldsymbol{a}+\boldsymbol{b})\times(\boldsymbol{b}+\boldsymbol{c})$;   (3) $(\boldsymbol{a}\times\boldsymbol{b})\cdot\boldsymbol{c}$.

解 (1) $(\boldsymbol{a}\cdot\boldsymbol{b})\boldsymbol{c}-(\boldsymbol{a}\cdot\boldsymbol{c})\boldsymbol{b}=8\boldsymbol{c}-8\boldsymbol{b}=\{0,-8,-24\}$.

(2) $(\boldsymbol{a}+\boldsymbol{b})\times(\boldsymbol{b}+\boldsymbol{c})=\{3,-4,4\}\times\{2,-3,3\}=\begin{vmatrix} \boldsymbol{i} & \boldsymbol{j} & \boldsymbol{k} \\ 3 & -4 & 4 \\ 2 & -3 & 3 \end{vmatrix}=-\boldsymbol{j}-\boldsymbol{k}.$

(3) $(\boldsymbol{a}\times\boldsymbol{b})\cdot\boldsymbol{c}=\begin{vmatrix} \boldsymbol{i} & \boldsymbol{j} & \boldsymbol{k} \\ 2 & -3 & 1 \\ 1 & -1 & 3 \end{vmatrix}\cdot\boldsymbol{c}=\{-8,-5,1\}\cdot\{1,-2,0\}=2.$

例 5 已知直线 L 通过点 $A(-2,1,3)$ 和点 $B(0,-1,2)$，求点 $C(10,5,10)$ 到 L 的距离.

解 在以 A,B,C 为顶点组成的三角形中，AB 边上的高即为所求距离，可设其为 h. 由题意可知 $|\overrightarrow{AB}| = 3$. 又

$$\overrightarrow{AB} \times \overrightarrow{AC} = \begin{vmatrix} i & j & k \\ 2 & -2 & -1 \\ 12 & 4 & 7 \end{vmatrix} = -10i - 26j + 32k,$$

于是 $|\overrightarrow{AB} \times \overrightarrow{AC}| = 30\sqrt{2}$. 而

$$S_{\triangle ABC} = \frac{1}{2}|\overrightarrow{AB} \times \overrightarrow{AC}| = \frac{1}{2}|\overrightarrow{AB}|h = \frac{1}{2} \times 3h = 15\sqrt{2}, \quad 即 \quad h = 10\sqrt{2}.$$

例 6 设向量 $m = 2a + b, n = \lambda a + b$，其中 $|a| = 1, |b| = 2$，且 $a \perp b$. 问：

(1) 当 λ 为何值时，$m \perp n$?

(2) 当 λ 为何值时，以 m, n 为邻边的平行四边形面积为 6?

解 (1) $m \perp n \Leftrightarrow m \cdot n = 0$，从而有 $(2a + b) \cdot (\lambda a + b) = 2\lambda + (2 + \lambda)a \cdot b + 4 = 0$.

又因为 $a \perp b$，所以 $a \cdot b = 0$，故 $\lambda = -2$.

(2) 以 m, n 为邻边的平行四边形面积为

$$S = |m \times n| = |(2a + b) \times (\lambda a + b)| = |(2 - \lambda)(a \times b)|.$$

因为 $a \perp b$，所以 $a \times b = |a||b| = 2$. 于是，有

$$S = 2|2 - \lambda| = 6, \quad 即 \quad \lambda = -1 \quad 或 \quad \lambda = 5.$$

例 7 设三点 A, B, C 的向径分别为 $r_1 = 2i + 4j + k, r_2 = 3i + 7j + 5k, r_3 = 4i + 10j + 9k$，试证：$A, B, C$ 三点在同一直线上.

证 要证 A, B, C 三点在同一直线上，只要证向量 $\overrightarrow{AB}$ 和 $\overrightarrow{AC}$ 平行. 因为

$$\overrightarrow{AB} = \overrightarrow{OB} - \overrightarrow{OA} = r_2 - r_1 = \{3,7,5\} - \{2,4,1\} = \{1,3,4\},$$

$$\overrightarrow{AC} = \overrightarrow{OC} - \overrightarrow{OA} = r_3 - r_1 = \{4,10,9\} - \{2,4,1\} = \{2,6,8\},$$

所以 $\overrightarrow{AC} = 2\overrightarrow{AB}$，即 $\overrightarrow{AB} /\!/ \overrightarrow{AC}$. 因此，$A, B, C$ 三点在同一直线上.

例 8 已知向量 $a = i, b = j - 2k, c = 2i - 2j + k$，试求一单位向量 γ，使得 $\gamma \perp c$，且与 a, b 共面.

解 $a \times b = \begin{vmatrix} i & j & k \\ 1 & 0 & 0 \\ 0 & 1 & -2 \end{vmatrix} = 2j + k$. 依题意得 $\gamma \perp (a \times b)$，且 $\gamma \perp c$，从而 $\gamma /\!/ (a \times b) \times c$.

因为 $(a \times b) \times c = \begin{vmatrix} i & j & k \\ 0 & 2 & 1 \\ 2 & -2 & 1 \end{vmatrix} = 4i + 2j - 4k$，且 γ 为单位向量，所以

$$\gamma = \pm \frac{4i + 2j - 4k}{\sqrt{4^2 + 2^2 + (-4)^2}} = \pm \left\{ \frac{2}{3}, \frac{1}{3}, -\frac{2}{3} \right\}.$$

(四) 同步练习

1. 设向量 $a = \{2,1,1\}, b = \{-1,1,-2\}$，求：

(1) $a \cdot b$ 与 $a \times b$；   (2) a 与 b 的夹角；

(3) 与 a,b 都垂直的单位向量.

2. 已知 a,b,c 均为单位向量，且 $a+b+c=0$，求 $a \cdot b+b \cdot c+c \cdot a$.

3. 设 $|a|=3$，$|b|=2$，a 与 b 的夹角 $\theta=\dfrac{\pi}{3}$，求：

(1) $|a+b|$；   (2) $|a-b|$；

(3) $a \cdot b$；   (4) $|a \times b|$.

4. 求以三点 $A(1,-1,1),B(2,1,-1),C(-1,-1,2)$ 为顶点的三角形面积.

5. 已知 a 和 b 是互相垂直的单位向量，求以 $2a+3b,a-4b$ 为邻边的平行四边形面积.

6. 用向量证明直径所对的圆周角为直角.

7. 已知向量 a,b,c 满足 $a+b+c=0$，证明：$a \times b = b \times c = c \times a$.

8. 已知向量 $a=\{1,-1,0\},b=\{1,0,-2\},c=\{-1,2,1\}$，求 $a \times (b \times c)$ 与 $a \cdot (b \times c)$.

同步练习简解

1. 解　(1) $a \cdot b = 2 \times (-1)+1 \times 1+1 \times (-2) = -3$，$a \times b = \begin{vmatrix} i & j & k \\ 2 & 1 & 1 \\ -1 & 1 & -2 \end{vmatrix} = \{-3,3,3\}$.

(2) 设 a 与 b 的夹角为 θ，则

$$\cos \theta = \frac{a \cdot b}{|a||b|} = \frac{-3}{\sqrt{6} \cdot \sqrt{6}} = -\frac{1}{2}, \quad \text{即} \quad \theta = \frac{2\pi}{3}.$$

(3) 所求向量为

$$(a \times b)^0 = \frac{1}{\sqrt{3}}\{-1,1,1\} \quad \text{或} \quad -(a \times b)^0 = -\frac{1}{\sqrt{3}}\{-1,1,1\}.$$

2. 解　由 $a+b+c=0$，可得

$$(a+b+c) \cdot (a+b+c) = 0, \quad \text{即} \quad |a|^2+|b|^2+|c|^2+2(a \cdot b+b \cdot c+c \cdot a)=0.$$

又因 a,b,c 均为单位向量，故 $|a|^2=|b|^2=|c|^2=1$，从而

$$a \cdot b+b \cdot c+c \cdot a = -\frac{3}{2}.$$

3. 解　(1) 因为 $(a+b) \cdot (a+b) = |a|^2+|b|^2+2a \cdot b = 9+4+2 \times 3 \times 2\cos\dfrac{\pi}{3} = 19$，所以

$$|a+b| = \sqrt{(a+b) \cdot (a+b)} = \sqrt{19}.$$

(2) 因为 $(a-b) \cdot (a-b) = |a|^2+|b|^2-2a \cdot b = 9+4-2 \times 3 \times 2\cos\dfrac{\pi}{3} = 7$，所以

$$|a-b| = \sqrt{(a-b) \cdot (a-b)} = \sqrt{7}.$$

(3) $a \cdot b = |a||b|\cos\theta = 3 \times 2 \times \dfrac{1}{2} = 3$.

(4) $|a \times b| = |a||b|\sin\theta = 3 \times 2 \times \dfrac{\sqrt{3}}{2} = 3\sqrt{3}$.

4. 解　由题意知 $\overrightarrow{AB} = \{1,2,-2\}$，$\overrightarrow{AC} = \{-2,0,1\}$. 由于

$$\overrightarrow{AB} \times \overrightarrow{AC} = \begin{vmatrix} i & j & k \\ 1 & 2 & -2 \\ -2 & 0 & 1 \end{vmatrix} = \{2,3,4\},$$

因此所求三角形的面积为

$$S_{\triangle ABC} = \frac{1}{2}|\overrightarrow{AB} \times \overrightarrow{AC}| = \frac{1}{2}\sqrt{29}.$$

5. 解 由题意知

$$(2\boldsymbol{a}+3\boldsymbol{b})\times(\boldsymbol{a}-4\boldsymbol{b})=\boldsymbol{0}-8\boldsymbol{a}\times\boldsymbol{b}+3\boldsymbol{b}\times\boldsymbol{a}-\boldsymbol{0}=11\boldsymbol{b}\times\boldsymbol{a}.$$

设 $\boldsymbol{a}$ 与 $\boldsymbol{b}$ 的夹角为 θ,即 $\theta=\dfrac{\pi}{2}$,则所求平行四边形的面积为

$$S=11\,|\,\boldsymbol{b}\times\boldsymbol{a}\,|=11\,|\,\boldsymbol{b}\,|\,|\,\boldsymbol{a}\,|\sin\theta=11.$$

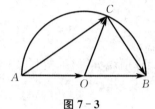

图 7-3

6. 证 如图 7-3 所示,设点 O 为圆心,AB 为直径,$\angle BCA$ 为一个圆周角,则

$$\begin{aligned}\overrightarrow{AC}\cdot\overrightarrow{CB}&=(\overrightarrow{AO}+\overrightarrow{OC})\cdot(\overrightarrow{CO}+\overrightarrow{OB})\\&=(\overrightarrow{AO}+\overrightarrow{OC})\cdot(\overrightarrow{AO}-\overrightarrow{OC})\\&=|\overrightarrow{AO}|^2-|\overrightarrow{OC}|^2=0.\end{aligned}$$

故 $\overrightarrow{AC}\perp\overrightarrow{CB}$,即直径所对的圆周角为直角.

7. 证 因为 $\boldsymbol{a}\times\boldsymbol{b}-\boldsymbol{b}\times\boldsymbol{c}=\boldsymbol{a}\times\boldsymbol{b}+\boldsymbol{c}\times\boldsymbol{b}=(\boldsymbol{a}+\boldsymbol{c})\times\boldsymbol{b}=(-\boldsymbol{b})\times\boldsymbol{b}=\boldsymbol{0}$,所以 $\boldsymbol{a}\times\boldsymbol{b}=\boldsymbol{b}\times\boldsymbol{c}$.

又因为 $\boldsymbol{a}\times\boldsymbol{b}-\boldsymbol{c}\times\boldsymbol{a}=\boldsymbol{a}\times\boldsymbol{b}+\boldsymbol{a}\times\boldsymbol{c}=\boldsymbol{a}\times(\boldsymbol{b}+\boldsymbol{c})=\boldsymbol{a}\times(-\boldsymbol{a})=\boldsymbol{0}$,所以 $\boldsymbol{a}\times\boldsymbol{b}=\boldsymbol{c}\times\boldsymbol{a}$.

故 $\boldsymbol{a}\times\boldsymbol{b}=\boldsymbol{b}\times\boldsymbol{c}=\boldsymbol{c}\times\boldsymbol{a}$.

8. 解 因为 $\boldsymbol{b}\times\boldsymbol{c}=\begin{vmatrix}\boldsymbol{i}&\boldsymbol{j}&\boldsymbol{k}\\1&0&-2\\-1&2&1\end{vmatrix}=\{4,1,2\}$,所以

$$\boldsymbol{a}\times(\boldsymbol{b}\times\boldsymbol{c})=\begin{vmatrix}\boldsymbol{i}&\boldsymbol{j}&\boldsymbol{k}\\1&-1&0\\4&1&2\end{vmatrix}=\{-2,-2,5\},$$

$$\boldsymbol{a}\cdot(\boldsymbol{b}\times\boldsymbol{c})=1\times4+(-1)\times1+0\times2=3.$$

7.3 曲面及其方程

(一)内容提要

旋转曲面	xOy 面上的曲线 $f(x,y)=0$ 绕 x 轴旋转一周而成的旋转曲面方程为 $f(x,\pm\sqrt{y^2+z^2})=0$
	yOz 面上的曲线 $f(y,z)=0$ 绕 y 轴旋转一周而成的旋转曲面方程为 $f(y,\pm\sqrt{x^2+z^2})=0$
	zOx 面上的曲线 $f(x,z)=0$ 绕 z 轴旋转一周而成的旋转曲面方程为 $f(\pm\sqrt{x^2+y^2},z)=0$
常见旋转曲面	圆锥面:方程 $z^2=a^2(x^2+y^2)$(yOz 面上的曲线 $z=ay$ 绕 z 轴旋转一周而成)
	旋转单叶双曲面:方程 $\dfrac{x^2+y^2}{a^2}-\dfrac{z^2}{c^2}=1$($zOx$ 面上的曲线 $\dfrac{x^2}{a^2}-\dfrac{z^2}{c^2}=1$ 绕 z 轴旋转一周而成)
柱面	$f(x,y)=0$ 表示准线为 $\begin{cases}f(x,y)=0,\\z=0,\end{cases}$ 母线平行于 z 轴的柱面
	$f(y,z)=0$ 表示准线为 $\begin{cases}f(y,z)=0,\\x=0,\end{cases}$ 母线平行于 x 轴的柱面
	$f(x,z)=0$ 表示准线为 $\begin{cases}f(x,z)=0,\\y=0,\end{cases}$ 母线平行于 y 轴的柱面
	母线平行于坐标轴的柱面方程特点:缺少某个变量

常见柱面	抛物柱面:方程 $y^2 = ax + b$ 表示母线平行于 z 轴的抛物柱面
	椭圆柱面:方程 $\dfrac{x^2}{a^2} + \dfrac{z^2}{b^2} = 1$ 表示母线平行于 y 轴的椭圆柱面
	双曲柱面:方程 $\dfrac{y^2}{a^2} - \dfrac{z^2}{b^2} = 1$ 表示母线平行于 x 轴的双曲柱面
常见二次曲面	椭球面: $\dfrac{x^2}{a^2} + \dfrac{y^2}{b^2} + \dfrac{z^2}{c^2} = 1$
	抛物面: $\dfrac{x^2}{a^2} + \dfrac{y^2}{b^2} = z$（椭圆抛物面）;$\dfrac{x^2}{a^2} - \dfrac{y^2}{b^2} = z$（双曲抛物面）
	双曲面: $\dfrac{x^2}{a^2} + \dfrac{y^2}{b^2} - \dfrac{z^2}{c^2} = 1$（单叶双曲面）;$\dfrac{x^2}{a^2} - \dfrac{y^2}{b^2} - \dfrac{z^2}{c^2} = 1$（双叶双曲面）

（二）析疑解惑

题 1 旋转曲面、柱面的方程和图形有何特点?如何判别它们?

解 一平面曲线 C 绕一定直线旋转一周而成的曲面叫作旋转曲面. 在建立直角坐标系时,总可以把旋转轴作为某一坐标轴(不妨把旋转轴作为 z 轴),在这样的直角坐标系下旋转曲面方程为 $F(\pm\sqrt{x^2+y^2},z) = 0$. 从方程中容易找出旋转曲面的旋转轴及绕旋转轴旋转的平面曲线(此曲线不唯一). 对于 $F(\pm\sqrt{x^2+y^2},z) = 0$,旋转轴是 z 轴,一条对应的平面曲线方程为

$$\begin{cases} F(y,z) = 0, \\ x = 0. \end{cases}$$

利用这些特点,容易判别一曲面方程是否为旋转曲面及其相关特征. 例如方程 $4x^2 - 3y^2 + 4z^2 = 0$,由于此方程可化为 $4(\pm\sqrt{x^2+z^2})^2 - 3y^2 = 0$,所以此方程是由平面曲线

$$\begin{cases} 2x = \sqrt{3}\,y, \\ z = 0 \end{cases}$$

绕 y 轴旋转一周而成的旋转曲面.

一空间直线 L 沿定曲线 C 平行移动而构成的曲面叫作柱面,其中定曲线 C 叫作准线,动直线 L 叫作母线. 建立直角坐标系时,总可以使母线平行于某一坐标轴(不妨设为 z 轴),在这样的直角坐标系下柱面方程为 $F(x,y) = 0$. 容易看出,柱面方程中缺少一个变量,这也是判别一方程对应的曲面是否为柱面的关键. 例如方程 $G(y,z) = 0$,其表示的是母线平行于 x 轴,以

$$\begin{cases} G(y,z) = 0, \\ x = 0 \end{cases}$$

为准线(准线一般不唯一)的柱面. 注意这样选取的准线与母线垂直,这一点在考虑空间曲线和空间立体在坐标面上的投影时很重要.

题 2 判断方程所表示的几何图形时,应注意什么?

解 (1)要注意方程所表示的图形所在的空间,同一方程式,所在空间不同,其表示的图形也不同. 例如,在三维空间中,$x = 2$ 表示垂直于 x 轴过点 $(2,0,0)$ 的平面;在二维空间中,$x = 2$ 表示垂直于 x 轴过点 $(2,0)$ 的直线.

(2)要熟记若干常见曲面的标准方程.

(3) 要真正掌握这些曲面的形状、特征,可以用截痕法,即用一族平行平面(一般平行于坐标面)来截割曲面,研究所截得的一族曲线是怎样变化的,从这一族曲线的变化情况即可推断出曲面的整体形状.这是认识曲面的重要方法.它的基本思想是把复杂的空间图形归结为比较容易认识的平面曲线.

题 3　所有曲面都是二次曲面吗?

解　不是.二次曲面只是曲面的一类而已.还有其他类型的曲面,如 $z = \sin xy, z = \mathrm{e}^{xy}$ 等.

题 4　当二次项系数不全为零时,二次方程
$$Ax^2 + By^2 + Cz^2 + Dxy + Eyz + Fzx + Gx + Hy + Iz + J = 0$$
必定表示二次曲面吗?

解　不一定.例如,下列二次方程均不表示二次曲面:

(1) 方程 $x^2 + 4y^2 + 9z^2 + 4xy + 12yz + 6zx - 4x - 8y - 12z + 3 = 0$ 可化为
$$(x + 2y + 3z - 3)(x + 2y + 3z - 1) = 0,$$
它表示两个平行平面;

(2) 方程 $x^2 + y^2 + z^2 - xy - yz - zx = 0$ 可化为
$$(x - y)^2 + (y - z)^2 + (z - x)^2 = 0,$$
它表示一条直线 $x = y = z$;

(3) 方程 $x^2 + y^2 + 4z^2 - 2x - 4y - 8z + 9 = 0$ 可化为
$$(x - 1)^2 + (y - 2)^2 + 4(z - 1)^2 = 0,$$
它表示一个点 $(1, 2, 1)$;

(4) 方程 $x^2 + y^2 + z^2 + 1 = 0$ 在实数范围内无解,即无图形.

由上可知,二次方程在某些情况下,可能表示平面、直线、点,甚至无图形,这与平面解析几何中二元二次方程不一定都表示二次曲线的情形类似.

(三) 范例分析

例 1　求与坐标原点 O 及点 $M_0(2, 3, 4)$ 的距离之比为 $1 : 2$ 的点的全体组成的曲面方程.

解　设 $M(x, y, z)$ 是曲面上任意一点,则 $\dfrac{|OM|}{|M_0 M|} = \dfrac{1}{2}$,从而
$$\frac{\sqrt{x^2 + y^2 + z^2}}{\sqrt{(x - 2)^2 + (y - 3)^2 + (z - 4)^2}} = \frac{1}{2}.$$
整理得所求曲面方程为
$$\left(x + \frac{2}{3}\right)^2 + (y + 1)^2 + \left(z + \frac{4}{3}\right)^2 = \frac{116}{9}.$$

例 2　一动点与两定点 $(1, 3, 2), (3, 5, 4)$ 等距离,求该动点的轨迹方程.

解　设该动点的坐标为 (x, y, z),则根据等距离的条件,有
$$(x - 1)^2 + (y - 3)^2 + (z - 2)^2 = (x - 3)^2 + (y - 5)^2 + (z - 4)^2.$$
故该动点的轨迹方程为
$$x + y + z - 9 = 0.$$

例 3 方程 $x^2 + y^2 + z^2 - 2x + 4y - 4z - 7 = 0$ 表示什么曲面?

解 因为题设方程可化为

$$(x-1)^2 + (y+2)^2 + (z-2)^2 = 16,$$

所以该方程表示的是以点 $(1, -2, 2)$ 为球心、半径为 4 的球面.

例 4 将 zOx 面上的抛物线 $z^2 = 3x$ 绕 x 轴旋转一周,求所成的旋转曲面的方程.

解 因为 zOx 面上的抛物线 $z^2 = 3x$ 绕 x 轴旋转一周,所以旋转曲面的方程为

$$(\pm\sqrt{y^2 + z^2})^2 = 3x, \quad 即 \quad y^2 + z^2 = 3x.$$

例 5 将 zOx 面上的圆 $x^2 + z^2 = 4$ 绕 z 轴旋转一周,求所成的旋转曲面的方程.

解 因为 zOx 面上的圆 $x^2 + z^2 = 4$ 绕 z 轴旋转一周,所以旋转曲面的方程为

$$(\pm\sqrt{x^2 + y^2})^2 + z^2 = 4, \quad 即 \quad x^2 + y^2 + z^2 = 4.$$

例 6 指出下列方程在平面解析几何和空间解析几何中分别表示的图形:

(1) $x = 0$;
(2) $y = x + 1$;
(3) $x^2 + y^2 = 4$;
(4) $x^2 - y^2 = 1$.

解 (1) $x = 0$ 在平面解析几何中表示 y 轴;在空间解析几何中表示 yOz 面.

(2) $y = x + 1$ 在平面解析几何中表示一条直线;在空间解析几何中表示平行于 z 轴,在 xOy 面上投影为 $y = x + 1$ 的一个平面.

(3) $x^2 + y^2 = 4$ 在平面解析几何中表示以坐标原点为圆心、半径为 2 的圆;在空间解析几何中表示准线为 xOy 面上的圆 $x^2 + y^2 = 4$,母线平行于 z 轴的圆柱面.

(4) $x^2 - y^2 = 1$ 在平面解析几何中表示双曲线;在空间解析几何中表示准线为 xOy 面上的双曲线 $x^2 - y^2 = 1$,母线平行于 z 轴的双曲柱面.

例 7 说明下列旋转曲面是怎样形成的:

(1) $\dfrac{x^2}{4} + \dfrac{y^2}{16} + \dfrac{z^2}{16} = 1$;
(2) $x^2 - \dfrac{y^2}{4} + z^2 = 1$;
(3) $x^2 - y^2 - z^2 = 1$.

解 (1) xOy 面上的椭圆 $\dfrac{x^2}{4} + \dfrac{y^2}{16} = 1$ 绕 x 轴旋转一周而成,或者 zOx 面上的椭圆 $\dfrac{x^2}{4} + \dfrac{z^2}{16} = 1$ 绕 x 轴旋转一周而成.

(2) xOy 面上的双曲线 $x^2 - \dfrac{y^2}{4} = 1$ 绕 y 轴旋转一周而成,或者 yOz 面上的双曲线 $z^2 - \dfrac{y^2}{4} = 1$ 绕 y 轴旋转一周而成.

(3) xOy 面上的双曲线 $x^2 - y^2 = 1$ 绕 x 轴旋转一周而成,或者 zOx 面上的双曲线 $x^2 - z^2 = 1$ 绕 x 轴旋转一周而成.

例 8 指出下列方程表示的曲面:

(1) $x^2 = 4y$;
(2) $x^2 - y^2 = 0$;
(3) $x^2 + y^2 = 0$;
(4) $y - \sqrt{3}z = 0$;
(5) $z^2 - x^2 - y^2 = 0$;
(6) $\dfrac{x^2}{9} + \dfrac{y^2}{16} = 1$;
(7) $x^2 - \dfrac{y^2}{9} = 1$;
(8) $x^2 + y^2 - 4z = 0$;
(9) $y^2 - 4y + 3 = 0$.

解 (1) 表示准线为 xOy 面上的抛物线 $x^2 = 4y$,母线平行于 z 轴的抛物柱面.

(2) 由 $x^2 - y^2 = 0$ 得 $x = y$ 或 $x = -y$,故表示两个垂直于 xOy 面的平面 $x = y$ 和 $x = -y$.

(3) 由 $x^2 + y^2 = 0$ 得 $x = 0$,$y = 0$,故表示 z 轴.

(4) 表示平行于 x 轴且经过 yOz 面上的直线 $y - \sqrt{3}z = 0$ 的平面.

(5) 表示 yOz 面上的直线 $y = z$ 绕 z 轴旋转一周而成的圆锥面.

(6) 表示准线为 xOy 面上的椭圆 $\dfrac{x^2}{9} + \dfrac{y^2}{16} = 1$,母线平行于 z 轴的椭圆柱面.

(7) 表示准线为 xOy 面上的双曲线 $x^2 - \dfrac{y^2}{9} = 1$,母线平行于 z 轴的双曲柱面.

(8) 表示开口向着 z 轴正向的圆抛物面(或 yOz 面上的抛物线 $y^2 = 4z$ 绕 z 轴旋转一周而成的旋转抛物面).

(9) 表示两个平行于 zOx 面的平面 $y = 3$ 和 $y = 1$.

(四) 同步练习

1. 求以点 $(1, 3, -2)$ 为球心,且通过坐标原点的球面方程.

2. 方程 $x^2 + y^2 + z^2 - 2x + 4y + 2z - 3 = 0$ 表示怎样的曲面?

3. 将 zOx 面上的椭圆 $x^2 + 9z^2 = 4$ 分别绕 x 轴及 z 轴旋转一周,求所成的旋转曲面的方程.

4. 指出下列方程表示的曲面,并画出其图形:

(1) $-\dfrac{x^2}{4} + \dfrac{y^2}{9} = 1$; (2) $\dfrac{x^2}{9} + \dfrac{z^2}{4} = 1$;

(3) $y^2 - z = 0$.

5. 说明下列旋转曲面是怎样形成的:

(1) $x^2 - 2y^2 - 2z^2 = 1$; (2) $\dfrac{x^2}{4} - y^2 + \dfrac{z^2}{4} = -1$;

(3) $2z^2 - 1 = -3x^2 - 2y^2$.

同步练习简解

1. **解** 设所求球面半径为 R,则
$$R^2 = (0-1)^2 + (0-3)^2 + (0+2)^2 = 14.$$
故球面方程为
$$(x-1)^2 + (y-3)^2 + (z+2)^2 = 14.$$

2. **解** 通过配方,原方程可化为
$$(x-1)^2 + (y+2)^2 + (z+1)^2 = 9.$$
故原方程表示球心在点 $(1, -2, -1)$、半径为 3 的球面.

3. **解** 绕 x 轴旋转一周所成的旋转曲面的方程为
$$x^2 + 9(z^2 + y^2) = 4, \quad 即 \quad x^2 + 9y^2 + 9z^2 - 4 = 0;$$
绕 z 轴旋转一周所成的旋转曲面的方程为
$$x^2 + y^2 + 9z^2 = 4, \quad 即 \quad x^2 + y^2 + 9z^2 - 4 = 0.$$

4. **解** (1) 表示母线平行于 z 轴的双曲柱面,如图 7-4 所示.

(2) 表示母线平行于 y 轴的椭圆柱面,如图 7-5 所示.

(3) 表示母线平行于 x 轴的抛物柱面,如图 7-6 所示.

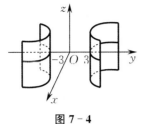 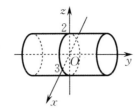 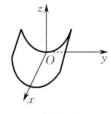

图 7-4　　　　　　　　　图 7-5　　　　　　　　　图 7-6

5. 解 （1）因方程 $x^2 - 2y^2 - 2z^2 = 1$ 可化为 $x^2 - 2(\pm\sqrt{y^2+z^2})^2 = 1$，故该方程表示的是 xOy 面上的曲线 $x^2 - 2y^2 = 1$ 绕 x 轴旋转一周所成的旋转曲面.

（2）因方程 $\dfrac{x^2}{4} - y^2 + \dfrac{z^2}{4} = -1$ 可化为 $\dfrac{(\pm\sqrt{x^2+z^2})^2}{4} - y^2 = -1$，故方程表示的是 xOy 面上的曲线 $\dfrac{x^2}{4} - y^2 = -1$ 绕 y 轴旋转一周所成的旋转曲面.

（3）因方程 $2z^2 - 1 = -3x^2 - 2y^2$ 可化为 $2(\pm\sqrt{z^2+y^2})^2 + 3x^2 = 1$，故方程表示的是 zOx 面上的曲线 $2z^2 + 3x^2 = 1$ 绕 x 轴旋转一周所成的旋转曲面.

7.4　空间曲线及其方程

（一）内容提要

空间曲线	曲线 L 的一般方程	$\begin{cases} F(x,y,z) = 0, \\ G(x,y,z) = 0 \end{cases}$
	曲线 L 的参数方程	$\begin{cases} x = x(t), \\ y = y(t), \\ z = z(t) \end{cases}$
	曲线 L 在坐标面上的投影	消去方程中的变量 z 得到的 $H(x,y) = 0$，即为 L 在 xOy 面上的投影柱面，$\begin{cases} H(x,y) = 0, \\ z = 0 \end{cases}$ 就是 L 在 xOy 面上的投影曲线（在 yOz 面，zOx 面上的投影以此类推）

（二）析疑解惑

题 1　任意两个曲面方程联立，都表示一条空间曲线吗？

解　不一定. 例如方程组 $\begin{cases} x^2 + y^2 + z^2 = 1, \\ x^2 + y^2 + z^2 = 2, \end{cases}$ 从代数上看这是一个矛盾方程组，不存在解；从几何上看，这是两个半径不相等的同心球面，它们没有任何的公共点.

题 2　空间曲线的参数方程唯一吗？

解　不唯一. 例如，空间曲线 C：$\begin{cases} x = \cos t, \\ y = \sin t, \\ z = t \end{cases}$ 也可表示为 C：$\begin{cases} x = \sin t, \\ y = \cos t, \\ z = t. \end{cases}$

题 3　如何求空间曲线和空间立体在坐标面上的投影？

解　空间曲线上的每一点向对应坐标面分别作垂线，所有垂足构成的图形称为空间曲线在此坐标面上的投影. 对于用一般方程表示的空间曲线

$$\begin{cases} F(x,y,z) = 0, \\ G(x,y,z) = 0, \end{cases}$$

若要求它在 yOz 面上的投影,只需要利用它的一般方程消去变量 x,得到一个母线平行于 x 轴的柱面 $H(y,z) = 0$,则曲线

$$\begin{cases} H(y,z) = 0, \\ x = 0 \end{cases}$$

就是所求的投影. 同理可知空间曲线在其他坐标面上的投影. 至于空间立体在坐标面上的投影,因为空间立体由一些空间曲面围成,所以只要找到这些曲面在相应的坐标面上的投影即可. 而要确定这些曲面在坐标面上的投影,只需找到它们的交线(空间曲线)在坐标面上的投影及它们与坐标面的交线即可. 这些线在坐标面上所围成的图形即为所求投影.

(三) 范例分析

例 1 方程组 $\begin{cases} y = 3x + 4, \\ y = 4x - 3 \end{cases}$ 和 $\begin{cases} \dfrac{x^2}{4} + \dfrac{y^2}{9} = 1, \\ y = 3 \end{cases}$ 在平面解析几何与空间解析几何中各表示什么?

解 方程组 $\begin{cases} y = 3x + 4, \\ y = 4x - 3 \end{cases}$ 在平面解析几何中表示两条直线的交点 $(7,25)$;在空间解析几何中表示垂直于 xOy 面的两平面的交线 $\begin{cases} x = 7, \\ y = 25. \end{cases}$

方程组 $\begin{cases} \dfrac{x^2}{4} + \dfrac{y^2}{9} = 1, \\ y = 3 \end{cases}$ 在平面解析几何中表示一个点 $(0,3)$;在空间解析几何中表示椭圆柱面 $\dfrac{x^2}{4} + \dfrac{y^2}{9} = 1$ 和平面 $y = 3$ 的交线 $\begin{cases} x = 0, \\ y = 3. \end{cases}$

例 2 求曲面 $2x^2 + 3y^2 = z$ 与 yOz 面的交线.

解 yOz 面的方程为 $x = 0$,所以两者的交线为

$$\begin{cases} 2x^2 + 3y^2 = z, \\ x = 0, \end{cases} \qquad 即 \qquad \begin{cases} 3y^2 = z, \\ x = 0. \end{cases}$$

例 3 分别求母线平行于 x 轴及 y 轴,且过曲线 $\begin{cases} 2x^2 + y^2 + z^2 = 16, \\ x^2 - y^2 + z^2 = 0 \end{cases}$ 的柱面方程和投影曲线方程.

解 要求过曲线 $\begin{cases} 2x^2 + y^2 + z^2 = 16, \\ x^2 - y^2 + z^2 = 0 \end{cases}$ 且母线平行于 x 轴的柱面方程,只要将方程组消去变量 x. 故所求柱面方程为 $3y^2 - z^2 = 16$,投影曲线方程为 $\begin{cases} 3y^2 - z^2 = 16, \\ x = 0. \end{cases}$

要求过曲线 $\begin{cases} 2x^2 + y^2 + z^2 = 16, \\ x^2 - y^2 + z^2 = 0 \end{cases}$ 且母线平行于 y 轴的柱面方程,只要将方程组消去变量 y. 故所求柱面方程为 $3x^2 + 2z^2 = 16$,投影曲线方程为 $\begin{cases} 3x^2 + 2z^2 = 16, \\ y = 0. \end{cases}$

例4 求曲线 $\begin{cases} x+z=1, \\ x^2+y^2+z^2=4 \end{cases}$ 分别在 xOy 面和 yOz 面上的投影曲线方程.

解 要求曲线 $\begin{cases} x+z=1, \\ x^2+y^2+z^2=4 \end{cases}$ 在 xOy 面上的投影曲线方程,只需将方程组消去变量 z. 故所求投影柱面方程为

$$x^2+y^2+(1-x)^2=4, \quad 即 \quad 2x^2+y^2-2x=3,$$

投影曲线方程为

$$\begin{cases} 2x^2+y^2-2x=3, \\ z=0. \end{cases}$$

要求曲线 $\begin{cases} x+z=1, \\ x^2+y^2+z^2=4 \end{cases}$ 在 yOz 面上的投影曲线方程,只需将方程组消去变量 x. 故所求投影柱面方程为

$$(1-z)^2+y^2+z^2=4, \quad 即 \quad 2z^2+y^2-2z=3,$$

投影曲线方程为

$$\begin{cases} 2z^2+y^2-2z=3, \\ x=0. \end{cases}$$

例5 求曲线 $\begin{cases} x^2+y^2+z^2=9, \\ y=z \end{cases}$ 的参数方程.

解 将 $y=z$ 代入 $x^2+y^2+z^2=9$,可得 $x^2+2z^2=9$. 该方程可用参数式表示为

$\begin{cases} x=3\cos\theta, \\ z=\dfrac{3\sqrt{2}}{2}\sin\theta, \end{cases}$ 所以曲线 $\begin{cases} x^2+y^2+z^2=9, \\ y=z \end{cases}$ 的参数方程为 $\begin{cases} x=3\cos\theta, \\ y=\dfrac{3\sqrt{2}}{2}\sin\theta, \\ z=\dfrac{3\sqrt{2}}{2}\sin\theta. \end{cases}$

例6 指出下列方程组表示的曲线:

(1) $\begin{cases} x^2+y^2+z^2=20, \\ z-2=0; \end{cases}$ (2) $\begin{cases} x^2-4y^2+9z^2=36, \\ y=1; \end{cases}$

(3) $\begin{cases} x^2-4y^2=4z, \\ y=-2; \end{cases}$ (4) $\begin{cases} x^2-4y^2=8z, \\ z=8. \end{cases}$

解 (1) 表示球面 $x^2+y^2+z^2=20$ 与平面 $z=2$ 的交线,即在平面 $z=2$ 上的圆 $\begin{cases} x^2+y^2=16, \\ z=2. \end{cases}$

(2) 表示单叶双曲面 $x^2-4y^2+9z^2=36$ 和平面 $y=1$ 的交线,即在平面 $y=1$ 上的椭圆 $\begin{cases} x^2+9z^2=40, \\ y=1. \end{cases}$

(3) 表示双曲抛物面(马鞍面)$x^2-4y^2=4z$ 与平面 $y=-2$ 的交线,即在平面 $y=-2$ 上的抛物线 $\begin{cases} x^2-16=4z, \\ y=-2. \end{cases}$

(4) 表示双曲抛物面(马鞍面)$x^2-4y^2=8z$ 与平面 $z=8$ 的交线,即在平面 $z=8$ 上的双

曲线 $\begin{cases} x^2 - 4y^2 = 64, \\ z = 8. \end{cases}$

例 7 求球面 $x^2 + y^2 + z^2 = 9$ 与平面 $x + z = 1$ 的交线在三个坐标面上的投影曲线方程.

解 在 xOy 面上的投影曲线方程为
$$\begin{cases} x^2 + y^2 + (1-x)^2 = 9, \\ z = 0. \end{cases}$$

在 zOx 面上, 由 $\begin{cases} x^2 + y^2 + z^2 = 9 \\ x + z = 1 \end{cases}$ 变形得
$$\begin{cases} (1-z)^2 + y^2 + z^2 = 9, \\ x + z = 1. \end{cases}$$

令 $y = 0$, 得 $z = \dfrac{1 \pm \sqrt{17}}{2}$. 故在 zOx 面上的投影曲线方程为
$$\begin{cases} x + z = 1, \\ y = 0 \end{cases} \quad \left(\frac{1 - \sqrt{17}}{2} \leqslant z \leqslant \frac{1 + \sqrt{17}}{2} \right).$$

在 yOz 面上的投影曲线方程为
$$\begin{cases} (1-z)^2 + y^2 + z^2 = 9, \\ x = 0. \end{cases}$$

注 在求曲线在坐标面上的投影曲线时, 关键是找到一个过此曲线并且母线与投影坐标面垂直的柱面(投影柱面), 此柱面与投影坐标面的交线就是所求的投影曲线. 基本方法就是通过曲线方程消元得到这样的柱面. 不过还应注意曲线在空间中的范围.

例 8 求球面 $x^2 + y^2 + z^2 = 8$ 与 yOz 面上的曲线 $y^2 = 2z$ 绕 z 轴旋转一周而成的曲面的交线在 xOy 面上的投影曲线方程.

解 yOz 面上的曲线 $y^2 = 2z$ 绕 z 轴旋转一周而成的曲面方程为 $(\pm\sqrt{x^2 + y^2})^2 = 2z$, 整理得 $x^2 + y^2 = 2z$. 于是, 交线方程为 $\begin{cases} x^2 + y^2 + z^2 = 8, \\ x^2 + y^2 = 2z. \end{cases}$ 该交线在 xOy 面上的投影曲线方程为
$$\begin{cases} x^2 + y^2 + \left(\dfrac{x^2+y^2}{2}\right)^2 = 8, \\ z = 0, \end{cases} \quad \text{即} \quad \begin{cases} x^2 + y^2 = 4, \\ z = 0. \end{cases}$$

例 9 求螺旋线 $\begin{cases} x = a\cos\theta, \\ y = a\sin\theta, \\ z = b\theta \end{cases}$ 在三个坐标面上的投影曲线方程.

解 由 $x = a\cos\theta$, $y = a\sin\theta$ 得 $x^2 + y^2 = a^2$, 故该螺旋线在 xOy 面上的投影曲线方程为
$$\begin{cases} x^2 + y^2 = a^2, \\ z = 0. \end{cases}$$

由 $y = a\sin\theta$, $z = b\theta$ 得 $y = a\sin\dfrac{z}{b}$, 故该螺旋线在 yOz 面上的投影曲线方程为
$$\begin{cases} y = a\sin\dfrac{z}{b}, \\ x = 0. \end{cases}$$

由 $x = a\cos\theta, z = b\theta$ 得 $x = a\cos\dfrac{z}{b}$,故该螺旋线在 zOx 面上的投影曲线方程为

$$\begin{cases} x = a\cos\dfrac{z}{b}, \\ y = 0. \end{cases}$$

注 对于由参数方程表示的曲线方程,在考虑其在坐标面上的投影时,可通过参数方程中相应的方程消去参数,来得到过此曲线并且母线与投影坐标面垂直的柱面.

例 10 假定直线 L 在 yOz 面上的投影方程为 $\begin{cases} 2y - 3z = 1, \\ x = 0, \end{cases}$ 而在 zOx 面上的投影方

程为 $\begin{cases} x + z = 2, \\ y = 0, \end{cases}$ 求直线 L 在 xOy 面上的投影方程.

解 因为直线 L 在 yOz 面上的投影方程为 $\begin{cases} 2y - 3z = 1, \\ x = 0, \end{cases}$ 所以直线 L 一定在其投影柱面

$2y - 3z = 1$ 上.同理,直线 L 也一定在其投影柱面 $x + z = 2$ 上.故直线 L 的方程为

$\begin{cases} 2y - 3z = 1, \\ x + z = 2. \end{cases}$ 消去 z 得到直线 L 在 xOy 面上的投影方程为

$$\begin{cases} 3x + 2y = 7, \\ z = 0. \end{cases}$$

(四) 同步练习

1. 指出下列方程组在平面解析几何与空间解析几何中分别表示的图形:

(1) $\begin{cases} z = 5y + 1, \\ z = 2y - 3; \end{cases}$ (2) $\begin{cases} \dfrac{x^2}{9} + \dfrac{y^2}{4} = 1, \\ x = 3. \end{cases}$

2. 分别求母线平行于 y 轴及 z 轴,且过曲线 $\begin{cases} 2x^2 + y^2 + z^2 = 4, \\ x^2 + y^2 - z^2 = 0 \end{cases}$ 的柱面方程.

3. 求抛物面 $x^2 + y^2 + z = 9$ 与平面 $x + y + z = 1$ 的交线在 xOy 面上的投影曲线方程.

4. 指出下列方程组表示的曲线:

(1) $\begin{cases} x^2 + 4y^2 + 9z^2 = 36, \\ y = 2; \end{cases}$ (2) $\begin{cases} x^2 - 4y^2 + z^2 = 25, \\ x = -3. \end{cases}$

5. 求由曲面 $z = 2x^2 + 3y^2$ 及 $z = 6$ 所围成的立体图形在三个坐标面上的投影.

同步练习简解

1. **解** (1) 方程组 $\begin{cases} z = 5y + 1, \\ z = 2y - 3 \end{cases}$ 在平面解析几何中表示两条直线的交点 $\left(-\dfrac{4}{3}, -\dfrac{17}{3}\right)$;在空间解析几

何中表示垂直于 yOz 面的两平面的交线 $\begin{cases} y = -\dfrac{4}{3}, \\ z = -\dfrac{17}{3}. \end{cases}$

(2) 方程组 $\begin{cases} \dfrac{x^2}{9} + \dfrac{y^2}{4} = 1, \\ x = 3 \end{cases}$ 在平面解析几何中表示点 $(3,0)$;在空间解析几何中表示椭圆柱面 $\dfrac{x^2}{9} + \dfrac{y^2}{4} = 1$

和平面 $x = 3$ 的交线 $\begin{cases} x = 3, \\ y = 0. \end{cases}$

2. 解 方程组 $\begin{cases} 2x^2 + y^2 + z^2 = 4, \\ x^2 + y^2 - z^2 = 0 \end{cases}$ 消去变量 y,得所求柱面方程为

$$x^2 + 2z^2 - 4 = 0.$$

方程组 $\begin{cases} 2x^2 + y^2 + z^2 = 4, \\ x^2 + y^2 - z^2 = 0 \end{cases}$ 消去变量 z,得所求柱面方程为

$$3x^2 + 2y^2 - 4 = 0.$$

3. 解 方程组 $\begin{cases} x^2 + y^2 + z = 9, \\ x + y + z = 1 \end{cases}$ 消去变量 z,得投影柱面方程为

$$x^2 + y^2 - x - y - 8 = 0.$$

故所求曲线在 xOy 面上的投影曲线方程为

$$\begin{cases} x^2 + y^2 - x - y - 8 = 0, \\ z = 0. \end{cases}$$

4. 解 (1)表示椭球面 $x^2 + 4y^2 + 9z^2 = 36$ 与平面 $y = 2$ 的交线,即在平面 $y = 2$ 上的椭圆 $\begin{cases} x^2 + 9z^2 = 20, \\ y = 2. \end{cases}$

(2)表示单叶双曲面 $x^2 - 4y^2 + z^2 = 25$ 与平面 $x = -3$ 的交线,即在平面 $x = -3$ 上的双曲线 $\begin{cases} -4y^2 + z^2 = 16, \\ x = -3. \end{cases}$

5. 解 由曲面 $z = 2x^2 + 3y^2$ 及平面 $z = 6$ 所围成的立体图形在 xOy 面上的投影为椭圆 $\begin{cases} \dfrac{x^2}{3} + \dfrac{y^2}{2} = 1, \\ z = 0 \end{cases}$ 所围平面区域.

由曲面 $z = 2x^2 + 3y^2$ 及平面 $z = 6$ 所围成的立体图形在 zOx 面上的投影为抛物线 $\begin{cases} z = 2x^2, \\ y = 0 \end{cases}$,与直线 $z = 6$ 所围平面区域.

由曲面 $z = 2x^2 + 3y^2$ 及平面 $z = 6$ 所围成的立体图形在 yOz 面上的投影为抛物线 $\begin{cases} z = 3y^2, \\ x = 0 \end{cases}$,与直线 $z = 6$ 所围平面区域.

7.5 平面及其方程

(一)内容提要

空间平面及其方程	平面的点法式方程	过点 $M_0(x_0, y_0, z_0)$,法线向量为 $\boldsymbol{n} = \{A, B, C\}$ 的平面方程: $A(x - x_0) + B(y - y_0) + C(z - z_0) = 0$
	平面的一般方程	$Ax + By + Cz + D = 0$
	平面的截距式方程	$\dfrac{x}{a} + \dfrac{y}{b} + \dfrac{z}{c} = 1$($a, b, c$ 依次为平面在 x, y, z 轴上的截距)
	点 $P_0(x_0, y_0, z_0)$ 到平面 $Ax + By + Cz + D = 0$ 的距离:$d = \dfrac{\lvert Ax_0 + By_0 + Cz_0 + D \rvert}{\sqrt{A^2 + B^2 + C^2}}$	
	两平面 $\Pi_1: A_1 x + B_1 y + C_1 z + D_1 = 0, \Pi_2: A_2 x + B_2 y + C_2 z + D_2 = 0$ 夹角 θ 的余弦:$\cos\theta = \dfrac{\lvert A_1 A_2 + B_1 B_2 + C_1 C_2 \rvert}{\sqrt{A_1^2 + B_1^2 + C_1^2}\sqrt{A_2^2 + B_2^2 + C_2^2}}$	

（二）析疑解惑

题1 平面方程一定是一个三元一次方程吗?

解 不一定.平面方程可以是三元一次方程,也可以是二元一次方程,也可以是一元一次方程.但一定是一个一次方程.

题2 平面的法线向量是否唯一?方程是否唯一?

解 平面的法线向量不唯一,平面的方程也不唯一.

题3 平面方程与曲面方程有什么区别?

解 平面方程一定是一个一次方程,曲面方程一般为非一次的方程.

题4 满足哪些条件可确定一个平面?

解 满足下列三个条件之一即可确定一个平面:(1) 过空间中不共线的三个点;(2) 过直线和直线外一点;(3) 过两条平行或相交的直线.

（三）范例分析

例1 设一平面通过点 $M_0(-3,1,-2)$ 及 x 轴,求其方程.

解法一 利用平面的点法式方程.该平面的法线向量

$$\boldsymbol{n} = \boldsymbol{i} \times \overrightarrow{OM_0} = \begin{vmatrix} \boldsymbol{i} & \boldsymbol{j} & \boldsymbol{k} \\ 1 & 0 & 0 \\ -3 & 1 & -2 \end{vmatrix} = 2\boldsymbol{j} + \boldsymbol{k}.$$

于是,所求平面的点法式方程为

$$2(y-1) + 1(z+2) = 0,$$

整理得

$$2y + z = 0.$$

解法二 利用待定系数法.设所求平面方程为 $Ax + By + Cz + D = 0$,而点 $(0,0,0)$ 及点 $(1,0,0)$ 都在该平面上,代入得 $D = A = 0$,从而所求平面方程化为 $By + Cz = 0$.将 $M_0(-3,1,-2)$ 代入上式,得 $B = 2C$.故所求平面方程为

$$2Cy + Cz = 0, \quad 即 \quad 2y + z = 0.$$

例2 求过点 $M_0(2,3,-5)$ 且与联结坐标原点 O 及点 M_0 的线段 OM_0 垂直的平面方程.

解 因为所求平面 Π 与线段 OM_0 垂直,所以 Π 的法线向量 $\boldsymbol{n} = \overrightarrow{OM_0} = \{2,3,-5\}$.又 Π 过点 $M_0(2,3,-5)$,所以 Π 的点法式方程为

$$2(x-2) + 3(y-3) - 5(z+5) = 0,$$

整理得

$$2x + 3y - 5z = 38.$$

例3 求过三点 $M_1(1,1,2)$,$M_2(3,2,3)$,$M_3(2,0,3)$ 的平面方程.

解 因为所求平面 Π 过三点 $M_1(1,1,2)$,$M_2(3,2,3)$,$M_3(2,0,3)$,所以 Π 的法线向量 $\boldsymbol{n}$ 应满足

$$\boldsymbol{n} \perp \overrightarrow{M_1M_2}, \quad \boldsymbol{n} \perp \overrightarrow{M_1M_3},$$

其中 $\overrightarrow{M_1M_2} = \{2,1,1\}$，$\overrightarrow{M_1M_3} = \{1,-1,1\}$. 于是，可取

$$n = \overrightarrow{M_1M_2} \times \overrightarrow{M_1M_3} = \begin{vmatrix} i & j & k \\ 2 & 1 & 1 \\ 1 & -1 & 1 \end{vmatrix} = 2i - j - 3k.$$

故所求平面方程为

$$2(x-1) - (y-1) - 3(z-2) = 0, \quad 即 \quad 2x - y - 3z + 5 = 0.$$

注 三点 $M_1(1,1,2)$，$M_2(3,2,3)$，$M_3(2,0,3)$ 组成的任意两个向量的向量积都可作为平面 Π 的法线向量 n.

例 4 一平面过坐标原点 O 且垂直于平面 $\Pi_1 : x + 2y + 3z - 2 = 0$ 和 $\Pi_2 : 6x - y + 5z + 2 = 0$，求此平面方程.

分析 根据条件，已知平面过坐标原点，若能求出平面的法线向量就可得平面方程.

解 设所求平面 Π 和已知平面 Π_1，Π_2 的法线向量分别为 n，n_1，n_2. 因为 $\Pi \perp \Pi_1$，$\Pi \perp \Pi_2$，所以 $n \perp n_1$，$n \perp n_2$，从而可取

$$n = n_1 \times n_2 = \begin{vmatrix} i & j & k \\ 1 & 2 & 3 \\ 6 & -1 & 5 \end{vmatrix} = 13i + 13j - 13k.$$

故可选择 Π 的法线向量 $n = \{1,1,-1\}$，得 Π 的方程为 $x + y - z = 0$.

例 5 求平面 $2x - 2y + z + 5 = 0$ 与各坐标面的夹角的余弦.

解 因为平面 $2x - 2y + z + 5 = 0$ 的法线向量 $n = \{2,-2,1\}$，而 xOy 面、yOz 面、zOx 面的法线向量分别为 $n_1 = \{0,0,1\}$，$n_2 = \{1,0,0\}$，$n_3 = \{0,1,0\}$，因此该平面与各坐标面的夹角 α，β，γ 的余弦分别为

$$\cos\alpha = \frac{1}{3}, \quad \cos\beta = \frac{2}{3}, \quad \cos\gamma = \frac{2}{3}.$$

例 6 已知三点 $A(-5,-11,3)$，$B(7,10,-6)$ 和 $C(1,-3,-2)$，求平行于 $\triangle ABC$ 所在的平面且与它的距离等于 2 的平面方程.

分析 与例 3 的思路类似，只需求出过三点 A，B，C 的平面的法线向量，即所求平面的法线向量.

解 设所求平面 Π 的法线向量为 n，由题意知

$$n = \left(\frac{1}{3}\overrightarrow{AB}\right) \times \overrightarrow{AC} = \begin{vmatrix} i & j & k \\ 4 & 7 & -3 \\ 6 & 8 & -5 \end{vmatrix} = -11i + 2j - 10k,$$

故可设 Π 的一般方程为 $11x - 2y + 10z + D = 0$，且有条件 $\triangle ABC$ 所在的平面与 Π 的距离等于 2，从而点 C 到 Π 的距离

$$d = \frac{|11 - 2 \times (-3) + 10 \times (-2) + D|}{\sqrt{11^2 + 2^2 + 10^2}} = 2,$$

解得 $D = -27$ 或 33. 因此，Π 的方程为

$$11x - 2y + 10z + 33 = 0 \quad 或 \quad 11x - 2y + 10z - 27 = 0.$$

例 7 确定 k 的值，使得平面 $x + ky - 2z = 9$ 满足下列条件之一：

(1) 过点 $(5,-4,-6)$；

(2) 与平面 $2x+4y+3z=3$ 垂直;

(3) 与平面 $3x-7y-6z-1=0$ 平行;

(4) 与平面 $2x-3y+z=0$ 的夹角为 $\frac{\pi}{4}$;

(5) 与坐标原点的距离等于 3;

(6) 在 y 轴上的截距为 -3.

解 (1) 因平面 $x+ky-2z=9$ 过点 $(5,-4,-6)$,故将该点代入平面方程可得 $k=2$.

(2) 平面 $x+ky-2z=9$ 与平面 $2x+4y+3z=3$ 垂直,即两平面的法线向量 $\pmb{n}_1,\pmb{n}_2$ 垂直,所以 $\pmb{n}_1 \cdot \pmb{n}_2=2+4k-6=0$,解得 $k=1$.

(3) 平面 $x+ky-2z=9$ 与平面 $3x-7y-6z-1=0$ 平行,即两平面的法线向量 $\pmb{n}_1,\pmb{n}_2$ 平行,所以 $3=\dfrac{-7}{k}=\dfrac{6}{2}$,解得 $k=-\dfrac{7}{3}$.

(4) 平面 $x+ky-2z=9$ 与平面 $2x-3y+z=0$ 的夹角为 $\frac{\pi}{4}$,即两平面的法线向量 $\pmb{n}_1,\pmb{n}_2$ 夹角 θ 为 $\frac{\pi}{4}$,所以 $\cos\theta=\dfrac{|2-3k-2|}{\sqrt{5+k^2}\sqrt{14}}=\dfrac{\sqrt{2}}{2}$,解得 $k=\pm\dfrac{\sqrt{70}}{2}$.

(5) 因平面 $x+ky-2z=9$ 与坐标原点的距离等于 3,故 $\dfrac{|9|}{\sqrt{5+k^2}}=3$,解得 $k=\pm 2$.

(6) 平面 $x+ky-2z=9$ 在 y 轴上的截距为 -3,则根据平面的截距式方程,有 $\dfrac{x}{9}+\dfrac{ky}{9}+\dfrac{-2z}{9}=1$. 于是 $\dfrac{9}{k}=-3$,即 $k=-3$.

例 8 求平行于平面 $x+y+z=100$ 且与球面 $x^2+y^2+z^2=4$ 相切的平面方程.

解 因为所求平面 Π 平行于平面 $x+y+z=100$,所以 Π 的法线向量 $\pmb{n}=\{1,1,1\}$,则可设 Π 的方程为
$$x+y+z+D=0.$$
又因为 Π 与球面相切,则球心到 Π 的距离为球半径 2,所以
$$d=\frac{|D|}{\sqrt{3}}=2, \quad \text{解得} \quad D=\pm 2\sqrt{3}.$$
于是,所求平面方程为
$$x+y+z\pm 2\sqrt{3}=0.$$

例 9 求平面 $x-2y+2z+21=0$ 与 $7x+24z-5=0$ 的夹角的平分面的方程.

分析 两平面的夹角平分面上的点应满足到两平面的距离相等.

解 设所求平分面 Π 上的动点为 (x,y,z). 因为 Π 是平面 $x-2y+2z+21=0$ 与平面 $7x+24z-5=0$ 的夹角的平分面,所以点 (x,y,z) 到两平面的距离相等. 于是有
$$\frac{|x-2y+2z+21|}{3}=\frac{|7x+24z-5|}{25}, \quad \text{即} \quad 25(x-2y+2z+21)=\pm 3(7x+24z-5),$$
整理得
$$2x-25y-11z+270=0 \quad \text{或} \quad 23x-25y+61z+255=0.$$

（四）同步练习

1. 求过点$(4,1,-2)$且与平面$3x-2y+6z=11$平行的平面方程.

2. 求过点$M_0(1,7,-3)$且与联结坐标原点O到点M_0的线段OM_0垂直的平面方程.

3. 设一平面过点$(1,2,-1)$,该平面在x轴和z轴上的截距都等于其在y轴上的截距的两倍,求该平面方程.

4. 求过三点$(1,1,-1)$,$(-2,-2,2)$和$(1,-1,2)$的平面方程.

5. 求过两点$(1,1,1)$和$(2,2,2)$且垂直于平面$x+y-z=0$的平面方程.

6. 确定参数k的值,使得平面$kx+y-2z=9$满足下列条件之一:

(1) 过点$(1,-4,3)$;   (2) 与平面$2x-2y+z=0$垂直.

7. 确定l和m的值,使得:

(1) 平面$2x+ly+3z-5=0$和平面$mx-6y-z+2=0$平行;

(2) 平面$3x-5y+lz-3=0$和平面$x+3y+2z+5=0$垂直.

8. 求过点$(1,-1,1)$且垂直于两平面$x-y+z-1=0$和$2x+y+z+1=0$的平面方程.

同步练习简解

1. 解 因为所求平面Π与平面$3x-2y+6z=11$平行,所以Π的法线向量为$\boldsymbol{n}=\{3,-2,6\}$. 又$\Pi$过点$(4,1,-2)$,故所求平面方程为

$$3(x-4)-2(y-1)+6(z+2)=0,\quad 即\quad 3x-2y+6z+2=0.$$

2. 解 因为所求平面Π与线段OM_0垂直,所以Π的法线向量为$\boldsymbol{n}=\overrightarrow{OM_0}=\{1,7,-3\}$. 又$\Pi$过点$M_0(1,7,-3)$,所以所求平面方程为

$$x-1+7(y-7)-3(z+3)=0,\quad 即\quad x+7y-3z-59=0.$$

3. 解 设所求平面在y轴上的截距为b,则平面方程可设为

$$\frac{x}{2b}+\frac{y}{b}+\frac{z}{2b}=1.$$

又点$(1,2,-1)$在该平面上,则有

$$\frac{1}{2b}+\frac{2}{b}+\frac{-1}{2b}=1,\quad 得\quad b=2.$$

故所求平面方程为

$$\frac{x}{4}+\frac{y}{2}+\frac{z}{4}=1.$$

4. 解 设所求平面方程为$Ax+By+Cz+D=0$. 将该平面经过的三点$(1,1,-1)$,$(-2,-2,2)$和$(1,-1,2)$代入方程,得

$$\begin{cases} A+B-C+D=0, \\ -2A-2B+2C+D=0, \\ A-B+2C+D=0. \end{cases}$$

解方程组,有$A=-\dfrac{1}{2}C$,$B=\dfrac{3}{2}C$,$D=0$. 代入原方程并化简得

$$x-3y-2z=0,$$

此即为所求平面方程.

5. 解 设所求平面Π的方程为$Ax+By+Cz+D=0$,则其法线向量为$\boldsymbol{n}=\{A,B,C\}$. 因为已知平面$x+y-z=0$的法线向量为$\boldsymbol{n}_1=\{1,1,-1\}$,且已知两点$(1,1,1)$和$(2,2,2)$的向量$\boldsymbol{l}=\{1,1,1\}$,所以依题意知$\boldsymbol{n}\cdot\boldsymbol{n}_1=0$,$\boldsymbol{n}\cdot\boldsymbol{l}=0$,即

$$\begin{cases} A+B-C=0, \\ A+B+C=0, \end{cases}\quad 解得\quad C=0,A=-B.$$

代入原方程,化简得所求平面方程为 $Ax-Ay+D=0$.又点 $(1,1,1)$ 在平面上,所以 $D=0$.故所求平面方程为 $x-y=0$.

6. 解 (1) 因平面 $kx+y-2z=9$ 过点 $(1,-4,3)$,故有 $k-4-2\times3=9$,解得 $k=19$.

(2) 两平面的法线向量分别为 $\boldsymbol{n}_1=\{k,1,-2\}$,$\boldsymbol{n}_2=\{2,-2,1\}$,由已知 $\boldsymbol{n}_1\cdot\boldsymbol{n}_2=2k-4=0$,解得 $k=2$.

7. 解 (1) 两平面的法线向量分别为 $\boldsymbol{n}_1=\{2,l,3\}$,$\boldsymbol{n}_2=\{m,-6,-1\}$.因为两平面平行,即 $\boldsymbol{n}_1\parallel\boldsymbol{n}_2$,所以有

$$\frac{2}{m}=\frac{l}{-6}=\frac{3}{-1},\quad\text{即}\quad m=-\frac{2}{3},l=18.$$

(2) 两平面的法线向量分别为 $\boldsymbol{n}_1=\{3,-5,l\}$,$\boldsymbol{n}_2=\{1,3,2\}$.因为两平面垂直,即 $\boldsymbol{n}_1\perp\boldsymbol{n}_2$,所以有
$$3\times1-5\times3+l\times2=0,\quad\text{即}\quad l=6.$$

8. 解 设所求平面方程为 $Ax+By+Cz+D=0$,其法线向量 $\boldsymbol{n}=\{A,B,C\}$,两已知平面的法线向量分别为 $\boldsymbol{n}_1=\{1,-1,1\}$,$\boldsymbol{n}_2=\{2,1,1\}$.依题意得 $\boldsymbol{n}\perp\boldsymbol{n}_1$ 且 $\boldsymbol{n}\perp\boldsymbol{n}_2$,从而有

$$\begin{cases}A-B+C=0,\\2A+B+C=0,\end{cases}\quad\text{解得}\quad\begin{cases}A=-\dfrac{2}{3}C,\\B=\dfrac{C}{3}.\end{cases}$$

又点 $(1,-1,1)$ 在所求平面上,代入原方程有 $A-B+C+D=0$,得 $D=0$,故所求平面方程为
$$-\frac{2}{3}Cx+\frac{C}{3}y+Cz=0,\quad\text{即}\quad 2x-y-3z=0.$$

7.6 空间直线及其方程

(一) 内容提要

<table>
<tr><td rowspan="6">空间直线及其方程</td><td>一般方程</td><td>$\begin{cases}A_1x+B_1y+C_1z+D_1=0,\\A_2x+B_2y+C_2z+D_2=0\end{cases}$</td><td rowspan="2">对称式方程和一般方程的关系:
$\boldsymbol{s}=\begin{vmatrix}\boldsymbol{i}&\boldsymbol{j}&\boldsymbol{k}\\A_1&B_1&C_1\\A_2&B_2&C_2\end{vmatrix}$</td></tr>
<tr><td>对称式方程(标准方程)</td><td>过点 $M_0(x_0,y_0,z_0)$,方向向量为 $\boldsymbol{s}=\{m,n,p\}$ 的直线方程:
$\dfrac{x-x_0}{m}=\dfrac{y-y_0}{n}=\dfrac{z-z_0}{p}$</td></tr>
<tr><td>坐标式参数方程</td><td colspan="2">$\begin{cases}x=mt+x_0,\\y=nt+y_0,\\z=pt+z_0\end{cases}$</td></tr>
<tr><td colspan="3">两直线 L_1 和 L_2 的夹角 θ 的余弦:$\cos\theta=\dfrac{|\boldsymbol{s}_1\cdot\boldsymbol{s}_2|}{|\boldsymbol{s}_1||\boldsymbol{s}_2|}=\dfrac{|m_1m_2+n_1n_2+p_1p_2|}{\sqrt{m_1^2+n_1^2+p_1^2}\sqrt{m_2^2+n_2^2+p_2^2}}$
(直线 L_1 的方向向量 $\boldsymbol{s}_1=\{m_1,n_1,p_1\}$,直线 L_2 的方向向量 $\boldsymbol{s}_2=\{m_2,n_2,p_2\}$)</td></tr>
<tr><td colspan="3">直线 L 和平面 Π 的夹角 θ 的正弦:$\sin\theta=\dfrac{|\boldsymbol{n}\cdot\boldsymbol{s}|}{|\boldsymbol{n}||\boldsymbol{s}|}=\dfrac{|mA+nB+pC|}{\sqrt{m^2+n^2+p^2}\sqrt{A^2+B^2+C^2}}$
$\left(\text{直线 }L:\dfrac{x-x_0}{m}=\dfrac{y-y_0}{n}=\dfrac{z-z_0}{p},\text{平面 }\Pi:Ax+By+Cz+D=0\right)$</td></tr>
</table>

平面束方程 $\left(L\text{ 为一般方程}\begin{cases}A_1x+B_1y+C_1z+D_1=0,\\A_2x+B_2y+C_2z+D_2=0\end{cases}\right)$:

$$A_1x+B_1y+C_1z+D_1+\lambda(A_2x+B_2y+C_2z+D_2)=0$$

（二）析疑解惑

题 1 空间中直线方程与平面方程有什么区别？

解 空间中直线方程一般是一个三元一次方程组，而平面方程一般是一个三元一次方程.

题 2 空间直线的方向向量是否唯一？方程是否唯一？

解 空间直线的方向向量不唯一，空间直线的方程也不唯一.

题 3 空间两直线不平行是否一定相交？

解 平面上两直线不平行一定相交，但空间中两直线不平行不一定相交，不平行又不相交的两直线称为异面直线.

题 4 哪些条件可确定一条直线？

解 过不重合的两点，或者两平面的交线等. 利用向量的方法可将这些条件归结为：过一已知点且与一已知向量平行可以确定一条直线，由此条件建立起来的直线方程为直线的对称式方程.

（三）范例分析

例 1 用对称式方程及坐标式参数方程表示直线 L：$\begin{cases} 2x - y - 3z + 2 = 0, \\ x + 2y - z - 6 = 0. \end{cases}$

解 因为直线 L 表示为两平面相交的一般方程为 $\begin{cases} 2x - y - 3z + 2 = 0, \\ x + 2y - z - 6 = 0, \end{cases}$ 所以 L 的方向向量 s 和两平面的法线向量都垂直，从而

$$s = \begin{vmatrix} \boldsymbol{i} & \boldsymbol{j} & \boldsymbol{k} \\ 2 & -1 & -3 \\ 1 & 2 & -1 \end{vmatrix} = 7\boldsymbol{i} - \boldsymbol{j} + 5\boldsymbol{k}.$$

取 L 上的一点：在原方程组中令 $z = 0$，原方程组化为 $\begin{cases} 2x - y + 2 = 0, \\ x + 2y - 6 = 0, \end{cases}$ 得 L 上一点 $\left(\dfrac{2}{5}, \dfrac{14}{5}, 0 \right)$. 故 L 的对称式方程为

$$\frac{x - \dfrac{2}{5}}{7} = \frac{y - \dfrac{14}{5}}{-1} = \frac{z}{5},$$

坐标式参数方程为

$$\begin{cases} x = 7t + \dfrac{2}{5}, \\ y = -t + \dfrac{14}{5}, \\ z = 5t. \end{cases}$$

例 2 证明：两直线 L_1：$\begin{cases} x + 2y - z = 7, \\ -2x + y + z = 7 \end{cases}$ 与 L_2：$\begin{cases} 3x + 6y - 3z = 8, \\ 2x - y - z = 0 \end{cases}$ 平行.

证 直线 L_1 的方向向量为

$$s_1 = \begin{vmatrix} i & j & k \\ 1 & 2 & -1 \\ -2 & 1 & 1 \end{vmatrix} = 3i + j + 5k.$$

直线 L_2：$\begin{cases} 3x + 6y - 3z - 8, \\ 2x - y - z = 0 \end{cases}$ 可化为 $\begin{cases} x + 2y - z = \dfrac{8}{3}, \\ 2x - y - z = 0, \end{cases}$ 其方向向量为

$$s_2 = \begin{vmatrix} i & j & k \\ 1 & 2 & -1 \\ 2 & -1 & -1 \end{vmatrix} = -3i - j - 5k.$$

显然，$s_1 = -s_2$，故 $L_1 /\!/ L_2$.

例3 求过点 $(1,2,1)$ 且与直线 L_1：$\begin{cases} x + 2y - z + 1 = 0, \\ x - y + z - 1 = 0 \end{cases}$ 和 L_2：$\begin{cases} 2x - y + z = 0, \\ x - y + z = 0 \end{cases}$ 都平行的平面方程.

分析 所求平面和两直线平行，说明该平面的法线向量和两直线的方向向量都垂直.

解 设所求平面 Π 的法线向量为 n，两直线的方向向量分别为 s_1, s_2. 因为 $\Pi /\!/ L_1, \Pi /\!/ L_2$，所以 $n \perp s_1, n \perp s_2$. 又因为

$$s_1 = \begin{vmatrix} i & j & k \\ 1 & 2 & -1 \\ 1 & -1 & 1 \end{vmatrix} = i - 2j - 3k, \quad s_2 = \begin{vmatrix} i & j & k \\ 2 & -1 & 1 \\ 1 & -1 & 1 \end{vmatrix} = -j - k,$$

所以

$$n = s_1 \times (-s_2) = \begin{vmatrix} i & j & k \\ 1 & -2 & -3 \\ 0 & 1 & 1 \end{vmatrix} = i - j + k.$$

故 Π 的方程为

$$(x - 1) - (y - 2) + (z - 1) = 0, \quad 即 \quad x - y + z = 0.$$

例4 求过点 $(0,2,4)$ 且与两平面 $x + 2z = 1$ 和 $y - 3z = 2$ 平行的直线方程.

分析 所求直线与两已知平面平行，则该直线的方向向量和两平面的法线向量都垂直.

解 设所求直线 L 的方向向量为 s，两平面 Π_1 和 Π_2 的法线向量分别为 n_1, n_2. 因为 $L /\!/ \Pi_1, L /\!/ \Pi_2$，所以 $s \perp n_1, s \perp n_2$. 于是，取

$$s = n_1 \times n_2 = \begin{vmatrix} i & j & k \\ 1 & 0 & 2 \\ 0 & 1 & -3 \end{vmatrix} = -2i + 3j + k,$$

故 L 的方程为

$$\frac{x}{-2} = \frac{y - 2}{3} = \frac{z - 4}{1}.$$

例5 求过点 $M_0(3, 1, -2)$ 且通过直线 $\dfrac{x - 4}{5} = \dfrac{y + 3}{2} = \dfrac{z}{1}$ 的平面方程.

分析 容易得到点 M_0 不在直线上，所以求通过点和直线的平面方程和通过三点的平面方程的方法相似.

解 设所求平面 Π 的法线向量为 n，直线 $L: \dfrac{x-4}{5} = \dfrac{y+3}{2} = \dfrac{z}{1}$ 的方向向量 $s = \{5,2,1\}$.

因为 L 在 Π 上，所以 $n \perp s$. 取直线上的一点 $M(4,-3,0)$ 和已知点 $M_0(3,1,-2)$ 组成向量 $\overrightarrow{MM_0} = \{-1,4,-2\}$. 易知 $n \perp \overrightarrow{MM_0}$，则取

$$n = s \times \overrightarrow{MM_0} = \begin{vmatrix} i & j & k \\ 5 & 2 & 1 \\ -1 & 4 & -2 \end{vmatrix} = -8i + 9j + 22k,$$

故 Π 的方程为

$$-8(x-3) + 9(y-1) + 22(z+2) = 0, \quad \text{即} \quad -8x + 9y + 22z + 59 = 0.$$

例 6 求直线 $\begin{cases} x+y+3z = 0, \\ x-y-z = 0 \end{cases}$ 与平面 $x-y-z+1 = 0$ 的夹角.

解 设直线 $L: \begin{cases} x+y+3z = 0, \\ x-y-z = 0 \end{cases}$ 的方向向量为 s，平面 $\Pi: x-y-z+1 = 0$ 的法线向量为 n，则

$$s = \begin{vmatrix} i & j & k \\ 1 & 1 & 3 \\ 1 & -1 & -1 \end{vmatrix} = 2i + 4j - 2k, \quad n = \{1,-1,-1\}.$$

可取 $s = \{1,2,-1\}$，记直线 L 与平面 Π 的夹角为 θ，则

$$\sin\theta = \frac{|n \cdot s|}{|n||s|} = 0, \quad \text{得} \quad \theta = 0.$$

例 7 试确定下列各组中的直线 L 和平面 Π 的位置关系：

(1) $\dfrac{x+3}{-2} = \dfrac{y+4}{-7} = \dfrac{z}{3}$ 和 $4x - 2y - 2z = 3$；

(2) $\dfrac{x}{3} = \dfrac{y}{-2} = \dfrac{z}{7}$ 和 $3x - 2y + 7z = 8$；

(3) $\dfrac{x-2}{3} = \dfrac{y+2}{1} = \dfrac{z-3}{-4}$ 和 $x + y + z = 3$.

解 设直线 L 的方向向量为 s，平面 Π 的法线向量为 n，L 与 Π 的夹角为 θ.

(1) $s = \{-2,-7,3\}$，$n = \{2,-1,-1\}$，于是 $\sin\theta = \dfrac{|s \cdot n|}{|s||n|} = 0$，从而 $s \perp n$.

又 L 上的点 $(-3,-4,0)$ 不满足方程 $4x - 2y - 2z = 3$，所以 L 不在 Π 上，故 $L \,/\!/ \,\Pi$.

(2) $s = \{3,-2,7\}$，$n = \{3,-2,7\}$，于是 $\sin\theta = \dfrac{|s \cdot n|}{|s||n|} = 1$，故 $L \perp \Pi$.

(3) $s = \{3,1,-4\}$，$n = \{1,1,1\}$，于是 $\sin\theta = \dfrac{|s \cdot n|}{|s||n|} = 0$，从而 $s \perp n$.

又 L 上的点 $(2,-2,3)$ 满足方程 $x + y + z = 3$，故 L 在 Π 上.

例 8 求点 $(-1,2,0)$ 在平面 $x + 2y - z + 1 = 0$ 上的投影.

分析 根据点在平面上的投影的定义可知求投影点的过程如下：(1) 过点作平面的垂线；(2) 垂线和平面的交点即为投影点.

解 过点 $M(-1,2,0)$ 作平面 $\Pi: x + 2y - z + 1 = 0$ 的垂线 L. 设 L 的方向向量为 s，Π 的

法线向量为 n，则可选 $s = n$，从而有

$$L: \frac{x+1}{1} = \frac{y-2}{2} = \frac{z}{-1} = t, \quad \text{即} \quad \begin{cases} x = t-1, \\ y = 2t+2, \\ z = -t. \end{cases}$$

将 L 的坐标式参数方程代入 Π 的方程，有

$$(t-1) + 2(2t+2) - (-t) + 1 = 0,$$

解得 $t = -\dfrac{2}{3}$. 于是，得 L 和 Π 的交点，即投影点 $M_0 = \left(-\dfrac{5}{3}, \dfrac{2}{3}, \dfrac{2}{3}\right)$.

例 9 求直线 $L: \begin{cases} x+y-z-1=0, \\ x-y+z+1=0 \end{cases}$ 在平面 $\Pi: x+y+z=0$ 上的投影直线方程.

分析 此题有两种解法，其一是可根据求投影直线的过程逐步求得，先求过直线 L 垂直于 Π 的平面 Π_1，再求 Π 与 Π_1 的交线即为 L 在 Π 上的投影直线；其二是可通过求 L 和 Π 的交点以及所求投影直线的方向向量写出所求投影直线的对称式方程.

解法一 过 L 的平面束方程为 $x+y-z-1+\lambda(x-y+z+1)=0$，即

$$(1+\lambda)x + (1-\lambda)y + (\lambda-1)z + \lambda - 1 = 0.$$

此平面束中和 Π 垂直的平面应满足

$$(1+\lambda) + (1-\lambda) + (\lambda-1) = 0, \quad \text{即} \quad \lambda = -1,$$

所以过直线 L 垂直于 Π 的平面 Π_1 方程为 $y-z=1$. 故 L 在 Π 上的投影直线方程为

$$\begin{cases} x+y+z = 0, \\ y-z = 1. \end{cases}$$

解法二 L 和 Π 的交点 $M_0(x,y,z)$ 满足

$$\begin{cases} x+y-z-1=0, \\ x-y+z+1=0, \\ x+y+z=0, \end{cases} \quad \text{即} \quad M_0\left(0, \dfrac{1}{2}, -\dfrac{1}{2}\right).$$

L 的方向向量 $s = \begin{vmatrix} i & j & k \\ 1 & 1 & -1 \\ 1 & -1 & 1 \end{vmatrix} = -2j - 2k$，且 Π 的法线向量 $n = i+j+k$，而 L 和它的投影直线组成平面的法线向量 n_1 满足 $n_1 \perp s$ 且 $n_1 \perp n$，于是

$$n_1 = n \times \left(-\dfrac{1}{2}s\right) = -j + k.$$

投影直线的方向向量 s_1 应满足 $s_1 \perp n$ 且 $s_1 \perp n_1$，于是

$$s_1 = -n_1 \times n = 2i - j - k.$$

故投影直线的对称式方程为

$$\frac{x}{2} = \frac{y-\dfrac{1}{2}}{-1} = \frac{z+\dfrac{1}{2}}{-1}.$$

例 10 已知直线 $L: \begin{cases} 2y+3z-5=0, \\ x-2y-z+7=0, \end{cases}$ 求：

(1) L 在 yOz 面上的投影方程；

(2) L 在 xOy 面上的投影方程；

(3) L 在平面 Π：$x-y+3z+8=0$ 上的投影方程.

解 (1) 方程组 $\begin{cases} 2y+3z-5=0, \\ x-2y-z+7=0 \end{cases}$ 中消去变量 x，可得 L 在 yOz 面上的投影方程为

$$\begin{cases} 2y+3z-5=0, \\ x=0. \end{cases}$$

(2) 方程组 $\begin{cases} 2y+3z-5=0, \\ x-2y-z+7=0 \end{cases}$ 中消去变量 z，可得 L 在 xOy 面上的投影方程为

$$\begin{cases} 3x-4y+16=0, \\ z=0. \end{cases}$$

(3) 过 L 的平面束方程为 $2y+3z-5+\lambda(x-2y-z+7)=0$，即

$$\lambda x+(2-2\lambda)y+(3-\lambda)z+7\lambda-5=0.$$

此平面束中和 Π 垂直的平面应满足

$$\lambda-(2-2\lambda)+3(3-\lambda)=0.$$

此方程无解，说明这些平面都不垂直于 Π. 过 L 且不在平面束方程中的平面只有一个，即 $x-2y-z+7=0$. 设此平面为 Π_1，有 $\Pi_1 \perp \Pi$，所以 Π_1 为过直线 L 且垂直于 Π 的平面，故 L 在 Π 上的投影方程为

$$\begin{cases} x-y+3z+8=0, \\ x-2y-z+7=0. \end{cases}$$

（四）同步练习

1. 求通过下列两已知点的直线方程：

(1) 点 $(1,-2,1)$ 和 $(3,1,-1)$；　　　　　(2) 点 $(3,-1,0)$ 和 $(1,0,-3)$.

2. 求直线 $\begin{cases} 2x+3y-z-4=0, \\ 3x-5y+2z+1=0 \end{cases}$ 的对称式方程和参数方程.

3. 求直线 $\dfrac{x-2}{1}=\dfrac{y-3}{1}=\dfrac{z-4}{2}$ 与平面 $2x+y+z-6=0$ 的交点.

4. 判断下列各组中直线与平面的位置关系：

(1) $\dfrac{x-5}{-2}=\dfrac{y+3}{1}=\dfrac{z-1}{3}$ 和 $2x-y-3z+2=0$；

(2) $\dfrac{x-1}{2}=\dfrac{y-3}{-2}=\dfrac{z-1}{3}$ 和 $2x-y-2z+2=0$；

(3) $\dfrac{x-1}{8}=\dfrac{y-1}{2}=\dfrac{z-1}{3}$ 和 $x+2y-4z+1=0$.

5. 求过点 $M(2,-5,3)$ 且与两平面 $2x-y+z-1=0$ 和 $x+y-z-2=0$ 平行的直线方程.

6. 求两直线 $\begin{cases} x+2y+z-1=0, \\ x-2y+z+1=0 \end{cases}$ 和 $\dfrac{x-3}{1}=\dfrac{y-1}{1}=\dfrac{z+1}{0}$ 之间的夹角.

7. 求直线 L：$\begin{cases} x+y+3z=0, \\ x-y-z=0 \end{cases}$ 和平面 Π：$x-y+z+1=0$ 之间的夹角.

8. 求直线 L：$\dfrac{x-1}{3}=\dfrac{y-5}{2}=\dfrac{z+1}{-3}$ 在平面 Π：$x-2y+z-5=0$ 上的投影直线方程.

9. 求直线 L：$\begin{cases} 2x-y+z-7=0, \\ x+y+2z-11=0 \end{cases}$ 在平面 Π：$x-y-z=2$ 上的投影直线方程.

同步练习简解

1. 解 （1）两已知点确定直线的一个方向向量为 $s=\{3-1,1+2,-1-1\}=\{2,3,-2\}$，故直线的对称式方程为

$$\frac{x-1}{2}=\frac{y+2}{3}=\frac{z-1}{-2} \quad 或 \quad \frac{x-3}{2}=\frac{y-1}{3}=\frac{z+1}{-2}.$$

（2）两已知点确定直线的一个方向向量为 $s=\{1-3,0+1,-3-0\}=\{-2,1,-3\}$，故直线的对称式方程为

$$\frac{x-3}{-2}=\frac{y+1}{1}=\frac{z}{-3} \quad 或 \quad \frac{x-1}{-2}=\frac{y}{1}=\frac{z+3}{-3}.$$

2. 解 所给直线的方向向量为

$$s=n_1\times n_2=\begin{vmatrix}3&-1\\-5&2\end{vmatrix}i+\begin{vmatrix}-1&2\\2&3\end{vmatrix}j+\begin{vmatrix}2&3\\3&-5\end{vmatrix}k=i-7j-19k.$$

另取直线上一点 $(0,y_0,z_0)$，代入直线的一般方程，可解得 $y_0=7,z_0=17$. 于是，直线过点 $(0,7,17)$，因此直线的对称式方程为

$$\frac{x}{1}=\frac{y-7}{-7}=\frac{z-17}{-19},$$

参数方程为

$$\begin{cases}x=t,\\y=7-7t,\\z=17-19t.\end{cases}$$

3. 解 将直线的对称式方程化为参数方程 $\begin{cases}x=t+2,\\y=t+3,\\z=2t+4,\end{cases}$ 故可设所求交点为 $P(2+t,3+t,4+2t)$. 代入平面方程，有

$$2(2+t)+(3+t)+(4+2t)-6=0, \quad 解得 \quad t=-1.$$

因此，所求直线与平面的交点为 $P(1,2,2)$.

4. 解 设直线的方向向量为 s，平面的法线向量为 n.

（1）$s=\{-2,1,3\},n=\{2,-1,-3\}$. 因 $s\ /\!/\ n$，故直线与平面垂直.

（2）$s=\{2,-2,3\},n=\{2,-1,-2\}$. 因 $s\cdot n=0$，即 $s\perp n$，且点 $(1,3,1)$ 在直线上但不在平面上，故直线与平面平行.

（3）$s=\{8,2,3\},n=\{1,2,-4\}$. 因 $s\cdot n=0$，即 $s\perp n$，且点 $(1,1,1)$ 在直线上也在平面上，故直线在平面上.

5. 解 设所求直线的方向向量为 s，取两平面的法线向量分别为 $n_1=\{2,-1,1\},n_2=\{1,1,-1\}$. 因为所求直线与两平面平行，所以 $s\perp n_1$ 且 $s\perp n_2$. 于是，可取所求直线的一个方向向量为

$$s=\frac{1}{3}n_1\times n_2=\{0,1,1\}.$$

因此，所求直线方程为

$$\frac{x-2}{0}=\frac{y+5}{1}=\frac{z-3}{1}.$$

6. 解 已知直线 L_1 的方向向量

$$s_1=\frac{1}{4}\begin{vmatrix}i&j&k\\1&2&1\\1&-2&1\end{vmatrix}=\{1,0,-1\},$$

且已知直线 L_2 的方向向量 $s_2 = \{1,1,0\}$. 记两直线之间的夹角为 θ,则

$$\cos\theta = \frac{|s_1 \cdot s_2|}{|s_1||s_2|} = \frac{1}{2}, \quad 即 \quad \theta = \frac{\pi}{3}.$$

7. 解 已知直线 L 的方向向量

$$s = \frac{1}{2}\begin{vmatrix} i & j & k \\ 1 & 1 & 3 \\ 1 & -1 & -1 \end{vmatrix} = \{1,2,-1\},$$

且已知平面 Π 的法线向量 $n = \{1,-1,1\}$. 记 L 与 Π 之间的夹角为 θ,则

$$\sin\theta = \frac{|s \cdot n|}{|s||n|} = \frac{2}{\sqrt{6} \cdot \sqrt{3}} = \frac{\sqrt{2}}{3}, \quad 即 \quad \theta = \arcsin\frac{\sqrt{2}}{3}.$$

8. 解 设所求投影直线为 L_1,已知直线 L 与 L_1 所确定的平面为 Π_1. L 的方向向量 $s = \{3,2,-3\}$,已知平面 Π 的法线向量 $n = \{1,-2,1\}$,且记 Π_1 的一个法线向量为 n_1,则 $n_1 \perp s, n_1 \perp n, (1,5,-1) \in \Pi_1$. 于是,可取

$$n_1 = -\frac{1}{2}s \times n = \{2,3,4\}.$$

因此,Π_1 的方程为

$$2(x-1) + 3(y-5) + 4(z+1) = 0, \quad 即 \quad 2x + 3y + 4z - 13 = 0.$$

故所求投影直线 L_1 的方程为

$$\begin{cases} 2x + 3y + 4z - 13 = 0, \\ x - 2y + z - 5 = 0. \end{cases}$$

9. 解 可设已知直线与投影直线所确定的平面 Π_1 为

$$2x - y + z - 7 + \lambda(x + y + 2z - 11) = 0,$$

即

$$(2+\lambda)x + (\lambda-1)y + (1+2\lambda)z - (7+11\lambda) = 0.$$

令 Π_1 的法线向量为 $n_1 = \{2+\lambda, \lambda-1, 1+2\lambda\}$,已知平面 Π 的法线向量为 $n = \{1,-1,-1\}$,则 $n_1 \perp n$,即

$$2+\lambda - (\lambda-1) - (1+2\lambda) = 0, \quad 解得 \quad \lambda = 1.$$

故 Π_1 的方程为

$$3x + 3z - 18 = 0, \quad 即 \quad x + z - 6 = 0.$$

因此,所求投影直线方程为

$$\begin{cases} x + z - 6 = 0, \\ x - y - z - 2 = 0. \end{cases}$$

复习题

一、选择题

1. 设三向量 a,b,c 满足关系式 $a+b+c = 0$,则 $a \times b = ($).

A. $c \times b$ B. $b \times c$ C. $a \times c$ D. $b \times a$

2. 两平行平面 $\Pi_1: 2x - 3y + z + 21 = 0$ 与 $\Pi_2: 2x - 3y + z + 42 = 0$ 之间的距离为( ).

A. 1   B. $\frac{1}{2}$ C. $\frac{3\sqrt{14}}{2}$ D. 21

3. 两直线 $L_1: \begin{cases} x + 2y - z = 7, \\ -2x + y + z = 7 \end{cases}$ 与 $L_2: \begin{cases} 3x + 6y - 3z = 8, \\ 2x - y - z = 0 \end{cases}$ 之间的关系是( ).

A. $L_1 \perp L_2$ B. $L_1 /\!/ L_2$

C. L_1 与 L_2 相交但不一定垂直   D. L_1 与 L_2 为异面直线

4. 方程 $(z-a)^2 = x^2 + y^2$ 表示(　　).

A. zOx 面上曲线 $(z-a)^2 = x^2$ 绕 y 轴旋转一周所成的曲面

B. zOx 面上直线 $z-a = x$ 绕 z 轴旋转一周所成的曲面

C. yOz 面上直线 $z-a = y$ 绕 y 轴旋转一周所成的曲面

D. yOz 面上直线 $(z-a)^2 = y^2$ 绕 x 轴旋转一周所成的曲面

5. 下列方程所对应的曲面为双曲抛物面的是(　　).

A. $x^2 + 2y^2 + 3z^2 = 1$ 　　　　　　B. $x^2 - 2y^2 + 3z^2 = 1$

C. $x^2 + 2y^2 - 3z = 0$ 　　　　　　D. $x^2 - 2y^2 - 3z = 0$

二、填空题

1. 要使得 $|a+b| = |a-b|$ 成立,则向量 a, b 应满足_____.

2. 要使得 $|a+b| = |a|+|b|$ 成立,则向量 a, b 应满足_____.

3. 两非零向量 a 与 b 垂直的充要条件是_____.

4. 两非零向量 a 与 b 平行的充要条件是_____.

5. 已知向量 $a = \{1, -2, 2\}, b = \{-1, 1, -2\}$,则 $\text{Prj}_a b = $_____.

6. 以向量 $a = \{1, 2, 0\}$ 和 $b = \{1, 3, 4\}$ 为邻边的平行四边形的面积为_____.

7. 已知直线 $\dfrac{x+1}{4} = \dfrac{y+2}{3} = \dfrac{z-1}{1}$ 与平面 $lx + 3y - 5z + 1 = 0$ 平行,则 $l = $_____.

8. 坐标原点关于平面 $6x + 2y - 9z + 121 = 0$ 的对称点是_____.

三、判断题

1. 若 $a \cdot b = a \cdot c$,则必有 $b = c$. 　　　　　　　　　　　　　　　　　(　　)

2. 若 $a \times b = a \times c$,则必有 $b = c$. 　　　　　　　　　　　　　　　　　(　　)

3. 设 a 与 b 是非零向量,则必有 $a \cdot b = b \cdot a$. 　　　　　　　　　　　　(　　)

4. 设 a 与 b 是非零向量,则必有 $a \times b = b \times a$. 　　　　　　　　　　　(　　)

5. 设 a 是非零向量. 若有 $a \cdot b = a \cdot c$ 且 $a \times b = a \times c$,则必有 $b = c$. 　(　　)

四、解答题

1. 已知四点 $A(1, -2, 3), B(4, -4, -3), C(2, 4, 3)$ 和 $D(8, 6, 6)$,求向量 $\overrightarrow{AB}$ 在向量 $\overrightarrow{CD}$ 上的投影.

2. 求垂直于向量 $a = 3i - 4j - k$ 和 $b = 2i - j + k$ 的单位向量,以及 a 与 b 夹角的正弦.

3. 已知一四面体的顶点分别为 $(1,1,1), (1,2,3), (1,1,2)$ 和 $(3,-1,2)$,求该四面体的表面积.

4. 一动点与点 $M_0(1,1,1)$ 连成的向量与向量 $n = \{2, 3, -4\}$ 垂直,求该动点的轨迹方程.

5. 求满足下列各组条件的直线方程:

(1) 过点 $(2, -3, 4)$ 且与平面 $3x - y + 2z - 4 = 0$ 垂直;

(2) 过点 $(0, 2, 4)$ 且与两平面 $x + 2z = 1$ 和 $y - 3z = 2$ 平行;

(3) 过点 $(-1, 2, 1)$ 且与直线 $\dfrac{x}{2} = \dfrac{y-3}{-1} = \dfrac{z-1}{3}$ 平行.

6. 试确定下列各组中直线与平面的位置关系:

(1) $\dfrac{x+3}{-2} = \dfrac{y+4}{-7} = \dfrac{z}{3}$ 和 $4x - 2y - 2z = 3$;

(2) $\dfrac{x}{3} = \dfrac{y}{-2} = \dfrac{z}{7}$ 和 $3x - 2y + 7z = 8$;

(3) $\dfrac{x-2}{3} = \dfrac{y+2}{1} = \dfrac{z-3}{-4}$ 和 $x + y + z = 3$.

7. 求过点 $(1, -2, 1)$ 且垂直于直线 $\begin{cases} x - 2y + z - 3 = 0 \\ x + y - z + 2 = 0 \end{cases}$ 的平面方程.

8. 求过点 $M(1, -2, 3)$ 和两平面 $2x - 3y + z = 3, x + 3y + 2z + 1 = 0$ 的交线的平面方程.

9. 求直线 $L: \dfrac{x-1}{-2} = \dfrac{y-3}{1} = \dfrac{z-2}{3}$ 在平面 $\Pi: 2x - y + 5z - 3 = 0$ 上的投影方程.

10. 设有两直线 $L_1: \dfrac{x-1}{-1} = \dfrac{y}{2} = \dfrac{z+1}{1}$ 与 $L_2: \dfrac{x+2}{0} = \dfrac{y-1}{1} = \dfrac{z-2}{-2}$, 求平行于 L_1, L_2 且与它们等距离的平面方程.

五、证明题

1. 一平行四边形以向量 $a = \{2, 1, -1\}$ 和 $b = \{1, -2, 1\}$ 为邻边, 证明: 其两条对角线互相垂直.

2. 已知三点 $A(2, -1, 5), B(0, 3, -2), C(-2, 3, 1)$, 点 M, N, P 分别是线段 AB, BC, CA 的中点, 证明:

$$\overrightarrow{MN} \times \overrightarrow{MP} = \frac{1}{4}(\overrightarrow{AC} \times \overrightarrow{BC}).$$

3. 已知三点 $A(2, 4, 1), B(3, 7, 5), C(4, 10, 9)$, 证明: 此三点共线.

历年考研真题

在高等数学的知识体系中, 向量代数与空间解析几何的内容为后续多元函数微积分的学习提供基础的知识和方法, 是后续知识的基础. 因此, 在近几年的考研试题中, 本章的知识单独出题较少, 而是和后续知识点综合一起出题.

1. 设一平面经过坐标原点 O 及点 $(6, -3, 2)$ 且与平面 $4x - y + 2z = 8$ 垂直, 则此平面方程为 _____. (1996)

2. 已知点 A 与点 B 的坐标分别为 $(1, 0, 0)$ 和 $(0, 1, 1)$, 线段 AB 绕 z 轴旋转一周所成的旋转曲面为 S, 求 S 及平面 $z = 0, z = 1$ 所围立体体积. (1994)

3. 点 $(2, 1, 0)$ 到平面 $3x + 4y + 5z = 0$ 的距离 $d = $ _____. (2006)

4. 椭球面 S_1 是椭圆 $\dfrac{x^2}{4} + \dfrac{y^2}{3} = 1$ 绕 x 轴旋转一周而成的, 圆锥面 S_2 是由经过点 $(4, 0)$ 且与椭圆 $\dfrac{x^2}{4} + \dfrac{y^2}{3} = 1$ 相切的直线绕 x 轴旋转一周而成的.

(1) 求 S_1 与 S_2 的方程;

(2) 求 S_1 与 S_2 之间的立体体积. (2009)

考研真题答案

1. **解** 设所求平面方程为 $Ax + By + Cz + D = 0$. 依题意, 将点 $(0, 0, 0)$ 及点 $(6, -3, 2)$ 代入方程得 $D = 0, 6A - 3B + 2C = 0$. 又所求平面与平面 $4x - y + 2z = 8$ 垂直, 所以有 $4A - B + 2C = 0$. 于是, 联立方程组 $\begin{cases} 6A - 3B + 2C = 0, \\ 4A - B + 2C = 0, \end{cases}$ 解得 $A = B = -\dfrac{2}{3}C$. 代入原方程并整理得所求平面方程为

$$2x + 2y - 3z = 0.$$

2. **解** 依题意, 直线过点 $(1, 0, 0)$ 和 $(0, 1, 1)$, 故其方程为

$$\frac{x-1}{-1} = \frac{y}{1} = \frac{z}{1}, \qquad \text{即} \quad \begin{cases} x = 1 - z, \\ y = z. \end{cases}$$

绕 z 轴旋转一周所成的旋转曲面为 $x^2 + y^2 = (1-z)^2 + z^2$. 用平面 $z = z$ 切该旋转曲面, 交线方程为 $\begin{cases} x^2 + y^2 = (1-z)^2 + z^2, \\ z = z. \end{cases}$ 切口为圆, 截面面积为 $A(z) = \pi\left[(1-z)^2 + z^2\right]$. 于是, 该立

体体积为
$$V = \int_0^1 A(z)\mathrm{d}z = \pi \int_0^1 \left[(1-z)^2 + z^2 \right]\mathrm{d}z = \frac{2\pi}{3}.$$

3. 解 $d = \dfrac{|3 \times 2 + 4 \times 1 + 5 \times 0|}{\sqrt{3^2 + 4^2 + 5^2}} = \sqrt{2}.$

4. 解 (1) S_1 的方程为 $\dfrac{x^2}{4} + \dfrac{y^2 + z^2}{3} = 1.$ 过点 $(4, 0)$ 与 $\dfrac{x^2}{4} + \dfrac{y^2}{3} = 1$ 相切的直线方程为 $y = \pm\left(\dfrac{1}{2}x - 2\right),$ 切点为 $\left(1, \pm\dfrac{3}{2}\right),$ 所以 S_2 的方程为 $y^2 + z^2 = \left(\dfrac{1}{2}x - 2\right)^2.$

(2) S_1 与 S_2 之间的立体体积是一个底面半径为 $\dfrac{3}{2}$, 高为 3 的锥体体积与部分椭球体体积的差, 其中部分椭球体体积为
$$V = \pi \int_1^2 \left(3 - \frac{3}{4}x^2\right)\mathrm{d}x = \frac{5\pi}{4}.$$
故所求立体体积为 $\dfrac{1}{3} \times \pi \times \left(\dfrac{3}{2}\right)^2 \times 3 - \dfrac{5}{4}\pi = \dfrac{9\pi}{4} - \dfrac{5\pi}{4} = \pi.$

第8章 多元函数微分法及其应用

一、知 识 结 构

多元函数微分法及其应用
- 多元函数极限与连续的概念
- 偏导数
  - 一阶偏导数的概念与求法
  - 多元复合函数的求导法则
    - 中间变量为一元函数
    - 中间变量为多元函数
    - 中间变量既有一元函数又有多元函数
  - 高阶偏导数的概念与求法
  - 隐函数的求导公式
    - 一个方程的情形
    - 方程组的情形
- 全微分
  - 全微分的概念与求法
  - 可微分的条件
  - 可微分、可偏导、连续的关系
  - 全微分形式不变性
- 方向导数与梯度
  - 方向导数
    - 概念
    - 方向导数与偏导数的关系
    - 可微分与方向导数的关系
  - 梯度
    - 概念
    - 计算方法
- 多元函数微分学在几何学上的应用
  - 空间曲线的切线与法平面
  - 空间曲面的切平面与法线
- 多元函数的极值与最值
  - 无条件极值
    - 概念
    - 极值存在的必要条件
    - 极值存在的充分条件
  - 条件极值的求法
    - 化为无条件极值
    - 拉格朗日乘数法
  - 最值

二、学 习 要 求

(1) 理解点集、邻域、区域及多元函数的概念.

(2) 了解二元函数的极限和连续的概念,以及有界闭区域上连续函数的性质.

(3) 理解偏导数和全微分的概念;了解全微分存在的充分条件和必要条件;理解方向导数

和梯度的概念.

（4）熟练掌握多元复合函数和隐函数的求导法则；掌握求高阶偏导数的方法；掌握方向导数和梯度的求法.

（5）了解空间曲线的切线与法平面及空间曲面的切平面与法线的求法.

（6）理解多元函数的极值和条件极值的概念；掌握多元函数极值存在的必要条件；了解二元函数极值存在的充分条件，会求二元函数的极值；掌握拉格朗日乘数法求条件极值，会求简单多元函数的最大值和最小值，并会解决一些简单的应用问题.

三、同步学习指导

8.1　多元函数的极限与连续

（一）内容提要

邻域	平面上点 $P_0(x_0,y_0)$ 的 δ 邻域为 $U(P_0,\delta)=\{(x,y)\mid\sqrt{(x-x_0)^2+(y-y_0)^2}<\delta\}$	
	$\mathbf{R}^n$ 空间中点 P_0 的 δ 邻域为 $U(P_0)=\{P\mid\rho(P,P_0)<\delta\}$，其中 $\rho(P,P_0)$ 表示点 P 到 P_0 的距离	
点集	开集	若点集 E 中的点都是由其内点组成，则称 E 为开集
	闭集	若点集 E 的余集 E^C 为开集，则称 E 为闭集
	连通集	如果集合 E 中的任意两点都可用属于 E 的折线联结起来，则称 E 为连通集
	区域	如果集合 E 是一个连通的开集，则称 E 为开区域或区域
二元函数	设 D 是 $\mathbf{R}^2$ 的一个非空子集，称映射 $f:D\to\mathbf{R}$ 为定义在 D 上的二元函数，通常记为 $$z=f(x,y),\quad(x,y)\in D\quad\text{或}\quad z=f(P),\quad P\in D,$$ 其中点集 D 称为该函数的定义域，x,y 称为自变量，z 称为因变量	
	几何意义	$z=f(x,y)$ 为空间曲面，D 为曲面在 xOy 面上的投影
	三元及三元以上函数可类似定义	
二重极限	若 $\forall\varepsilon>0,\exists\delta>0$，使得当点 $P(x,y)\in D\bigcap\mathring{U}(P_0,\delta)$ 时，恒有 $\mid f(x,y)-A\mid<\varepsilon$ 成立，则 $$\lim_{(x,y)\to(x_0,y_0)}f(x,y)=A,$$ 其中 $(x,y)\to(x_0,y_0)$ 为任意方式. 因此，若点 (x,y) 以不同方式趋于点 (x_0,y_0) 时，函数 $f(x,y)$ 无限趋近不同的常数，则二重极限不存在	
多元函数的连续性	若 $\lim\limits_{(x,y)\to(x_0,y_0)}f(x,y)=f(x_0,y_0)$，则二元函数 $z=f(x,y)$ 在点 (x_0,y_0) 处连续	
	多元初等函数在其定义区域内连续	
	闭区域上多元连续函数必有界，能取得最大值和最小值且满足介值定理	

（二）析疑解惑

‖ **题 1**　多元函数与一元函数的区别是什么？

解 多元函数与一元函数的根本区别在于定义域的性质不同. 一元函数的定义域是数轴上的点集,数轴上的动点趋近于某一定点,一般只有左侧或右侧两种不同方式,数轴上的去心邻域,是两个开区间的并. 而多元函数的定义域是多维空间上的点集,该点集中的动点趋于某一定点,不仅有无穷多个方向的问题,还有沿着不同路径的问题,所以方式多种多样. 另外,二维以上空间的去心邻域为开区域,具有连通性,这与数轴上的去心邻域不是开区间有本质区别.

■ **题 2** 一元函数与二元函数在某一点处的极限的区别.

解 对于一元函数的极限 $\lim\limits_{x \to x_0} f(x) = A$,一般要求 f 在点 x_0 的某个去心邻域 $\mathring{U}(x_0, \delta)$ 内有定义,$\forall \varepsilon > 0$,$\exists \delta > 0$,使得在去心邻域 $\mathring{U}(x_0, \delta)$ 内所有的 x 满足不等式 $|f(x) - A| < \varepsilon$. 而在二元函数的极限定义中,并不要求 f 在点 P_0 的某个去心邻域 $\mathring{U}(P_0, \delta)$ 内有定义,它只要求 P_0 是平面点集 D 的一个聚点,正因为这样,极限定义中要求满足 $|f(P) - A| < \varepsilon$ 的点 P 应属于 $\mathring{U}(P_0, \delta) \bigcap D$,而不是整个的 $\mathring{U}(P_0, \delta)$.

■ **题 3** 函数 $f(P)$ 在点 P_0 附近,动点 P 沿任意直线无限趋近于点 P_0 时极限为 A,能否得出函数 f 在点 P_0 处的极限为 A?

解 不能. 讨论极限 $\lim\limits_{P \to P_0} f(P)$ 时要求动点 P 以任意方式无限趋近于点 P_0. 这里的任意方式,既包括以直线的方式趋近于点 P_0,也包括以任意的曲线方式趋近于点 P_0. 若动点 P 沿任意直线无限趋近于点 P_0 时极限为 A,但动点 P 沿某曲线趋近于点 P_0 时,$f(P)$ 趋近于不同的值,则 $f(P)$ 在点 P_0 处的极限仍然不存在.

■ **题 4** 如何证明函数 $f(P)$ 在点 P_0 处极限不存在?

解 一般让动点 P 以两种不同方式无限趋近于点 P_0,若动点 P 以其中一种方式无限趋近于点 P_0 时 $f(P)$ 的极限不存在,或以两种不同方式无限趋近于点 P_0 时,$f(P)$ 趋近于不同的值,则 $f(P)$ 在点 P_0 处的极限不存在.

(三)范例分析

■ **例 1** 已知函数 $f(u, v, w) = u^w + w^{u+v}$,试求 $f(x+y, x-y, xy)$.

分析 用 $x+y, x-y, xy$ 分别代替变元 u, v, w,即得 $f(x+y, x-y, xy)$.

解 $f(x+y, x-y, xy) = (x+y)^{xy} + (xy)^{2x}$.

■ **例 2** 设函数 $f(x+y, xy) = \dfrac{2xy}{x^2 + y^2}$,求 $f\left(1, \dfrac{y}{x}\right)$.

分析 组合法:先将 $f(x+y, xy)$ 的表达式重新组合为以 $x+y, xy$ 为变元的表达式;再用 x, y 分别代替变元 $x+y$ 和 xy,即得 $f(x, y)$ 的表达式;最后用 $1, \dfrac{y}{x}$ 分别代替 $f(x, y)$ 中的变元 x, y,即得 $f\left(1, \dfrac{y}{x}\right)$.

解 $f(x+y, xy) = \dfrac{2xy}{(x+y)^2 - 2xy}$,从而 $f(x, y) = \dfrac{2y}{x^2 - 2y}$,于是

$$f\left(1,\frac{y}{x}\right)=\frac{2\dfrac{y}{x}}{1^2-2\dfrac{y}{x}}=\frac{2y}{x-2y}.$$

例 3 设函数 $f\left(x+y,\dfrac{y}{x}\right)=x^2-y^2$，求 $f(x,y)$ 及 $f\left(xy,\dfrac{y}{x}\right)$.

分析 代换法：先令 $\begin{cases}x+y=u,\\ \dfrac{y}{x}=v,\end{cases}$ 解得 $\begin{cases}x=\dfrac{u}{1+v},\\ y=\dfrac{uv}{1+v},\end{cases}$ 代入原函数得 $f(u,v)$，即 $f(x,y)$；再

用 $xy,\dfrac{y}{x}$ 分别代替 $f(x,y)$ 中的变元 x,y，即得 $f\left(xy,\dfrac{y}{x}\right)$.

解 令 $\begin{cases}x+y=u,\\ \dfrac{y}{x}=v,\end{cases}$ 解得 $\begin{cases}x=\dfrac{u}{1+v},\\ y=\dfrac{uv}{1+v},\end{cases}$ 代入原函数得

$$f(u,v)=\left(\frac{u}{1+v}\right)^2-\left(\frac{uv}{1+v}\right)^2=\frac{u^2(1-v)}{1+v},$$

即

$$f(x,y)=\frac{x^2(1-y)}{1+y}\quad(y\neq-1).$$

于是

$$f\left(xy,\frac{y}{x}\right)=\frac{x^2y^2\left(1-\dfrac{y}{x}\right)}{1+\dfrac{y}{x}}=\frac{x^2y^2(x-y)}{x+y}.$$

例 4 求下列函数的定义域：

(1) $z=\sqrt{1-\dfrac{x^2}{a^2}-\dfrac{y^2}{b^2}}$；

(2) $u=\arccos\dfrac{z}{\sqrt{x^2+y^2}}$；

(3) $z=\dfrac{\sqrt{4x-y^2}}{\ln(1-x^2-y^2)}$.

解 (1) 要使表达式有意义，必须 $1-\dfrac{x^2}{a^2}-\dfrac{y^2}{b^2}\geqslant0$，所以定义域为

$$D=\left\{(x,y)\,\middle|\,\frac{x^2}{a^2}+\frac{y^2}{b^2}\leqslant1\right\}.$$

(2) 要使表达式有意义，必须 $-1\leqslant\dfrac{z}{\sqrt{x^2+y^2}}\leqslant1$，所以定义域为

$$D=\{(x,y,z)\mid(x,y)\neq(0,0),-\sqrt{x^2+y^2}\leqslant z\leqslant\sqrt{x^2+y^2}\}.$$

(3) 要使表达式有意义，必须 $\begin{cases}4x-y^2\geqslant0,\\ 1-x^2-y^2>0,\\ \ln(1-x^2-y^2)\neq0=\ln1,\end{cases}$ 所以定义域为

$$D=\{(x,y)\mid0<x^2+y^2<1,y^2\leqslant4x\}.$$

例5 证明：$\lim\limits_{(x,y)\to(0,0)} \dfrac{xy}{\sqrt{x^2+y^2}} = 0$.

证法一 应用二重极限定义. 因为
$$\left| \frac{xy}{\sqrt{x^2+y^2}} \right| \leqslant \frac{x^2+y^2}{2\sqrt{x^2+y^2}} = \frac{1}{2}\sqrt{x^2+y^2},$$

所以 $\forall \varepsilon > 0$, 取 $\delta = 2\varepsilon$, 当 $0 < \sqrt{x^2+y^2} < \delta$ 时, 恒有 $\left| \dfrac{xy}{\sqrt{x^2+y^2}} - 0 \right| < \varepsilon$ 成立, 于是
$$\lim\limits_{(x,y)\to(0,0)} \frac{xy}{\sqrt{x^2+y^2}} = 0.$$

证法二 应用夹逼准则. 因为
$$0 \leqslant \left| \frac{xy}{\sqrt{x^2+y^2}} \right| = \left| \frac{x}{\sqrt{x^2+y^2}} \right| \cdot |y| \leqslant |y|,$$

且 $\lim\limits_{(x,y)\to(0,0)} |y| = 0$, 所以
$$\lim\limits_{(x,y)\to(0,0)} \frac{xy}{\sqrt{x^2+y^2}} = 0.$$

证法三 应用极坐标代换. 令 $x = \rho\cos\theta, y = \rho\sin\theta$, 则当 $(x,y)\to(0,0)$ 时, $\rho\to 0 (0\leqslant\theta\leqslant 2\pi)$, 所以
$$\lim\limits_{(x,y)\to(0,0)} \frac{xy}{\sqrt{x^2+y^2}} = \lim\limits_{\rho\to 0} \frac{\rho\cos\theta \cdot \rho\sin\theta}{\rho} = \lim\limits_{\rho\to 0} \rho\cos\theta\sin\theta = 0.$$

例6 求下列二重极限:

(1) $\lim\limits_{(x,y)\to(1,0)} \dfrac{\ln(x+\mathrm{e}^y)}{\sqrt{x^2+y^2}}$;

(2) $\lim\limits_{(x,y)\to(0,0)} \dfrac{3-\sqrt{xy+9}}{xy}$;

(3) $\lim\limits_{(x,y)\to(+\infty,+\infty)} (x^2+y^2)\mathrm{e}^{-(x+y)}$;

(4) $\lim\limits_{(x,y)\to(0,0)} \dfrac{\sqrt{x^2+y^2} - \sin\sqrt{x^2+y^2}}{\sqrt{(x^2+y^2)^3}}$.

分析 (1) 先考察函数是否为初等函数, 再考察定点 P_0 是否为定义区域内的点. 若函数为初等函数, P_0 为函数定义区域内的点, 则函数在点 P_0 处连续, 根据函数连续的定义即可求得极限.

(2) 此类极限类似于一元函数的 $\dfrac{0}{0}$ 型未定式, 可利用有理化方法去根号后消去零因子化为连续函数求极限, 或通过变量代换转化为求一元函数的极限.

(3) 此类极限类似于一元函数的 $\infty \cdot 0$ 型未定式, 做变量代换转化为一元函数的极限, 并应用洛必达法则.

(4) 此类极限类似于一元函数的 $\dfrac{0}{0}$ 型未定式, 做变量代换转化为一元函数的极限, 并应用洛必达法则及等价无穷小替换.

解 (1) $\lim\limits_{(x,y)\to(1,0)} \dfrac{\ln(x+\mathrm{e}^y)}{\sqrt{x^2+y^2}} = \dfrac{\ln 2}{1} = \ln 2$.

(2) **解法一** 原式 $= \lim\limits_{(x,y)\to(0,0)} \dfrac{-xy}{xy(3+\sqrt{xy+9})} = \lim\limits_{(x,y)\to(0,0)} \dfrac{-1}{3+\sqrt{xy+9}} = -\dfrac{1}{6}$.

解法二 令 $xy = u$, 则

$$原式 = \lim_{u \to 0} \frac{3 - \sqrt{u+9}}{u} = \lim_{u \to 0} \frac{(3-\sqrt{u+9})(3+\sqrt{u+9})}{u(3+\sqrt{u+9})}$$

$$= \lim_{u \to 0} \frac{-u}{u(3+\sqrt{u+9})} = \lim_{u \to 0} \frac{-1}{3+\sqrt{u+9}} = -\frac{1}{6}.$$

(3) 当 $x > N > 0, y > N > 0$ 时,有 $0 < \dfrac{x^2+y^2}{\mathrm{e}^{x+y}} < \dfrac{(x+y)^2}{\mathrm{e}^{x+y}}$,而

$$\lim_{(x,y) \to (+\infty,+\infty)} \frac{(x+y)^2}{\mathrm{e}^{x+y}} = \lim_{u \to +\infty} \frac{u^2}{\mathrm{e}^u} = \lim_{u \to +\infty} \frac{2u}{\mathrm{e}^u} = \lim_{u \to +\infty} \frac{2}{\mathrm{e}^u} = 0.$$

由夹逼准则得

$$\lim_{(x,y) \to (+\infty,+\infty)} (x^2+y^2)\mathrm{e}^{-(x+y)} = 0.$$

(4) 令 $\sqrt{x^2+y^2} = u$,则 $(x,y) \to (0,0)$ 时,$u \to 0^+$,所以

$$原式 = \lim_{u \to 0^+} \frac{u - \sin u}{u^3} = \lim_{u \to 0^+} \frac{1 - \cos u}{3u^2} = \lim_{u \to 0^+} \frac{\frac{1}{2}u^2}{3u^2} = \frac{1}{6}.$$

例 7 证明下列二重极限不存在:

(1) $\displaystyle\lim_{(x,y) \to (0,0)} \frac{x^2-y^2}{x^2+y^2}$; \qquad\qquad (2) $\displaystyle\lim_{(x,y) \to (0,0)} (1+xy)^{\frac{1}{x+y}}$;

(3) $\displaystyle\lim_{(x,y) \to (0,0)} \frac{\sqrt{xy+1}-1}{x+y}$.

分析 当点 (x,y) 沿不同曲线趋近于点 (x_0,y_0) 时,二重极限极限值不同,则二重极限不存在.

证 (1) 取 $y = kx$,则

$$\lim_{(x,y) \to (0,0)} \frac{x^2-y^2}{x^2+y^2} = \lim_{\substack{x \to 0 \\ y=kx}} \frac{(1-k^2)x^2}{(1+k^2)x^2} = \frac{1-k^2}{1+k^2}.$$

易见极限会随 k 值的变化而变化,故原式极限不存在.

(2) **证法一**

$$\lim_{(x,y) \to (0,0)} (1+xy)^{\frac{1}{x+y}} = \lim_{(x,y) \to (0,0)} (1+xy)^{\frac{1}{xy} \cdot \frac{xy}{x+y}} = \lim_{(x,y) \to (0,0)} \left[(1+xy)^{\frac{1}{xy}}\right]^{\frac{xy}{x+y}}.$$

现考虑 $\displaystyle\lim_{(x,y) \to (0,0)} \frac{xy}{x+y}$.

当点 (x,y) 沿 x 轴趋近于点 $(0,0)$ 时,上式 $= \displaystyle\lim_{(x,y) \to (0,0)} \frac{0}{x} = 0$,从而

$$\lim_{(x,y) \to (0,0)} (1+xy)^{\frac{1}{x+y}} = \mathrm{e}^0 = 1.$$

当点 (x,y) 沿曲线 $y = \dfrac{x}{x-1}$ 趋近于点 $(0,0)$ 时,

$$\lim_{(x,y) \to (0,0)} \frac{xy}{x+y} = \lim_{\substack{x \to 0 \\ y=\frac{x}{x-1}}} \frac{x \frac{x}{x-1}}{x + \frac{x}{x-1}} = 1,$$

从而 $\displaystyle\lim_{(x,y) \to (0,0)} (1+xy)^{\frac{1}{x+y}} = \mathrm{e}.$ 故原式极限不存在.

证法二 若取 $x_n = \dfrac{1}{n}, y_n = \dfrac{1}{n}$,则

$$\lim_{(x,y)\to(0,0)}(1+xy)^{\frac{1}{x+y}}=\lim_{n\to\infty}\left(1+\frac{1}{n^2}\right)^{\frac{n}{2}}=\lim_{n\to\infty}\left[\left(1+\frac{1}{n^2}\right)^{n^2}\right]^{\frac{1}{2n}}=e^0=1.$$

若取 $x_n=-\dfrac{1}{n},y_n=\dfrac{1}{n+1}$,则

$$\lim_{(x,y)\to(0,0)}(1+xy)^{\frac{1}{x+y}}=\lim_{n\to\infty}\left[1-\frac{1}{n(n+1)}\right]^{-n(n+1)}=e.$$

故原式极限不存在.

(3) $\displaystyle\lim_{(x,y)\to(0,0)}\frac{\sqrt{xy+1}-1}{x+y}=\lim_{(x,y)\to(0,0)}\frac{xy}{(x+y)(\sqrt{xy+1}+1)}.$

当点 (x,y) 沿 x 轴趋近于点 $(0,0)$ 时,上式 $=\displaystyle\lim_{\substack{x\to0\\y=0}}\frac{0}{2x}=0.$

当点 (x,y) 沿曲线 $y=\dfrac{x}{x-1}$ 趋近于点 $(0,0)$ 时,

$$上式=\lim_{\substack{x\to0\\y=\frac{x}{x-1}}}\frac{1}{\sqrt{\dfrac{x^2}{x-1}+1}+1}=\frac{1}{2}.$$

故原式极限不存在.

注 当点 (x,y) 沿曲线 $y=-x$ 趋近于点 $(0,0)$ 时,

$$\lim_{(x,y)\to(0,0)}\frac{(x+y)(\sqrt{xy+1}+1)}{xy}=\lim_{\substack{x\to0\\y=-x}}\frac{0}{-x^2}=0,$$

从而

$$\lim_{(x,y)\to(0,0)}\frac{\sqrt{xy+1}-1}{x+y}=\lim_{(x,y)\to(0,0)}\frac{xy}{(x+y)(\sqrt{xy+1}+1)}=\infty.$$

例 8 研究下列函数的间断点:

(1) $f(x,y)=\dfrac{x^3+2y}{x^3-2y}$;   (2) $f(x,y)=\dfrac{\sin(x^2+y^2)}{x^2+y^2}$.

解 (1)当 $x^3-2y=0$ 时该函数无定义,故该函数的间断点集为 $\{(x,y)\mid x^3=2y\}$.

(2)该函数的间断点为 $(0,0)$. 又

$$\lim_{(x,y)\to(0,0)}\frac{\sin(x^2+y^2)}{x^2+y^2}\xrightarrow{u=x^2+y^2}\lim_{u\to0}\frac{\sin u}{u}=1,$$

故点 $(0,0)$ 为可去间断点.

例 9 设函数 $f(x,y)=\begin{cases}\dfrac{ye^{\frac{1}{x^2}}}{y^2e^{\frac{2}{x^2}}+1}, & x\neq0,\\ 0, & x=0,\end{cases}$ 讨论 $f(x,y)$ 在点 $(0,0)$ 处的连续性.

分析 若 $\displaystyle\lim_{(x,y)\to(x_0,y_0)}f(x,y)=f(x_0,y_0)$,则函数 $z=f(x,y)$ 在点 (x_0,y_0) 处连续. 讨论点 (x_0,y_0) 处二重极限的存在性,当点 (x,y) 沿不同曲线趋近于点 (x_0,y_0) 时,极限值不同,则二重极限不存在.

解 当点 (x,y) 沿 x 轴趋近于点 $(0,0)$ 时,$\displaystyle\lim_{(x,y)\to(0,0)}\frac{ye^{\frac{1}{x^2}}}{y^2e^{\frac{2}{x^2}}+1}=\lim_{\substack{x\to0\\y=0}}\frac{0}{1}=0.$

当点 (x,y) 沿曲线 $y = \mathrm{e}^{-\frac{1}{x^2}}$ 趋近于点 $(0,0)$ 时，$\displaystyle\lim_{(x,y)\to(0,0)}\frac{y\mathrm{e}^{\frac{1}{x^2}}}{y^2\mathrm{e}^{\frac{2}{x^2}}+1} = \lim_{\substack{x\to 0 \\ y=\mathrm{e}^{-\frac{1}{x^2}}}}\frac{1}{1+1} = \frac{1}{2}.$

故 $\displaystyle\lim_{(x,y)\to(0,0)} f(x,y)$ 不存在，从而函数 $f(x,y)$ 在点 $(0,0)$ 处是不连续的.

（四）同步练习

1. 下列平面点集中哪些是开集、闭集、区域、有界集、无界集？并分别指出集合的边界：

(1) $\{(x,y)\mid x\neq 0, y\neq 0\}$；

(2) $\{(x,y)\mid y < 2-x^2\}$；

(3) $\{(x,y)\mid x^2+y^2\geqslant 1 \text{ 且 } (x-2)^2+y^2\leqslant 9\}$；

(4) $\{(x,y)\mid 1 < x^2+y^2\leqslant 4\}$.

2. 设函数 $f(x,y) = x^2+y^2-xy\tan\dfrac{x}{y}$，求 $f(tx,ty)$.

3. 设函数 $f\left(\dfrac{1}{x},\dfrac{1}{y}\right) = \dfrac{y^2-x^2}{2xy}$，求 $f(x,y)$.

4. 求下列函数的定义域：

(1) $z = \sqrt{x-\sqrt{y}}$； (2) $z = \ln(xy)$；

(3) $z = \sqrt{1-x^2}+\sqrt{y^2-1}$； (4) $z = \dfrac{1}{R^2-x^2-y^2}$.

5. 求下列二重极限：

(1) $\displaystyle\lim_{(x,y)\to(0,1)}\frac{\sqrt{4xy+1}-1}{xy}$； (2) $\displaystyle\lim_{(x,y)\to\left(1,\frac{1}{2}\right)}\frac{\arcsin(x^3y)}{2^x+y}$；

(3) $\displaystyle\lim_{(x,y)\to(0,2)}\frac{\sin(xy)}{x}$.

6. 指出下列函数在何处间断：

(1) $z = \sin\dfrac{1}{x+y-1}$； (2) $z = \dfrac{1}{y-x^2}$.

7. 讨论函数 $f(x,y) = \begin{cases} \dfrac{x^2y}{x^4+y^2}, & x^2+y^2\neq 0, \\ 0, & x^2+y^2=0 \end{cases}$ 在点 $O(0,0)$ 处是否连续.

同步练习简解

1. 解 (1) 集合是开集、无界集、非区域；边界为 $\{(x,y)\mid x=0 \text{ 或 } y=0\}$.

(2) 集合是开集、区域、无界集；边界为 $\{(x,y)\mid y=2-x^2\}$.

(3) 集合是闭集、闭区域、有界集；边界为
$$\{(x,y)\mid x^2+y^2=1\}\bigcup\{(x,y)\mid (x-2)^2+y^2=9\}.$$

(4) 集合既非开集，又非闭集、有界集；边界为
$$\{(x,y)\mid x^2+y^2=1\}\bigcup\{(x,y)\mid x^2+y^2=4\}.$$

2. 解 $f(tx,ty) = (tx)^2+(ty)^2-tx\cdot ty\tan\dfrac{tx}{ty} = t^2\left(x^2+y^2-xy\tan\dfrac{x}{y}\right) = t^2f(x,y).$

3. 解 由于 $f\left(\dfrac{1}{x},\dfrac{1}{y}\right) = \dfrac{\frac{y^2-x^2}{x^2y^2}}{\frac{2xy}{x^2y^2}} = \dfrac{\left(\frac{1}{x}\right)^2-\left(\frac{1}{y}\right)^2}{2\frac{1}{x}\cdot\frac{1}{y}}$，因此 $f(x,y) = \dfrac{x^2-y^2}{2xy}$.

4. 解 (1) 定义域为 $\{(x,y)\mid x\geqslant 0, y\geqslant 0, x^2\geqslant y\}$.

(2) 定义域为 $\{(x,y) \mid xy > 0\}$.

(3) 定义域为 $\{(x,y) \mid \mid x \mid \leqslant 1, \mid y \mid \geqslant 1\}$.

(4) 定义域为 $\{(x,y) \mid x^2 + y^2 \neq R^2\}$.

5. 解 (1)

$$\lim_{(x,y)\to(0,1)} \frac{\sqrt{4xy+1}-1}{xy} = \lim_{(x,y)\to(0,1)} \frac{4xy+1-1}{xy(\sqrt{4xy+1}+1)}$$

$$= \lim_{(x,y)\to(0,1)} \frac{4}{\sqrt{4xy+1}+1} = 2.$$

(2) 因为 $f(x,y) = \dfrac{\arcsin(x^3 y)}{2^x + y}$ 是初等函数, 在点 $\left(1, \dfrac{1}{2}\right)$ 处连续, 所以

$$\lim_{(x,y)\to\left(1,\frac{1}{2}\right)} \frac{\arcsin(x^3 y)}{2^x + y} = f\left(1, \frac{1}{2}\right) = \frac{\pi}{15}.$$

(3) $\displaystyle\lim_{(x,y)\to(0,2)} \frac{\sin(xy)}{x} = \lim_{(x,y)\to(0,2)} \left[y \cdot \frac{\sin(xy)}{xy} \right] = 2 \cdot 1 = 2.$

6. 解 (1) 该函数在直线 $L = \{(x,y) \mid x + y = 1\}$ 上的点处无定义, 因此 L 上的点都是该函数的间断点, 即 $f(x,y)$ 的间断点集为 $\{(x,y) \mid x + y = 1\}$.

(2) 该函数在抛物线 $y = x^2$ 上的点处无定义, 故该函数的间断点集为 $\{(x,y) \mid y = x^2\}$.

7. 解 当点 $P(x,y)$ 沿直线 $y = x$ 趋近于点 $O(0,0)$ 时, 有

$$\lim_{(x,y)\to(0,0)} \frac{x^2 y}{x^4 + y^2} = \lim_{\substack{x\to 0 \\ y=x}} \frac{x^3}{x^4 + x^2} = 0.$$

当点 $P(x,y)$ 沿曲线 $y = x^2$ 趋近于点 $O(0,0)$ 时, 有

$$\lim_{(x,y)\to(0,0)} \frac{x^2 y}{x^4 + y^2} = \lim_{\substack{x\to 0 \\ y=x^2}} \frac{x^4}{2x^4} = \frac{1}{2}.$$

故当 $P(x,y) \to O(0,0)$ 时极限不存在, 即函数 $f(x,y)$ 在点 $O(0,0)$ 处不连续.

8.2 偏 导 数

(一) 内容提要

偏导数	定义: $$\lim_{\Delta x\to 0} \frac{f(x_0+\Delta x, y_0)-f(x_0,y_0)}{\Delta x},$$ 记作 $z_x(x_0,y_0), f_x(x_0,y_0), \dfrac{\partial f}{\partial x}\Big|_{\substack{x=x_0 \\ y=y_0}}, \dfrac{\partial z}{\partial x}\Big|_{\substack{x=x_0 \\ y=y_0}}.$ 同理, 可定义 $$\lim_{\Delta y\to 0} \frac{f(x_0, y_0+\Delta y)-f(x_0,y_0)}{\Delta y},$$ 记作 $z_y(x_0,y_0), f_y(x_0,y_0), \dfrac{\partial f}{\partial y}\Big|_{\substack{x=x_0 \\ y=y_0}}, \dfrac{\partial z}{\partial y}\Big|_{\substack{x=x_0 \\ y=y_0}}.$	几何意义: 函数 $z = f(x,y)$ 的偏导数 $f_x(x_0,y_0)$ 表示空间曲线 $\begin{cases} z = f(x,y), \\ y = y_0 \end{cases}$ 在点 $(x_0, y_0, f(x_0,y_0))$ 处的切线关于 x 轴的斜率 偏导函数的求法: (1) 多元函数对某个自变量求偏导数时, 只需将其余自变量看作常量, 按一元函数求导法则求导即可; (2) 多元分段函数在分段点处的偏导数要用偏导数的定义来求
高阶偏导数	若函数 $z = f(x,y)$ 的偏导数 $f_x(x,y), f_y(x,y)$ 在区域 D 内的偏导数也存在, 则称它们是函数 $z = f(x,y)$ 的二阶偏导数. 二阶及二阶以上的偏导数统称为高阶偏导数	如果函数 $z = f(x,y)$ 的两个二阶混合偏导数 $\dfrac{\partial^2 z}{\partial x \partial y}$ 及 $\dfrac{\partial^2 z}{\partial y \partial x}$ 在区域 D 内连续, 那么在 D 内这两个偏导数必相等

(二) 析疑解惑

题1 如果函数 $f(x,y)$ 在点 (x_0,y_0) 处偏导数存在,那么 $f(x,y)$ 在点 (x_0,y_0) 处是否一定连续?

解 不一定. 例如函数

$$f(x,y) = \begin{cases} \dfrac{xy}{x^2+y^2}, & (x,y) \neq (0,0), \\ 0, & (x,y) = (0,0), \end{cases}$$

虽然有

$$\left.\frac{\partial f}{\partial x}\right|_{(0,0)} = \lim_{x \to 0} \frac{f(x,0)-f(0,0)}{x-0} = \lim_{x \to 0} \frac{0-0}{x} = 0,$$

$$\left.\frac{\partial f}{\partial y}\right|_{(0,0)} = \lim_{y \to 0} \frac{f(0,y)-f(0,0)}{y-0} = \lim_{y \to 0} \frac{0-0}{y} = 0,$$

但当 $y = kx$ 时,$\lim\limits_{(x,kx) \to (0,0)} f(x,y) = \dfrac{k}{1+k^2}$,从而 $\lim\limits_{(x,y) \to (0,0)} f(x,y)$ 不存在,所以函数 $f(x,y)$ 在点 $(0,0)$ 处不连续.

题2 如何求函数 $f(x,y)$ 在点 (x_0,y_0) 处的偏导数?

解 通常有如下两种方法:

(1) 若 $f(x,y_0)$(或 $f(x_0,y)$)在点 x_0(或 y_0)的某个邻域内是可导的一元函数,则直接按一元函数求导法则对 $f(x,y_0)$(或 $f(x_0,y)$)求导数,再将相应的 x_0(或 y_0)代入,即得相应的偏导数. 也可以先将 y(或 x)看作常量,对 f 关于 x(或 y)求导数,再将 (x_0,y_0) 代入,便得 $f_x(x_0,y_0)$(或 $f_y(x_0,y_0)$).

(2) 按偏导数的定义求解,即通过极限

$$\lim_{\Delta x \to 0} \frac{f(x_0+\Delta x,y_0)-f(x_0,y_0)}{\Delta x} = f_x(x_0,y_0),$$

$$\lim_{\Delta y \to 0} \frac{f(x_0,y_0+\Delta y)-f(x_0,y_0)}{\Delta y} = f_y(x_0,y_0)$$

求偏导数. 一般来说,求分段函数在分界点处的偏导数时,才使用此方法.

题3 若函数 $f(x,y)$ 在点 (x_0,y_0) 处连续,那么 $f(x,y)$ 在点 (x_0,y_0) 处的偏导数是否一定存在?

解 不一定. 例如,函数 $z = \sqrt{x^2+y^2}$ 虽在点 $(0,0)$ 处连续,但

$$\left.\frac{\partial z}{\partial x}\right|_{(0,0)} = \lim_{x \to 0} \frac{f(x,0)-f(0,0)}{x-0} = \lim_{x \to 0} \frac{|x|}{x}$$

不存在. 同理 $\left.\dfrac{\partial z}{\partial y}\right|_{(0,0)}$ 也不存在.

题4 符号 $\dfrac{\partial^2 z}{\partial x \partial y}$ 与 $\dfrac{\partial z}{\partial x} \cdot \dfrac{\partial z}{\partial y}$ 有什么区别?

解 符号 $\dfrac{\partial^2 z}{\partial x \partial y}$ 表示函数 z 先关于 x 再关于 y 的二阶混合偏导数,而 $\dfrac{\partial z}{\partial x} \cdot \dfrac{\partial z}{\partial y}$ 表示 z 关于 x 的偏导数 $\dfrac{\partial z}{\partial x}$ 与 z 关于 y 的偏导数 $\dfrac{\partial z}{\partial y}$ 相乘. 特别注意 $\dfrac{\partial^2 z}{\partial x \partial y} \neq \dfrac{\partial z}{\partial x} \cdot \dfrac{\partial z}{\partial y}$.

题 5 符号 $\left(\dfrac{\partial z}{\partial x}\right)^2$ 与 $\dfrac{\partial^2 z}{\partial x^2}$ 是否等同？$\dfrac{\partial^2 z}{\partial x \partial y}$ 与 $\dfrac{\partial}{\partial x}\left(\dfrac{\partial z}{\partial y}\right)$ 是否等同？为什么？

解 符号 $\left(\dfrac{\partial z}{\partial x}\right)^2$ 表示偏导数 $\dfrac{\partial z}{\partial x}$ 的平方；$\dfrac{\partial^2 z}{\partial x^2}$ 表示函数 z 对自变量 x 的二阶偏导数；$\dfrac{\partial^2 z}{\partial x \partial y}$ 表示函数 z 先关于 x 再关于 y 的二阶混合偏导数；$\dfrac{\partial}{\partial x}\left(\dfrac{\partial z}{\partial y}\right)$ 表示函数 z 先关于 y 再关于 x 的二阶混合偏导数，也可表示为 $\dfrac{\partial^2 z}{\partial y \partial x}$.

（三）范例分析

例 1 求下列函数的偏导数：

(1) $z = \dfrac{x^2 + y^2}{xy}$；　　　(2) $z = \dfrac{x}{\sqrt{x^2 + y^2}}$；　　　(3) $z = \sqrt{\ln(xy)}$；

(4) $z = (1 + xy)^y$；　　(5) $u = \left(\dfrac{y}{x}\right)^z$.

分析 （1）函数对自变量 x（或 y）求偏导数时，将另一自变量 y（或 x）看作常量，按一元函数求导法则求导.

（4）函数对自变量 x（或 y）求偏导数时，将另一自变量 y（或 x）看作常量，按一元函数求导法则求导. 在本小题中对自变量 x 求偏导数时，函数为 x 的幂函数；对自变量 y 求偏导数时，函数为 y 的幂指函数.

（5）函数对自变量 x（y 或 z）求偏导数时，将另两自变量 y, z（x, z 或 x, y）看作常量，按一元函数求导法则求导.

解 （1）原函数可变形为 $z = \dfrac{x^2 + y^2}{xy} = \dfrac{x}{y} + \dfrac{y}{x}$，则

$$\frac{\partial z}{\partial x} = \frac{1}{y} - \frac{y}{x^2}, \quad \frac{\partial z}{\partial y} = \frac{1}{x} - \frac{x}{y^2}.$$

(2) $\dfrac{\partial z}{\partial x} = \dfrac{\sqrt{x^2 + y^2} - x \dfrac{2x}{2\sqrt{x^2 + y^2}}}{x^2 + y^2} = \dfrac{y^2}{(x^2 + y^2)^{\frac{3}{2}}}$,

$\dfrac{\partial z}{\partial y} = \dfrac{-x \dfrac{2y}{2\sqrt{x^2 + y^2}}}{x^2 + y^2} = \dfrac{-xy}{(x^2 + y^2)^{\frac{3}{2}}}.$

注 该题中应用了一元函数商的求导法则及复合函数求导法则.

(3) $\dfrac{\partial z}{\partial x} = \dfrac{1}{2}\left[\ln(xy)\right]^{-\frac{1}{2}} \dfrac{1}{xy} y = \dfrac{1}{2x \sqrt{\ln(xy)}}$,

$\dfrac{\partial z}{\partial y} = \dfrac{1}{2}\left[\ln(xy)\right]^{-\frac{1}{2}} \dfrac{1}{xy} x = \dfrac{1}{2y \sqrt{\ln(xy)}}.$

(4) **解法一** $\dfrac{\partial z}{\partial x} = y^2 (1 + xy)^{y-1}$,

$$\frac{\partial z}{\partial y} = (e^{\ln(1+xy)^y})'_y = (e^{y\ln(1+xy)})'_y = e^{y\ln(1+xy)}\left[\ln(1+xy) + y\frac{x}{1+xy}\right]$$

$$= (1+xy)^y \Big[\ln(1+xy) + \frac{xy}{1+xy} \Big].$$

解法二　在函数两端同时取自然对数,得
$$\ln z = y\ln(1+xy).$$

在上式两端同时对自变量 y 求偏导数(注意 z 为 x,y 的函数),得
$$\frac{1}{z} \cdot \frac{\partial z}{\partial y} = \ln(1+xy) + y\frac{x}{1+xy},$$
$$\frac{\partial z}{\partial y} = (1+xy)^y \Big[\ln(1+xy) + \frac{xy}{1+xy} \Big].$$

$(5)\ \dfrac{\partial u}{\partial x} = z\Big(\dfrac{y}{x}\Big)^{z-1} \Big(-\dfrac{y}{x^2}\Big) = -\dfrac{z}{x}\Big(\dfrac{y}{x}\Big)^z,$

$\dfrac{\partial u}{\partial y} = z\Big(\dfrac{y}{x}\Big)^{z-1} \Big(\dfrac{1}{x}\Big) = \dfrac{z}{x}\Big(\dfrac{y}{x}\Big)^{z-1},$

$\dfrac{\partial u}{\partial z} = \Big(\dfrac{y}{x}\Big)^z \ln\dfrac{y}{x}.$

▌ 例 2　设函数 $f(x,y) = x + (y^2-1)\arctan\sqrt{\dfrac{x}{y}}$,求 $f_x(x,1)$.

解法一　$f(x,1) = x + (1^2-1)\arctan\sqrt{x} = x$,所以 $f_x(x,1) = 1$.

解法二　$f_x(x,y) = 1 + (y^2-1)\dfrac{1}{1+\left(\sqrt{\dfrac{x}{y}}\right)^2} \cdot \dfrac{1}{2\sqrt{\dfrac{x}{y}}} \cdot \dfrac{1}{y}$,所以 $f_x(x,1) = 1$.

▌ 例 3　设函数 $f(x,y) = \begin{cases} (x^2+y)\sin\dfrac{1}{\sqrt{x^2+y^2}}, & x^2+y^2 \neq 0, \\ 0, & x^2+y^2 = 0, \end{cases}$ 求 $f_x(x,y)$,

$f_y(x,y)$.

分析　分段函数在分段点处的偏导数利用定义求,在非分段点处的偏导数应用求导法则求.

解　当 $(x,y)=(0,0)$ 时,
$$f_x(0,0) = \lim_{\Delta x \to 0} \frac{f(0+\Delta x,0) - f(0,0)}{\Delta x} = \lim_{\Delta x \to 0} \frac{(\Delta x)^2 \sin\dfrac{1}{|\Delta x|}}{\Delta x} = 0,$$
$$f_y(0,0) = \lim_{\Delta y \to 0} \frac{f(0,0+\Delta y) - f(0,0)}{\Delta y} = \lim_{\Delta y \to 0} \frac{\Delta y\sin\dfrac{1}{|\Delta y|}}{\Delta y} = \lim_{\Delta y \to 0} \sin\frac{1}{|\Delta y|},$$

即 $f_y(0,0)$ 不存在.

当 $(x,y) \neq (0,0)$ 时,
$$f_x(x,y) = 2x\sin\frac{1}{\sqrt{x^2+y^2}} + (x^2+y)\cos\frac{1}{\sqrt{x^2+y^2}} \cdot \frac{-\dfrac{x}{\sqrt{x^2+y^2}}}{x^2+y^2}$$
$$= 2x\sin\frac{1}{\sqrt{x^2+y^2}} - \frac{x(x^2+y)}{\sqrt{(x^2+y^2)^3}}\cos\frac{1}{\sqrt{x^2+y^2}},$$

$$f_y(x,y) = \sin \frac{1}{\sqrt{x^2+y^2}} + (x^2+y)\cos \frac{1}{\sqrt{x^2+y^2}} \cdot -\frac{\dfrac{y}{\sqrt{x^2+y^2}}}{x^2+y^2}$$

$$= \sin \frac{1}{\sqrt{x^2+y^2}} - \frac{y(x^2+y)}{\sqrt{(x^2+y^2)^3}} \cos \frac{1}{\sqrt{x^2+y^2}}.$$

例 4 曲线 $\begin{cases} z = \dfrac{x^2+y^2}{8}, \\ x = 8 \end{cases}$ 在点 $(8,4,10)$ 处的切线与 y 轴正向所成的倾角是多少?

分析 函数 $z = f(x,y)$ 的偏导数 $f_y(x_0,y_0)$ 表示空间曲线 $\begin{cases} z = f(x,y), \\ x = x_0 \end{cases}$ 在点 (x_0,y_0,z_0) 处的切线关于 y 轴的斜率,斜率 $k = \tan \alpha$.

解 设所求倾角为 α. 因为 $\dfrac{\partial z}{\partial y} = \dfrac{2y}{8} = \dfrac{y}{4}$,从而

$$\left. \frac{\partial z}{\partial y} \right|_{(8,4,10)} = \frac{4}{4} = 1 = \tan \alpha,$$

所以 $\alpha = \dfrac{\pi}{4}$.

例 5 求下列函数的二阶偏导数 $\dfrac{\partial^2 z}{\partial x^2}, \dfrac{\partial^2 z}{\partial y^2}$ 和 $\dfrac{\partial^2 z}{\partial x \partial y}$:

(1) $z = x^3 \sin y + y^3 \sin x$;　　　　(2) $z = \arctan \dfrac{y}{x}$;　　　　(3) $z = x^y$.

解 (1) $\dfrac{\partial z}{\partial x} = 3x^2 \sin y + y^3 \cos x$,　$\dfrac{\partial z}{\partial y} = x^3 \cos y + 3y^2 \sin x$,

$$\frac{\partial^2 z}{\partial x^2} = 6x\sin y - y^3 \sin x,$$

$$\frac{\partial^2 z}{\partial x \partial y} = 3x^2 \cos y + 3y^2 \cos x,$$

$$\frac{\partial^2 z}{\partial y^2} = -x^3 \sin y + 6y\sin x.$$

(2) $\dfrac{\partial z}{\partial x} = \dfrac{1}{1+\left(\dfrac{y}{x}\right)^2} \cdot \left(-\dfrac{y}{x^2}\right) = \dfrac{-y}{x^2+y^2}$,　$\dfrac{\partial z}{\partial y} = \dfrac{1}{1+\left(\dfrac{y}{x}\right)^2} \cdot \dfrac{1}{x} = \dfrac{x}{x^2+y^2}$,

$$\frac{\partial^2 z}{\partial x^2} = \frac{\partial}{\partial x}\left(\frac{-y}{x^2+y^2}\right) = \frac{2xy}{(x^2+y^2)^2},$$

$$\frac{\partial^2 z}{\partial x \partial y} = \frac{\partial}{\partial y}\left(\frac{-y}{x^2+y^2}\right) = \frac{-(x^2+y^2)+y \cdot 2y}{(x^2+y^2)^2} = \frac{y^2-x^2}{(x^2+y^2)^2},$$

$$\frac{\partial^2 z}{\partial y^2} = \frac{\partial}{\partial y}\left(\frac{x}{x^2+y^2}\right) = \frac{-2xy}{(x^2+y^2)^2}.$$

(3) $\dfrac{\partial z}{\partial x} = yx^{y-1}$,　$\dfrac{\partial z}{\partial y} = x^y \ln x$,

$$\frac{\partial^2 z}{\partial x^2} = \frac{\partial}{\partial x}(yx^{y-1}) = y(y-1)x^{y-2},\quad \frac{\partial^2 z}{\partial y^2} = \frac{\partial}{\partial y}(x^y \ln x) = x^y \ln^2 x,$$

$$\frac{\partial^2 z}{\partial x \partial y} = \frac{\partial}{\partial y}(yx^{y-1}) = x^{y-1} + yx^{y-1}\ln x = x^{y-1}(y\ln x + 1).$$

例 6 设函数 $f(x,y,z) = xy^2 + yz^2 + zx^2$，求 $f_{xx}(0,0,1), f_{xz}(1,0,2), f_{yz}(0,-1,0)$ 及 $f_{zzx}(2,0,1)$.

解 由 $f_x = y^2 + 2zx$，有 $f_{xx} = 2z, f_{xz} = 2x$.

由 $f_y = 2xy + z^2$，有 $f_{yz} = 2z$.

由 $f_z = 2yz + x^2$，有 $f_{zx} = 2x, f_{zzx} = 2$. 因此

$$f_{xx}(0,0,1) = 2, \quad f_{xz}(1,0,2) = 2,$$
$$f_{yz}(0,-1,0) = 0, \quad f_{zzx}(2,0,1) = 2.$$

（四）同步练习

1. 设函数 $z = f(x,y)$ 在点 (x_0,y_0) 处的偏导数分别为 $f_x(x_0,y_0) = A, f_y(x_0,y_0) = B$，求下列极限：

(1) $\lim\limits_{h \to 0} \dfrac{f(x_0 + h, y_0) - f(x_0 - 2h, y_0)}{h}$；

(2) $\lim\limits_{h \to 0} \dfrac{f(x_0, y_0 + 2h) - f(x_0, y_0 - 2h)}{h}$.

2. 设函数 $f(x,y) = x^2 y^3$，求 $f_x(x,y), f_y(x,y), f_x(1,1), f_y(2,2)$.

3. 设函数 $f(x,y) = \dfrac{\cos(x - 2y)}{\cos(x + y)}$，求 $f_y\left(\pi, \dfrac{\pi}{4}\right)$.

4. 求函数 $z = x^{\sqrt{y}}$ 的一阶偏导数.

5. 求下列函数的二阶偏导数 $\dfrac{\partial^2 z}{\partial x^2}, \dfrac{\partial^2 z}{\partial y^2}, \dfrac{\partial^2 z}{\partial x \partial y}$：

(1) $z = \arctan \dfrac{x + y}{x - y}$；　　　　　　　　(2) $z = \mathrm{e}^x(\cos y + x\sin y)$.

同步练习简解

1. 解 (1) $\lim\limits_{h \to 0} \dfrac{f(x_0 + h, y_0) - f(x_0 - 2h, y_0)}{h}$

$$= \lim\limits_{h \to 0} \frac{f(x_0 + h, y_0) - f(x_0, y_0) - [f(x_0 - 2h, y_0) - f(x_0, y_0)]}{h}$$

$$= \lim\limits_{h \to 0} \frac{f(x_0 + h, y_0) - f(x_0, y_0)}{h} - \lim\limits_{h \to 0} \frac{f(x_0 - 2h, y_0) - f(x_0, y_0)}{h}$$

$$= \lim\limits_{h \to 0} \frac{f(x_0 + h, y_0) - f(x_0, y_0)}{h} + 2\lim\limits_{h \to 0} \frac{f(x_0 - 2h, y_0) - f(x_0, y_0)}{-2h}$$

$$= A + 2A = 3A.$$

(2) $\lim\limits_{h \to 0} \dfrac{f(x_0, y_0 + 2h) - f(x_0, y_0 - 2h)}{h}$

$$= \lim\limits_{h \to 0} \frac{f(x_0, y_0 + 2h) - f(x_0, y_0) + f(x_0, y_0) - f(x_0, y_0 - 2h)}{h}$$

$$= 2\lim\limits_{h \to 0} \frac{f(x_0, y_0 + 2h) - f(x_0, y_0)}{2h} + 2\lim\limits_{h \to 0} \frac{f(x_0, y_0 - 2h) - f(x_0, y_0)}{-2h}$$

$$= 2B + 2B = 4B.$$

2. 解 将 y 看作常量，对 x 求导数，得 $f_x(x,y) = 2xy^3$，从而 $f_x(1,1) = 2 \times 1 \times 1^3 = 2$.

将 x 看作常量，对 y 求导数，得 $f_y(x,y) = 3x^2 y^2$，从而 $f_y(2,2) = 3 \times 2^2 \times 2^2 = 48$.

3. 解法一 $f_y(x,y) = \dfrac{2\sin(x - 2y)\cos(x + y) + \cos(x - 2y)\sin(x + y)}{\cos^2(x + y)}$，故 $f_y\left(\pi, \dfrac{\pi}{4}\right) = -2\sqrt{2}$.

解法二 $f(\pi, y) = \dfrac{\cos(\pi - 2y)}{\cos(\pi + y)} = \dfrac{\cos 2y}{\cos y}, f_y(\pi, y) = \dfrac{-2\sin 2y\cos y + \cos 2y\sin y}{\cos^2 y}$，故

$$f_y\left(\pi, \frac{\pi}{4}\right) = -2\sqrt{2}.$$

4. 解 把 y 看作常量,对 x 求导数,得 $\dfrac{\partial z}{\partial x} = \sqrt{y} x^{\sqrt{y}-1}$.

把 x 看作常量,对 y 求导数,得 $\dfrac{\partial z}{\partial y} = x^{\sqrt{y}} \ln x \cdot \dfrac{1}{2} y^{-\frac{1}{2}} = \dfrac{x^{\sqrt{y}} \ln x}{2\sqrt{y}}$.

5. 解 (1) $\dfrac{\partial z}{\partial x} = \dfrac{1}{1 + \left(\dfrac{x+y}{x-y}\right)^2} \cdot \dfrac{-2y}{(x-y)^2} = -\dfrac{y}{x^2+y^2}$,

$$\dfrac{\partial z}{\partial y} = \dfrac{1}{1 + \left(\dfrac{x+y}{x-y}\right)^2} \cdot \dfrac{2x}{(x-y)^2} = \dfrac{x}{x^2+y^2},$$

从而

$$\dfrac{\partial^2 z}{\partial x^2} = \dfrac{2xy}{(x^2+y^2)^2}, \quad \dfrac{\partial^2 z}{\partial y^2} = -\dfrac{2xy}{(x^2+y^2)^2}, \quad \dfrac{\partial^2 z}{\partial x \partial y} = \dfrac{\partial}{\partial y}\left(-\dfrac{y}{x^2+y^2}\right) = \dfrac{y^2-x^2}{(x^2+y^2)^2}.$$

(2) $\dfrac{\partial z}{\partial x} = \mathrm{e}^x(\cos y + x\sin y + \sin y)$, $\quad \dfrac{\partial z}{\partial y} = \mathrm{e}^x(x\cos y - \sin y)$,

$$\dfrac{\partial^2 z}{\partial x^2} = \mathrm{e}^x(\cos y + 2\sin y + x\sin y), \quad \dfrac{\partial^2 z}{\partial x \partial y} = \mathrm{e}^x(x\cos y + \cos y - \sin y),$$

$$\dfrac{\partial^2 z}{\partial y^2} = \mathrm{e}^x(-x\sin y - \cos y).$$

8.3 全 微 分

(一)内容提要

全微分	定义	若函数 $z = f(x,y)$ 在点 (x,y) 处的全增量 $\Delta z = f(x+\Delta x, y+\Delta y) - f(x,y)$ 可表示为 $\Delta z = A\Delta x + B\Delta y + o(\rho)$,其中 A, B 与 $\Delta x, \Delta y$ 无关,$\rho = \sqrt{(\Delta x)^2 + (\Delta y)^2}$,则称函数 $z = f(x,y)$ 在点 (x,y) 处可微,全微分 $\mathrm{d}z = A\Delta x + B\Delta y$
	性质	若函数 $z = f(x,y)$ 在点 (x,y) 处可微,则 $z = f(x,y)$ 在点 (x,y) 处连续
		若函数 $z = f(x,y)$ 在点 (x,y) 处可微,则 $z = f(x,y)$ 在点 (x,y) 处的偏导数必存在,且 $\mathrm{d}z = \dfrac{\partial z}{\partial x}\Delta x + \dfrac{\partial z}{\partial y}\Delta y$
		若函数 $z = f(x,y)$ 的偏导数 $\dfrac{\partial z}{\partial x}, \dfrac{\partial z}{\partial y}$ 在点 (x,y) 处连续,则 $z = f(x,y)$ 在点 (x,y) 处可微,且 $\mathrm{d}z = \dfrac{\partial z}{\partial x}\mathrm{d}x + \dfrac{\partial z}{\partial y}\mathrm{d}y$
全微分的应用		若函数 $z = f(x,y)$ 的偏导数 $f_x(x,y), f_y(x,y)$ 在点 (x,y) 处连续,则当 $\lvert \Delta x \rvert, \lvert \Delta y \rvert$ 都比较小时,有近似公式 $\Delta z \approx \mathrm{d}z = f_x(x,y)\Delta x + f_y(x,y)\Delta y$
		函数值近似公式 $f(x+\Delta x, y+\Delta y) \approx f(x,y) + f_x(x,y)\Delta x + f_y(x,y)\Delta y$

(二)析疑解惑

题 1 如何判定函数 $f(x,y)$ 在点 (x_0, y_0) 处的可微性?

解 有以下两种方法:

(1) 利用可微分的定义(适用于证明在分段点处的可微性).

① 求偏导数 $f_x(x_0,y_0),f_y(x_0,y_0)$;

② 求极限 $\displaystyle\lim_{(\Delta x,\Delta y)\to(0,0)}\frac{f(x_0+\Delta x,y_0+\Delta y)-f(x_0,y_0)-f_x(x_0,y_0)\Delta x-f_y(x_0,y_0)\Delta y}{\sqrt{(\Delta x)^2+(\Delta y)^2}}$.

若极限为 0,则 $f(x,y)$ 在点 (x_0,y_0) 处可微分;否则, $f(x,y)$ 在点 (x_0,y_0) 处不可微分.

(2) 证明 $f(x,y)$ 在点 (x_0,y_0) 处的偏导数连续(适用于初等函数).

题 2 如果函数 $f(x,y)$ 在点 (x_0,y_0) 处的偏导数存在,那么 $f(x,y)$ 在点 (x_0,y_0) 处一定可微分吗?

解 不一定.例如函数 $f(x,y)=\sqrt{|xy|}$,在点 $(0,0)$ 处的偏导数

$$\frac{\partial f}{\partial x}\bigg|_{(0,0)}=\lim_{x\to0}\frac{f(x,0)-f(0,0)}{x-0}=\lim_{x\to0}\frac{0}{x}=0=\frac{\partial f}{\partial y}\bigg|_{(0,0)},$$

但 $f(x,y)$ 在点 $(0,0)$ 处不可微分.下面用反证法来证明.

假设函数 $f(x,y)=\sqrt{|xy|}$ 在点 $(0,0)$ 处可微分,则必有

$$\Delta f=0\cdot\Delta x+0\cdot\Delta y+o(\rho)=o(\rho),\quad\text{即}\quad\lim_{\Delta x\to0}\frac{\Delta f}{\rho}=0,$$

但沿直线 $y=x$ 的方向有

$$\lim_{\Delta x\to0}\frac{\Delta f}{\rho}=\lim_{\Delta x\to0}\frac{\sqrt{|\Delta x\cdot\Delta x|}}{\sqrt{2(\Delta x)^2}}=\frac{1}{\sqrt{2}}\neq0,$$

从而产生矛盾,故 $f(x,y)$ 在点 $(0,0)$ 处不可微分.这说明,可偏导只是函数可微分的必要条件,我们知道偏导数连续是可微分的充分条件.这也是多元函数与一元函数的不同点之一.

题 3 比较一元函数微分的几何意义,二元函数全微分的几何意义是什么?

解 据二元函数可微分的定义,函数 $z=f(x,y)$ 在点 (x_0,y_0) 处可微分,则曲面 $z=f(x,y)$ 在点 (x_0,y_0,z_0) 处存在不平行于 z 轴的切平面,且切平面方程为

$$z-z_0=f_x(x_0,y_0)(x-x_0)+f_y(x_0,y_0)(y-y_0).$$

题 4 函数极限存在、连续、偏导数存在、可微分和偏导数连续之间有什么关系?

解 如图 8-1 所示,其中"→"表示可推出,"↛"表示不可推出.

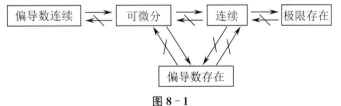

图 8-1

(三) 范例分析

例 1 求函数 $z=\dfrac{y}{x}$ 当 $x=2,y=1,\Delta x=0.1,\Delta y=-0.2$ 时的全增量和全微分.

解 $\Delta z=\dfrac{y+\Delta y}{x+\Delta x}-\dfrac{y}{x},\quad \mathrm{d}z=-\dfrac{y}{x^2}\Delta x+\dfrac{1}{x}\Delta y.$

将 $x=2,y=1,\Delta x=0.1,\Delta y=-0.2$ 代入,得全增量和全微分分别为

$$\Delta z = \frac{1+(-0.2)}{2+0.1} - \frac{1}{2} \approx -0.119,$$

$$\mathrm{d}z = -\frac{1}{2^2} \times 0.1 + \frac{1}{2} \times (-0.2) = -0.125.$$

例 2 求下列函数的全微分：

(1) $z = (x^2 + y^2)\mathrm{e}^{\frac{x^2+y^2}{xy}}$；　　　(2) $z = \sin(y\cos x)$；　　　(3) $u = x^{y^z}$.

分析 求出函数的偏导数，代入全微分公式 $\mathrm{d}z = \dfrac{\partial z}{\partial x}\mathrm{d}x + \dfrac{\partial z}{\partial y}\mathrm{d}y$.

解 (1) $\dfrac{\partial z}{\partial x} = 2x\mathrm{e}^{\frac{x^2+y^2}{xy}} + (x^2+y^2)\mathrm{e}^{\frac{x^2+y^2}{xy}}\dfrac{2x^2 y - (x^2+y^2)y}{x^2 y^2} = \mathrm{e}^{\frac{x^2+y^2}{xy}}\left(2x + \dfrac{x^4-y^4}{x^2 y}\right).$

由函数关于自变量的对称性可得

$$\frac{\partial z}{\partial y} = \mathrm{e}^{\frac{x^2+y^2}{xy}}\left(2y + \frac{y^4-x^4}{xy^2}\right).$$

于是

$$\mathrm{d}z = \mathrm{e}^{\frac{x^2+y^2}{xy}}\left[\left(2x + \frac{x^4-y^4}{x^2 y}\right)\mathrm{d}x + \left(2y + \frac{y^4-x^4}{xy^2}\right)\mathrm{d}y\right].$$

(2) $\dfrac{\partial z}{\partial x} = \cos(y\cos x)(-y\sin x), \dfrac{\partial z}{\partial y} = \cos(y\cos x)(\cos x)$，所以

$$\mathrm{d}z = -y\sin x\cos(y\cos x)\mathrm{d}x + \cos x\cos(y\cos x)\mathrm{d}y.$$

(3) $\dfrac{\partial u}{\partial x} = y^z x^{y^z-1}, \quad \dfrac{\partial u}{\partial y} = x^{y^z}\ln x \cdot zy^{z-1} = zy^{z-1}x^{y^z}\ln x,$

$$\frac{\partial u}{\partial z} = x^{y^z}\ln x \cdot y^z\ln y = y^z x^{y^z}\ln x\ln y,$$

所以

$$\mathrm{d}u = y^z x^{y^z-1}\mathrm{d}x + zy^{z-1}x^{y^z}\ln x\mathrm{d}y + y^z x^{y^z}\ln x\ln y\mathrm{d}z.$$

例 3 求函数 $z = \ln(2+x^2+y^2)$ 当 $x=2, y=1$ 时的全微分.

分析 按定义 $\mathrm{d}z\Big|_{(x_0,y_0)} = \dfrac{\partial z}{\partial x}\Big|_{(x_0,y_0)}\mathrm{d}x + \dfrac{\partial z}{\partial y}\Big|_{(x_0,y_0)}\mathrm{d}y.$

解 $\dfrac{\partial z}{\partial x}\Big|_{\substack{x=2\\y=1}} = \dfrac{2x}{2+x^2+y^2}\Big|_{\substack{x=2\\y=1}} = \dfrac{4}{7}, \quad \dfrac{\partial z}{\partial y}\Big|_{\substack{x=2\\y=1}} = \dfrac{2y}{2+x^2+y^2}\Big|_{\substack{x=2\\y=1}} = \dfrac{2}{7},$

所以

$$\mathrm{d}z\Big|_{\substack{x=2\\y=1}} = \frac{4}{7}\mathrm{d}x + \frac{2}{7}\mathrm{d}y.$$

例 4 设函数 $f(x,y,z) = \sqrt[z]{\dfrac{x}{y}}$，求 $\mathrm{d}f\Big|_{(1,1,1)}$.

解 $f_x = \dfrac{1}{z}\left(\dfrac{x}{y}\right)^{\frac{1}{z}-1}\cdot\dfrac{1}{y} = \dfrac{1}{yz}\left(\dfrac{x}{y}\right)^{\frac{1}{z}-1},$

$$f_y = \frac{1}{z}\left(\frac{x}{y}\right)^{\frac{1}{z}-1}\cdot\left(-\frac{x}{y^2}\right) = -\frac{1}{yz}\left(\frac{x}{y}\right)^{\frac{1}{z}},$$

$$f_z = \left(\frac{x}{y}\right)^{\frac{1}{z}}\ln\left(\frac{x}{y}\right)\cdot\left(-\frac{1}{z^2}\right) = -\frac{1}{z^2}\left(\frac{x}{y}\right)^{\frac{1}{z}}\ln\left(\frac{x}{y}\right),$$

故

$$f_x(1,1,1)=1, \quad f_y(1,1,1)=-1, \quad f_z(1,1,1)=0,$$

从而

$$\mathrm{d}f\Big|_{(1,1,1)}=\mathrm{d}x-\mathrm{d}y.$$

例 5 计算 $\sqrt{(1.02)^3+(1.97)^3}$ 的近似值.

分析 应用近似公式

$$f(x+\Delta x,y+\Delta y)\approx f(x,y)+f_x(x,y)\Delta x+f_y(x,y)\Delta y.$$

解 设函数 $f(x,y)=\sqrt{x^3+y^3}$,则要计算的近似值就是该函数当 $x=1.02,y=1.97$ 时的函数值的近似值. 取 $x=1,y=2,\Delta x=0.02,\Delta y=-0.03.$ 又

$$f_x(x,y)=\frac{3x^2}{2\sqrt{x^3+y^3}}, \quad f_y(x,y)=\frac{3y^2}{2\sqrt{x^3+y^3}},$$

应用公式

$$\sqrt{(x+\Delta x)^3+(y+\Delta y)^3}\approx\sqrt{x^3+y^3}+\frac{3x^2}{2\sqrt{x^3+y^3}}\Delta x+\frac{3y^2}{2\sqrt{x^3+y^3}}\Delta y,$$

于是

$$\sqrt{(1.02)^3+(1.97)^3}\approx\sqrt{1^3+2^3}+\frac{3\times1^2}{2\sqrt{1^3+2^3}}\times0.02+\frac{3\times2^2}{2\sqrt{1^3+2^3}}\times(-0.03)=2.95.$$

例 6 计算 $(1.99)^{3.02}$ 的近似值(取 $\ln 2=0.693$).

解 设函数 $f(x,y)=x^y.$ 显然,所要计算的近似值就是要求 $f(1.99,3.02)$ 的近似值. 取 $x=2,y=3,\Delta x=-0.01,\Delta y=0.02,$ 则

$$f(1.99,3.02)\approx f(2,3)+[f_x(2,3)\cdot\Delta x+f_y(2,3)\cdot\Delta y],$$

$$f(2,3)=8, \quad f_x(2,3)=yx^{y-1}\Big|_{\substack{x=2\\y=3}}=12, \quad f_y(2,3)=x^y\ln x\Big|_{\substack{x=2\\y=3}}=8\ln 2=5.544.$$

故

$$f(1.99,3.02)\approx8+12\times(-0.01)+5.544\times0.02=7.99088.$$

(四) 同步练习

1. 求函数 $z=\dfrac{xy}{x-y}$ 当 $x=2,y=1,\Delta x=0.01,\Delta y=0.03$ 时的全微分和全增量,并求两者之差.

2. 设函数 $z=f(x,y)=xy^2\mathrm{e}^x,$ 求:

(1) 该函数的全微分;

(2) 该函数在点 $(1,2)$ 处的全微分;

(3) 当 $\Delta x=0.2,\Delta y=0.1$ 时,该函数在点 $(1,2)$ 处的全微分.

3. 求下列函数的全微分:

(1) $u=\ln(x^xy^yz^z);$ (2) $z=x^2y+\tan(x+y).$

4. 计算 $1.002\times2.003^2\times3.004^3$ 的近似值.

5. 设有厚为 $0.1\,\mathrm{cm}$,内高为 $40\,\mathrm{cm}$,上、下底面半径分别为 $10\,\mathrm{cm}$ 和 $20\,\mathrm{cm}$ 的无盖水桶,求水桶壳体体积的近似值.

同步练习简解

1. 解 $\dfrac{\partial z}{\partial x}=\dfrac{-y^2}{(x-y)^2}, \quad \dfrac{\partial z}{\partial y}=\dfrac{x^2}{(x-y)^2},$

$$dz = \frac{\partial z}{\partial x}\Delta x + \frac{\partial z}{\partial y}\Delta y = \frac{-y^2\Delta x + x^2\Delta y}{(x-y)^2},$$

$$\Delta z = \frac{(x+\Delta x)(y+\Delta y)}{(x+\Delta x)-(y+\Delta y)} - \frac{xy}{x-y}.$$

当 $x=2, y=1, \Delta x=0.01, \Delta y=0.03$ 时,全微分和全增量分别为

$$dz = \frac{-1^2 \times 0.01 + 2^2 \times 0.03}{(2-1)^2} = 0.11,$$

$$\Delta z = \frac{(2+0.01)(1+0.03)}{(2+0.01)-(1+0.03)} - \frac{2\times 1}{2-1} \approx 0.112\,55.$$

全增量与全微分之差为 $\Delta z - dz = 0.112\,55 - 0.11 = 0.002\,55.$

2. 解 (1) 因为

$$\frac{\partial z}{\partial x} = y^2 e^x(1+x), \qquad \frac{\partial z}{\partial y} = 2xye^x$$

在 $\mathbf{R}^2$ 上连续,所以

$$dz = y^2 e^x(1+x)dx + 2xye^x dy = ye^x[y(1+x)dx + 2xdy].$$

(2) $dz\Big|_{\substack{x=1\\y=2}} = 2e[2(1+1)dx + 2dy] = 4e(2dx + dy).$

(3) 当 $\Delta x = 0.2, \Delta y = 0.1$ 时,该函数在点 $(1,2)$ 处的全微分

$$dz = 4e(2\times 0.2 + 0.1) = 2e.$$

3. 解 (1) 因为

$$\frac{\partial u}{\partial x} = 1+\ln x, \qquad \frac{\partial u}{\partial y} = 1+\ln y, \qquad \frac{\partial u}{\partial z} = 1+\ln z$$

在定义域上连续,所以

$$du = (1+\ln x)dx + (1+\ln y)dy + (1+\ln z)dz.$$

(2) 因为

$$\frac{\partial z}{\partial x} = 2xy + \sec^2(x+y), \qquad \frac{\partial z}{\partial y} = x^2 + \sec^2(x+y),$$

所以

$$dz = [2xy + \sec^2(x+y)]dx + [x^2 + \sec^2(x+y)]dy.$$

4. 解 设函数 $f(x,y,z) = xy^2z^3, (x_0, y_0, z_0) = (1,2,3), \Delta x = 0.002, \Delta y = 0.003, \Delta z = 0.004.$ 又

$$f_x(1,2,3) = y^2z^3\Big|_{(1,2,3)} = 108, \quad f_y(1,2,3) = 2xyz^3\Big|_{(1,2,3)} = 108, \quad f_z(1,2,3) = 3xy^2z^2\Big|_{(1,2,3)} = 108,$$

则

$$1.002 \times 2.003^2 \times 3.004^3 = f(1.002, 2.003, 3.004)$$
$$\approx f(1,2,3) + f_x(1,2,3)\Delta x + f_y(1,2,3)\Delta y + f_z(1,2,3)\Delta z$$
$$= 108 + 108(0.002 + 0.003 + 0.004) = 108.972.$$

5. 解 圆台的体积公式为 $V = \frac{1}{3}\pi(r^2 + rR + R^2)h$,其中 r, R 分别是上、下底面半径,h 是圆台的高. 由此可知水桶壳体体积为

$$\Delta V = \frac{1}{3}\pi[(r+\Delta r)^2 + (r+\Delta r)(R+\Delta R) + (R+\Delta R)^2](h+\Delta h) - \frac{1}{3}\pi(r^2 + rR + R^2)h.$$

下面利用全微分计算水桶壳体体积的近似值.

取 $r = 10\,\text{cm}, R = 20\,\text{cm}, h = 40\,\text{cm}, \Delta r = \Delta R = \Delta h = 0.1\,\text{cm}$,则

$$\Delta V \approx dV = \frac{\partial V}{\partial r}\Delta r + \frac{\partial V}{\partial R}\Delta R + \frac{\partial V}{\partial h}\Delta h$$

$$= \frac{1}{3}\pi(R+2r)h\Delta r + \frac{1}{3}\pi(r+2R)h\Delta R + \frac{1}{3}\pi(r^2 + rR + R^2)\Delta h$$

$$= \left\{\frac{1}{3}\pi[(20+2\times 10)\times 40 + (10+2\times 20)\times 40 + (10^2 + 10\times 20 + 20^2)]\times 0.1\right\}\,\text{cm}^3$$

$$\approx 450.3\,\text{cm}^3.$$

8.4　方向导数与梯度

（一）内容提要

	定义	性质
方向导数	函数 $z=f(x,y)$ 在点 $P_0(x_0,y_0)$ 的某个邻域内有定义，自点 P_0 引一条射线 l，它与 x 轴正向的夹角为 α，与 y 轴正向的夹角为 β，点 $P(x_0+\rho\cos\alpha, y_0+\rho\cos\beta)$ 是 l 上的任意一点，ρ 是 P_0 与 P 两点间的距离，即 $\lvert P_0P\rvert=\rho$. 当点 P 沿射线 l 无限趋近于点 $P_0(\rho\to 0^+)$ 时，若极限 $$\lim_{\rho\to 0^+}\frac{f(x_0+\rho\cos\alpha, y_0+\rho\cos\beta)-f(x_0,y_0)}{\rho}$$ 存在，则称此极限值为函数 $z=f(x,y)$ 在点 P_0 处沿方向 l 的方向导数，记作 $$\left.\frac{\partial f}{\partial l}\right|_{(x_0,y_0)} \quad 或 \quad \left.\frac{\partial z}{\partial l}\right|_{(x_0,y_0)}$$	若函数 $z=f(x,y)$ 在点 $P(x,y)$ 处可微分，则 $$\frac{\partial f}{\partial l}=\frac{\partial f}{\partial x}\cos\alpha+\frac{\partial f}{\partial y}\cos\beta,$$ 其中 $\cos\alpha, \cos\beta$ 是方向 l 的方向余弦
		若函数 $u=f(x,y,z)$ 在点 $M(x,y,z)$ 处可微分，则 $$\frac{\partial f}{\partial l}=\frac{\partial f}{\partial x}\cos\alpha+\frac{\partial f}{\partial y}\cos\beta+\frac{\partial f}{\partial z}\cos\gamma,$$ 其中 $\cos\alpha, \cos\beta, \cos\gamma$ 为方向 l 的方向余弦
梯度	函数 $z=f(x,y)$ 在点 (x,y) 处有一阶连续偏导数，梯度为 $$\mathbf{grad}f(x,y)=\frac{\partial f}{\partial x}\boldsymbol{i}+\frac{\partial f}{\partial y}\boldsymbol{j}=\left\{\frac{\partial f}{\partial x},\frac{\partial f}{\partial y}\right\}$$	
	函数 $u=f(x,y,z)$ 在点 (x,y,z) 处有一阶连续偏导数，梯度为 $$\mathbf{grad}f(x,y,z)=\frac{\partial f}{\partial x}\boldsymbol{i}+\frac{\partial f}{\partial y}\boldsymbol{j}+\frac{\partial f}{\partial z}\boldsymbol{k}=\left\{\frac{\partial f}{\partial x},\frac{\partial f}{\partial y},\frac{\partial f}{\partial z}\right\}$$	
	梯度为一向量，其方向与取得最大方向导数的方向一致，它的模为方向导数的最大值	

（二）析疑解惑

题 1　简述函数 $f(x,y,z)$ 在指定点 (x_0,y_0,z_0) 处沿向量 $\{a,b,c\}$ 的方向的方向导数的计算步骤.

解　若该函数在点 (x_0,y_0,z_0) 处可微分，则可按以下步骤求方向导数：

（1）求向量的方向余弦，即 $\{a,b,c\}$ 上的单位向量

$$\boldsymbol{e}_l=\{\cos\alpha,\cos\beta,\cos\gamma\}=\left\{\frac{a}{\sqrt{a^2+b^2+c^2}},\frac{b}{\sqrt{a^2+b^2+c^2}},\frac{c}{\sqrt{a^2+b^2+c^2}}\right\};$$

（2）求 f 在点 (x_0,y_0,z_0) 处的三个偏导数

$$f_x(x_0,y_0,z_0),\quad f_y(x_0,y_0,z_0),\quad f_z(x_0,y_0,z_0);$$

（3）代入可微函数方向导数的计算公式

$$\left.\frac{\partial f}{\partial l}\right|_{(x_0,y_0,z_0)}=\left.\frac{\partial f}{\partial x}\right|_{(x_0,y_0,z_0)}\cos\alpha+\left.\frac{\partial f}{\partial y}\right|_{(x_0,y_0,z_0)}\cos\beta+\left.\frac{\partial f}{\partial z}\right|_{(x_0,y_0,z_0)}\cos\gamma.$$

若 f 在点 (x_0,y_0,z_0) 处的可微性未知，则需按如下方向导数的定义公式计算：

$$\frac{\partial f}{\partial l}=\lim_{\rho\to 0^+}\frac{f(x_0+\rho\cos\alpha, y_0+\rho\cos\beta, z_0+\rho\cos\gamma)-f(x_0,y_0,z_0)}{\rho}.$$

题 2 设方向 l 与 x 轴正向的夹角 $\alpha = 0$,则 $\dfrac{\partial f}{\partial l} = \dfrac{\partial f}{\partial x}$ 是否成立?

解 $\dfrac{\partial f}{\partial l}$ 是单侧极限,因为 $\rho = \sqrt{(\Delta x)^2 + (\Delta y)^2}$,所以 $\rho \to 0$ 实际上是 $\rho \to 0^+$. 而 $\dfrac{\partial f}{\partial x}$ 是双侧极限,当 $\Delta x \to 0$ 时,Δx 可正、可负. 因此,当 $\alpha = 0$ 时,$\dfrac{\partial f}{\partial l}$ 与 $\dfrac{\partial f}{\partial x}$ 不一定相等.

题 3 函数极限存在、连续、偏导数存在、方向导数存在,可微分和偏导数连续之间有什么关系?

解 如图 $8-2$ 所示,其中"→"表示可推出,"↛"表示不可推出.

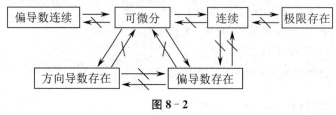

图 $8-2$

(三) 范例分析

例 1 求函数 $u = \ln(x + y^2 + z^2)$ 在点 $M_0(0,1,2)$ 处沿向量 $\{2,-1,-1\}$ 的方向的方向导数.

解 所给向量的方向余弦为 $\cos \alpha = \dfrac{2}{\sqrt{6}}$,$\cos \beta = -\dfrac{1}{\sqrt{6}}$,$\cos \gamma = -\dfrac{1}{\sqrt{6}}$. 又

$$\frac{\partial u}{\partial x} = \frac{1}{x + y^2 + z^2}, \quad \frac{\partial u}{\partial y} = \frac{2y}{x + y^2 + z^2}, \quad \frac{\partial u}{\partial z} = \frac{2z}{x + y^2 + z^2},$$

所以

$$\left. \frac{\partial u}{\partial x} \right|_{M_0} = \frac{1}{5}, \quad \left. \frac{\partial u}{\partial y} \right|_{M_0} = \frac{2}{5}, \quad \left. \frac{\partial u}{\partial z} \right|_{M_0} = \frac{4}{5}.$$

故

$$\left. \frac{\partial u}{\partial l} \right|_{M_0} = \frac{1}{5} \times \frac{2}{\sqrt{6}} + \frac{2}{5} \times \left(-\frac{1}{\sqrt{6}}\right) + \frac{4}{5} \times \left(-\frac{1}{\sqrt{6}}\right) = \frac{-4}{5\sqrt{6}}.$$

例 2 求函数 $z = \sqrt{x^2 + y^2}$ 在点 $(1,2)$ 处沿从点 $(1,2)$ 到点 $(2, 2+\sqrt{3})$ 的方向的方向导数.

解 依题意,方向向量为 $\{1, \sqrt{3}\}$,则向量的方向余弦 $\cos \alpha = \dfrac{1}{2}$,$\cos \beta = \dfrac{\sqrt{3}}{2}$. 又

$$\frac{\partial z}{\partial x} = \frac{x}{\sqrt{x^2 + y^2}}, \quad \frac{\partial z}{\partial y} = \frac{y}{\sqrt{x^2 + y^2}},$$

所以

$$\left. \frac{\partial z}{\partial x} \right|_{(1,2)} = \frac{1}{\sqrt{5}}, \quad \left. \frac{\partial z}{\partial y} \right|_{(1,2)} = \frac{2}{\sqrt{5}}.$$

故

$$\left. \frac{\partial z}{\partial l} \right|_{(1,2)} = \frac{1}{\sqrt{5}} \times \frac{1}{2} + \frac{1}{\sqrt{5}} \times \frac{\sqrt{3}}{2} = \frac{\sqrt{5} + \sqrt{15}}{10}.$$

例3 求函数 $u = xy + yz + xz$ 在点 $P(1,2,3)$ 处沿点 P 的向径方向的方向导数.

解 向径 $\overrightarrow{OP} = \{1,2,3\}$，其方向余弦为 $\cos \alpha = \dfrac{1}{\sqrt{14}}, \cos \beta = \dfrac{2}{\sqrt{14}}, \cos \gamma = \dfrac{3}{\sqrt{14}}$. 又

$$\frac{\partial u}{\partial x} = y + z, \quad \frac{\partial u}{\partial y} = x + z, \quad \frac{\partial u}{\partial z} = y + x,$$

所以

$$\frac{\partial u}{\partial x}\Big|_{(1,2,3)} = 5, \quad \frac{\partial u}{\partial y}\Big|_{(1,2,3)} = 4, \quad \frac{\partial u}{\partial x}\Big|_{(1,2,3)} = 3.$$

故

$$\frac{\partial u}{\partial l} = 5 \times \frac{1}{\sqrt{14}} + 4 \times \frac{2}{\sqrt{14}} + 3 \times \frac{3}{\sqrt{14}} = \frac{22}{\sqrt{14}}.$$

例4 求函数 $u = x^2 + y^2 + z^2$ 在曲线 $x = t, y = t^2, z = t^3$ 上点 $(1,1,1)$ 处沿曲线在该点处的切线正向（对应于 t 增大的方向）的方向导数.

解 因为 $x'_t = 1, y'_t = 2t, z'_t = 3t^2$，所以该曲线在点 $(1,1,1)$ 处的切线 l 的方向向量可取为 $\{1,2,3\}$，与 l 同向的单位向量为

$$\boldsymbol{e}_l = \{\cos \alpha, \cos \beta, \cos \gamma\} = \left\{\frac{1}{\sqrt{14}}, \frac{2}{\sqrt{14}}, \frac{3}{\sqrt{14}}\right\}.$$

又

$$\frac{\partial u}{\partial x}\Big|_{(1,1,1)} = 2, \quad \frac{\partial u}{\partial y}\Big|_{(1,1,1)} = 2, \quad \frac{\partial u}{\partial z}\Big|_{(1,1,1)} = 2,$$

故

$$\frac{\partial u}{\partial l}\Big|_{(1,1,1)} = 2 \times \frac{1}{\sqrt{14}} + 2 \times \frac{2}{\sqrt{14}} + 2 \times \frac{3}{\sqrt{14}} = \frac{12}{\sqrt{14}}.$$

例5 设函数 $f(x,y,z) = x^2 + 3y^2 + 5z^2 + 2xy - 4y - 8z$，求 $\mathbf{grad}f(0,0,0)$，$\mathbf{grad}f(3,2,1)$.

解 $\qquad f_x = 2x + 2y, \quad f_y = 6y + 2x - 4, \quad f_z = 10z - 8,$

所以

$$f_x(0,0,0) = 0, \quad f_y(0,0,0) = -4, \quad f_z(0,0,0) = -8,$$
$$f_x(3,2,1) = 10, \quad f_y(3,2,1) = 14, \quad f_z(3,2,1) = 2.$$

故

$$\mathbf{grad}f(0,0,0) = -4\boldsymbol{j} - 8\boldsymbol{k}, \quad \mathbf{grad}f(3,2,1) = 10\boldsymbol{i} + 14\boldsymbol{j} + 2\boldsymbol{k}.$$

例6 求函数 $u = x^2 + y^2 - z^2$ 在点 $M_1(1,0,1), M_2(0,1,0)$ 处的梯度之间的夹角.

解 因

$$\frac{\partial u}{\partial x} = 2x, \quad \frac{\partial u}{\partial y} = 2y, \quad \frac{\partial u}{\partial z} = -2z,$$

故

$$\mathbf{grad}u(M_1) = \{2,0,-2\}, \quad \mathbf{grad}u(M_2) = \{0,2,0\}.$$

又

$$\mathbf{grad}u(M_1) \cdot \mathbf{grad}u(M_2) = \{2,0,-2\} \cdot \{0,2,0\} = 0,$$

故 $\mathbf{grad}\,u(M_1)\perp\mathbf{grad}\,u(M_2)$，即两梯度的夹角为 $\dfrac{\pi}{2}$.

（四）同步练习

1. 求函数 $z=x\mathrm{e}^{2y}$ 在点 $P(1,0)$ 处沿从点 $P(1,0)$ 到点 $Q(2,-1)$ 的方向的方向导数.
2. 求函数 $z=x^2-xy+y^2$ 在点 $(1,1)$ 处沿与 x 轴正向夹角为 30° 的方向的方向导数.
3. 求函数 $u=xy-y^2z+z\mathrm{e}^x$ 在点 $(1,0,2)$ 处沿向量 $\{2,1,-1\}$ 的方向的方向导数.
4. 设函数 $r=\sqrt{x^2+y^2}$，求 r 沿坐标原点 O 至任意点 $P(x,y)$ 的方向的方向导数.
5. 求函数 $f(x,y,z)=xy^2+yz^3$ 在点 $(2,-1,1)$ 处的梯度.
6. 设某金属板上的电压分布为 $V=50-x^2-4y^2$. 问：在点 $(1,-2)$ 处沿什么方向电压升高最快？

同步练习简解

1. 解　$\overrightarrow{PQ}=\{1,-1\}$，故 $\overrightarrow{PQ}$ 的方向余弦为 $\cos\alpha=\dfrac{1}{\sqrt{2}}$，$\cos\beta=-\dfrac{1}{\sqrt{2}}$. 又

$$\left.\frac{\partial z}{\partial x}\right|_{(1,0)}=\mathrm{e}^{2y}\Big|_{(1,0)}=1,\qquad \left.\frac{\partial z}{\partial y}\right|_{(1,0)}=2x\mathrm{e}^{2y}\Big|_{(1,0)}=2,$$

故

$$\left.\frac{\partial z}{\partial l}\right|_{(1,0)}=1\times\frac{1}{\sqrt{2}}+2\times\left(-\frac{1}{\sqrt{2}}\right)=-\frac{\sqrt{2}}{2}.$$

2. 解　依题意，$\alpha=\dfrac{\pi}{6}$，$\beta=\dfrac{\pi}{3}$，从而 $\cos\alpha=\dfrac{\sqrt{3}}{2}$，$\cos\beta=\dfrac{1}{2}$. 又

$$\left.\frac{\partial z}{\partial x}\right|_{(1,1)}=(2x-y)\Big|_{(1,1)}=1,\qquad \left.\frac{\partial z}{\partial y}\right|_{(1,1)}=(-x+2y)\Big|_{(1,1)}=1,$$

故

$$\left.\frac{\partial z}{\partial l}\right|_{(1,1)}=1\times\frac{\sqrt{3}}{2}+1\times\frac{1}{2}=\frac{1+\sqrt{3}}{2}.$$

3. 解　对于 $u=xy-y^2z+z\mathrm{e}^x$，有

$$\frac{\partial u}{\partial x}=y+z\mathrm{e}^x,\qquad \frac{\partial u}{\partial y}=x-2yz,\qquad \frac{\partial u}{\partial z}=-y^2+\mathrm{e}^x,$$

所以

$$\left.\frac{\partial u}{\partial x}\right|_{(1,0,2)}=2\mathrm{e},\qquad \left.\frac{\partial u}{\partial y}\right|_{(1,0,2)}=1,\qquad \left.\frac{\partial u}{\partial z}\right|_{(1,0,2)}=\mathrm{e}.$$

而向量 $\{2,1,-1\}$ 的方向余弦为

$$\cos\alpha=\frac{2}{\sqrt{6}},\qquad \cos\beta=\frac{1}{\sqrt{6}},\qquad \cos\gamma=-\frac{1}{\sqrt{6}},$$

故

$$\left.\frac{\partial u}{\partial l}\right|_{(1,0,2)}=2\mathrm{e}\cdot\frac{2}{\sqrt{6}}+\frac{1}{\sqrt{6}}-\mathrm{e}\cdot\frac{1}{\sqrt{6}}=\frac{3\mathrm{e}+1}{\sqrt{6}}.$$

4. 解　设 l 的方向向量为 $\overrightarrow{OP}=\{x,y\}$，则其方向余弦为 $\cos\alpha=\dfrac{x}{r}$，$\cos\beta=\dfrac{y}{r}$. 又

$$\frac{\partial r}{\partial x}=\frac{x}{\sqrt{x^2+y^2}}=\frac{x}{r},\qquad \frac{\partial r}{\partial y}=\frac{y}{\sqrt{x^2+y^2}}=\frac{y}{r},$$

因此所求方向导数为

$$\frac{\partial r}{\partial l}=\frac{x}{r}\cdot\frac{x}{r}+\frac{y}{r}\cdot\frac{y}{r}=1.$$

5. 解　因为 $f_x=y^2$，$f_y=2xy+z^3$，$f_z=3yz^2$，所以

$$f_x(2,-1,1)=1,\quad f_y(2,-1,1)=-3,\quad f_z(2,-1,1)=-3.$$

故

$$\mathbf{grad}\,f(2,-1,1)=f_x(2,-1,1)\boldsymbol{i}+f_y(2,-1,1)\boldsymbol{j}+f_z(2,-1,1)\boldsymbol{k}=\boldsymbol{i}-3\boldsymbol{j}-3\boldsymbol{k}.$$

6. 解　因 $\dfrac{\partial V}{\partial x} = -2x, \dfrac{\partial V}{\partial y} = -8y$，故

$$\mathbf{grad}V\Big|_{(1,-2)} = \dfrac{\partial V}{\partial x}\Big|_{(1,-2)}\boldsymbol{i} + \dfrac{\partial V}{\partial y}\Big|_{(1,-2)}\boldsymbol{j} = -2\boldsymbol{i} + 16\boldsymbol{j}.$$

于是由梯度的意义可知，电压在点 $(1,-2)$ 处沿着 $-2\boldsymbol{i} + 16\boldsymbol{j}$ 的方向升高最快.

8.5　多元复合函数的微分法

（一）内容提要

多元复合函数的求导法则	复合函数的中间变量均为一元函数的情形	如果函数 $u = \varphi(t)$ 及 $v = \psi(t)$ 都在点 t 处可导，函数 $z = f(u,v)$ 在对应点 (u,v) 处具有连续偏导数，则复合函数 $z = f[\varphi(t),\psi(t)]$ 在点 t 处可导，且 $$\dfrac{\mathrm{d}z}{\mathrm{d}t} = \dfrac{\partial z}{\partial u}\cdot\dfrac{\mathrm{d}u}{\mathrm{d}t} + \dfrac{\partial z}{\partial v}\cdot\dfrac{\mathrm{d}v}{\mathrm{d}t}$$
	复合函数的中间变量均为多元函数的情形	如果函数 $u = \varphi(x,y)$ 及 $v = \psi(x,y)$ 都在点 (x,y) 处偏导数存在，函数 $z = f(u,v)$ 在对应点 (u,v) 处具有连续偏导数，则复合函数 $z = f[\varphi(x,y),\psi(x,y)]$ 在点 (x,y) 处两个偏导数存在，且 $$\dfrac{\partial z}{\partial x} = \dfrac{\partial z}{\partial u}\cdot\dfrac{\partial u}{\partial x} + \dfrac{\partial z}{\partial v}\cdot\dfrac{\partial v}{\partial x}, \quad \dfrac{\partial z}{\partial y} = \dfrac{\partial z}{\partial u}\cdot\dfrac{\partial u}{\partial y} + \dfrac{\partial z}{\partial v}\cdot\dfrac{\partial v}{\partial y}$$
	复合函数的中间变量既有一元函数，又有多元函数的情形	如果函数 $u = \varphi(x,y)$ 在点 (x,y) 处偏导数存在，函数 $v = \psi(y)$ 在点 y 处可导，函数 $z = f(u,v)$ 在对应点 (u,v) 处具有连续偏导数，则复合函数 $z = f[\varphi(x,y),\psi(y)]$ 在点 (x,y) 处两个偏导数存在，且 $$\dfrac{\partial z}{\partial x} = \dfrac{\partial z}{\partial u}\cdot\dfrac{\partial u}{\partial x}, \quad \dfrac{\partial z}{\partial y} = \dfrac{\partial z}{\partial u}\cdot\dfrac{\partial u}{\partial y} + \dfrac{\partial z}{\partial v}\cdot\dfrac{\mathrm{d}v}{\mathrm{d}y}$$
全微分形式不变性		不论 u,v 是自变量，或是中间变量，当 $z = f(u,v)$ 的全微分存在时，其形式是一样的，即 $\mathrm{d}z = \dfrac{\partial z}{\partial u}\mathrm{d}u + \dfrac{\partial z}{\partial v}\mathrm{d}v$

（二）析疑解惑

▌题1　求复合函数偏导数的一般步骤是什么？

解　（1）引进中间变量，将复杂函数分解为若干简单函数，搞清复合关系——画出复合关系图；

（2）分清每步对哪个变量求导，固定了哪些变量，是复合前求导还是复合后求导；

（3）对某个自变量求导，应注意要经过一切与该自变量有关的中间变量而最后归结到该自变量.

▌题2　在中间变量既有一元函数，又有多元函数的情形中，有时会碰到复合函数的某个中间变量本身又是自变量的情况. 例如，设 $z = f(x,y,w)$ 具有连续偏导数，$w = w(x,y)$ 具有偏导数，则 $z = f[x,y,w(x,y)]$ 具有偏导数，根据复合函数求导法则，可得如下公式：

$$\dfrac{\partial z}{\partial x} = \dfrac{\partial f}{\partial x} + \dfrac{\partial f}{\partial w}\cdot\dfrac{\partial w}{\partial x} \quad \text{和} \quad \dfrac{\partial z}{\partial y} = \dfrac{\partial f}{\partial y} + \dfrac{\partial f}{\partial w}\cdot\dfrac{\partial w}{\partial y},$$

其中 $\dfrac{\partial z}{\partial x}$ 与 $\dfrac{\partial f}{\partial x}\Big(\text{或}\dfrac{\partial z}{\partial y}\text{与}\dfrac{\partial f}{\partial y}\Big)$ 有什么区别？

解 $\dfrac{\partial z}{\partial x}$ 是把函数 $f[x,y,w(x,y)]$ 中的 y 看成常量,对自变量 x 求偏导数;$\dfrac{\partial f}{\partial x}$ 是把函数 $f(x,y,w)$ 中的 y,w 看作常量,对中间变量 x 求偏导数. 前者是复合后对 x 的偏导数,后者是复合前对 x 的偏导数. $\dfrac{\partial z}{\partial y}$ 与 $\dfrac{\partial f}{\partial y}$ 有类似区别.

题3 设函数 $z=f[\varphi(x,y),\psi(x,y)]$ 由函数 $z=f(u,v),u=\varphi(x,y),v=\psi(x,y)$ 复合而成,求 $\dfrac{\partial z}{\partial x}$ 时若不使用多元复合函数求导法则,直接将 $f[\varphi(x,y),\psi(x,y)]$ 中的变量 y 视为常量,对 $f[\varphi(x,y),\psi(x,y)]$ 中的变量 x 按一元函数求导法则求导数,其结果是否相同?

解 结果是相同的,多元复合函数求导法则的本质是将复杂函数的求导分解为若干简单函数的求导,当函数本身并不复杂时,常用此方法.

题4 求抽象复合函数的高阶偏导数时应注意什么?

解 抽象复合函数是指那些没有具体表达式,只体现函数特征的函数,如函数 $z=f(xy,x+y)$. 此类函数在求高阶偏导数时,初学者的出错率比较高. 为避免错漏,一般要注意如下几个问题:

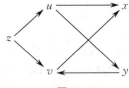

图 8-3

(1) 如图 8-3 所示,引进中间变量,画出变量复合关系图,令 $u=xy,v=x+y$.

(2) 正确使用偏导数符号. 因变量 z 对最终变量的偏导数使用 $\dfrac{\partial z}{\partial x}$ 和 $\dfrac{\partial z}{\partial y}$,二阶偏导数用 $\dfrac{\partial^2 z}{\partial x^2}$ 和 $\dfrac{\partial^2 z}{\partial y^2}$;对中间变量的偏导数使用 $f_u(u,v)$ 和 $f_v(u,v)$,二阶偏导数用 $f_{uu}(u,v),f_{vv}(u,v)$ 和 $f_{uv}(u,v)$.

(3) $f_u(u,v)$ 和 $f_v(u,v)$ 仍然是以 u,v 为中间变量,x,y 为最终变量的复合函数.

题5 如果函数 $u=\varphi(t)$ 及 $v=\psi(t)$ 都在点 t 处可导,函数 $z=f(u,v)$ 在对应点 (u,v) 处具有偏导数,那么复合函数 $z=f[\varphi(t),\psi(t)]$ 在点 t 处是否仍有关系式
$$\frac{\mathrm{d}z}{\mathrm{d}t}=\frac{\partial z}{\partial u}\cdot\frac{\mathrm{d}u}{\mathrm{d}t}+\frac{\partial z}{\partial v}\cdot\frac{\mathrm{d}v}{\mathrm{d}t}?$$

解 若函数 $z=f(u,v)$ 在对应点 (u,v) 处仅具有偏导数,但不可微分,则复合函数 $z=f[\varphi(t),\psi(t)]$ 在点 t 处仍有可能可导,但不一定有关系式 $\dfrac{\mathrm{d}z}{\mathrm{d}t}=\dfrac{\partial z}{\partial u}\cdot\dfrac{\mathrm{d}u}{\mathrm{d}t}+\dfrac{\partial z}{\partial v}\cdot\dfrac{\mathrm{d}v}{\mathrm{d}t}$.

例如,函数 $f(x,y)=\begin{cases}\dfrac{x^2 y}{x^2+y^2}, & (x,y)\neq(0,0), \\ 0, & (x,y)=(0,0)\end{cases}$ 在点 $(0,0)$ 处的 $f_x(0,0)=0,f_y(0,0)=0$,但 $f(x,y)$ 在点 $(0,0)$ 处不可微分. 若令 $x=t,y=t$,则 $z=f(t,t)=\dfrac{t}{2},\dfrac{\mathrm{d}z}{\mathrm{d}t}\Big|_{t=0}=\dfrac{1}{2}$. 而用关系式 $\dfrac{\mathrm{d}z}{\mathrm{d}t}\Big|_{t=0}=\dfrac{\partial z}{\partial u}\Big|_{(0,0)}\dfrac{\mathrm{d}u}{\mathrm{d}t}+\dfrac{\partial z}{\partial v}\Big|_{(0,0)}\dfrac{\mathrm{d}v}{\mathrm{d}t}=0$,是错误的.

(三) 范例分析

例1 设函数 $u=e^{\tan x-2\cos y},x=2t,y=t^3$,求 $\dfrac{\mathrm{d}u}{\mathrm{d}t}$.

解法一 按情形一的公式计算.

$$\frac{\mathrm{d}u}{\mathrm{d}t} = \frac{\partial u}{\partial x} \cdot \frac{\mathrm{d}x}{\mathrm{d}t} + \frac{\partial u}{\partial y} \cdot \frac{\mathrm{d}y}{\mathrm{d}t} = \mathrm{e}^{\tan x - 2\cos y}\sec^2 x \cdot 2 + \mathrm{e}^{\tan x - 2\cos y} \cdot 2\sin y \cdot 3t^2$$

$$= 2\mathrm{e}^{\tan x - 2\cos y}(\sec^2 x + \sin y \cdot 3t^2) = 2\mathrm{e}^{\tan 2t - 2\cos t^3}(\sec^2 2t + 3t^2\sin t^3).$$

解法二 将中间变量代入,按一元函数求导法则计算.

将 $x = 2t, y = t^3$ 代入原函数,得 $u = \mathrm{e}^{\tan 2t - 2\cos t^3}$,于是

$$\frac{\mathrm{d}u}{\mathrm{d}t} = 2\mathrm{e}^{\tan 2t - 2\cos t^3}(\sec^2 2t + 3t^2\sin t^3).$$

例 2 设函数 $z = u^2 + v^2, u = x + y, v = x - y$,求 $\dfrac{\partial z}{\partial x}, \dfrac{\partial z}{\partial y}$.

解法一 按情形二的公式计算.

$$\frac{\partial z}{\partial x} = \frac{\partial z}{\partial u} \cdot \frac{\partial u}{\partial x} + \frac{\partial z}{\partial v} \cdot \frac{\partial v}{\partial x} = 2u \cdot 1 + 2v \cdot 1 = 2(x+y) + 2(x-y) = 4x,$$

$$\frac{\partial z}{\partial y} = \frac{\partial z}{\partial u} \cdot \frac{\partial u}{\partial y} + \frac{\partial z}{\partial v} \cdot \frac{\partial v}{\partial y} = 2u \cdot 1 + 2v \cdot (-1) = 2(x+y) - 2(x-y) = 4y.$$

解法二 将 $u = x + y, v = x - y$ 直接代入原函数,得 $z = 2x^2 + 2y^2$,再求偏导数,得

$$\frac{\partial z}{\partial x} = 4x, \qquad \frac{\partial z}{\partial y} = 4y.$$

例 3 设函数 $z = (x^2 + y^2)^{xy}$,求 $\dfrac{\partial z}{\partial x}, \dfrac{\partial z}{\partial y}$.

解法一 函数对自变量 x(或 y)求偏导数时将另一自变量 y(或 x)看作常量,按一元函数求导法则求导数.

$$\frac{\partial z}{\partial x} = (\mathrm{e}^{xy\ln(x^2+y^2)})'_x = \mathrm{e}^{xy\ln(x^2+y^2)}(xy\ln(x^2+y^2))'_x$$

$$= (x^2+y^2)^{xy}\left[y\ln(x^2+y^2) + \frac{2x^2 y}{x^2+y^2}\right].$$

同理可得

$$\frac{\partial z}{\partial y} = (x^2+y^2)^{xy}\left[x\ln(x^2+y^2) + \frac{2xy^2}{x^2+y^2}\right].$$

解法二 引进中间变量,令 $u = x^2 + y^2, v = xy$,则题设函数可看作由 $z = u^v, u = x^2 + y^2, v = xy$ 复合而成的函数,从而

$$\frac{\partial z}{\partial x} = \frac{\partial z}{\partial u} \cdot \frac{\partial u}{\partial x} + \frac{\partial z}{\partial v} \cdot \frac{\partial v}{\partial x} = vu^{v-1} \cdot 2x + u^v\ln u \cdot y$$

$$= (x^2+y^2)^{xy}\left[\frac{2x^2 y}{x^2+y^2} + y\ln(x^2+y^2)\right],$$

$$\frac{\partial z}{\partial y} = \frac{\partial z}{\partial u} \cdot \frac{\partial u}{\partial y} + \frac{\partial z}{\partial v} \cdot \frac{\partial v}{\partial y} = vu^{v-1} \cdot 2y + u^v\ln u \cdot x$$

$$= (x^2+y^2)^{xy}\left[\frac{2xy^2}{x^2+y^2} + x\ln(x^2+y^2)\right].$$

小结 学习多元复合函数求导法则的精髓在于化繁为简,适当引进中间变量,将一个复杂函数分解为若干简单函数的复合,从而根据复合函数求导法则求导数.

例 4 求下列函数的一阶偏导数(其中 f 具有一阶连续偏导数):

(1) $z = f(x^2 - y^2, xy)$；　(2) $u = f\left(\dfrac{x}{y}, \dfrac{y}{z}\right)$；　(3) $u = f(x, xy, xyz)$.

解　(1) 令 $u = x^2 - y^2, v = xy$，则原函数由 $z = f(u,v), u = x^2 - y^2, v = xy$ 复合而成.

解法一　按多元复合函数求导法则，有

$$\frac{\partial z}{\partial x} = \frac{\partial f}{\partial u} \cdot \frac{\partial u}{\partial x} + \frac{\partial f}{\partial v} \cdot \frac{\partial v}{\partial x} = 2xf_u + yf_v,$$

$$\frac{\partial z}{\partial y} = \frac{\partial f}{\partial u} \cdot \frac{\partial u}{\partial y} + \frac{\partial f}{\partial v} \cdot \frac{\partial v}{\partial y} = -2yf_u + xf_v.$$

解法二　f 具有一阶连续偏导数，从而 f 可微分. 于是，利用全微分形式不变性得

$$\mathrm{d}z = f_u \mathrm{d}(x^2 - y^2) + f_v \mathrm{d}(xy) = f_u(2x\mathrm{d}x - 2y\mathrm{d}y) + f_v(x\mathrm{d}y + y\mathrm{d}x)$$
$$= (2xf_u + yf_v)\mathrm{d}x + (-2yf_u + xf_v)\mathrm{d}y,$$

从而

$$\frac{\partial z}{\partial x} = 2xf_u + yf_v, \quad \frac{\partial z}{\partial y} = -2yf_u + xf_v.$$

(2) 令 $s = \dfrac{x}{y}, t = \dfrac{y}{z}$，则原函数由 $u = f(s,t), s = \dfrac{x}{y}, t = \dfrac{y}{z}$ 复合而成. 按多元复合函数求导法则，有

$$\frac{\partial u}{\partial x} = \frac{\partial f}{\partial s} \cdot \frac{\partial s}{\partial x} + \frac{\partial f}{\partial t} \cdot \frac{\partial t}{\partial x} = \frac{1}{y}f_s + 0 = \frac{1}{y}f_s,$$

$$\frac{\partial u}{\partial y} = \frac{\partial f}{\partial s} \cdot \frac{\partial s}{\partial y} + \frac{\partial f}{\partial t} \cdot \frac{\partial t}{\partial y} = -\frac{x}{y^2}f_s + \frac{1}{z}f_t,$$

$$\frac{\partial u}{\partial z} = \frac{\partial f}{\partial s} \cdot \frac{\partial s}{\partial z} + \frac{\partial f}{\partial t} \cdot \frac{\partial t}{\partial z} = 0 - \frac{y}{z^2}f_t = -\frac{y}{z^2}f_t.$$

(3) 该函数有三个中间变量，其中变量 x 既是中间变量又是自变量. 令 $s = xy, t = xyz$，则原函数由 $u = f(x, s, t), s = xy, t = xyz$ 复合而成. 按多元复合函数求导法则，有

$$\frac{\partial u}{\partial x} = \frac{\partial f}{\partial x} + \frac{\partial f}{\partial s} \cdot \frac{\partial s}{\partial x} + \frac{\partial f}{\partial t} \cdot \frac{\partial t}{\partial x} = f_x + yf_s + yzf_t,$$

$$\frac{\partial u}{\partial y} = \frac{\partial f}{\partial x} \cdot 0 + \frac{\partial f}{\partial s} \cdot \frac{\partial s}{\partial y} + \frac{\partial f}{\partial t} \cdot \frac{\partial t}{\partial y} = xf_s + xzf_t,$$

$$\frac{\partial u}{\partial z} = \frac{\partial f}{\partial x} \cdot 0 + \frac{\partial f}{\partial s} \cdot 0 + \frac{\partial f}{\partial t} \cdot \frac{\partial t}{\partial z} = xyf_t.$$

例 5　设函数 $z = xy + xF(u)$，而 $u = \dfrac{y}{x}$，$F(u)$ 为可导函数，证明：

$$x\frac{\partial z}{\partial x} + y\frac{\partial z}{\partial y} = z + xy.$$

分析　本题涉及抽象函数 $F(u)$ 与 $u = \dfrac{y}{x}$ 的复合函数求导.

证　$x\dfrac{\partial z}{\partial x} + y\dfrac{\partial z}{\partial y} = x\left[y + F(u) + xF'(u)\dfrac{\partial u}{\partial x}\right] + y\left[x + xF'(u)\dfrac{\partial u}{\partial y}\right]$

$$= x\left[y + F(u) - \frac{y}{x}F'(u)\right] + y[x + F'(u)]$$

$$= xy + xF(u) + xy = z + xy.$$

例 6　设函数 $z = f(2x - y, y\sin x)$，其中 f 具有二阶连续偏导数，求 $\dfrac{\partial^2 z}{\partial x \partial y}$.

解 令 $u = 2x - y, v = y\sin x$,则原函数由 $z = f(u,v), u = 2x - y, v = y\sin x$ 复合而成. 按多元复合函数求导法则,有

$$\frac{\partial z}{\partial x} = \frac{\partial f}{\partial u} \cdot \frac{\partial u}{\partial x} + \frac{\partial f}{\partial v} \cdot \frac{\partial v}{\partial x} = 2f_u + yf_v\cos x.$$

由 $f(u,v)$ 为 u,v 的函数,所以 f_u, f_v 仍为以 u,v 为中间变量,以 x,y 为自变量的函数,故

$$\frac{\partial^2 z}{\partial x \partial y} = 2\left(\frac{\partial f_u}{\partial u} \cdot \frac{\partial u}{\partial y} + \frac{\partial f_u}{\partial v} \cdot \frac{\partial v}{\partial y}\right) + f_v\cos x + y\cos x \cdot \left(\frac{\partial f_v}{\partial u} \cdot \frac{\partial u}{\partial y} + \frac{\partial f_v}{\partial v} \cdot \frac{\partial v}{\partial y}\right)$$

$$= 2(-f_{uu} + f_{uv}\sin x) + f_v\cos x + y\cos x \cdot (-f_{vu} + f_{vv}\sin x)$$

$$= -2f_{uu} + (2\sin x - y\cos x)f_{uv} + f_v\cos x + yf_{vv}\cos x\sin x.$$

例 7 求下列函数的 $\dfrac{\partial^2 z}{\partial x^2}, \dfrac{\partial^2 z}{\partial x \partial y}, \dfrac{\partial^2 z}{\partial y^2}$(其中 f 具有二阶连续偏导数):

(1) $z = f(xy, y)$;   (2) $z = f(x^2y, xy^2)$.

解 (1) 令 $u = xy$,则原函数由 $z = f(u,y), u = xy$ 复合而成,其中变量 y 既是中间变量又是自变量. 按多元复合函数求导法则,有

$$\frac{\partial z}{\partial x} = \frac{\partial f}{\partial u} \cdot \frac{\partial u}{\partial x} + \frac{\partial f}{\partial y} \cdot 0 = yf_u, \qquad \frac{\partial z}{\partial y} = \frac{\partial f}{\partial u} \cdot \frac{\partial u}{\partial y} + \frac{\partial f}{\partial y} = xf_u + f_y,$$

其中 $\dfrac{\partial f}{\partial y}$ 是函数对中间变量 y 的偏导数,求解时将中间变量 u 看作常量.

因 $f(u,y)$ 为 u,y 的函数,则 f_u, f_y 仍为以 u,y 为中间变量,以 x,y 为自变量的函数,故

$$\frac{\partial^2 z}{\partial x^2} = \frac{\partial(yf_u)}{\partial x} = y\left(\frac{\partial f_u}{\partial u} \cdot \frac{\partial u}{\partial x} + \frac{\partial f_u}{\partial y} \cdot 0\right) = y^2 f_{uu},$$

$$\frac{\partial^2 z}{\partial x \partial y} = \frac{\partial(yf_u)}{\partial y} = y\left(\frac{\partial f_u}{\partial u} \cdot \frac{\partial u}{\partial y} + \frac{\partial f_u}{\partial y}\right) + f_u = xyf_{uu} + yf_{uy} + f_u,$$

$$\frac{\partial^2 z}{\partial y^2} = \frac{\partial(xf_u + f_y)}{\partial y} = x\left(\frac{\partial f_u}{\partial u} \cdot \frac{\partial u}{\partial y} + \frac{\partial f_u}{\partial y}\right) + \frac{\partial f_y}{\partial u} \cdot \frac{\partial u}{\partial y} + \frac{\partial f_y}{\partial y}$$

$$= x^2 f_{uu} + xf_{uy} + xf_{yu} + f_{yy} = x^2 f_{uu} + 2xf_{uy} + f_{yy}.$$

(2) 令 $u = x^2y, v = xy^2$,则原函数由 $z = f(u,v), u = x^2y, v = xy^2$ 复合而成. 按多元复合函数求导法则,有

$$\frac{\partial z}{\partial x} = \frac{\partial f}{\partial u} \cdot \frac{\partial u}{\partial x} + \frac{\partial f}{\partial v} \cdot \frac{\partial v}{\partial x} = 2xyf_u + y^2 f_v, \qquad \frac{\partial z}{\partial y} = \frac{\partial f}{\partial u} \cdot \frac{\partial u}{\partial y} + \frac{\partial f}{\partial v} \cdot \frac{\partial v}{\partial y} = x^2 f_u + 2xyf_v.$$

因 $f(u,v)$ 为 u,v 的函数,则 f_u, f_v 仍为以 u,v 为中间变量,以 x,y 为自变量的函数,故

$$\frac{\partial^2 z}{\partial x^2} = \frac{\partial}{\partial x}\left(\frac{\partial z}{\partial x}\right) = \frac{\partial}{\partial x}(y^2 f_v + 2xyf_u)$$

$$= y^2\left(f_{vv}\frac{\partial v}{\partial x} + f_{vu}\frac{\partial u}{\partial x}\right) + 2yf_u + 2xy\left(f_{uv}\frac{\partial v}{\partial x} + f_{uu}\frac{\partial u}{\partial x}\right)$$

$$= y^2(y^2 f_{vv} + 2xyf_{vu}) + 2yf_u + 2xy(y^2 f_{uv} + 2xyf_{uu})$$

$$= 2yf_u + y^4 f_{vv} + 4xy^3 f_{uv} + 4x^2 y^2 f_{uu},$$

$$\frac{\partial^2 z}{\partial x \partial y} = \frac{\partial}{\partial y}\left(\frac{\partial z}{\partial x}\right) = \frac{\partial}{\partial y}(y^2 f_v + 2xyf_u)$$

$$= 2yf_v + y^2\left(f_{vv}\frac{\partial v}{\partial y} + f_{vu}\frac{\partial u}{\partial y}\right) + 2xf_u + 2xy\left(f_{uu}\frac{\partial u}{\partial y} + f_{uv}\frac{\partial v}{\partial y}\right)$$

$$= 2yf_v + y^2(2xyf_{vv} + x^2 f_{vu}) + 2xf_u + 2xy(x^2 f_{uu} + 2xyf_{uv})$$

$$= 2yf_v + 2xf_u + 2xy^3 f_{vv} + 5x^2 y^2 f_{uv} + 2x^3 yf_{uu},$$

$$\frac{\partial^2 z}{\partial y^2} = \frac{\partial}{\partial y}\left(\frac{\partial z}{\partial y}\right) = \frac{\partial}{\partial y}(2xyf_v + x^2 f_u)$$

$$= 2xf_v + 2xy\left(f_{uu}\frac{\partial u}{\partial y} + f_{uv}\frac{\partial v}{\partial y}\right) + x^2\left(f_{uu}\frac{\partial u}{\partial y} + f_{uv}\frac{\partial v}{\partial y}\right)$$

$$= 2xf_v + 2xy(x^2 f_{uu} + 2xyf_{uv}) + x^2(x^2 f_{uu} + 2xyf_{uv})$$

$$= 2xf_v + 4x^2 y^2 f_{uv} + 4x^3 yf_{uv} + x^4 f_{uu}.$$

例 8 设函数 $z = f(x, y)$ 具有二阶连续偏导数,且 $x = \mathrm{e}^u \cos v, y = \mathrm{e}^u \sin v$,证明:

$$\frac{\partial^2 z}{\partial x^2} + \frac{\partial^2 z}{\partial y^2} = \mathrm{e}^{-2u}\left(\frac{\partial^2 z}{\partial u^2} + \frac{\partial^2 z}{\partial v^2}\right).$$

分析 若将 z 看作 u, v 的函数,则 x, y 是中间变量. 按多元复合函数求导法则对自变量 u, v 求偏导数即得需证关系式右端;若将 z 看作 x, y 的函数,则按多元复合函数求导法则即得需证关系式左端.

证 $\dfrac{\partial z}{\partial u} = f_x \mathrm{e}^u \cos v + f_y \mathrm{e}^u \sin v, \dfrac{\partial z}{\partial v} = -f_x \mathrm{e}^u \sin v + f_y \mathrm{e}^u \cos v$,则

$$\frac{\partial^2 z}{\partial u^2} = (f_x \mathrm{e}^u \cos v)'_u + (f_y \mathrm{e}^u \sin v)'_u$$

$$= \mathrm{e}^u \cos v \cdot (f_{xx} \mathrm{e}^u \cos v + f_{xy} \mathrm{e}^u \sin v) + f_x \mathrm{e}^u \cos v$$

$$\quad + \mathrm{e}^u \sin v \cdot (f_{yx} \mathrm{e}^u \cos v + f_{yy} \mathrm{e}^u \sin v) + f_y \mathrm{e}^u \sin v$$

$$= f_{xx} \mathrm{e}^{2u} \cos^2 v + 2f_{xy} \mathrm{e}^{2u} \sin v \cos v + f_{yy} \mathrm{e}^{2u} \sin^2 v + f_x \mathrm{e}^u \cos v + f_y \mathrm{e}^u \sin v,$$

$$\frac{\partial^2 z}{\partial v^2} = (-f_x \mathrm{e}^u \sin v)'_v + (f_y \mathrm{e}^u \cos v)'_v$$

$$= -\mathrm{e}^u \sin v \cdot [f_{xx}(-\mathrm{e}^u \sin v) + f_{xy} \mathrm{e}^u \cos v] - f_x \mathrm{e}^u \cos v$$

$$\quad + \mathrm{e}^u \cos v \cdot [f_{yx}(-\mathrm{e}^u \sin v) + f_{yy} \mathrm{e}^u \cos v] - f_y \mathrm{e}^u \sin v$$

$$= f_{xx} \mathrm{e}^{2u} \sin^2 v - 2f_{xy} \mathrm{e}^{2u} \sin v \cos v + \mathrm{e}^{2u} f_{yy} \cos^2 v - f_x \mathrm{e}^u \cos v - f_y \mathrm{e}^u \sin v.$$

于是

$$\frac{\partial^2 z}{\partial u^2} + \frac{\partial^2 z}{\partial v^2} = \mathrm{e}^{2u} f_{xx} + \mathrm{e}^{2u} f_{yy},$$

故

$$\text{左端} = \frac{\partial^2 z}{\partial x^2} + \frac{\partial^2 z}{\partial y^2} = f_{xx} + f_{yy} = \mathrm{e}^{-2u}(\mathrm{e}^{2u} f_{xx} + \mathrm{e}^{2u} f_{yy}) = \mathrm{e}^{-2u}\left(\frac{\partial^2 z}{\partial u^2} + \frac{\partial^2 z}{\partial v^2}\right) = \text{右端}.$$

例 9 设函数 $u = yf\left(\dfrac{x}{y}\right) + xg\left(\dfrac{y}{x}\right)$,其中函数 f, g 具有二阶连续导数,证明:

$$x\frac{\partial^2 u}{\partial x^2} + y\frac{\partial^2 u}{\partial x \partial y} = 0.$$

证 $\dfrac{\partial u}{\partial x} = yf' \cdot \dfrac{1}{y} + g + xg' \cdot \left(-\dfrac{y}{x^2}\right) = f' + g - \dfrac{y}{x}g'$,

$$\frac{\partial^2 u}{\partial x^2} = \frac{1}{y}f'' + g' \cdot \left(-\frac{y}{x^2}\right) + \frac{y}{x^2}g' + \frac{y^2}{x^3}g'' = \frac{1}{y}f'' + \frac{y^2}{x^3}g'',$$

$$\frac{\partial^2 u}{\partial x \partial y} = f'' \cdot \left(-\frac{x}{y^2}\right) + g' \cdot \left(\frac{1}{x}\right) - \frac{1}{x}g' - \frac{y}{x^2}g'' = -\frac{x}{y^2}f'' - \frac{y}{x^2}g'',$$

故

$$x\frac{\partial^2 u}{\partial x^2}+y\frac{\partial^2 u}{\partial x\partial y}=0.$$

（四）同步练习

1. 设函数 $u=(\tan x-\cos y)^2$，$x=2t$，$y=t^3$，求 $\dfrac{\mathrm{d}u}{\mathrm{d}t}$.

2. 设函数 $z=\ln(u^2+v^2)$，$u=x\cos y$，$v=x\sin y$，求 $\dfrac{\partial z}{\partial x}$，$\dfrac{\partial z}{\partial y}$.

3. 设函数 $z=\sqrt{u}\ln v$，$u=x-2y$，$v=\dfrac{y}{x}$，求 $\dfrac{\partial z}{\partial x}$，$\dfrac{\partial z}{\partial y}$.

4. 求函数 $z=f[x^2+y^2,\ln(xy)]$ 的一阶偏导数，其中 f 具有一阶连续偏导数.

5. 设函数 $z=\displaystyle\int_0^{x^3y}\tan t\,\mathrm{d}t$，求 $\dfrac{\partial z}{\partial x}$，$\dfrac{\partial z}{\partial y}$.

6. 设函数 $z=f(u)$，其中 u 是方程 $u=\varphi(u)+\displaystyle\int_y^x p(t)\mathrm{d}t$ 所确定的二元函数，且 $f(u)$，$\varphi(u)$ 均可微分，$p(t)$ 及 $\varphi'(u)$ 连续，$\varphi'(u)\neq 1$. 证明：$p(y)\dfrac{\partial z}{\partial x}+p(x)\dfrac{\partial z}{\partial y}=0$.

7. 设函数 $w=f(x+y+z,xyz)$，其中 f 具有二阶连续偏导数，求 $\dfrac{\partial w}{\partial x}$ 及 $\dfrac{\partial^2 w}{\partial x\partial z}$.

同步练习简解

1. 解法一 按情形一的公式计算.
$$\frac{\mathrm{d}u}{\mathrm{d}t}=\frac{\partial u}{\partial x}\cdot\frac{\mathrm{d}x}{\mathrm{d}t}+\frac{\partial u}{\partial y}\cdot\frac{\mathrm{d}y}{\mathrm{d}t}=2(\tan x-\cos y)\cdot\sec^2 x\cdot 2+2(\tan x-\cos y)\cdot\sin y\cdot 3t^2$$
$$=2(\tan x-\cos y)(2\sec^2 x+3t^2\sin y)=2(\tan 2t-\cos t^3)(2\sec^2 2t+3t^2\sin t^3).$$

解法二 将中间变量代入，按一元函数求导法则计算.
将 $x=2t$，$y=t^3$ 代入原函数，得 $u=(\tan 2t-\cos t^3)^2$，于是
$$\frac{\mathrm{d}u}{\mathrm{d}t}=2(\tan 2t-\cos t^3)(2\sec^2 2t+3t^2\sin t^3).$$

解法三 应用一阶微分形式不变性.
$$\mathrm{d}u=2(\tan x-\cos y)\mathrm{d}(\tan x-\cos y)=2(\tan x-\cos y)(\sec^2 x\mathrm{d}x+\sin y\mathrm{d}y)$$
$$=2(\tan x-\cos y)(2\sec^2 x\mathrm{d}t+3t^2\sin y\mathrm{d}t)$$
$$=2(\tan 2t-\cos t^3)(2\sec^2 2t+3t^2\sin t^3)\mathrm{d}t,$$
于是
$$\frac{\mathrm{d}u}{\mathrm{d}t}=2(\tan 2t-\cos t^3)(2\sec^2 2t+3t^2\sin t^3).$$

2. 解法一 按情形二的公式计算.
$$\frac{\partial z}{\partial x}=\frac{\partial z}{\partial u}\cdot\frac{\partial u}{\partial x}+\frac{\partial z}{\partial v}\cdot\frac{\partial v}{\partial x}=\frac{2u}{u^2+v^2}\cdot\cos y+\frac{2v}{u^2+v^2}\cdot\sin y$$
$$=\frac{2}{u^2+v^2}(u\cos y+v\sin y)=\frac{2}{x},$$
$$\frac{\partial z}{\partial y}=\frac{\partial z}{\partial u}\cdot\frac{\partial u}{\partial y}+\frac{\partial z}{\partial v}\cdot\frac{\partial v}{\partial y}=\frac{2u}{u^2+v^2}\cdot(-x\sin y)+\frac{2v}{u^2+v^2}\cdot x\cos y=0.$$

解法二 将中间变量代入，得 $z=\ln x^2$，则
$$\frac{\partial z}{\partial x}=\frac{2}{x},\qquad\frac{\partial z}{\partial y}=0.$$

3. 解 将中间变量代入，得 $z=\sqrt{x-2y}\ln\dfrac{y}{x}$，于是

$$\frac{\partial z}{\partial x} = \frac{\ln y - \ln x}{2\sqrt{x-2y}} - \frac{\sqrt{x-2y}}{x}, \quad \frac{\partial z}{\partial y} = \frac{\ln x - \ln y}{\sqrt{x-2y}} + \frac{\sqrt{x-2y}}{y}.$$

4. 解法一 令 $u = x^2 + y^2$，$v = \ln(xy)$，则原函数由 $z = f(u,v)$，$u = x^2 + y^2$，$v = \ln(xy)$ 复合而成. 按多元复合函数求导法则，有

$$\frac{\partial z}{\partial x} = \frac{\partial f}{\partial u} \cdot \frac{\partial u}{\partial x} + \frac{\partial f}{\partial v} \cdot \frac{\partial v}{\partial x} = 2xf_u + \frac{1}{x}f_v,$$

$$\frac{\partial z}{\partial y} = \frac{\partial f}{\partial u} \cdot \frac{\partial u}{\partial y} + \frac{\partial f}{\partial v} \cdot \frac{\partial v}{\partial y} = 2yf_u + \frac{1}{y}f_v.$$

解法二 f 具有一阶连续偏导数，从而 f 可微分. 于是，利用全微分形式不变性得

$$\mathrm{d}z = \mathrm{d}f[x^2 + y^2, \ln(xy)] = f'_1 \mathrm{d}(x^2 + y^2) + f'_2 \mathrm{d}[\ln(xy)]$$

$$= f'_1(2x\mathrm{d}x + 2y\mathrm{d}y) + f'_2\left(\frac{\mathrm{d}x}{x} + \frac{\mathrm{d}y}{y}\right)$$

$$= \left(2xf'_1 + \frac{1}{x}f'_2\right)\mathrm{d}x + \left(2yf'_1 + \frac{1}{y}f'_2\right)\mathrm{d}y,$$

从而

$$\frac{\partial z}{\partial x} = 2xf'_1 + \frac{1}{x}f'_2, \quad \frac{\partial z}{\partial y} = 2yf'_1 + \frac{1}{y}f'_2.$$

5. 解 令 $u = x^3 y$，则 $z = \varphi(u) = \int_0^u \tan t \, \mathrm{d}t$，从而

$$\frac{\partial z}{\partial x} = \varphi'(u)\frac{\partial u}{\partial x} = \tan u \cdot 3x^2 y = 3x^2 y \tan x^3 y,$$

$$\frac{\partial z}{\partial y} = \varphi'(u)\frac{\partial u}{\partial y} = \tan u \cdot x^3 = x^3 \tan x^3 y.$$

6. 证法一 因为 $u = \varphi(u) + \int_y^x p(t)\mathrm{d}t$，所以 $u = u(x,y)$，从而

$$\frac{\partial z}{\partial x} = f'(u)\frac{\partial u}{\partial x}, \quad \frac{\partial z}{\partial y} = f'(u)\frac{\partial u}{\partial y}.$$

$u = \varphi(u) + \int_y^x p(t)\mathrm{d}t$ 两端同时分别对 x, y 求偏导数，得

$$\frac{\partial u}{\partial x} = \varphi'(u)\frac{\partial u}{\partial x} + p(x), \quad \frac{\partial u}{\partial y} = \varphi'(u)\frac{\partial u}{\partial y} - p(y),$$

即

$$\frac{\partial u}{\partial x} = \frac{p(x)}{1 - \varphi'(u)}, \quad \frac{\partial u}{\partial y} = \frac{-p(y)}{1 - \varphi'(u)}.$$

于是

$$p(y)\frac{\partial z}{\partial x} + p(x)\frac{\partial z}{\partial y} = \left[\frac{p(x)p(y)}{1 - \varphi'(u)} - \frac{p(x)p(y)}{1 - \varphi'(u)}\right]f'(u) = 0.$$

证法二 由于 $\mathrm{d}z = f'(u)\mathrm{d}u$，且由 $u = \varphi(u) + \int_y^x p(t)\mathrm{d}t$ 知

$$\mathrm{d}u = \varphi'(u)\mathrm{d}u + p(x)\mathrm{d}x - p(y)\mathrm{d}y, \quad 即 \quad \mathrm{d}u = \frac{p(x)\mathrm{d}x - p(y)\mathrm{d}y}{1 - \varphi'(u)},$$

因此

$$\mathrm{d}z = f'(u)\frac{p(x)\mathrm{d}x - p(y)\mathrm{d}y}{1 - \varphi'(u)}.$$

而 $\mathrm{d}z = \frac{\partial z}{\partial x}\mathrm{d}x + \frac{\partial z}{\partial y}\mathrm{d}y$，所以 $\frac{\partial z}{\partial x} = \frac{p(x)}{1 - \varphi'(u)}f'(u)$，$\frac{\partial z}{\partial y} = \frac{-p(y)}{1 - \varphi'(u)}f'(u)$，从而

$$p(y)\frac{\partial z}{\partial x} + p(x)\frac{\partial z}{\partial y} = \left[\frac{p(x)p(y)}{1 - \varphi'(u)} - \frac{p(x)p(y)}{1 - \varphi'(u)}\right]f'(u) = 0.$$

7. 解 令 $u = x + y + z$，$v = xyz$，则 $w = f(u,v)$. 按多元复合函数求导法则，可得

$$\frac{\partial w}{\partial x} = \frac{\partial f}{\partial u} \cdot \frac{\partial u}{\partial x} + \frac{\partial f}{\partial v} \cdot \frac{\partial v}{\partial x} = f_u + yzf_v.$$

上式对变量 z 求偏导数，得到

$$\frac{\partial^2 w}{\partial x \partial z} = \frac{\partial}{\partial z}(f_u + yzf_v) = \frac{\partial f_u}{\partial z} + yf_v + yz\frac{\partial f_v}{\partial z}.$$

将

$$\frac{\partial f_u}{\partial z} = \frac{\partial f_u}{\partial u} \cdot \frac{\partial u}{\partial z} + \frac{\partial f_u}{\partial v} \cdot \frac{\partial v}{\partial z} = f_{uu} + xyf_{uv}, \qquad \frac{\partial f_v}{\partial z} = \frac{\partial f_v}{\partial u} \cdot \frac{\partial u}{\partial z} + \frac{\partial f_v}{\partial v} \cdot \frac{\partial v}{\partial z} = f_{vu} + xyf_{vv},$$

代入上式得到

$$\frac{\partial^2 w}{\partial x \partial z} = f_{uu} + xyf_{uv} + yf_v + yzf_{vu} + xy^2zf_{vv} = f_{uu} + y(x+z)f_{uv} + yf_v + xy^2zf_{vv}.$$

8.6　隐函数的求导公式

（一）内容提要

隐函数的求导公式	一个方程的情形	若二元方程 $F(x,y) = 0$ 确定一元隐函数 $y = f(x)$，则 $\dfrac{\mathrm{d}y}{\mathrm{d}x} = -\dfrac{F_x}{F_y}$
		若三元方程 $F(x,y,z) = 0$ 确定二元隐函数 $z = f(x,y)$，则 $$\frac{\partial z}{\partial x} = -\frac{F_x}{F_z}, \qquad \frac{\partial z}{\partial y} = -\frac{F_y}{F_z}$$
	方程组的情形	若方程组 $\begin{cases} F(x,y,u,v) = 0, \\ G(x,y,u,v) = 0 \end{cases}$ 确定二元函数 $u = u(x,y)$，$v = v(x,y)$，则 $$\frac{\partial u}{\partial x} = -\frac{\begin{vmatrix} F_x & F_v \\ G_x & G_v \end{vmatrix}}{\begin{vmatrix} F_u & F_v \\ G_u & G_v \end{vmatrix}}, \qquad \frac{\partial v}{\partial x} = -\frac{\begin{vmatrix} F_u & F_x \\ G_u & G_x \end{vmatrix}}{\begin{vmatrix} F_u & F_v \\ G_u & G_v \end{vmatrix}},$$ $$\frac{\partial u}{\partial y} = -\frac{\begin{vmatrix} F_y & F_v \\ G_y & G_v \end{vmatrix}}{\begin{vmatrix} F_u & F_v \\ G_u & G_v \end{vmatrix}}, \qquad \frac{\partial v}{\partial y} = -\frac{\begin{vmatrix} F_u & F_y \\ G_u & G_y \end{vmatrix}}{\begin{vmatrix} F_u & F_v \\ G_u & G_v \end{vmatrix}}$$

（二）析疑解惑

题 1　是否每一个二元方程 $F(x,y) = 0$ 都确定一个一元隐函数 $y = f(x)$ 或 $x = g(y)$？

解　不一定．例如，方程 $x^2 + y^2 + 1 = 0$ 无实数解，不能确定任何一元隐函数．

题 2　如果函数 $F(x,y)$ 不满足隐函数存在定理的条件，那么是否意味着二元方程 $F(x,y) = 0$ 一定不能确定隐函数 $y = f(x)$ 或 $x = g(y)$？

解　不一定．隐函数存在定理的条件只是充分条件，不是必要条件．例如方程 $F(x,y) = y^3 - x = 0$，虽然 $F_y(0,0) = 0$，但是该方程仍能确定连续可微的隐函数 $y = x^{\frac{1}{3}}$．

题 3　综合已学过的知识，隐函数有几种求导方法（以方程 $F(x,y,z) = 0$ 确定的隐函数 $z = z(x,y)$ 为例）？

解法一　将方程化为标准方程 $F(x,y,z) = 0$，利用以下隐函数存在定理的公式计算：

$$\frac{\partial z}{\partial x} = -\frac{F_x}{F_z}, \quad \frac{\partial z}{\partial y} = -\frac{F_y}{F_z}.$$

解法二 方程两端同时求微分,再解出 $\mathrm{d}z = \frac{\partial z}{\partial x}\mathrm{d}x + \frac{\partial z}{\partial y}\mathrm{d}y$,则 $\mathrm{d}x,\mathrm{d}y$ 的系数即为 $\frac{\partial z}{\partial x}, \frac{\partial z}{\partial y}$.

解法三 将 y(或 x)视为常量,利用一元复合函数求导法则,方程两端同时对 x(或 y)求导数,再解出 $\frac{\partial z}{\partial x}\left(\text{或}\frac{\partial z}{\partial y}\right)$.

▌ **题 4** 若隐函数存在定理 1 的条件修改为"设函数 $F(x,y)$ 在点 (x_0,y_0) 的某个邻域内具有连续偏导数,且 $F(x_0,y_0)=0, F_x(x_0,y_0)\neq 0$",则定理的结论是什么?

解 定理的结论为方程 $F(x,y)=0$ 在点 (x_0,y_0) 的某个邻域内恒能唯一确定一个连续且具有连续导数的函数 $x=g(y)$,它满足条件 $x_0=g(y_0)$,并且有 $\frac{\mathrm{d}x}{\mathrm{d}y}=-\frac{F_y}{F_x}$.

▌ **题 5** 设方程 $F(x,y,z)=0$ 定义的隐函数 $z=z(x,y)$ 和 $y=y(x,z)$,$x=x(y,z)$ 均存在且均可偏导,则 $\frac{\partial z}{\partial x}\cdot\frac{\partial x}{\partial z}=1$. 问:$\frac{\partial z}{\partial x}\cdot\frac{\partial x}{\partial y}\cdot\frac{\partial y}{\partial z}=1$ 是否成立?

解 不成立. 利用公式计算,正确结果应该是 $\frac{\partial z}{\partial x}\cdot\frac{\partial x}{\partial y}\cdot\frac{\partial y}{\partial z}=-1$. 这里要注意多元函数偏导数符号 $\frac{\partial z}{\partial x}$ 与一元函数导数符号 $\frac{\mathrm{d}z}{\mathrm{d}x}$ 的区别:$\frac{\partial z}{\partial x}$ 是一个整体符号,不能拆为分子与分母的商;而 $\frac{\mathrm{d}z}{\mathrm{d}x}$ 可以拆为分子与分母的商,可以理解为微分的"商".

(三) 范例分析

▌ **例 1** 验证方程 $\frac{x^2}{9}+\frac{y^2}{4}=1$ 在点 $(0,2)$ 的某个邻域内能唯一确定一个有连续导数且当 $x=0$ 时 $y=2$ 的隐函数 $y=f(x)$,并求该函数的一阶导数在点 $x=0$ 处的值.

解 设函数 $F(x,y)=\frac{x^2}{9}+\frac{y^2}{4}-1$,则

$$F_x=\frac{2x}{9}, \quad F_y=\frac{y}{2}, \quad F(0,2)=0, \quad F_y(0,2)=1\neq 0.$$

由隐函数存在定理 1 可知,方程 $\frac{x^2}{9}+\frac{y^2}{4}=1$ 在点 $(0,2)$ 的某个邻域内能唯一确定一个有连续导数且当 $x=0$ 时 $y=2$ 的隐函数 $y=f(x)$.

下面求该函数的一阶导数在点 $x=0$ 处的值:

$$\frac{\mathrm{d}y}{\mathrm{d}x}=-\frac{F_x}{F_y}=-\frac{4x}{9y}, \quad \left.\frac{\mathrm{d}y}{\mathrm{d}x}\right|_{x=0}=0.$$

▌ **例 2** 已知方程 $\ln\sqrt{x^2+y^2}=\arctan\frac{y}{x}$,求 $\frac{\mathrm{d}y}{\mathrm{d}x}$.

解法一 将原方程化为标准方程 $F(x,y)=0$,写出左端函数 $F(x,y)$,再求出 F_x,F_y,代入 $\frac{\mathrm{d}y}{\mathrm{d}x}=-\frac{F_x}{F_y}$.

设函数 $F(x,y)=\ln\sqrt{x^2+y^2}-\arctan\frac{y}{x}$,则

$$F_x = \frac{1}{2} \cdot \frac{2x}{x^2+y^2} - \frac{1}{1+\left(\frac{y}{x}\right)^2} \cdot \left(-\frac{y}{x^2}\right) = \frac{x+y}{x^2+y^2},$$

$$F_y = \frac{1}{2} \cdot \frac{2y}{x^2+y^2} - \frac{1}{1+\left(\frac{y}{x}\right)^2} \cdot \frac{1}{x} = \frac{y-x}{x^2+y^2},$$

所以

$$\frac{\mathrm{d}y}{\mathrm{d}x} = -\frac{F_x}{F_y} = \frac{x+y}{x-y}.$$

解法二 方程两端同时求微分,得

$$\frac{x\mathrm{d}x + y\mathrm{d}y}{x^2+y^2} = \frac{\mathrm{d}\left(\frac{y}{x}\right)}{1+\left(\frac{y}{x}\right)^2},$$

整理得

$$\frac{x\mathrm{d}x + y\mathrm{d}y}{x^2+y^2} = \frac{x\mathrm{d}y - y\mathrm{d}x}{x^2+y^2},$$

解得

$$\frac{\mathrm{d}y}{\mathrm{d}x} = \frac{x+y}{x-y}.$$

┃ 例 3   设方程 $x + 2y + z - 2\sqrt{xyz} = 0$,求 $\dfrac{\partial z}{\partial x}, \dfrac{\partial z}{\partial y}$.

解法一   应用隐函数存在定理公式$\dfrac{\partial z}{\partial x} = -\dfrac{F_x}{F_z}, \dfrac{\partial z}{\partial y} = -\dfrac{F_y}{F_z}$.

设函数 $F(x,y,z) = x + 2y + z - 2\sqrt{xyz}$,则

$$F_x = 1 - \frac{yz}{\sqrt{xyz}}, \quad F_y = 2 - \frac{xz}{\sqrt{xyz}}, \quad F_z = 1 - \frac{xy}{\sqrt{xyz}}.$$

故

$$\frac{\partial z}{\partial x} = -\frac{F_x}{F_z} = -\frac{1-\dfrac{yz}{\sqrt{xyz}}}{1-\dfrac{xy}{\sqrt{xyz}}} = \frac{yz - \sqrt{xyz}}{\sqrt{xyz} - xy},$$

$$\frac{\partial z}{\partial y} = -\frac{F_y}{F_z} = -\frac{2-\dfrac{xz}{\sqrt{xyz}}}{1-\dfrac{xy}{\sqrt{xyz}}} = \frac{xz - 2\sqrt{xyz}}{\sqrt{xyz} - xy}.$$

解法二 方程两端同时求微分,得

$$\mathrm{d}x + 2\mathrm{d}y + \mathrm{d}z - \frac{yz\mathrm{d}x + xz\mathrm{d}y + xy\mathrm{d}z}{\sqrt{xyz}} = 0,$$

即

$$\mathrm{d}z = \frac{yz - \sqrt{xyz}}{\sqrt{xyz} - xy}\mathrm{d}x + \frac{xz - 2\sqrt{xyz}}{\sqrt{xyz} - xy}\mathrm{d}y.$$

故

$$\frac{\partial z}{\partial x} = \frac{yz - \sqrt{xyz}}{\sqrt{xyz} - xy}, \quad \frac{\partial z}{\partial y} = \frac{xz - 2\sqrt{xyz}}{\sqrt{xyz} - xy}.$$

解法三　方程两端同时对自变量 x 求偏导数,得

$$1 + \frac{\partial z}{\partial x} - \left(\frac{yz}{\sqrt{xyz}} + \frac{xy}{\sqrt{xyz}} \frac{\partial z}{\partial x} \right) = 0,$$

整理得

$$\left(1 - \frac{xy}{\sqrt{xyz}} \right) \frac{\partial z}{\partial x} = \frac{yz}{\sqrt{xyz}} - 1,$$

故

$$\frac{\partial z}{\partial x} = \frac{\dfrac{yz}{\sqrt{xyz}} - 1}{1 - \dfrac{xy}{\sqrt{xyz}}} = \frac{yz - \sqrt{xyz}}{\sqrt{xyz} - xy}.$$

方程两端同时对自变量 y 求偏导数,得

$$2 + \frac{\partial z}{\partial y} - \left(\frac{xz}{\sqrt{xyz}} + \frac{xy}{\sqrt{xyz}} \frac{\partial z}{\partial y} \right) = 0,$$

整理得

$$\left(1 - \frac{xy}{\sqrt{xyz}} \right) \frac{\partial z}{\partial y} = \frac{xz}{\sqrt{xyz}} - 2,$$

故

$$\frac{\partial z}{\partial y} = \frac{\dfrac{xz}{\sqrt{xyz}} - 2}{1 - \dfrac{xy}{\sqrt{xyz}}} = \frac{xz - 2\sqrt{xyz}}{\sqrt{xyz} - xy}.$$

例 4　设函数 $z = f(x, y)$ 由方程 $F\left(x + \dfrac{z}{y}, y + \dfrac{z}{x} \right) = 0$ 所确定,求 $\dfrac{\partial z}{\partial x}, \dfrac{\partial z}{\partial y}$.

解法一　应用隐函数存在定理公式.

设函数 $G(x, y, z) = F\left(x + \dfrac{z}{y}, y + \dfrac{z}{x} \right)$. 令 $u = x + \dfrac{z}{y}, v = y + \dfrac{z}{x}$,则

$$G_x = F_u \cdot 1 + F_v \cdot \left(-\frac{z}{x^2} \right) = F_u - \frac{z}{x^2} F_v,$$

$$G_y = F_u \cdot \left(-\frac{z}{y^2} \right) + F_v \cdot 1 = -\frac{z}{y^2} F_u + F_v,$$

$$G_z = F_u \cdot \frac{1}{y} + F_v \cdot \frac{1}{x} = \frac{1}{y} F_u + \frac{1}{x} F_v.$$

故

$$\frac{\partial z}{\partial x} = -\frac{G_x}{G_z} = -\frac{x^2 y F_u - yz F_v}{x^2 F_u + xy F_v}, \quad \frac{\partial z}{\partial y} = -\frac{G_y}{G_z} = -\frac{xy^2 F_v - xz F_u}{y^2 F_v + xy F_u}.$$

解法二　令 $u = x + \dfrac{z}{y}, v = y + \dfrac{z}{x}$,方程两端同时对 x 求偏导数,得

$$F_u \cdot \left(1 + \frac{1}{y} \cdot \frac{\partial z}{\partial x} \right) + F_v \cdot \left(-\frac{z}{x^2} + \frac{1}{x} \cdot \frac{\partial z}{\partial x} \right) = 0,$$

即

$$\frac{\partial z}{\partial x} = -\frac{x^2 y F_u - yz F_v}{x^2 F_u + xy F_v}.$$

又由变量 x,y 的对称性,同样可得 $\dfrac{\partial z}{\partial y} = -\dfrac{xy^2 F_v - xz F_u}{y^2 F_v + xy F_u}.$

解法三 利用全微分公式 $\mathrm{d}z = \dfrac{\partial z}{\partial x}\mathrm{d}x + \dfrac{\partial z}{\partial y}\mathrm{d}y$ 及全微分形式不变性.

方程两端同时求微分,得

$$\mathrm{d}F\Big(x + \frac{z}{y}, y + \frac{z}{x}\Big) = \mathrm{d}(0),$$

故

$$F_u \mathrm{d}\Big(x + \frac{z}{y}\Big) + F_v \mathrm{d}\Big(y + \frac{z}{x}\Big) = 0,$$

即

$$F_u \cdot \Big(\mathrm{d}x + \frac{y\mathrm{d}z - z\mathrm{d}y}{y^2}\Big) + F_v \cdot \Big(\mathrm{d}y + \frac{x\mathrm{d}z - z\mathrm{d}x}{x^2}\Big) = 0.$$

整理得

$$\Big(\frac{F_u}{y} + \frac{F_v}{x}\Big)\mathrm{d}z = \Big(-F_u + \frac{zF_v}{x^2}\Big)\mathrm{d}x + \Big(-F_v + \frac{zF_u}{y^2}\Big)\mathrm{d}y,$$

从而

$$\mathrm{d}z = \frac{-x^2 y F_u + yz F_v}{x^2 F_u + xy F_v}\mathrm{d}x + \frac{-xy^2 F_v + xz F_u}{y^2 F_v + xy F_u}\mathrm{d}y.$$

于是

$$\frac{\partial z}{\partial x} = \frac{-x^2 y F_u + yz F_v}{x^2 F_u + xy F_v}, \quad \frac{\partial z}{\partial y} = \frac{-xy^2 F_v + xz F_u}{y^2 F_v + xy F_u}.$$

▌ 例 5 设方程 $x^2 + y^2 + z^2 = xf\Big(\dfrac{z}{x}\Big)$,其中 f 可导,求 $\dfrac{\partial z}{\partial x}, \dfrac{\partial z}{\partial y}.$

解法一 设函数 $F(x,y,z) = x^2 + y^2 + z^2 - xf(u)$,其中 $u = \dfrac{z}{x}$,则

$$F_x = 2x - \Big[f(u) + xf'(u) \cdot \Big(-\frac{z}{x^2}\Big)\Big] = 2x - f(u) + \frac{z}{x}f'(u),$$

$$F_y = 2y, \quad F_z = 2z - xf'(u) \cdot \frac{1}{x} = 2z - f'(u).$$

故

$$\frac{\partial z}{\partial x} = -\frac{F_x}{F_z} = -\frac{2x^2 - xf\Big(\frac{z}{x}\Big) + zf'\Big(\frac{z}{x}\Big)}{2xz - xf'\Big(\frac{z}{x}\Big)}, \quad \frac{\partial z}{\partial y} = -\frac{F_y}{F_z} = -\frac{2y}{2z - f'\Big(\frac{z}{x}\Big)}.$$

解法二 方程两端同时对自变量 x 求偏导数,得

$$2x + 2z\frac{\partial z}{\partial x} = f\Big(\frac{z}{x}\Big) + xf'\Big(\frac{z}{x}\Big) \cdot \Big[\Big(-\frac{z}{x^2}\Big) + \frac{1}{x} \cdot \frac{\partial z}{\partial x}\Big],$$

$$\Big[2z - f'\Big(\frac{z}{x}\Big)\Big]\frac{\partial z}{\partial x} = f\Big(\frac{z}{x}\Big) - \frac{z}{x}f'\Big(\frac{z}{x}\Big) - 2x,$$

故

$$\frac{\partial z}{\partial x} = \frac{f\left(\frac{z}{x}\right) - \frac{z}{x}f'\left(\frac{z}{x}\right) - 2x}{2z - f'\left(\frac{z}{x}\right)} = -\frac{2x^2 - xf\left(\frac{z}{x}\right) + zf'\left(\frac{z}{x}\right)}{2xz - xf'\left(\frac{z}{x}\right)}.$$

方程两端同时对自变量 y 求偏导数,得

$$2y + 2z\frac{\partial z}{\partial y} = xf'\left(\frac{z}{x}\right) \cdot \frac{1}{x} \cdot \frac{\partial z}{\partial y},$$

整理得

$$\frac{\partial z}{\partial y} = \frac{2y}{f'\left(\frac{z}{x}\right) - 2z}.$$

例 6 设方程组 $\begin{cases} x + y + z = 0, \\ x^2 + y^2 + z^2 = 1, \end{cases}$ 求 $\dfrac{\mathrm{d}x}{\mathrm{d}z}, \dfrac{\mathrm{d}y}{\mathrm{d}z}$.

解法一 由题意可知,方程组确定隐函数组 $x = x(z), y = y(z)$. 分别在方程组两端同时对 z 求导数,得

$$\begin{cases} \dfrac{\mathrm{d}x}{\mathrm{d}z} + \dfrac{\mathrm{d}y}{\mathrm{d}z} + 1 = 0, \\ 2x\dfrac{\mathrm{d}x}{\mathrm{d}z} + 2y\dfrac{\mathrm{d}y}{\mathrm{d}z} + 2z = 0, \end{cases} \quad 即 \quad \begin{cases} \dfrac{\mathrm{d}x}{\mathrm{d}z} + \dfrac{\mathrm{d}y}{\mathrm{d}z} = -1, \\ 2x\dfrac{\mathrm{d}x}{\mathrm{d}z} + 2y\dfrac{\mathrm{d}y}{\mathrm{d}z} = -2z. \end{cases}$$

当 $\begin{vmatrix} 1 & 1 \\ 2x & 2y \end{vmatrix} = 2(y - x) \neq 0$ 时,有

$$\frac{\mathrm{d}x}{\mathrm{d}z} = \frac{\begin{vmatrix} -1 & 1 \\ -2z & 2y \end{vmatrix}}{2(y - x)} = \frac{z - y}{y - x}, \quad \frac{\mathrm{d}y}{\mathrm{d}z} = \frac{\begin{vmatrix} 1 & -1 \\ 2x & -2z \end{vmatrix}}{2(y - x)} = \frac{x - z}{y - x}.$$

解法二 利用微分形式不变性.

由题意可知,方程组确定隐函数组 $x = x(z), y = y(z)$. 分别在方程组两端同时求微分,得

$$\begin{cases} \mathrm{d}x + \mathrm{d}y + \mathrm{d}z = 0, & (8-1) \\ 2x\mathrm{d}x + 2y\mathrm{d}y + 2z\mathrm{d}z = 0. & (8-2) \end{cases}$$

将上述方程组中 $\mathrm{d}x, \mathrm{d}y$ 看作未知量,利用 $(8-1) \times 2y - (8-2)$ 消去 $\mathrm{d}y$,得

$$\mathrm{d}x = \frac{z - y}{y - x}\mathrm{d}z, \quad 即 \quad \frac{\mathrm{d}x}{\mathrm{d}z} = \frac{z - y}{y - x}.$$

同理可得 $\dfrac{\mathrm{d}y}{\mathrm{d}z} = \dfrac{x - z}{y - x}$.

例 7 设方程组 $\begin{cases} x + y + z + z^2 = 0, \\ x + y^2 + z + z^3 = 1, \end{cases}$ 求 $\dfrac{\mathrm{d}z}{\mathrm{d}x}, \dfrac{\mathrm{d}y}{\mathrm{d}x}$.

解 由题意可知,方程组确定隐函数组 $z = z(x), y = y(x)$. 分别在方程组两端同时对 x 求导数,得

$$\begin{cases} 1 + \dfrac{\mathrm{d}y}{\mathrm{d}x} + \dfrac{\mathrm{d}z}{\mathrm{d}x} + 2z\dfrac{\mathrm{d}z}{\mathrm{d}x} = 0, \\ 1 + 2y\dfrac{\mathrm{d}y}{\mathrm{d}x} + \dfrac{\mathrm{d}z}{\mathrm{d}x} + 3z^2\dfrac{\mathrm{d}z}{\mathrm{d}x} = 0, \end{cases} \quad 即 \quad \begin{cases} \dfrac{\mathrm{d}y}{\mathrm{d}x} + (1 + 2z)\dfrac{\mathrm{d}z}{\mathrm{d}x} = -1, \\ 2y\dfrac{\mathrm{d}y}{\mathrm{d}x} + (1 + 3z^2)\dfrac{\mathrm{d}z}{\mathrm{d}x} = -1. \end{cases}$$

当 $\begin{vmatrix} 1 & 1+2z \\ 2y & 1+3z^2 \end{vmatrix} \neq 0$ 时,有

$$\frac{\mathrm{d}y}{\mathrm{d}x} = \frac{\begin{vmatrix} -1 & 1+2z \\ -1 & 1+3z^2 \end{vmatrix}}{\begin{vmatrix} 1 & 1+2z \\ 2y & 1+3z^2 \end{vmatrix}} = \frac{2z-3z^2}{3z^2-4yz-2y+1},$$

$$\frac{\mathrm{d}z}{\mathrm{d}x} = \frac{\begin{vmatrix} 1 & -1 \\ 2y & -1 \end{vmatrix}}{\begin{vmatrix} 1 & 1+2z \\ 2y & 1+3z^2 \end{vmatrix}} = \frac{2y-1}{3z^2-4yz-2y+1}.$$

例 8 设方程 $z^3 - 2yz + x = 0$,求 $\dfrac{\partial^2 z}{\partial x^2}, \dfrac{\partial^2 z}{\partial y^2}$.

解法一(应用隐函数存在定理公式) 设函数 $F(x,y,z) = z^3 - 2yz + x$,则

$$F_x = 1, \quad F_y = -2z, \quad F_z = 3z^2 - 2y.$$

于是

$$\frac{\partial z}{\partial x} = -\frac{F_x}{F_z} = \frac{-1}{3z^2-2y}, \quad \frac{\partial z}{\partial y} = -\frac{F_y}{F_z} = \frac{2z}{3z^2-2y},$$

从而

$$\frac{\partial^2 z}{\partial x^2} = \frac{6z\dfrac{\partial z}{\partial x}}{(3z^2-2y)^2} = \frac{-6z}{(3z^2-2y)^3},$$

$$\frac{\partial^2 z}{\partial y^2} = \frac{2\dfrac{\partial z}{\partial y}\cdot(3z^2-2y) - 2z\left(6z\cdot\dfrac{\partial z}{\partial y}-2\right)}{(3z^2-2y)^2} = \frac{-2(3z^2+2y)\cdot\dfrac{\partial z}{\partial y}+4z}{(3z^2-2y)^2} = \frac{-16yz}{(3z^2-2y)^3}.$$

解法二(直接法) 方程两端同时对 x 求偏导数,得

$$3z^2\frac{\partial z}{\partial x} - 2y\frac{\partial z}{\partial x} + 1 = 0, \tag{8-3}$$

整理得

$$\frac{\partial z}{\partial x} = \frac{-1}{3z^2-2y}.$$

方程(8-3)两端再同时对 x 求偏导数,得

$$6z\left(\frac{\partial z}{\partial x}\right)^2 + 3z^2\frac{\partial^2 z}{\partial x^2} - 2y\frac{\partial^2 z}{\partial x^2} = 0,$$

故

$$\frac{\partial^2 z}{\partial x^2} = \frac{-6z\left(\dfrac{\partial z}{\partial x}\right)^2}{3z^2-2y} = \frac{-6z}{(3z^2-2y)^3}.$$

同样,方程两端同时对 y 求偏导数,得

$$3z^2\frac{\partial z}{\partial y} - 2z - 2y\frac{\partial z}{\partial y} = 0, \tag{8-4}$$

整理得

$$\frac{\partial z}{\partial y} = \frac{2z}{3z^2-2y}.$$

方程$(8-4)$两端再同时对y求偏导数,得

$$6z\left(\frac{\partial z}{\partial y}\right)^2 + 3z^2\frac{\partial^2 z}{\partial y^2} - 2\frac{\partial z}{\partial y} - 2\frac{\partial z}{\partial y} - 2y\frac{\partial^2 z}{\partial y^2} = 0,$$

故

$$\frac{\partial^2 z}{\partial y^2} = \frac{4\dfrac{\partial z}{\partial y} - 6z\left(\dfrac{\partial z}{\partial y}\right)^2}{3z^2 - 2y} = \frac{-16yz}{(3z^2 - 2y)^3}.$$

例 9 设方程 $\mathrm{e}^{x+y} = xy$,证明:$\dfrac{\mathrm{d}^2 y}{\mathrm{d}x^2} = -\dfrac{y\left[(x-1)^2 + (y-1)^2\right]}{x^2(y-1)^3}$.

证 方程两端同时取自然对数,得

$$x + y = \ln x + \ln y.$$

设函数 $F(x,y) = x + y - \ln x - \ln y$,得

$$F_x = 1 - \frac{1}{x}, \quad F_y = 1 - \frac{1}{y}.$$

故

$$\frac{\mathrm{d}y}{\mathrm{d}x} = -\frac{F_x}{F_y} = \frac{y(1-x)}{x(y-1)},$$

从而

$$\frac{\mathrm{d}^2 y}{\mathrm{d}x^2} = \frac{\left[\dfrac{\mathrm{d}y}{\mathrm{d}x}(1-x) - y\right]x(y-1) - y(1-x)\left(y-1+x\dfrac{\mathrm{d}y}{\mathrm{d}x}\right)}{x^2(y-1)^2}$$

$$= \frac{x(x-1)\dfrac{\mathrm{d}y}{\mathrm{d}x} - y(y-1)}{x^2(y-1)^2} = \frac{x(x-1)\dfrac{y(1-x)}{x(y-1)} - y(y-1)}{x^2(y-1)^2}$$

$$= -\frac{y\left[(x-1)^2 + (y-1)^2\right]}{x^2(y-1)^3}.$$

(四) 同步练习

1. 验证方程 $y - x - \dfrac{1}{2}\sin y = 0$ 在点$(0,0)$的某个邻域内能唯一确定一个有连续导数且当 $x = 0$ 时 $y = 0$ 的隐函数 $y = f(x)$,并求该函数的一阶与二阶导数在点 $x = 0$ 处的值.

2. 设函数 $x = y - \sin(xy)$,求$\dfrac{\mathrm{d}y}{\mathrm{d}x}$.

3. 验证方程 $xyz^3 + x^2 + y^2 - z = 0$ 在点$(0,0,0)$的某个邻域内能唯一确定一个连续且具有连续偏导数的函数 $z = f(x,y)$,并求$\dfrac{\partial z}{\partial x},\dfrac{\partial z}{\partial y}$ 在 $x = 0, y = 0$ 处的值.

4. 设方程 $F(x+y+z, xyz) = 0$ 确定了函数 $z = z(x,y)$,其中 F 具有连续偏导数,求$\dfrac{\partial z}{\partial x},\dfrac{\partial z}{\partial y}$.

5. 设 $z = z(x,y)$ 是由方程 $2\sin(x+2y-3z) = x - 4y + 3z$ 所确定的函数,证明:$\dfrac{\partial z}{\partial x} + \dfrac{\partial z}{\partial y} = 1$.

6. 设方程组 $\begin{cases} x - u - yv = 0, \\ y + v - xu = 0, \end{cases}$ 其中 $uv \neq 1$,求$\dfrac{\partial x}{\partial u},\dfrac{\partial x}{\partial v},\dfrac{\partial y}{\partial u},\dfrac{\partial y}{\partial v}$.

7. 设 $z = z(x,y)$ 是由方程 $x + y + z = \mathrm{e}^z$ 所确定的函数,求$\dfrac{\partial z}{\partial x},\dfrac{\partial z}{\partial y},\dfrac{\partial^2 z}{\partial x^2}$.

同步练习简解

1. 解 设 $F(x,y) = y - x - \dfrac{1}{2}\sin y$，则

$$F_x = -1, \quad F_y = 1 - \frac{1}{2}\cos y, \quad F(0,0) = 0, \quad F_y(0,0) = \frac{1}{2} \neq 0.$$

由隐函数存在定理 1 可知，方程 $y - x - \dfrac{1}{2}\sin y = 0$ 在点 $(0,0)$ 的某个邻域内能唯一确定一个有连续导数且当 $x = 0$ 时 $y = 0$ 的隐函数 $y = f(x)$.

下面求该函数的一阶与二阶导数分别在点 $x = 0$ 处的值：

$$\frac{\mathrm{d}y}{\mathrm{d}x} = -\frac{F_x}{F_y} = \frac{2}{2 - \cos y}, \quad \frac{\mathrm{d}^2 y}{\mathrm{d}x^2} = -\frac{2\sin y \cdot y'}{(2 - \cos y)^2} = -\frac{4\sin y}{(2 - \cos y)^3},$$

从而

$$\left.\frac{\mathrm{d}y}{\mathrm{d}x}\right|_{(0,0)} = 2, \quad \left.\frac{\mathrm{d}^2 y}{\mathrm{d}x^2}\right|_{(0,0)} = 0.$$

2. 解法一 将 $x = y - \sin(xy)$ 改写为 $y - \sin(xy) - x = 0$. 设函数 $F(x,y) = y - \sin(xy) - x$，则

$$F_x = -y\cos(xy) - 1, \quad F_y = 1 - x\cos(xy).$$

于是

$$\frac{\mathrm{d}y}{\mathrm{d}x} = -\frac{F_x}{F_y} = -\frac{-y\cos(xy) - 1}{1 - x\cos(xy)} = \frac{1 + y\cos(xy)}{1 - x\cos(xy)} \quad (1 - x\cos(xy) \neq 0).$$

解法二 利用一阶微分形式不变性，原方程两端同时求微分，得

$$\mathrm{d}x = \mathrm{d}y - \mathrm{d}[\sin(xy)] = \mathrm{d}y - \cos(xy)(y\mathrm{d}x + x\mathrm{d}y),$$

于是

$$\frac{\mathrm{d}y}{\mathrm{d}x} = \frac{1 + y\cos(xy)}{1 - x\cos(xy)} \quad (1 - x\cos(xy) \neq 0).$$

3. 解 设函数 $F(x,y,z) = xyz^3 + x^2 + y^2 - z$，则

$$F_x = yz^3 + 2x, \quad F_y = xz^3 + 2y, \quad F_z = 3xyz^2 - 1, \quad F_z(0,0,0) = -1 \neq 0, \quad F(0,0,0) = 0.$$

由隐函数存在定理 2 可知，方程 $xyz^3 + x^2 + y^2 - z = 0$ 在点 $(0,0,0)$ 的某个邻域内能唯一确定一个连续且具有连续偏导数的函数 $z = f(x,y)$.

下面求 $\dfrac{\partial z}{\partial x}, \dfrac{\partial z}{\partial y}$ 在 $x = 0, y = 0$ 处的值：

$$\frac{\partial z}{\partial x} = -\frac{F_x}{F_z} = \frac{yz^3 + 2x}{1 - 3xyz^2}, \quad \frac{\partial z}{\partial y} = -\frac{F_y}{F_z} = \frac{xz^3 + 2y}{1 - 3xyz^2},$$

从而

$$\left.\frac{\partial z}{\partial x}\right|_{(0,0)} = 0, \quad \left.\frac{\partial z}{\partial y}\right|_{(0,0)} = 0.$$

4. 解法一（应用隐函数存在定理公式） 设函数 $G(x,y,z) = F(x + y + z, xyz)$，令 $u = x + y + z, v = xyz$，则

$$G_x = F_u + yzF_v, \quad G_y = F_u + xzF_v, \quad G_z = F_u + xyF_v.$$

故

$$\frac{\partial z}{\partial x} = -\frac{G_x}{G_z} = -\frac{F_u + yzF_v}{F_u + xyF_v}, \quad \frac{\partial z}{\partial y} = -\frac{G_y}{G_z} = -\frac{F_u + xzF_v}{F_u + xyF_v}.$$

解法二 令 $u = x + y + z, v = xyz$，原方程两端同时对 x 求偏导数（注意 z 是 x 的函数），得

$$F_u\left(1 + \frac{\partial z}{\partial x}\right) + F_v\left(yz + xy\frac{\partial z}{\partial x}\right) = 0, \quad \text{即} \quad \frac{\partial z}{\partial x} = -\frac{F_u + yzF_v}{F_u + xyF_v}.$$

又由变量 x, y 的对称性同样可得

$$\frac{\partial z}{\partial y} = -\frac{F_u + xzF_v}{F_u + xyF_v}.$$

解法三（利用全微分形式不变性） 令 $u = x + y + z, v = xyz$，原方程两端同时取微分，得

$$dF(x + y + z, xyz) = 0, \quad 即 \quad F_u d(x + y + z) + F_v d(xyz) = 0,$$

亦即

$$F_u(dx + dy + dz) + F_v(yz dx + xz dy + xy dz) = 0,$$

整理得

$$dz = -\frac{F_u + yz F_v}{F_u + xy F_v} dx - \frac{F_u + xz F_v}{F_u + xy F_v} dy.$$

由全微分公式可知

$$\frac{\partial z}{\partial x} = -\frac{F_u + yz F_v}{F_u + xy F_v}, \quad \frac{\partial z}{\partial y} = -\frac{F_u + xz F_v}{F_u + xy F_v}.$$

5. 证 原方程两端同时对 x 求偏导数，得

$$2\cos(x + 2y - 3z) \cdot \left(1 - 3\frac{\partial z}{\partial x}\right) = 1 + 3\frac{\partial z}{\partial x},$$

解得

$$\frac{\partial z}{\partial x} = \frac{2\cos(x + 2y - 3z) - 1}{3[1 + 2\cos(x + 2y - 3z)]}.$$

同样，原方程两端同时对 y 求偏导数，得

$$2\cos(x + 2y - 3z) \cdot \left(2 - 3\frac{\partial z}{\partial y}\right) = -4 + 3\frac{\partial z}{\partial y},$$

解得

$$\frac{\partial z}{\partial y} = \frac{4\cos(x + 2y - 3z) + 4}{3[1 + 2\cos(x + 2y - 3z)]}.$$

故

$$\frac{\partial z}{\partial x} + \frac{\partial z}{\partial y} = \frac{2\cos(x + 2y - 3z) - 1}{3[1 + 2\cos(x + 2y - 3z)]} + \frac{4\cos(x + 2y - 3z) + 4}{3[1 + 2\cos(x + 2y - 3z)]} = 1.$$

6. 解法一 分别在两个方程两端同时对 u 求偏导数，得

$$\begin{cases} x'_u - 1 - y'_u v = 0, \\ y'_u - x'_u u - x = 0, \end{cases} \quad 即 \quad \begin{cases} x'_u - y'_u v = 1, \\ -x'_u u + y'_u = x. \end{cases}$$

在 $D = \begin{vmatrix} 1 & -v \\ -u & 1 \end{vmatrix} = 1 - uv \neq 0$ 的条件下，解方程组得

$$\frac{\partial x}{\partial u} = \frac{\begin{vmatrix} 1 & -v \\ x & 1 \end{vmatrix}}{D} = \frac{1 + xv}{1 - uv}, \quad \frac{\partial y}{\partial u} = \frac{\begin{vmatrix} 1 & 1 \\ -u & x \end{vmatrix}}{D} = \frac{x + u}{1 - uv}.$$

同理，分别在两个方程两端同时对 v 求偏导数，可解得

$$\frac{\partial x}{\partial v} = \frac{y - v}{1 - uv}, \quad \frac{\partial y}{\partial v} = \frac{yu - 1}{1 - uv}.$$

解法二（利用全微分形式不变性） 分别在两个方程两端同时求微分，得

$$\begin{cases} dx - du - y dv - v dy = 0, \\ dy + dv - x du - u dx = 0, \end{cases} \tag{8-5}$$

把 dx, dy 看作未知量，消去方程组(8-5)中的 dy 得

$$dx = \frac{1 + xv}{1 - uv} du + \frac{y - v}{1 - uv} dv,$$

消去方程组(8-5)中的 dx 得

$$dy = \frac{x + u}{1 - uv} du + \frac{yu - 1}{1 - uv} dv.$$

于是

$$\frac{\partial x}{\partial u} = \frac{1 + xv}{1 - uv}, \quad \frac{\partial y}{\partial u} = \frac{x + u}{1 - uv}, \quad \frac{\partial x}{\partial v} = \frac{y - v}{1 - uv}, \quad \frac{\partial y}{\partial v} = \frac{yu - 1}{1 - uv}.$$

7. 解法一 设函数 $F(x,y,z) = x+y+z-e^z$，则
$$F_x = 1, \quad F_y = 1, \quad F_z = 1-e^z.$$
于是
$$\frac{\partial z}{\partial x} = -\frac{F_x}{F_z} = \frac{1}{e^z-1}, \quad \frac{\partial z}{\partial y} = -\frac{F_y}{F_z} = \frac{1}{e^z-1},$$

$$\frac{\partial^2 z}{\partial x^2} = \frac{\partial}{\partial x}\left(\frac{1}{e^z-1}\right) = -\frac{e^z \frac{\partial z}{\partial x}}{(e^z-1)^2} = -\frac{e^z}{(e^z-1)^3}.$$

解法二 将 z 视为 x,y 的函数，原方程两端分别同时对 x,y 求偏导数，得
$$1+\frac{\partial z}{\partial x} = e^z \frac{\partial z}{\partial x}, \quad 1+\frac{\partial z}{\partial y} = e^z \frac{\partial z}{\partial y},$$
解得
$$\frac{\partial z}{\partial x} = \frac{1}{e^z-1}, \quad \frac{\partial z}{\partial y} = \frac{1}{e^z-1},$$
从而
$$\frac{\partial^2 z}{\partial x^2} = \frac{\partial}{\partial x}\left(\frac{1}{e^z-1}\right) = -\frac{e^z \frac{\partial z}{\partial x}}{(e^z-1)^2} = -\frac{e^z}{(e^z-1)^3}.$$

8.7 多元函数微分学在几何学上的应用

（一）内容提要

<table>
<tr><td rowspan="3">空间曲线的切线与法平面</td><td>曲线的参数方程为 $x=x(t), y=y(t), z=z(t)$，三个函数的导数不全为零. 曲线在 $t=t_0$ 的对应点处的切向量为 $\boldsymbol{T} = \{x'(t_0), y'(t_0), z'(t_0)\}$，记 $t=t_0$ 的对应点为 (x_0, y_0, z_0)，则切线方程为 $\frac{x-x_0}{x'(t_0)} = \frac{y-y_0}{y'(t_0)} = \frac{z-z_0}{z'(t_0)}$，法平面方程为 $x'(t_0)(x-x_0) + y'(t_0)(y-y_0) + z'(t_0)(z-z_0) = 0$</td></tr>
<tr><td>曲线的方程为 $\begin{cases} y=y(x), \\ z=z(x), \end{cases}$ 函数 $y=y(x), z=z(x)$ 在点 x_0 处可导，则曲线在某点 (x_0, y_0, z_0) 处的切向量为 $\boldsymbol{T} = \{1, y'(x_0), z'(x_0)\}$</td></tr>
<tr><td>曲线的方程为 $\begin{cases} F(x,y,z)=0, \\ G(x,y,z)=0, \end{cases}$ 其中 F,G 具有连续偏导数，则曲线在点 $M_0(x_0, y_0, z_0)$ 处的切向量为 $\boldsymbol{T} = \left\{ \begin{vmatrix} F_y & F_z \\ G_y & G_z \end{vmatrix}_{M_0}, \begin{vmatrix} F_z & F_x \\ G_z & G_x \end{vmatrix}_{M_0}, \begin{vmatrix} F_x & F_y \\ G_x & G_y \end{vmatrix}_{M_0} \right\}$</td></tr>
<tr><td rowspan="2">空间曲面的切平面与法线</td><td>曲面方程为 $F(x,y,z)=0$，则曲面在点 $M_0(x_0, y_0, z_0)$ 处的法向量为 $\boldsymbol{n} = \{F_x(x_0, y_0, z_0), F_y(x_0, y_0, z_0), F_z(x_0, y_0, z_0)\}$. 于是，切平面方程为 $F_x(x_0, y_0, z_0)(x-x_0) + F_y(x_0, y_0, z_0)(y-y_0) + F_z(x_0, y_0, z_0)(z-z_0) = 0,$ 法线方程为 $\frac{x-x_0}{F_x(x_0, y_0, z_0)} = \frac{y-y_0}{F_y(x_0, y_0, z_0)} = \frac{z-z_0}{F_z(x_0, y_0, z_0)}$</td></tr>
<tr><td>曲面方程为 $z=f(x,y)$，则曲面在点 $P_0(x_0, y_0)$ 处的法向量为 $\boldsymbol{n} = \{f_x(x_0, y_0), f_y(x_0, y_0), -1\}$ 或 $\{-f_x(x_0, y_0), -f_y(x_0, y_0), 1\}$. 于是，切平面方程为 $f_x(x_0, y_0)(x-x_0) + f_y(x_0, y_0)(y-y_0) - (z-z_0) = 0,$ 法线方程为 $\frac{x-x_0}{f_x(x_0, y_0)} = \frac{y-y_0}{f_y(x_0, y_0)} = \frac{z-z_0}{-1}$</td></tr>
</table>

（二）析疑解惑

题 1 空间曲线的切向量在不同方程形式下的表达式如何？

解 （1）若空间曲线的方程为参数方程 $\begin{cases} x = x(t), \\ y = y(t), \\ z = z(t), \end{cases}$ 则曲线在任意点处的切向量为

$$\boldsymbol{T} = \{x'(t), y'(t), z'(t)\}.$$

（2）若空间曲线的方程为隐函数组 $\begin{cases} F(x,y,z) = 0, \\ G(x,y,z) = 0, \end{cases}$ 则曲线在任意点处的切向量为 $\boldsymbol{T} = \{1, y'(x), z'(x)\}$，其中 $y'(x), z'(x)$ 由方程组通过隐函数存在定理公式求出；或 $\boldsymbol{T} = \{x'(y), 1, z'(y)\}$，其中 $x'(y), z'(y)$ 由方程组通过隐函数存在定理公式求出；或 $\boldsymbol{T} = \{x'(z), y'(z), 1\}$，其中 $x'(z), y'(z)$ 由方程组通过隐函数存在定理公式求出.

题 2 空间曲面上任意点处的法向量在不同方程形式下的表达式如何？

解 （1）若曲面方程为 $F(x,y,z) = 0$，则 $\boldsymbol{n} = \{F_x, F_y, F_z\}$.

（2）若曲面方程为 $z = f(x,y)$，则 $\boldsymbol{n} = \{f_x, f_y, -1\}$ 或 $\boldsymbol{n} = \{-f_x, -f_y, 1\}$；

若曲面方程为 $y = g(x,z)$，则 $\boldsymbol{n} = \{g_x, -1, g_z\}$ 或 $\boldsymbol{n} = \{-g_x, 1, -g_z\}$；

若曲面方程为 $x = h(y,z)$，则 $\boldsymbol{n} = \{-1, h_y, h_z\}$ 或 $\boldsymbol{n} = \{1, -h_y, -h_z\}$.

（三）范例分析

例 1 求曲线 $x = \dfrac{1}{1+t}, y = \dfrac{1+t}{1-t}, z = t^2$ 在 $t = 0$ 的对应点处的切线方程与法平面方程.

解 易知 $t = 0$ 时的对应点为 $(1,1,0)$. 又

$$x'_t = -\frac{1}{(1+t)^2}, \quad y'_t = \frac{(1-t)-(-1)(1+t)}{(1-t)^2} = \frac{2}{(1-t)^2}, \quad z'_t = 2t,$$

从而

$$x'_t\big|_{t=0} = -1, \quad y'_t\big|_{t=0} = 2, \quad z'_t\big|_{t=0} = 0,$$

所以在点 $(1,1,0)$ 处的切向量为 $\boldsymbol{T} = \{-1, 2, 0\}$. 于是，切线方程为

$$\frac{x-1}{-1} = \frac{y-1}{2} = \frac{z-0}{0}, \quad \text{即} \quad \begin{cases} 2x + y - 3 = 0, \\ z = 0, \end{cases}$$

法平面方程为

$$-(x-1) + 2(y-1) = 0, \quad \text{即} \quad x - 2y + 1 = 0.$$

例 2 求曲线 $\begin{cases} x^2 + y^2 + z^2 = a^2, \\ x^2 + y^2 = ax \end{cases}$ 在点 $M_0(0,0,a)$ 处的切线方程与法平面方程.

解 设函数 $F(x,y,z) = x^2 + y^2 + z^2 - a^2, G(x,y,z) = x^2 + y^2 - ax$，则

$$F_x\big|_{M_0} = 2x\big|_{M_0} = 0, \quad F_y\big|_{M_0} = 2y\big|_{M_0} = 0, \quad F_z\big|_{M_0} = 2z\big|_{M_0} = 2a,$$

$$G_x\big|_{M_0} = (2x-a)\big|_{M_0} = -a, \quad G_y\big|_{M_0} = 2y\big|_{M_0} = 0, \quad G_z\big|_{M_0} = 0.$$

于是

$$\left|\begin{matrix} F_y & F_z \\ G_y & G_z \end{matrix}\right|_{M_0} = 0, \quad \left|\begin{matrix} F_z & F_x \\ G_z & G_x \end{matrix}\right|_{M_0} = -2a^2, \quad \left|\begin{matrix} F_x & F_y \\ G_x & G_y \end{matrix}\right|_{M_0} = 0.$$

故曲线在点 $M_0(0,0,a)$ 处的切向量为 $\boldsymbol{T} = \{0, -2a^2, 0\}$,从而所求切线方程为 $\begin{cases} x = 0, \\ z = a, \end{cases}$ 法平面方程为 $-2a^2(y-0) = 0$,即 $y = 0$.

┃┃ 例 3 求出曲线 $x = t, y = t^2, z = t^3$ 上的点,使得在该点处的切线平行于平面 $x + 2y + z = 4$.

分析 先求出曲线的切向量,再求出平面的法线向量.已知切线平行于平面,从而垂直于平面的法线向量,利用向量垂直的条件得出所求点对应的参数值,然后代入曲线方程即可.

解 设所求点为 $M(x_0, y_0, z_0)$,其对应参数 $t = t_0$.

因 $x_t' = 1, y_t' = 2t, z_t' = 3t^2$,故该点处的切向量为 $\boldsymbol{T} = \{1, 2t_0, 3t_0^2\}$.

平面 $x + 2y + z = 4$ 的法线向量为 $\boldsymbol{n} = \{1, 2, 1\}$,由题意有 $\boldsymbol{n} \perp \boldsymbol{T}$,从而 $\boldsymbol{n} \cdot \boldsymbol{T} = 0$,即

$$1 + 4t_0 + 3t_0^2 = 0, \quad 解得 \quad t_0 = -1 \quad 或 \quad t_0 = -\frac{1}{3}.$$

故所求点为 $M(-1, 1, -1)$ 或 $M\left(-\dfrac{1}{3}, \dfrac{1}{9}, -\dfrac{1}{27}\right)$.

┃┃ 例 4 求曲面 $x^2 + y^2 + z^2 = 2$ 上平行于平面 $x + 4y - z = 0$ 的切平面方程.

分析 先求出空间曲面的法向量表达式.

解 设函数 $F(x, y, z) = x^2 + y^2 + z^2 - 2$,则 $F_x = 2x, F_y = 2y, F_z = 2z$. 设切点为 $M(x_0, y_0, z_0)$,曲面在点 M 处的法向量为 $\boldsymbol{n} = \{2x_0, 2y_0, 2z_0\}$.

因切平面和已知平面平行,故切平面的法线向量和平面的法线向量 $\{1, 4, -1\}$ 平行,则

$$\frac{x_0}{1} = \frac{y_0}{4} = \frac{z_0}{-1}.$$

又 $x_0^2 + y_0^2 + z_0^2 = 2$,所以切点为 $\left(\dfrac{1}{3}, \dfrac{4}{3}, -\dfrac{1}{3}\right)$ 或 $\left(-\dfrac{1}{3}, -\dfrac{4}{3}, \dfrac{1}{3}\right)$. 于是,切平面方程为

$$1 \cdot \left(x - \frac{1}{3}\right) + 4\left(y - \frac{4}{3}\right) - 1 \cdot \left(z + \frac{1}{3}\right) = 0$$

或

$$1 \cdot \left(x + \frac{1}{3}\right) + 4 \cdot \left(y + \frac{4}{3}\right) - 1 \cdot \left(z - \frac{1}{3}\right) = 0,$$

即

$$x + 4y - z = 6 \quad 或 \quad x + 4y - z = -6.$$

┃┃ 例 5 求曲面 $z = x^2 + y^2$ 在点 $(1, 1, 2)$ 处的切平面方程与法线方程.

解 设函数 $f(x, y) = x^2 + y^2$,则曲面的法向量为 $\boldsymbol{n} = \{f_x, f_y, -1\} = \{2x, 2y, -1\}$,从而在点 $(1, 1, 2)$ 处的法向量为 $\boldsymbol{n} = \{2, 2, -1\}$. 于是切平面方程为

$$2(x-1) + 2(y-1) - 1(z-2) = 0, \quad 即 \quad 2x + 2y - z - 2 = 0,$$

法线方程为

$$\frac{x-1}{2} = \frac{y-1}{2} = \frac{z-2}{-1}.$$

┃┃ 例 6 证明:曲面 $F(x - az, y - bz) = 0$ 上任意点处的切平面与直线 $\dfrac{x}{a} = \dfrac{y}{b} = z$ 平行(a, b 为常数,函数 $F(u, v)$ 可微分).

分析 先根据隐函数存在定理求出曲面在任意点处的法向量 n，然后根据向量数量积的性质验证 n 与直线的方向向量 s 是否垂直.

证 曲面 $F(x-az, y-bz) = 0$ 的法向量为

$$n = \{F_1', F_2', -aF_1' - bF_2'\},$$

而直线的方向向量 $s = \{a, b, 1\}$. 由 $n \cdot s = 0$ 知 $n \perp s$，即曲面 $F(x-az, y-bz) = 0$ 上任意点处的切平面与已知直线 $\dfrac{x}{a} = \dfrac{y}{b} = z$ 平行.

┃ 例 7 证明:曲面方程 $xyz = a^3(a \neq 0$ 为常数$)$ 上任意点处的切平面与三个坐标面所围成的四面体的体积为常数.

分析 先求出曲面在任意点处的切平面,接着求出切平面的截距式方程,得到截距,然后求四面体体积.

证 设函数 $F(x, y, z) = xyz - a^3$，则 $F_x = yz, F_y = xz, F_z = xy$.

曲面上任取一点 $M(x_0, y_0, z_0)$，则曲面在该点处的法向量为 $n = \{y_0 z_0, x_0 z_0, x_0 y_0\}$. 于是,切平面方程为

$$y_0 z_0 (x - x_0) + x_0 z_0 (y - y_0) + x_0 y_0 (z - z_0) = 0,$$

从而截距式方程为

$$\frac{x}{3x_0} + \frac{y}{3y_0} + \frac{z}{3z_0} = 1.$$

故四面体体积为 $V = \dfrac{1}{6} |3x_0 \cdot 3y_0 \cdot 3z_0| = \dfrac{27}{6} a^3$ 为常数(因为 $x_0 y_0 z_0 = a^3$).

(四) 同步练习

1. 求下列曲线在指定点处的切线方程和法平面方程:

(1) $x = t - \sin t, y = 1 - \cos t, z = 4\sin \dfrac{t}{2}$，在 $t_0 = \dfrac{\pi}{2}$ 的对应点处;

(2) $x^2 + y^2 + z^2 = 6, z = x^2 + y^2$，在点 $(1, 1, 2)$ 处;

(3) $x^2 + y^2 + z^2 = 9, z = xy$，在点 $(1, 2, 2)$ 处.

2. 求曲面 $x^2 yz + 3y^2 = 2xz^2 - 8z$ 在点 $(1, 2, -1)$ 处的切平面方程和法线方程.

3. 证明:曲面 $z = xf\left(\dfrac{y}{x}\right)$ 在任意点 M 处的切平面都通过坐标原点,其中函数 $f(u)$ 可导.

4. 设 n 是曲面 $2x^2 + 3y^2 + z^2 = 6$ 在点 $P(1, 1, 1)$ 处的指向外侧的法向量,求函数 $u = \dfrac{\sqrt{6x^2 + 8y^2}}{z}$ 在该点处沿 n 的方向的方向导数.

同步练习简解

1. 解 (1) 易知 $t_0 = \dfrac{\pi}{2}$ 的对应点为 $\left(\dfrac{\pi}{2} - 1, 1, 2\sqrt{2}\right)$. 该曲线的切向量为

$$T = \left\{x_t'\left(\frac{\pi}{2}\right), y_t'\left(\frac{\pi}{2}\right), z_t'\left(\frac{\pi}{2}\right)\right\} = \left\{1 - \cos t, \sin t, 2\cos \frac{t}{2}\right\} \Big|_{t=\frac{\pi}{2}} = \{1, 1, \sqrt{2}\},$$

因此所求切线方程为

$$\frac{x - \frac{\pi}{2} + 1}{1} = \frac{y - 1}{1} = \frac{z - 2\sqrt{2}}{\sqrt{2}},$$

法平面方程为

$$1 \cdot \left(x - \frac{\pi}{2} + 1\right) + 1 \cdot (y - 1) + \sqrt{2} \cdot (z - 2\sqrt{2}) = 0, \quad 即 \quad x + y + \sqrt{2}z = \frac{\pi}{2} + 4.$$

(2) 设函数 $F(x,y,z) = x^2 + y^2 + z^2 - 6, G(x,y,z) = x^2 + y^2 - z$, 记指定点 $M_0(1,1,2)$, 则

$$F_x\Big|_{M_0} = 2x\Big|_{M_0} = 2, \quad F_y\Big|_{M_0} = 2y\Big|_{M_0} = 2, \quad F_z\Big|_{M_0} = 2z\Big|_{M_0} = 4,$$

$$G_x\Big|_{M_0} = 2x\Big|_{M_0} = 2, \quad G_y\Big|_{M_0} = 2y\Big|_{M_0} = 2, \quad G_z\Big|_{M_0} = 2z\Big|_{M_0} = -1,$$

于是

$$\begin{vmatrix} F_y & F_z \\ G_y & G_z \end{vmatrix}_{M_0} = -10, \quad \begin{vmatrix} F_z & F_x \\ G_z & G_x \end{vmatrix}_{M_0} = 10, \quad \begin{vmatrix} F_x & F_y \\ G_x & G_y \end{vmatrix}_{M_0} = 0,$$

故曲线在点 M_0 处的切向量可取为

$$\boldsymbol{T} = \{1, -1, 0\},$$

从而所求切线方程为

$$\frac{x-1}{1} = \frac{y-1}{-1} = \frac{z-2}{0},$$

法平面方程为

$$1 \cdot (x-1) - 1 \cdot (y-1) = 0, \quad 即 \quad x - y = 0.$$

(3) 令函数 $F(x,y,z) = x^2 + y^2 + z^2 - 9, G(x,y,z) = xy - z$, 记指定点为 $P_0(1,2,2)$, 则

$$\frac{\partial(F,G)}{\partial(y,z)}\Big|_{P_0} = \begin{vmatrix} 2y & 2z \\ x & -1 \end{vmatrix}_{P_0} = \begin{vmatrix} 4 & 4 \\ 1 & -1 \end{vmatrix} = -8 \neq 0.$$

还可求得

$$\frac{\partial(F,G)}{\partial(z,x)}\Big|_{P_0} = 10, \quad \frac{\partial(F,G)}{\partial(x,y)}\Big|_{P_0} = -6.$$

于是, 曲线在点 P_0 处的切向量可取为 $\boldsymbol{T} = \{-4, 5, -3\}$, 从而切线方程为

$$\frac{x-1}{-4} = \frac{y-2}{5} = \frac{z-2}{-3},$$

法平面方程为

$$-4(x-1) + 5(y-2) - 3(z-2) = 0, \quad 即 \quad 4x - 5y + 3z = 0.$$

2. 解 令函数 $F(x,y,z) = x^2 yz + 3y^2 - 2xz^2 + 8z$, 则曲面在点 $(1,2,-1)$ 处的法向量为

$$\boldsymbol{n} = \{2xyz - 2z^2, x^2 z + 6y, x^2 y - 4xz + 8\}\Big|_{(1,2,-1)} = \{-6, 11, 14\}.$$

故所求切平面方程为

$$-6(x-1) + 11(y-2) + 14(z+1) = 0, \quad 即 \quad 6x - 11y - 14z + 2 = 0,$$

法线方程为

$$\frac{x-1}{-6} = \frac{y-2}{11} = \frac{z+1}{14}.$$

3. 分析 切平面过坐标原点, 等价于向量 $\overrightarrow{OM}$ 在切平面上, 从而 $\overrightarrow{OM}$ 垂直于切平面的法线向量 $\boldsymbol{n}$. 只需求出切平面的法线向量并验证 $\overrightarrow{OM} \perp \boldsymbol{n}$ 即可.

证 令函数 $F = xf\left(\dfrac{y}{x}\right) - z$. 取曲面上一点 $M(x,y,z)$, 则曲面在该点处的法向量为

$$\boldsymbol{n} = \{F_x, F_y, F_z\} = \left\{f - \frac{y}{x}f', f', -1\right\}.$$

又 $\overrightarrow{OM} = \{x, y, z\}$, 则

$$\overrightarrow{OM} \cdot \boldsymbol{n} = xf - yf' + yf' - z = xf\left(\frac{y}{x}\right) - z = 0, \quad 即 \quad \overrightarrow{OM} \perp \boldsymbol{n},$$

从而可知曲面在任意点处的切平面都通过坐标原点.

4. 解 令函数 $F(x,y,z)=2x^2+3y^2+z^2-6$，有 $F_x=4x,F_y=6y,F_z=2z$，则曲面在点 $P(1,1,1)$ 处的法向量为

$$\pm\{F_x,F_y,F_z\}=\pm\{4x,6y,2z\}\Big|_{(1,1,1)}=\pm2\{2,3,1\}.$$

因法向量在点 $P(1,1,1)$ 处指向外侧，故取正号，单位化得 $\boldsymbol{n}=\dfrac{1}{\sqrt{14}}\{2,3,1\}=\{\cos\alpha,\cos\beta,\cos\gamma\}$. 又

$$\frac{\partial u}{\partial x}\Big|_{P_0}=\frac{6x}{z\sqrt{6x^2+8y^2}}\Big|_{P_0}=\frac{6}{\sqrt{14}},\quad \frac{\partial u}{\partial y}\Big|_{P_0}=\frac{8y}{z\sqrt{6x^2+8y^2}}\Big|_{P_0}=\frac{8}{\sqrt{14}},$$

$$\frac{\partial u}{\partial z}\Big|_{P_0}=\frac{-\sqrt{6x^2+8y^2}}{z^2}\Big|_{P_0}=-\sqrt{14},$$

故

$$\frac{\partial u}{\partial n}=\frac{\partial u}{\partial x}\Big|_{P_0}\cos\alpha+\frac{\partial u}{\partial y}\Big|_{P_0}\cos\beta+\frac{\partial u}{\partial z}\Big|_{P_0}\cos\gamma=\frac{11}{7}.$$

8.8 多元函数的极值及其求法

（一）内容提要

	定义	性质
多元函数的极值	设函数 $z=f(x,y)$ 在点 (x_0,y_0) 的某个邻域内有定义. 若对于该邻域内任一异于点 (x_0,y_0) 的点 (x,y)，都有 $f(x,y)<f(x_0,y_0)$（或 $f(x,y)>f(x_0,y_0)$），则称函数在点 (x_0,y_0) 处取得极大（或小）值，点 (x_0,y_0) 为极值点	（极值存在的必要条件）函数 $z=f(x,y)$ 在点 (x_0,y_0) 处具有连续偏导数，且在点 (x_0,y_0) 处取得极值，则必有 $f_x(x_0,y_0)=0,\quad f_y(x_0,y_0)=0$
		（极值存在的充分条件）函数 $z=f(x,y)$ 在点 (x_0,y_0) 的某个邻域内连续且有一阶及二阶连续偏导数. 又 $f_x(x_0,y_0)=0,f_y(x_0,y_0)=0$，令 $f_{xx}(x_0,y_0)=A$，$f_{xy}(x_0,y_0)=B,f_{yy}(x_0,y_0)=C$，则 (1) 当 $AC-B^2>0$ 时，函数在点 (x_0,y_0) 处取得极值，且 $A>0$ 时取得极小值，$A<0$ 时取得极大值；(2) 当 $AC-B^2<0$ 时，函数在点 (x_0,y_0) 处取不到极值；(3) 当 $AC-B^2=0$ 时，不确定
条件极值	求函数 $u=f(x,y,z)$ 在条件 $\varphi(x,y,z)=0$ 下的极值的方法： 方法1：化为无条件极值. 在方程 $\varphi(x,y,z)=0$ 下解出 $z=z(x,y)$，代入目标函数，按无条件极值计算. 方法2：拉格朗日乘数法. 作辅助函数 $L(x,y,z,\lambda)=f(x,y,z)+\lambda\varphi(x,y,z)$. 由 $$\begin{cases}L_x=f_x(x,y,z)+\lambda\varphi_x(x,y,z)=0,\\ L_y=f_y(x,y,z)+\lambda\varphi_y(x,y,z)=0,\\ L_z=f_z(x,y,z)+\lambda\varphi_z(x,y,z)=0,\\ L_\lambda=\varphi(x,y,z)=0\end{cases}$$ 解出可能极值点 (x_0,y_0,z_0)，而后判断是否为所求极值	
	若约束条件不止一个，可增加拉格朗日乘子. 例如，函数 $u=f(x,y,z)$ 在条件 $\varphi(x,y,z)=0$，$\psi(x,y,z)=0$ 下的极值，则作辅助函数 $L(x,y,z,\lambda,\mu)=f(x,y,z)+\lambda\varphi(x,y,z)+\mu\psi(x,y,z)$	

（二）析疑解惑

题1　简述求二元函数极值的一般步骤.

解　求二元函数 $z = f(x,y)$ 极值的一般步骤如下：

(1) 求偏导数 $f_x, f_y, f_{xx}, f_{xy}, f_{yy}$；

(2) 求解方程组 $\begin{cases} f_x = 0, \\ f_y = 0, \end{cases}$ 得一切驻点 $(x_i, y_i)(i = 1, 2, \cdots, k)$；

(3) 令 $f_{xx}(x_i, y_i) = A, f_{xy}(x_i, y_i) = B, f_{yy}(x_i, y_i) = C$，则 ① 当 $AC - B^2 > 0$ 时，函数在点 (x_i, y_i) 处取得极值，且 $A > 0$ 时取得极小值，$A < 0$ 时取得极大值；② 当 $AC - B^2 < 0$ 时，函数在点 (x_i, y_i) 处取不到极值；③ 当 $AC - B^2 = 0$ 时，不确定.

题2　一元函数在区间上如果有唯一极值点，那么该极值点必是在该区间上的最值点，这一性质对多元函数是否成立？

解　不成立. 例如，函数 $f(x,y) = x^3 + 2x^2 - 2xy + y^2$ 在 $\mathbf{R}^2$ 上有唯一极小值点 $(0,0)$，但 $f(x,y)$ 在 $\mathbf{R}^2$ 上却无最小值.

题3　如何判定拉格朗日函数 L 的稳定点 P_0（可能极值点）是否确为条件极值点？

解　理论上判定拉格朗日函数 L 的稳定点 P_0 是否确为条件极值点涉及计算一个三阶以上的黑塞矩阵的正定性或者计算 $\mathrm{d}^2 L(P_0)$ 的符号，这两种方法的计算量都比较大，因此在实际应用中根据问题本身的性质来判断. 例如，已知该问题确有极值，而该问题的拉格朗日函数只有一个稳定点，且在定义域的边界上不取极值，则这个稳定点就是所求的极值点.

（三）范例分析

例1　求函数 $f(x,y) = x^3 - y^3 - 3xy$ 的极值.

分析　首先求偏导数 $f_x, f_y, f_{xx}, f_{xy}, f_{yy}$，接着解方程组 $\begin{cases} f_x = 0, \\ f_y = 0 \end{cases}$ 得出函数的一切驻点，然后求出函数在驻点处二阶偏导数的值 A, B, C，依据 $AC - B^2$ 的符号判定驻点是否为极值点.

解　(1) 计算偏导数.

$$f_x = 3x^2 - 3y, \quad f_y = -3y^2 - 3x,$$
$$f_{xx} = 6x, \quad f_{xy} = -3, \quad f_{yy} = -6y.$$

(2) 求驻点. 解方程组

$$\begin{cases} f_x = 3x^2 - 3y = 0, & (8-6) \\ f_y = -3y^2 - 3x = 0, & (8-7) \end{cases}$$

由式(8-6)得 $y = x^2$，代入式(8-7)得 $x(x^3 + 1) = 0$，即 $x = 0$ 或 $x = -1$，故有两驻点 $(0,0)$，$(-1,1)$.

(3) 判断. 对于驻点 $(0,0)$，$A = 0, B = -3, C = 0, AC - B^2 = -9 < 0$，故点 $(0,0)$ 不是极值点；对于驻点 $(-1,1)$，$A = -6, B = -3, C = -6, AC - B^2 = 27 > 0$，且 $A < 0$，所以函数在点 $(-1,1)$ 处取得极大值 1.

例2　求函数 $f(x,y) = (x^2 + y^2)^2 - 2(x^2 - y^2)$ 的极值.

解　(1) 计算偏导数.

$$f_x = 4x(x^2 + y^2 - 1), \quad f_y = 4y(x^2 + y^2 + 1),$$
$$f_{xx} = 12x^2 + 4y^2 - 4, \quad f_{xy} = 8xy, \quad f_{yy} = 12y^2 + 4x^2 + 4.$$

（2）求驻点. 解方程组

$$\begin{cases} 4x(x^2 + y^2 - 1) = 0, \\ 4y(x^2 + y^2 + 1) = 0, \end{cases}$$

得 $x = 0$ 或 $x = \pm 1, y = 0$,故有驻点 $(-1,0),(0,0),(1,0)$.

（3）判断. 对于驻点 $(-1,0)$,$A = 8$,$B = 0$,$C = 8$,$AC - B^2 = 64 > 0$,且 $A > 0$,所以函数在点 $(-1,0)$ 处取得极小值 -1. 同样可得函数在点 $(1,0)$ 处也取得极小值 -1（函数及二阶偏导数关于 x,y 均为偶函数）. 对于驻点 $(0,0)$,$A = -4$,$B = 0$,$C = 4$,$AC - B^2 = -16 < 0$,所以点 $(0,0)$ 不是极值点.

例 3 求函数 $f(x,y) = \sin x + \cos y + \cos(x - y)$,$0 \leqslant x, y \leqslant \dfrac{\pi}{2}$ 的极值.

解 解方程组

$$\begin{cases} f_x = \cos x - \sin(x - y) = 0, & (8-8) \\ f_y = -\sin y + \sin(x - y) = 0, & (8-9) \end{cases}$$

两式相加得 $\cos x = \sin y$;由式（8-8）得 $\cos x = \sin(x - y)$,且 $0 \leqslant x, y \leqslant \dfrac{\pi}{2}$,得驻点 $\left(\dfrac{\pi}{3}, \dfrac{\pi}{6}\right)$. 又有二阶偏导数

$$f_{xx} = -\sin x - \cos(x - y), \quad f_{xy} = \cos(x - y), \quad f_{yy} = -\cos y - \cos(x - y),$$

对于驻点 $\left(\dfrac{\pi}{3}, \dfrac{\pi}{6}\right)$,$A = -\sqrt{3}$,$B = \dfrac{\sqrt{3}}{2}$,$C = -\sqrt{3}$,$AC - B^2 = \dfrac{9}{4} > 0$,且 $A < 0$,所以函数在点 $\left(\dfrac{\pi}{3}, \dfrac{\pi}{6}\right)$ 处取得极大值 $\dfrac{3}{2}\sqrt{3}$.

例 4 求由方程 $x^2 + y^2 + z^2 - 2x + 2y - 4z - 10 = 0$ 所确定的函数 $z = f(x, y)$ 的极值.

分析 先按隐函数求导公式求出函数的偏导数,接着解方程组 $\begin{cases} f_x = 0, \\ f_y = 0 \end{cases}$ 得出函数的驻点,然后求出函数在驻点处二阶偏导数的值 A, B, C,依据 $AC - B^2$ 的符号判定驻点是否为极值点.

解法一 在原方程两端同时对 x 求偏导数,得

$$2x + 2z\frac{\partial z}{\partial x} - 2 - 4\frac{\partial z}{\partial x} = 0, \quad 即 \quad \frac{\partial z}{\partial x} = \frac{1 - x}{z - 2}.$$

在原方程两端同时对 y 求偏导数,得

$$2y + 2z\frac{\partial z}{\partial y} + 2 - 4\frac{\partial z}{\partial y} = 0, \quad 即 \quad \frac{\partial z}{\partial y} = -\frac{1 + y}{z - 2}.$$

解方程组 $\begin{cases} \dfrac{\partial z}{\partial x} = \dfrac{1 - x}{z - 2} = 0, \\ \dfrac{\partial z}{\partial y} = -\dfrac{1 + y}{z - 2} = 0, \end{cases}$ 得驻点 $(1, -1)$,且 $x = 1, y = -1$ 时,$z = -2$ 或 $z = 6$. 又

$$z_{xx} = \frac{-(z-2)^2 - (1-x)^2}{(z-2)^3}, \quad z_{xy} = \frac{(1-x)(1+y)}{(z-2)^3}, \quad z_{yy} = \frac{-(z-2)^2 - (1+y)^2}{(z-2)^3}.$$

因此,当 $z=-2$ 时,$A=\dfrac{1}{4}$,$B=0$,$C=\dfrac{1}{4}$,$AC-B^2=\dfrac{1}{16}>0$,且 $A>0$,故函数在点 $(1,-1)$ 处取得极小值 -2;当 $z=6$ 时,$A=-\dfrac{1}{4}$,$B=0$,$C=-\dfrac{1}{4}$,$AC-B^2=\dfrac{1}{16}>0$,且 $A<0$,故函数在点 $(1,-1)$ 处取得极大值 6.

解法二(利用本题特殊性,可用配方法)   原方程可变为
$$(x-1)^2+(y+1)^2+(z-2)^2=16,$$
它表示以点 $(1,-1,2)$ 为圆心,4 为半径的球面,故
$$z=2\pm\sqrt{16-(x-1)^2-(y+1)^2}.$$

当 $x=1$,$y=-1$ 时,$\sqrt{16-(x-1)^2-(y+1)^2}$ 取得极大值 4,故 $z=2+4=6$ 为极大值,$z=2-4=-2$ 为极小值.

▌▌**例 5**   要用铁板做一个体积为常数 V 的有盖长方体水箱,问:水箱各边的尺寸为多少时,用料能最省?

分析   根据题意给出目标函数(表面积)及约束条件(体积为常数 V),利用拉格朗日乘数法求解.

解   设水箱的长、宽、高分别为 x,y,z,则问题是求表面积函数 $S=2(xy+yz+zx)$ 在约束条件 $xyz=V$ 下的最小值($x>0,y>0,z>0$).

构造拉格朗日函数
$$L(x,y,z,\lambda)=2(xy+yz+zx)+\lambda(xyz-V),$$
得方程组
$$\begin{cases} L_x=2(y+z)+yz\lambda=0, \\ L_y=2(x+z)+xz\lambda=0, \\ L_z=2(y+x)+yx\lambda=0, \\ xyz-V=0. \end{cases}$$

将方程组第一式乘以 x,第二式乘以 y,然后相减,得
$$2[x(y+z)-y(z+x)]=0,$$
即 $x=y$.类似地,得 $y=z$.将 $x=y$,$y=z$ 代入 $xyz=V$,得 $x=y=z=\sqrt[3]{V}$.

根据问题的实际情况,S 的最小值存在,且必在区域 $D=\{(x,y,z)\mid x>0,y>0,z>0\}$ 的内部取得,而 $(x,y,z)=(\sqrt[3]{V},\sqrt[3]{V},\sqrt[3]{V})$ 是唯一可能的最值点,因此它就是所求的最小值点.

▌▌**例 6**   将周长为 $2p$ 的矩形绕它的一边旋转一周构成一个圆柱体,问:矩形的边长各为多少时,才能使圆柱体的体积最大?

解   设矩形的长为 x,则宽为 $p-x$.将矩形绕它的一边旋转一周构成一个圆柱体,则圆柱体的底面半径为 x,高为 $p-x$,从而体积为
$$V=\pi x^2(p-x) \quad (x>0).$$
令 $V_x=\pi(2px-3x^2)=0$,得唯一驻点 $x=\dfrac{2}{3}p$.又
$$V_{xx}\Big|_{x=\frac{2}{3}p}=\pi(2p-6x)\Big|_{x=\frac{2}{3}p}=-2p\pi<0,$$

故 $x = \dfrac{2}{3}p$ 为极大值点.由问题的实际意义知 V 的最大值存在,则该极大值点为最大值点,即当长为 $\dfrac{2}{3}p$,宽为 $\dfrac{1}{3}p$ 时圆柱体取得最大体积 $\dfrac{4}{27}\pi p^3$.

注 本题也可采用二元函数条件极值来解决,其中目标函数为圆柱体体积,约束条件为周长 $2p$.

┃┃ 例 7 抛物面 $z = x^2 + y^2$ 被平面 $x + y + z = 1$ 截成一椭圆,求坐标原点到此椭圆的最长和最短距离.

分析 根据题意给出目标函数及约束条件,利用拉格朗日乘数法求解.该题中如果将坐标原点到椭圆上点的距离作为目标函数的话,那么约束条件应该有两个.

解 设椭圆上点的坐标为 (x, y, z),则坐标原点到椭圆上该点的距离为 $d = \sqrt{x^2 + y^2 + z^2}$,故距离的平方为 $d^2 = x^2 + y^2 + z^2$,其中 $z = x^2 + y^2$,$x + y + z = 1$(约束条件).

构造拉格朗日函数
$$L(x, y, z, \lambda, \mu) = x^2 + y^2 + z^2 + \lambda(z - x^2 - y^2) + \mu(x + y + z - 1),$$
得方程组

$$
\begin{cases}
L_x = 2x - 2x\lambda + \mu = 0, & (8\text{-}10) \\
L_y = 2y - 2y\lambda + \mu = 0, & (8\text{-}11) \\
L_z = 2z + \lambda + \mu = 0, & (8\text{-}12) \\
z = x^2 + y^2, & (8\text{-}13) \\
x + y + z = 1. & (8\text{-}14)
\end{cases}
$$

式 $(8\text{-}10) - (8\text{-}11)$ 得 $(x - y)(1 - \lambda) = 0$,即 $\lambda = 1$ 或 $x = y$.

若 $\lambda = 1$,代回式 $(8\text{-}10)$ 得 $\mu = 0$.由式 $(8\text{-}12)$ 可得 $z = -\dfrac{1}{2} < 0$,这与式 $(8\text{-}13)$ 矛盾.于是 $y = x$,由式 $(8\text{-}13)$ 可得 $z = 2x^2$,代入式 $(8\text{-}14)$,有

$$2x^2 + 2x - 1 = 0, \quad \text{解得} \quad x = \dfrac{-1 \pm \sqrt{3}}{2},$$

从而 $y = \dfrac{-1 \pm \sqrt{3}}{2}$,$z = 2 \mp \sqrt{3}$.

由问题本身的意义可知,点 $\left(\dfrac{-1 + \sqrt{3}}{2}, \dfrac{-1 + \sqrt{3}}{2}, 2 - \sqrt{3}\right)$ 为最小值点,点 $\left(\dfrac{-1 - \sqrt{3}}{2}, \dfrac{-1 - \sqrt{3}}{2}, 2 + \sqrt{3}\right)$ 为最大值点.因为 $d^2 = 9 \mp 5\sqrt{3}$,所以最短距离为 $\sqrt{9 - 5\sqrt{3}}$,最长距离为 $\sqrt{9 + 5\sqrt{3}}$.

(四) 同步练习

1. 设 $a > 0$ 为常数,求函数 $f(x, y) = 3axy - x^3 - y^3$ 的极值.

2. 试求函数 $u = \sin x + \sin y - \sin(x + y)$ 在 x 轴,y 轴与直线 $x + y = 2\pi$ 所围成的三角形闭区域上的最大值.

3. 设 $z = z(x, y)$ 是由方程 $x^2 - 6xy + 10y^2 - 2yz - z^2 + 18 = 0$ 所确定的函数,求 $z = z(x, y)$ 的极值

点和极值.

4. 求表面积为 k^2 的长方体的最大体积.

5. 在曲面 $(x^2y + y^2z + z^2x)^2 + (x - y + z) = 0$ 上点 $(0,0,0)$ 处的切平面 Π 内求一点 P,使得点 P 到点 $A(2,1,2)$ 和点 $B(-3,1,-2)$ 的距离的平方和最小.

同步练习简解

1. 解 解方程组

$$\begin{cases} f_x = 3ay - 3x^2 = 0, \\ f_y = 3ax - 3y^2 = 0, \end{cases}$$

求得驻点为 $(a,a),(0,0)$. 在点 (a,a) 处,有

$$A = f_{xx}(a,a) = -6x\Big|_{(a,a)} = -6a < 0, \quad B = f_{xy}(a,a) = 3a\Big|_{(a,a)} = 3a,$$

$$C = f_{yy}(a,a) = -6y\Big|_{(a,a)} = -6a < 0, \quad AC - B^2 = 27a^2 > 0,$$

由极值存在的充分条件可知在点 (a,a) 处,函数取得极大值 $f(a,a) = a^3$.

在点 $(0,0)$ 处,有

$$A = f_{xx}(0,0) = -6x\Big|_{(0,0)} = 0, \quad B = f_{xy}(0,0) = 3a\Big|_{(0,0)} = 3a,$$

$$C = f_{yy}(0,0) = -6y\Big|_{(0,0)} = 0, \quad AC - B^2 = -9a^2 < 0,$$

故 $(0,0)$ 不是极值点.

2. 解 解方程组

$$\begin{cases} \dfrac{\partial u}{\partial x} = \cos x - \cos(x+y) = 0, \\ \dfrac{\partial u}{\partial y} = \cos y - \cos(x+y) = 0, \end{cases} \quad 得 \quad \begin{cases} \pm x = x + y + 2k\pi, \\ \pm y = x + y + 2k\pi \end{cases} \quad (k \in \mathbf{N}).$$

在所给区域内部的解只有 $\left(\dfrac{2\pi}{3}, \dfrac{2\pi}{3}\right)$,此点处 $u = \dfrac{3\sqrt{3}}{2}$,而在边界 $x = 0, y = 0, x + y = 2\pi$ 上均有 $u = 0$,则 u 在 $\left(\dfrac{2\pi}{3}, \dfrac{2\pi}{3}\right)$ 处取得最大值 $\dfrac{3\sqrt{3}}{2}$.

3. 解 先求 $z = z(x,y)$ 的驻点. 将原方程两端分别同时对 x, y 求偏导数,得

$$x - 3y - y\frac{\partial z}{\partial x} - z\frac{\partial z}{\partial x} = 0, \tag{8-15}$$

$$-3x + 10y - z - y\frac{\partial z}{\partial y} - z\frac{\partial z}{\partial y} = 0. \tag{8-16}$$

令 $\begin{cases} \dfrac{\partial z}{\partial x} = \dfrac{x - 3y}{y + z} = 0, \\ \dfrac{\partial z}{\partial y} = \dfrac{-3x + 10y - z}{y + z} = 0, \end{cases}$ 即 $\begin{cases} x - 3y = 0, \\ -3x + 10y - z = 0, \end{cases}$ 得 $\begin{cases} x = 3y, \\ y = z. \end{cases}$

代入原方程得 $9y^2 - 18y^2 + 10y^2 - 2y^2 - y^2 + 18 = 0$,即 $y = \pm 3$,从而驻点为 $(9,3),(-9,-3)$,相应的函数值分别为 $z = 3, z = -3$.

方程 $(8-15)$ 两端分别同时对 x, y 求偏导数,得

$$1 - y\frac{\partial^2 z}{\partial x^2} - \left(\frac{\partial z}{\partial x}\right)^2 - z\frac{\partial^2 z}{\partial x^2} = 0,$$

$$-3 - \frac{\partial z}{\partial x} - y\frac{\partial^2 z}{\partial x \partial y} - \frac{\partial z}{\partial y} \cdot \frac{\partial z}{\partial x} - z\frac{\partial^2 z}{\partial x \partial y} = 0,$$

方程$(8-16)$两端同时对y求偏导数,得

$$10 - \frac{\partial z}{\partial y} - \frac{\partial z}{\partial y} - y\frac{\partial^2 z}{\partial y^2} - \left(\frac{\partial z}{\partial y}\right)^2 - z\frac{\partial^2 z}{\partial y^2} = 0.$$

在驻点$(9,3)$处,

$$A = \frac{\partial^2 z}{\partial x^2}\bigg|_{(9,3,3)} = \frac{1}{6}, \quad B = \frac{\partial^2 z}{\partial x\partial y}\bigg|_{(9,3,3)} = -\frac{1}{2}, \quad C = \frac{\partial^2 z}{\partial y^2}\bigg|_{(9,3,3)} = \frac{5}{3},$$

因为$AC - B^2 = \frac{1}{36} > 0, A > 0$,所以点$(9,3)$是$z = z(x,y)$的极小值点,极小值为3.

在驻点$(-9,-3)$处,

$$A = \frac{\partial^2 z}{\partial x^2}\bigg|_{(-9,-3,-3)} = -\frac{1}{6}, \quad B = \frac{\partial^2 z}{\partial x\partial y}\bigg|_{(-9,-3,-3)} = \frac{1}{2}, \quad C = \frac{\partial^2 z}{\partial y^2}\bigg|_{(-9,-3,-3)} = -\frac{5}{3},$$

因为$AC - B^2 = \frac{1}{36} > 0, A < 0$,所以点$(-9,-3)$是$z = z(x,y)$的极大值点,极大值为$-3$.

4. 解 设长方体的三条棱长分别为x,y,z,则问题是求函数$V = xyz(x > 0, y > 0, z > 0)$在满足约束条件$\varphi(x,y,z) = 2(xy + yz + xz) - k^2 = 0$下的最大值.

构造拉格朗日函数

$$L(x,y,z) = xyz - \lambda\left[2(xy + yz + xz) - k^2\right],$$

得方程组

$$\begin{cases} L_x = yz - 2\lambda(y + z) = 0, \\ L_y = xz - 2\lambda(x + z) = 0, \\ L_z = xy - 2\lambda(x + y) = 0, \\ 2(xy + yz + xz) = k^2, \end{cases}$$

解得

$$\frac{y}{x} = \frac{y+z}{x+z}, \quad \frac{z}{x} = \frac{y+z}{x+y}, \quad \text{即} \quad xz + yz = xy + xz = xy + yz,$$

亦即

$$xz + yz - xy = xz = yz \quad \text{或} \quad \begin{cases} yz - xy = 0, \\ xz - xy = 0, \end{cases} \quad \text{得} \quad \begin{cases} z = x, \\ z = y. \end{cases}$$

故$x = y = z = \frac{\sqrt{6}}{6}k$,从而点$\left(\frac{\sqrt{6}}{6}k, \frac{\sqrt{6}}{6}k, \frac{\sqrt{6}}{6}k\right)$是$V = xyz$在约束条件下唯一的驻点.

由该问题的实际意义可知,此驻点就是所求的最大值点,即表面积为k^2以棱长为$\frac{\sqrt{6}}{6}k$的立方体的体积最大,最大体积$V = \frac{\sqrt{6}}{36}k^3$.

5. 解 令函数$G(x,y,z) = (x^2 y + y^2 z + z^2 x)^2 + (x - y + z)$,则其在点$(0,0,0)$处的切平面$\Pi$的一个法线向量为

$$\boldsymbol{n} = \langle G_x, G_y, G_z \rangle\bigg|_{(0,0,0)} = \langle 1, -1, 1 \rangle,$$

从而切平面Π的方程为$x - y + z = 0$.

设$P(x,y,z)$是切平面Π上的一点,于是问题可转为求函数

$$u = (x-2)^2 + (y-1)^2 + (z-2)^2 + (x+3)^2 + (y-1)^2 + (z+2)^2$$

在约束条件$x - y + z = 0$下的最小值.构造拉格朗日函数

$$L(x,y,z,\lambda) = (x-2)^2 + (y-1)^2 + (z-2)^2 + (x+3)^2 + (y-1)^2 + (z+2)^2 + \lambda(x-y+z),$$

得方程组

$$\begin{cases} L_x = 4x + 2 + \lambda = 0, \\ L_y = 4y - 4 - \lambda = 0, \\ L_z = 4z + \lambda = 0, \\ L_\lambda = x - y + z = 0, \end{cases}$$

解得唯一驻点 $\left(0, \dfrac{1}{2}, \dfrac{1}{2}\right)$. 由问题实际意义知最小值一定存在,所以唯一可能的极值点 $\left(0, \dfrac{1}{2}, \dfrac{1}{2}\right)$ 即为所求的最小值点.

┌─── 复习题 ───┐

一、选择题

1. 函数 $f(x, y)$ 在点 (x_0, y_0) 处连续是 $f(x, y)$ 在该点处可微分的(　　)条件.

A. 充分　　　　　B. 必要　　　　　C. 充要　　　　　D. 既不充分也不必要

2. 下列叙述正确的是(　　).

A. 函数 $z = f(x, y)$ 在区域 D 内的两个二阶混合偏导数 $\dfrac{\partial^2 z}{\partial x \partial y}$ 及 $\dfrac{\partial^2 z}{\partial y \partial x}$ 存在,则这两个二阶混合偏导数在 D 内相等

B. 函数 $z = f(x, y)$ 在点 (x, y) 处可微分是 $z = f(x, y)$ 在该点处连续的充要条件

C. 函数 $z = f(x, y)$ 在点 (x, y) 处的偏导数 $\dfrac{\partial z}{\partial x}$ 及 $\dfrac{\partial z}{\partial y}$ 存在是 $z = f(x, y)$ 在该点处可微分的必要条件

D. 函数 $z = f(x, y)$ 在点 (x, y) 处的偏导数 $\dfrac{\partial z}{\partial x}$ 及 $\dfrac{\partial z}{\partial y}$ 存在是 $z = f(x, y)$ 在该点处可微分的充分条件

3. 下列叙述正确的是(　　).

A. 函数 $z = f(x, y)$ 的极值点必是函数的驻点

B. 函数 $z = f(x, y)$ 的驻点必是函数的极值点

C. 函数 $z = f(x, y)$ 的驻点必是函数的可微分点

D. 函数 $z = f(x, y)$ 的不可微分连续点有可能是函数的极值点

4. 函数 $f(x, y) = \begin{cases} \dfrac{xy}{x^2 + y^2}, & (x, y) \neq (0, 0), \\ 0, & (x, y) = (0, 0) \end{cases}$ 在点 $(0, 0)$ 处(　　).

A. 不连续、偏导数存在　　　　　　　　B. 连续且偏导数存在

C. 连续、偏导数不存在　　　　　　　　D. 不连续、偏导数不存在

二、填空题

1. 设函数 $z = z(x, y)$ 由方程 $e^{2x - 3z} + 2y - z = 0$ 所确定,则 $3\dfrac{\partial z}{\partial x} + \dfrac{\partial z}{\partial y} = $ _____.

2. 函数 $z = \sqrt{x^2 + y^2}$ 在点 $O(0, 0)$ 处沿 $\boldsymbol{e}_l = \boldsymbol{i}$ 方向的方向导数 $\dfrac{\partial f}{\partial l}\Big|_{(0,0)} = $ _____,而偏导数 $\dfrac{\partial z}{\partial x}\Big|_{(0,0)} = $ _____.

3. 函数 $z = \sqrt{\dfrac{x^2 + y^2 - x}{2x - x^2 - y^2}}$ 的定义域为 _____.

4. 曲线 $\sin(xy) + \ln(y - x) = x$ 在点 $(0, 1)$ 处的切线方程为 _____.

5. 设函数 $z = \left(\dfrac{y}{x}\right)^{\frac{x}{y}}$,则 $\dfrac{\partial z}{\partial x}\Big|_{(1,2)} = $ _____.

三、解答题

1. 讨论极限 $\lim\limits_{(x,y) \to (0,0)} \dfrac{x + y}{x - y}$ 是否存在.

2. 已知函数 $z = z(x,y)$ 由方程 $F\left(\dfrac{y}{x}, \dfrac{z}{x}\right) = 0$ 所确定,其中 F 具有一阶连续偏导数,且 $F'_2 \neq 0$,求 $x\dfrac{\partial z}{\partial x} + y\dfrac{\partial z}{\partial y}$.

3. 求函数 $u = \dfrac{s^2 + t^2}{s^2 - t^2}$ 的全微分.

4. 设函数 $z = \arccos(u - v)$,而 $u = 4x^3, v = 3x$,求 $\dfrac{\mathrm{d}z}{\mathrm{d}x}$.

5. 设函数 $y = y(x)$ 由方程 $\cos^y x + \sin^x y = 1$ 所确定,求 $\dfrac{\mathrm{d}y}{\mathrm{d}x}$.

6. 设 $z = z(x,y)$ 是由方程 $\cos z - x\sin z - y^2 = 0$ 所确定的隐函数,求 $\dfrac{\partial^2 z}{\partial x \partial y}$.

7. 求曲面 $z = \arctan\dfrac{y}{x}$ 在点 $\left(1,1,\dfrac{\pi}{4}\right)$ 处的切平面方程与法线方程.

8. 求函数 $f(x,y,z) = xy + yz + zx$ 在点 $(1,1,2)$ 处沿方向 l 的方向导数,其中 l 的方向角分别为 $60°$, $45°, 60°$.

9. 求函数 $u = xy^2z^3$ 在点 $(1,1,1)$ 处沿向量 $\boldsymbol{e}_l = \{\cos\alpha, \cos\beta, \cos\gamma\}$ 的方向的方向导数,以及 $\mathbf{grad}\,u$ 的方向余弦和模.

10. 设函数 $f(u,v)$ 具有二阶连续偏导数,且满足 $\dfrac{\partial^2 f}{\partial u^2} + \dfrac{\partial^2 f}{\partial v^2} = 1$,又函数 $g(x,y) = f\left[xy, \dfrac{1}{2}(x^2 - y^2)\right]$,求 $\dfrac{\partial^2 g}{\partial x^2} + \dfrac{\partial^2 g}{\partial y^2}$.

11. 设方程组 $\begin{cases} x + y + z + z^2 = 0, \\ x + y^2 + z + z^3 = 1, \end{cases}$ 求 $\dfrac{\mathrm{d}z}{\mathrm{d}x}, \dfrac{\mathrm{d}y}{\mathrm{d}x}$.

12. 在平面 $x + z = 0$ 上求一点,使得该点到点 $A(1,1,1)$ 和 $B(2,3,-1)$ 的距离的平方和最小(用拉格朗日乘数法).

历年考研真题

1. 设函数 $z = z(x,y)$ 由方程 $\ln z + \mathrm{e}^{z-1} = xy$ 所确定,则 $\dfrac{\partial z}{\partial x}\Big|_{\left(2,\frac{1}{2}\right)}$ _____.（2018）

2. 设函数 $f(u,v)$ 具有二阶连续偏导数,$y = f(\mathrm{e}^x, \cos x)$,求 $\dfrac{\mathrm{d}y}{\mathrm{d}x}\Big|_{x=0}$,$\dfrac{\mathrm{d}^2 y}{\mathrm{d}x^2}\Big|_{x=0}$.（2017）

3. 已知函数 $y(x)$ 由方程 $x^3 + y^3 - 3x + 3y - 2 = 0$ 所确定,求 $y(x)$ 的极值.（2017）

4. 已知函数 $z = z(x,y)$ 由方程 $(x^2 + y^2)z + \ln z + 2(x + y + 1) = 0$ 所确定,求 $z = z(x,y)$ 的极值.（2016）

5. 若函数 $z = z(x,y)$ 由方程 $\mathrm{e}^{x+2y+3z} + xyz = 1$ 所确定,则 $\mathrm{d}z\Big|_{(0,0)} =$ _____.（2015）

6. 设函数 $f(u)$ 具有二阶连续导数,$z = f(\mathrm{e}^x \cos y)$ 满足

$$\frac{\partial^2 z}{\partial x^2} + \frac{\partial^2 z}{\partial y^2} = (4z + \mathrm{e}^x \cos y)\mathrm{e}^{2x}.$$

若 $f(0) = 0, f'(0) = 0$,求 $f(u)$ 的表达式.（2014）

7. 求曲线 $x^3 - xy + y^3 = 1 (x \geq 0, y \geq 0)$ 上的点到坐标原点的最长与最短距离.（2013）

8. 求函数 $f(x,y) = xe^{-\frac{x^2+y^2}{2}}$ 的极值.（2012）

9. 设函数 $z = f[xy, yg(x)]$,其中函数 f 具有二阶连续偏导数,函数 $g(x)$ 可导且在点 $x = 1$ 处取得极值 $g(1) = 1$,求 $\dfrac{\partial^2 z}{\partial x \partial y}\Big|_{(1,1)}$.（2011）

10. 已知函数 $f(x,y) = x + y + xy$ 和曲线 $C: x^2 + y^2 + xy = 3$，求 $f(x,y)$ 在 C 上的最大方向导数.(2015)

考研真题答案

1. 解 将点 $\left(2, \frac{1}{2}\right)$ 代入方程,得 $z = 1$.方程两端同时对 x 求导数,得

$$\frac{1}{z} \cdot \frac{\partial z}{\partial x} + e^{z-1} \frac{\partial z}{\partial x} = y.$$

将 $x = 2, y = \frac{1}{2}, z = 1$ 代入上式,得 $\dfrac{\partial z}{\partial x}\bigg|_{\left(2, \frac{1}{2}\right)} = \dfrac{1}{4}.$

2. 解 利用复合函数求导法则,得

$$\frac{\mathrm{d}y}{\mathrm{d}x} = f_1' e^x - f_2' \sin x,$$

$$\frac{\mathrm{d}^2 y}{\mathrm{d}x^2} = (f_{11}'' e^x - f_{12}'' \sin x) e^x + f_1' e^x - (f_{21}'' e^x - f_{22}'' \sin x) \sin x - f_2' \cos x,$$

从而

$$\frac{\mathrm{d}y}{\mathrm{d}x}\bigg|_{x=0} = f_1'(1,1), \quad \frac{\mathrm{d}^2 y}{\mathrm{d}x^2}\bigg|_{x=0} = f_{11}''(1,1) + f_1'(1,1) - f_2'(1,1).$$

3. 解 方程两端同时对 x 求导数,得

$$3x^2 + 3y^2 y' - 3 + 3y' = 0. \tag{1}$$

对式(1)的两端再对 x 求导数,得

$$6x + 6y(y')^2 + 3y^2 y'' + 3y'' = 0. \tag{2}$$

由式(1)得 $y' = \dfrac{1 - x^2}{y^2 + 1}$,令 $y' = \dfrac{1 - x^2}{y^2 + 1} = 0$,得驻点为 $x_1 = -1, x_2 = 1$.

将 $x_1 = -1$ 代入原方程得 $y_1 = 0$;将 $x_2 = 1$ 代入原方程得 $y_2 = 1$.

将点 $(-1, 0)$ 代入式(2)得 $y''(-1) = 1 > 0$,从而 $y(-1) = 0$ 为极小值.

将点 $(1, 1)$ 代入式(2)得 $y''(1) = -2 < 0$,从而 $y(1) = 1$ 为极大值.

4. 解 方程两端分别同时对 x, y 求偏数,得方程组

$$\begin{cases} 2xz + (x^2 + y^2)z_x + \dfrac{1}{z} z_x + 2 = 0, & (3) \\[3mm] 2yz + (x^2 + y^2)z_y + \dfrac{1}{z} z_y + 2 = 0. & (4) \end{cases}$$

令 $\begin{cases} z_x = 0, \\ z_y = 0, \end{cases}$ 得 $\begin{cases} xz + 1 = 0, \\ yz + 1 = 0, \end{cases}$ 解得 $x = y = -\dfrac{1}{z}$,与原方程联立得 $x = -1, y = -1, z = 1$.

方程(3)两端分别同时对 x, y 求偏数,得

$$2z + 2xz_x + 2xz_x + (x^2 + y^2)z_{xx} - \frac{z_x^2}{z^2} + \frac{1}{z} z_{xx} = 0, \tag{5}$$

$$2xz_y + 2yz_x + (x^2 + y^2)z_{xy} - \frac{z_y z_x}{z^2} + \frac{1}{z} z_{xy} = 0. \tag{6}$$

方程(4)两端同时对 y 求偏数,得

$$2z + 2yz_y + 2yz_y + (x^2 + y^2)z_{yy} - \frac{z_y^2}{z^2} + \frac{1}{z} z_{yy} = 0. \tag{7}$$

将 $x = -1, y = -1, z = 1$ 代入方程(5),方程(6)和方程(7),得

$$A = z_{xx}\Big|_{(-1,-1,1)} = -\frac{2}{3}, \quad B = z_{xy}\Big|_{(-1,-1,1)} = 0, \quad C = z_{yy}\Big|_{(-1,-1,1)} = -\frac{2}{3},$$

又 $AC - B^2 = \frac{4}{9} > 0, A < 0$,故点 $(-1,-1)$ 是函数 $z = z(x,y)$ 的极大值点,极大值为 $z = 1$.

5. 解 方程两端同时取微分,得

$$e^{x+2y+3z}(\mathrm{d}x + 2\mathrm{d}y + 3\mathrm{d}z) + xy\mathrm{d}z + xz\mathrm{d}y + yz\mathrm{d}x = 0. \tag{8}$$

将 $x = 0, y = 0$ 代入原方程,得 $z = 0$;将 $x = 0, y = 0, z = 0$ 代入式(8),得

$$\mathrm{d}z\Big|_{(0,0)} = -\frac{1}{3}\mathrm{d}x - \frac{2}{3}\mathrm{d}y.$$

6. 解 令 $u = e^x \cos y$,则由 $z = f(u) = f(e^x \cos y)$ 得

$$\frac{\partial z}{\partial x} = f'(u)e^x \cos y, \quad \frac{\partial z}{\partial y} = -f'(u)e^x \sin y,$$

$$\frac{\partial^2 z}{\partial x^2} = f''(u)e^{2x}\cos^2 y + f'(u)e^x \cos y,$$

$$\frac{\partial^2 z}{\partial y^2} = f''(u)e^{2x}\sin^2 y - f'(u)e^x \cos y.$$

于是,有 $\frac{\partial^2 z}{\partial x^2} + \frac{\partial^2 z}{\partial y^2} = f''(u)e^{2x}$,且 $\frac{\partial^2 z}{\partial x^2} + \frac{\partial^2 z}{\partial y^2} = (4z + e^x \cos y)e^{2x}$,代入得

$$f''(u)e^{2x} = [4f(u) + e^x \cos y]e^{2x}, \quad 即 \quad f''(u) - 4f(u) = u.$$

该方程为二阶常系数非齐次线性微分方程,其特征方程为 $\lambda^2 - 4 = 0$,得特征根为 $\lambda = \pm 2$,因而其对应的齐次线性微分方程的通解为 $\bar{y} = C_1 e^{2u} + C_2 e^{-2u}$. 设非齐次线性微分方程的特解为 $y^* = au + b$,代入非齐次线性微分方程,得 $a = -\frac{1}{4}, b = 0$,则非齐次线性微分方程的通解为

$$y = \bar{y} + y^* = C_1 e^{2u} + C_2 e^{-2u} - \frac{1}{4}u.$$

由 $f(0) = 0, f'(0) = 0$,得 $C_1 = \frac{1}{16}, C_2 = -\frac{1}{16}$,于是

$$f(u) = y = \bar{y} + y^* = \frac{1}{16}e^{2u} - \frac{1}{16}e^{-2u} - \frac{1}{4}u.$$

7. 解 设曲线上任一点 (x,y) 到坐标原点的距离 $d = \sqrt{x^2 + y^2}$,构造拉格朗日函数

$$L(x,y,\lambda) = x^2 + y^2 + \lambda(x^3 - xy + y^3 - 1).$$

令

$$\begin{cases} L_x(x,y,\lambda) = 2x + 3\lambda x^2 - \lambda y = 0, & (9) \\ L_y(x,y,\lambda) = 2y + 3\lambda y^2 - \lambda x = 0, & (10) \\ L_\lambda(x,y,\lambda) = x^3 - xy + y^3 - 1 = 0, & (11) \end{cases}$$

由式(9)-式(10)得

$$(x - y)[2 + \lambda + 3\lambda(x+y)] = 0, \quad 即 \quad x = y \quad 或 \quad x + y = -\frac{2+\lambda}{3\lambda}.$$

由式(9)+式(10)得

$$(2 - \lambda)(x + y) + 3\lambda(x^2 + y^2) = 0.$$

将 $x = y$,代入式(11)可得 $x = y = 1$,此时 $d = \sqrt{x^2 + y^2} = \sqrt{2}$.

将 $x + y = -\frac{2+\lambda}{3\lambda}$,代入 $(2-\lambda)(x+y) + 3\lambda(x^2+y^2) = 0$ 得 $x^2 + y^2 = -\frac{\lambda^2 - 4}{9\lambda^2}$,于是可

得 $xy = \dfrac{(x+y)^2 - (x^2 + y^2)}{2} = \dfrac{\lambda + 2}{9\lambda}$.

又由于 $x^3 - xy + y^3 = 1$ 可化为 $(x+y)(x^2 - xy + y^2) - xy = 1$,将 $x+y, x^2 + y^2, xy$ 代

入得 $\lambda = -\sqrt[3]{\dfrac{2}{7}}$. 此时,$xy = \dfrac{\lambda + 2}{9\lambda} < 0$,不满足 $x \geqslant 0, y \geqslant 0$,故在 $\{(x,y) \mid x \geqslant 0, y \geqslant 0\}$ 内

只有一个驻点 $(1,1)$.

再考虑边界上的情况:当 $x = 0$ 时 $y = 1$,此时 $d = \sqrt{x^2 + y^2} = 1$;当 $y = 0$ 时 $x = 1$,此

时 $d = \sqrt{x^2 + y^2} = 1$.

综上所述,可知最长距离为 $\sqrt{2}$,最短距离为 1.

8. 解 对原函数求偏导数,得

$$f_x(x,y) = (1-x^2)\mathrm{e}^{-\frac{x^2+y^2}{2}}, \quad f_y(x,y) = -xy\mathrm{e}^{-\frac{x^2+y^2}{2}},$$

$$f_{xx}(x,y) = x(x^2-3)\mathrm{e}^{-\frac{x^2+y^2}{2}}, \quad f_{xy}(x,y) = y(x^2-1)\mathrm{e}^{-\frac{x^2+y^2}{2}}, \quad f_{yy}(x,y) = x(y^2-1)\mathrm{e}^{-\frac{x^2+y^2}{2}}.$$

令 $\begin{cases} f_x(x,y) = 0, \\ f_y(x,y) = 0, \end{cases}$ 得驻点 $(1,0)$ 和 $(-1,0)$. 于是,在点 $(1,0)$ 处,

$$A = f_{xx}\Big|_{(1,0)} = -2\mathrm{e}^{-\frac{1}{2}}, \quad B = f_{xy}\Big|_{(1,0)} = 0, \quad C = f_{yy}\Big|_{(1,0)} = -\mathrm{e}^{-\frac{1}{2}},$$

从而 $AC - B^2 = 2\mathrm{e}^{-1} > 0$,且 $A < 0$,故 $f(1,0) = \mathrm{e}^{-\frac{1}{2}}$ 是 $f(x,y)$ 的极大值.

在点 $(-1,0)$ 处,

$$A = f_{xx}\Big|_{(-1,0)} = 2\mathrm{e}^{-\frac{1}{2}}, \quad B = f_{xy}\Big|_{(-1,0)} = 0, \quad C = f_{yy}\Big|_{(-1,0)} = \mathrm{e}^{-\frac{1}{2}},$$

从而 $AC - B^2 = 2\mathrm{e}^{-1} > 0$,且 $A > 0$,故 $f(-1,0) = -\mathrm{e}^{-\frac{1}{2}}$ 是 $f(x,y)$ 的极小值.

9. 解 由复合函数求导法则,得

$$\frac{\partial z}{\partial x} = yf_1' + yg'(x)f_2',$$

$$\frac{\partial^2 z}{\partial x \partial y} = f_1' + y[xf_{11}'' + g(x)f_{12}''] + g'(x)f_2' + yg'(x)[xf_{21}'' + g(x)f_{22}''].$$

因 $g(x)$ 可导且在点 $x = 1$ 处取得极值,故 $g'(1) = 0$. 将点 $(1,1)$ 代入并注意到 $g'(1) = 0, g(1) = 1$ 有

$$\frac{\partial^2 z}{\partial x \partial y}\Big|_{(1,1)} = f_1'(1,1) + f_{11}''(1,1) + f_{12}''(1,1).$$

10. 解 函数 $f(x,y) = x + y + xy$ 在点 (x,y) 处的最大方向导数为

$$\sqrt{f_x^2(x,y) + f_y^2(x,y)} = \sqrt{(1+y)^2 + (1+x)^2}.$$

构造拉格朗日函数

$$L(x,y,\lambda) = (1+y)^2 + (1+x)^2 + \lambda(x^2 + y^2 + xy - 3),$$

由

$$\begin{cases} L_x(x,y,\lambda) = 2(1+x) + 2\lambda x + \lambda y = 0, \\ L_y(x,y,\lambda) = 2(1+y) + 2\lambda y + \lambda x = 0, \\ L_\lambda(x,y,\lambda) = x^2 + y^2 + xy - 3 = 0, \end{cases}$$

解得 $M_1(1,1), M_2(-1,-1), M_3(2,-1), M_4(-1,2)$. 把这四点坐标代入 $\sqrt{(1+y)^2 + (1+x)^2}$ 并互相比较大小,得 $f(x,y)$ 在 C 上的最大方向导数为 3.

第9章 重积分及其应用

一、知 识 结 构

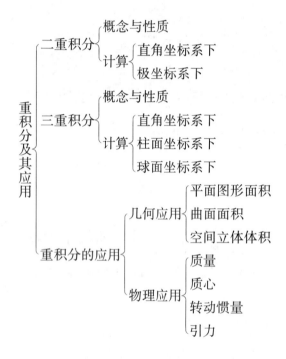

二、学 习 要 求

(1) 理解二重积分、三重积分的概念和性质.

(2) 熟练掌握二重积分的计算方法(直角坐标系和极坐标系下).

(3) 会用三重积分的计算方法(直角坐标系、柱面坐标系和球面坐标系下)计算一些简单的三重积分.

(4) 会解决一些简单的重积分的应用问题(平面图形面积、曲面面积、空间立体体积、质量、质心、转动惯量和引力等).

三、同步学习指导

9.1 二重积分的概念与性质

(一) 内容提要

定义	$\displaystyle\iint\limits_{D} f(x,y)\mathrm{d}\sigma = \lim_{\lambda\to0}\sum_{i=1}^{n} f(\xi_i,\eta_i)\Delta\sigma_i$
性质	(1) $\displaystyle\iint\limits_{D}[k_1 f(x,y)+k_2 g(x,y)]\mathrm{d}\sigma = k_1\iint\limits_{D} f(x,y)\mathrm{d}\sigma + k_2\iint\limits_{D} g(x,y)\mathrm{d}\sigma$,其中 k_1,k_2 为常数;
	(2) $\displaystyle\iint\limits_{D} f(x,y)\mathrm{d}\sigma = \iint\limits_{D_1} f(x,y)\mathrm{d}\sigma + \iint\limits_{D_2} f(x,y)\mathrm{d}\sigma$,其中 $D=D_1+D_2$,D_1,D_2 为两个无公共内点的闭区域;
	(3) $\displaystyle\iint\limits_{D}\mathrm{d}\sigma = \sigma$,其中 σ 为闭区域 D 的面积;
	(4) 若 $f(x,y)\leqslant g(x,y)$,则 $\displaystyle\iint\limits_{D} f(x,y)\mathrm{d}\sigma \leqslant \iint\limits_{D} g(x,y)\mathrm{d}\sigma$;
	(5) $\displaystyle\left|\iint\limits_{D} f(x,y)\mathrm{d}\sigma\right| \leqslant \iint\limits_{D}|f(x,y)|\mathrm{d}\sigma$;
	(6) 若 $m\leqslant f(x,y)\leqslant M$,则 $\displaystyle m\sigma\leqslant\iint\limits_{D} f(x,y)\mathrm{d}\sigma \leqslant M\sigma$,其中 σ 为闭区域 D 的面积;
	(7) $\displaystyle\iint\limits_{D} f(x,y)\mathrm{d}\sigma = f(\xi,\eta)\sigma$,其中 $(\xi,\eta)\in D$,$f(x,y)$ 连续,σ 为闭区域 D 的面积

(二) 析疑解惑

题 1　二重积分的定义中,分割越来越细用 n 个小闭区域 $\Delta\sigma_1,\Delta\sigma_2,\cdots,\Delta\sigma_n$ 中最大的直径 $\lambda\to0$ 来表示,能否改为用 $n\to\infty$ 来表示越来越细?

解　不能. 完全可以构造一个分割,使 $\Delta\sigma_1$ 的面积始终保持不变,但分割的块数越来越多并有 $n\to\infty$. 因此 $n\to\infty$ 不能表示分割越来越细,只有在等分的特殊情况下,$n\to\infty$ 才表示分割越来越细.

题 2　二重积分的值与哪些因素有关?与哪些因素无关?

解　与定积分类似,二重积分的值只与被积函数和积分区域有关,而与表示积分变量的字母无关.

题 3　在二重积分 $\displaystyle\iint\limits_{D} f(x,y)\mathrm{d}x\mathrm{d}y$ 中,若区域 D 恰由闭曲线 $f(x,y)=c$ 所围成,则以下结论是否成立:$\displaystyle\iint\limits_{D} f(x,y)\mathrm{d}x\mathrm{d}y = \iint\limits_{D} c\,\mathrm{d}x\mathrm{d}y = c\sigma$($\sigma$ 表示区域 D 的面积),即区域边界曲线的方程能否代入被积函数中?

解　不能. 这是部分初学者容易发生的错误. 在二重积分中,被积函数 $f(x,y)$ 的变量 (x,y) 要取遍区域 D 中的所有点,若将 $f(x,y)=c$ 代入,则被积函数 $f(x,y)$ 就只在边界上取值,这显然是错误的.

题 4 设区域 D 由曲线 $x^2 + y^2 = 4$ 与 $x^2 + y^2 = 9$ 所围成,$f(x,y)$ 在区域 D 内可积,以下公式是否一定成立?

$$\iint\limits_{D} f(x,y)\mathrm{d}x\mathrm{d}y = \iint\limits_{x^2+y^2\leqslant 9} f(x,y)\mathrm{d}x\mathrm{d}y - \iint\limits_{x^2+y^2\leqslant 4} f(x,y)\mathrm{d}x\mathrm{d}y.$$

解 不一定.只有当 $f(x,y)$ 在区域 $\{(x,y) \mid x^2+y^2\leqslant 4\}$ 内可积时该公式成立.

(三) 范例分析

例 1 利用二重积分的定义证明:

(1) $\iint\limits_{D}\mathrm{d}\sigma = \sigma$,其中 σ 为区域 D 的面积;

(2) $\iint\limits_{D}f(x,y)\mathrm{d}\sigma = \iint\limits_{D_1}f(x,y)\mathrm{d}\sigma + \iint\limits_{D_2}f(x,y)\mathrm{d}\sigma$,其中 $D = D_1 \bigcup D_2$,D_1,D_2 为两个无公共内点的闭区域.

证 (1) 被积函数 $f(x,y) \equiv 1$.由二重积分的定义,有

$$\iint\limits_{D}1\mathrm{d}\sigma = \lim_{\lambda\to 0}\sum_{i=1}^{n} f(\xi_i,\eta_i)\Delta\sigma_i = \lim_{\lambda\to 0}\sum_{i=1}^{n} 1\Delta\sigma_i = \lim_{\lambda\to 0}\sum_{i=1}^{n}\Delta\sigma_i = \lim_{\lambda\to 0}\sigma = \sigma,$$

所以 $\iint\limits_{D}\mathrm{d}\sigma = \sigma$,其中 λ 是 $\Delta\sigma_i(i = 1,2,\cdots,n)$ 中的最大直径.

(2) 将 D_1 任意分割成 n_1 个小闭区域 $\Delta\sigma_{i_1}$,λ_1 是其各小闭区域的最大直径,将 D_2 任意分割成 n_2 个小闭区域 $\Delta\sigma_{i_2}$,λ_2 有类似的意义.记 $n = n_1 + n_2$,$\lambda = \max\{\lambda_1,\lambda_2\}$,于是对应区域 D 就分成了 n 个小闭区域,当 $\lambda \to 0$ 时,有 $\lambda_1 \to 0$ 且 $\lambda_2 \to 0$.因为 $D = D_1 \bigcup D_2$,D_1,D_2 无公共内点,将以上分割反过来处理:先将 D 分割为 n 个小闭区域,此分割在 D_1,D_2 上的部分分别为 n_1,n_2 个小闭区域.因此,当 $f(x,y)$ 在 D_1,D_2 上可积时,便可如下推出 $f(x,y)$ 在 D 上可积(或反过来也一样),且有

$$\iint\limits_{D}f(x,y)\mathrm{d}\sigma = \lim_{\lambda\to 0}\sum_{i=1}^{n} f(\xi_i,\eta_i)\Delta\sigma_i$$

$$= \lim_{\lambda\to 0}\Big[\sum_{i_1=1}^{n_1} f(\xi_{i_1},\eta_{i_1})\Delta\sigma_{i_1} + \sum_{i_2=1}^{n_2} f(\xi_{i_2},\eta_{i_2})\Delta\sigma_{i_2}\Big]$$

$$= \lim_{\lambda_1\to 0}\sum_{i_1=1}^{n_1} f(\xi_{i_1},\eta_{i_1})\Delta\sigma_{i_1} + \lim_{\lambda_2\to 0}\sum_{i_2=1}^{n_2} f(\xi_{i_2},\eta_{i_2})\Delta\sigma_{i_2}$$

$$= \iint\limits_{D_1}f(x,y)\mathrm{d}\sigma + \iint\limits_{D_2}f(x,y)\mathrm{d}\sigma.$$

例 2 判断下列积分值的大小:

$$I_1 = \iint\limits_{D}\ln^3(x+y)\mathrm{d}x\mathrm{d}y, \quad I_2 = \iint\limits_{D}(x+y)^3\mathrm{d}x\mathrm{d}y, \quad I_3 = \iint\limits_{D}\sin^3(x+y)\mathrm{d}x\mathrm{d}y,$$

其中区域 D 由 $x = 0$,$y = 0$,$x+y = \dfrac{1}{2}$,$x+y = 1$ 所围成,I_1,I_2,I_3 的大小顺序为(   ).

A. $I_1 < I_2 < I_3$ B. $I_3 < I_2 < I_1$

C. $I_1 < I_3 < I_2$ D. $I_3 < I_1 < I_2$

解 因为被比较二重积分的积分区域相同,所以可从被积函数来判断.

在区域 D 上,$\frac{1}{2} \leqslant x + y \leqslant 1$. 令 $t = x + y$,则当 $\frac{1}{2} \leqslant t \leqslant 1$ 时,$\ln t \leqslant \sin t \leqslant t$. 于是当 $(x,y) \in D$ 时,$\ln^3(x+y) \leqslant \sin^3(x+y) \leqslant (x+y)^3$,其中的等号只有在边界处才可能取到,所以

$$\iint_D \ln^3(x+y)\mathrm{d}x\mathrm{d}y < \iint_D \sin^3(x+y)\mathrm{d}x\mathrm{d}y < \iint_D (x+y)^3\mathrm{d}x\mathrm{d}y.$$

故应选 C.

▌ **例 3** 估计下列二重积分的值:

(1) $\iint_D x^2(x+y)\mathrm{d}\sigma$,其中闭区域 $D = \{(x,y) \mid 0 \leqslant x \leqslant 2, 0 \leqslant y \leqslant 1\}$;

(2) $\iint_D (x^2+4y^2+9)\mathrm{d}\sigma$,其中圆形闭区域 $D = \{(x,y) \mid x^2+y^2 \leqslant 4\}$.

解 (1) 因为 $0 \leqslant x \leqslant 2, 0 \leqslant y \leqslant 1$,所以 $0 \leqslant x^2(x+y) \leqslant 12$,于是

$$0 \leqslant \iint_D x^2(x+y)\mathrm{d}\sigma \leqslant \iint_D 12\mathrm{d}\sigma = 24.$$

(2) 圆形闭区域 D 的面积为 $\sigma = 4\pi$. 在 D 中,

$$x^2+y^2+9 \leqslant x^2+4y^2+9 \leqslant 4(x^2+y^2)+9,$$

即

$$9 \leqslant x^2+4y^2+9 \leqslant 25.$$

故

$$9\sigma = \iint_D 9\mathrm{d}\sigma \leqslant \iint_D (x^2+4y^2+9)\mathrm{d}\sigma \leqslant \iint_D 25\mathrm{d}\sigma = 25\sigma,$$

即

$$36\pi \leqslant \iint_D (x^2+4y^2+9)\mathrm{d}\sigma \leqslant 100\pi.$$

▌ **例 4** 证明:$\lim\limits_{r \to 0} \dfrac{1}{\pi r^2} \iint_D \mathrm{e}^{x^2+y^2}\cos(x^2+y^2)\mathrm{d}x\mathrm{d}y = 1$,其中 D 由圆心在坐标原点,半径为 r 的圆所围成.

证 因为 $\mathrm{e}^{x^2+y^2}\cos(x^2+y^2)$ 在 D 上连续,所以由二重积分的中值定理可知,在 D 内至少存在一点 (ξ,η),使得

$$\iint_D \mathrm{e}^{x^2+y^2}\cos(x^2+y^2)\mathrm{d}x\mathrm{d}y = \mathrm{e}^{\xi^2+\eta^2}\cos(\xi^2+\eta^2) \cdot \pi r^2.$$

于是,有

$$\lim_{r \to 0} \frac{1}{\pi r^2} \iint_D \mathrm{e}^{x^2+y^2}\cos(x^2+y^2)\mathrm{d}x\mathrm{d}y = \lim_{r \to 0} \mathrm{e}^{\xi^2+\eta^2}\cos(\xi^2+\eta^2)$$

$$= \lim_{(\xi,\eta) \to (0,0)} \mathrm{e}^{\xi^2+\eta^2}\cos(\xi^2+\eta^2) = 1.$$

(四) 同步练习

1. 利用二重积分的性质比较 $\iint\limits_{D}(x+y)^2\mathrm{d}\sigma$ 与 $\iint\limits_{D}(x+y)^3\mathrm{d}\sigma$ 的大小,其中积分区域 D 由直线 $x=1,y=1$ 及 $x+y=1$ 所围成.

2. 利用二重积分的性质估计下列二重积分的值:

(1) $I = \iint\limits_{D} \dfrac{\mathrm{d}\sigma}{\sqrt{x^2+y^2+2xy+16}}$,其中积分区域 $D = \{(x,y) \mid 0 \leqslant x \leqslant 1, 0 \leqslant y \leqslant 2\}$;

(2) $I = \iint\limits_{D} \dfrac{\mathrm{d}\sigma}{100+\cos^2 x+\cos^2 y}$,其中积分区域 $D = \{(x,y) \mid |x|+|y| \leqslant 10\}$.

同步练习简解

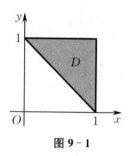

图 9-1

1. 解　积分区域 D 如图 9-1 所示,显然在该闭区域上满足 $x+y \geqslant 1$. 故对于任意 $(x,y) \in D$,有 $x+y \geqslant 1$,于是 $(x+y)^2 \leqslant (x+y)^3$,从而

$$\iint\limits_{D}(x+y)^2\mathrm{d}\sigma \leqslant \iint\limits_{D}(x+y)^3\mathrm{d}\sigma.$$

2. 解　(1) 因为被积函数 $f(x,y) = \dfrac{1}{\sqrt{x^2+y^2+2xy+16}} = \dfrac{1}{\sqrt{(x+y)^2+16}}$,

积分区域 D 的面积 $\sigma = 2$,且在 D 上 $f(x,y)$ 的最大值和最小值分别为

$$M = \dfrac{1}{\sqrt{(0+0)^2+16}} = \dfrac{1}{4}, \quad m = \dfrac{1}{\sqrt{(1+2)^2+16}} = \dfrac{1}{5},$$

所以

$$\dfrac{2}{5} = \dfrac{1}{5} \times 2 \leqslant I \leqslant \dfrac{1}{4} \times 2 = \dfrac{1}{2}.$$

(2) **解法一**　利用被积函数在积分区域的单调性估值.

由于 $0 \leqslant \cos^2 x \leqslant 1, 0 \leqslant \cos^2 y \leqslant 1$,故有 $100 \leqslant 100+\cos^2 x+\cos^2 y \leqslant 102$,因此

$$\dfrac{1}{102} \leqslant \dfrac{1}{100+\cos^2 x+\cos^2 y} \leqslant \dfrac{1}{100}.$$

又积分区域 D 的面积 $\sigma = 200$,故由二重积分的性质可知

$$\dfrac{100}{51} = \dfrac{200}{102} \leqslant I \leqslant \dfrac{200}{100} = 2.$$

解法二　利用积分中值定理估值.

由于被积函数在积分区域 D 上连续,故在 D 上至少存在一点 (ξ,η),使得

$$I = \dfrac{1}{100+\cos^2 \xi+\cos^2 \eta}\sigma \quad (\sigma = 200).$$

又因

$$\dfrac{1}{102} \leqslant \dfrac{1}{100+\cos^2 x+\cos^2 y} \leqslant \dfrac{1}{100},$$

故

$$\dfrac{100}{51} = \dfrac{200}{102} \leqslant I \leqslant \dfrac{200}{100} = 2.$$

9.2 二重积分的计算

（一）内容提要

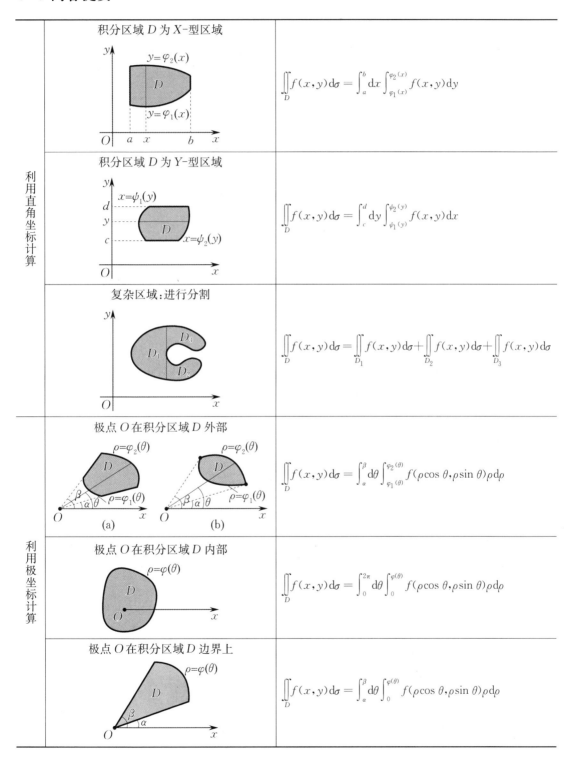

	积分区域 D 为 X-型区域	$\iint\limits_D f(x,y)\mathrm{d}\sigma = \int_a^b \mathrm{d}x \int_{\varphi_1(x)}^{\varphi_2(x)} f(x,y)\mathrm{d}y$
利用直角坐标计算	积分区域 D 为 Y-型区域	$\iint\limits_D f(x,y)\mathrm{d}\sigma = \int_c^d \mathrm{d}y \int_{\psi_1(y)}^{\psi_2(y)} f(x,y)\mathrm{d}x$
	复杂区域:进行分割	$\iint\limits_D f(x,y)\mathrm{d}\sigma = \iint\limits_{D_1} f(x,y)\mathrm{d}\sigma + \iint\limits_{D_2} f(x,y)\mathrm{d}\sigma + \iint\limits_{D_3} f(x,y)\mathrm{d}\sigma$
利用极坐标计算	极点 O 在积分区域 D 外部	$\iint\limits_D f(x,y)\mathrm{d}\sigma = \int_\alpha^\beta \mathrm{d}\theta \int_{\varphi_1(\theta)}^{\varphi_2(\theta)} f(\rho\cos\theta,\rho\sin\theta)\rho\mathrm{d}\rho$
	极点 O 在积分区域 D 内部	$\iint\limits_D f(x,y)\mathrm{d}\sigma = \int_0^{2\pi} \mathrm{d}\theta \int_0^{\varphi(\theta)} f(\rho\cos\theta,\rho\sin\theta)\rho\mathrm{d}\rho$
	极点 O 在积分区域 D 边界上	$\iint\limits_D f(x,y)\mathrm{d}\sigma = \int_\alpha^\beta \mathrm{d}\theta \int_0^{\varphi(\theta)} f(\rho\cos\theta,\rho\sin\theta)\rho\mathrm{d}\rho$

（二）析疑解惑

题1 二重积分化为二次积分时，两个定积分的积分限如何确定？

解 根据二重积分的定义 $\iint\limits_D f(x,y)\mathrm{d}\sigma = \lim\limits_{\lambda\to 0}\sum\limits_{i=1}^{n} f(\xi_i,\eta_i)\Delta\sigma_i$，其中 $\Delta\sigma_i$ 为小闭区域的面积，当采用平行于坐标轴的直线分割区域 D 时，$\Delta\sigma_i = \Delta x_i \Delta y_i > 0$，$\Delta x_i$，$\Delta y_i$ 必须同时为正. 因此，二重积分化为二次积分时，两个定积分的积分上、下限必须同时保证下限小于上限. 例如，设积分区域 D 为曲线 $y = \sin x$ 与 x 轴所围在区间 $[0,2\pi]$ 的部分，则

$$\iint\limits_D f(x,y)\mathrm{d}\sigma = \int_0^\pi \mathrm{d}x \int_0^{\sin x} f(x,y)\mathrm{d}y + \int_\pi^{2\pi} \mathrm{d}x \int_{\sin x}^0 f(x,y)\mathrm{d}y \neq \int_0^{2\pi} \mathrm{d}x \int_0^{\sin x} f(x,y)\mathrm{d}y.$$

题2 如何将积分区域表示为 X-型区域？

解 将积分区域表示为 X-型区域的具体步骤如下：

（1）根据区域的边界曲线方程，求出边界曲线之间的交点坐标并画出积分区域.

（2）将区域投影到 x 轴，得投影区间 $[a,b]$，则 x 的取值范围为 $a \leqslant x \leqslant b$. 在区间 $[a,b]$ 内任取一点 x，过点 x 作直线垂直于 x 轴，若该直线与区域的边界曲线相交于两点，则下方的交点所对应的曲线为下边界曲线 $y = \varphi_1(x)$，上方的交点所对应的曲线为上边界曲线 $y = \varphi_2(x)$. 在区间 $[a,b]$ 上移动该直线，若移动过程中，上下两个交点一直分别处于同一条曲线，则 y 的取值范围为 $\varphi_1(x) \leqslant y \leqslant \varphi_2(x)$，故积分区域可表示为

$$D = \{(x,y) \mid a \leqslant x \leqslant b, \varphi_1(x) \leqslant y \leqslant \varphi_2(x)\}.$$

（3）若垂直于 x 轴的直线与区域的边界曲线的交点多于两个或上边界曲线或下边界曲线多于两条，则必须对区域进行分割，将 D 分割为若干小闭区域，再对每个小闭区域重复步骤（2），最终将每个小闭区域表示为 X-型区域.

题3 如何将积分区域表示为 Y-型区域？

解 将积分区域表示为 Y-型区域的具体步骤如下：

（1）根据区域的边界曲线方程，求出边界曲线之间的交点坐标并画出积分区域.

（2）将区域投影到 y 轴，得投影区间 $[c,d]$，则 y 的取值范围为 $c \leqslant y \leqslant d$. 在区间 $[c,d]$ 内任取一点 y，过点 y 作直线垂直于 y 轴，若该直线与区域的边界曲线相交于两点，则左边的交点所对应的曲线为左边界曲线 $x = \psi_1(y)$，右边的交点所对应的曲线为右边界曲线 $x = \psi_2(y)$. 在区间 $[c,d]$ 上移动该直线，若移动过程中，左右两个交点一直分别处于同一条曲线，则 x 的取值范围为 $\psi_1(y) \leqslant x \leqslant \psi_2(y)$，故积分区域可表示为

$$D = \{(x,y) \mid \psi_1(y) \leqslant x \leqslant \psi_2(y), c \leqslant y \leqslant d\}.$$

（3）若垂直于 y 轴的直线与区域的边界曲线的交点多于两个或左边界曲线或右边界曲线多于两条，则必须对区域进行分割，将 D 分割为若干小闭区域，再对每个小闭区域重复步骤（2），最终将每个小闭区域表示为 Y-型区域.

题4 二重积分化为二次积分时，积分次序对计算有无影响？

解 一般情况下，积分次序影响计算量的大小和难易程度，有时甚至差别很大. 例如，计算 $\iint\limits_D \dfrac{\cos x}{1+x}\mathrm{d}\sigma, D = \{(x,y) \mid x^2 \leqslant y \leqslant 1, 0 \leqslant x \leqslant 1\}$，我们有

$$\iint\limits_{D} \frac{\cos x}{1+x^2}\mathrm{d}\sigma = \int_0^1 \mathrm{d}x \int_{x^2}^1 \frac{\cos x}{1+x^2}\mathrm{d}y = \int_0^1 (1-x)\cos x\mathrm{d}x = 1-\cos 1.$$

若换为先 x 后 y 的积分次序,则无法按常规方法计算.

▌题 5 如何利用对称性化简二重积分的计算?

解 (1)当 D 对称于 $y=0$,即 x 轴时,

① 若 $f(x,-y) = -f(x,y)$,即 $f(x,y)$ 是 y 的奇函数,则

$$\iint\limits_{D} f(x,y)\mathrm{d}x\mathrm{d}y = 0;$$

② 若 $f(x,-y) = f(x,y)$,即 $f(x,y)$ 是 y 的偶函数,则

$$\iint\limits_{D} f(x,y)\mathrm{d}x\mathrm{d}y = 2\iint\limits_{D_上} f(x,y)\mathrm{d}x\mathrm{d}y \quad (D_上 \text{ 为 } D \text{ 的上半部分}).$$

(2)当 D 对称于 $x=0$,即 y 轴时,

① 若 $f(-x,y) = -f(x,y)$,即 $f(x,y)$ 是 x 的奇函数,则

$$\iint\limits_{D} f(x,y)\mathrm{d}x\mathrm{d}y = 0;$$

② 若 $f(-x,y) = f(x,y)$,即 $f(x,y)$ 是 x 的偶函数,则

$$\iint\limits_{D} f(x,y)\mathrm{d}x\mathrm{d}y = 2\iint\limits_{D_右} f(x,y)\mathrm{d}x\mathrm{d}y \quad (D_右 \text{ 为 } D \text{ 的右半部分}).$$

(3)当 D 既对称于 x 轴,又对称于 y 轴时,

① 若 $f(x,-y) = -f(x,y)$ 或 $f(-x,y) = -f(x,y)$,即 $f(x,y)$ 是 y 的奇函数或 x 的奇函数,则 $\iint\limits_{D} f(x,y)\mathrm{d}x\mathrm{d}y = 0$;

② 若 $f(-x,y) = f(x,y)$ 且 $f(x,-y) = f(x,y)$,即 $f(x,y)$ 既是 x 的偶函数又是 y 的偶函数,则

$$\iint\limits_{D} f(x,y)\mathrm{d}x\mathrm{d}y = 4\iint\limits_{D_1} f(x,y)\mathrm{d}x\mathrm{d}y \quad (D_1 \text{ 为 } D \text{ 在第一象限的部分}).$$

(4)当 D 对称于坐标原点时,若 $f(-x,-y) = -f(x,y)$,则 $\iint\limits_{D} f(x,y)\mathrm{d}x\mathrm{d}y = 0$.

▌题 6 在何种情况下采用极坐标变换比较方便计算?

解 若被积函数为 $f(x^2+y^2), f(x^2-y^2), f\left(\dfrac{y}{x}\right), f\left(\arctan\dfrac{y}{x}\right)$,或者积分区域为圆域、扇形域、圆环时,用极坐标变换比较方便计算.

(三)范例分析

▌例 1 计算下列二重积分:

(1) $\iint\limits_{D} (x^3+3x^2y+y^3)\mathrm{d}\sigma$,其中 $D: 0 \leqslant x \leqslant 1, 0 \leqslant y \leqslant 1$;

(2) $\iint\limits_{D} (x^2-y^2)\mathrm{d}\sigma$,其中 $D: 0 \leqslant y \leqslant \sin x, 0 < x < \pi$;

(3) $\iint\limits_{D} x\sin\dfrac{y}{x}\mathrm{d}x\mathrm{d}y$，其中 D 是由直线 $y=0,x=1,y=x$ 所围成的闭区域.

解 （1）积分区域为矩形区域，一般按 X-型区域计算.

$$\iint\limits_{D}(x^3+3x^2y+y^3)\mathrm{d}\sigma=\int_0^1\mathrm{d}x\int_0^1(x^3+3x^2y+y^3)\mathrm{d}y=\int_0^1\left(x^3y+\dfrac{3}{2}x^2y^2+\dfrac{y^4}{4}\right)\Big|_0^1\mathrm{d}x$$

$$=\int_0^1\left(x^3+\dfrac{3}{2}x^2+\dfrac{1}{4}\right)\mathrm{d}x=\left(\dfrac{x^4}{4}+\dfrac{1}{2}x^3+\dfrac{1}{4}x\right)\Big|_0^1=1.$$

（2）按 X-型区域计算.

$$\iint\limits_{D}(x^2-y^2)\mathrm{d}\sigma=\int_0^\pi\mathrm{d}x\int_0^{\sin x}(x^2-y^2)\mathrm{d}y=\int_0^\pi\left(x^2y-\dfrac{y^3}{3}\right)\Big|_0^{\sin x}\mathrm{d}x$$

$$=\int_0^\pi\left(x^2\sin x-\dfrac{\sin^3x}{3}\right)\mathrm{d}x=-\int_0^\pi x^2\mathrm{d}(\cos x)+\int_0^\pi\dfrac{1-\cos^2x}{3}\mathrm{d}(\cos x)$$

$$=-(x^2\cos x)\Big|_0^\pi+\int_0^\pi2x\cos x\mathrm{d}x+\left(\dfrac{\cos x}{3}-\dfrac{\cos^3x}{9}\right)\Big|_0^\pi,$$

其中

$$\int_0^\pi2x\cos x\mathrm{d}x=\int_0^\pi2x\mathrm{d}(\sin x)=(2x\sin x)\Big|_0^\pi-\int_0^\pi2\sin x\mathrm{d}x=(2\cos x)\Big|_0^\pi=-4,$$

故

$$原式=\pi^2-\dfrac{40}{9}.$$

（3）首次积分时，对被积函数 $x\sin\dfrac{y}{x}$ 求关于变量 y 的原函数，比求关于变量 x 的原函数易于计算，故将积分区域化为 X-型区域.

$$\iint\limits_{D}x\sin\dfrac{y}{x}\mathrm{d}x\mathrm{d}y=\int_0^1\mathrm{d}x\int_0^x x\sin\dfrac{y}{x}\mathrm{d}y=\int_0^1x^2\mathrm{d}x\int_0^x\sin\dfrac{y}{x}\mathrm{d}\left(\dfrac{y}{x}\right)$$

$$=\int_0^1x^2\left(-\cos\dfrac{y}{x}\right)\Big|_0^x\mathrm{d}x=(1-\cos1)\int_0^1x^2\mathrm{d}x=\dfrac{1}{3}(1-\cos1).$$

例2 化二重积分 $I=\iint\limits_{D}f(x,y)\mathrm{d}\sigma$ 为二次积分（分别列出对两个变量先后次序不同的两个二次积分），其中积分区域 D 是由曲线 $y=\dfrac{1}{x}(x>0)$ 和直线 $y=3,y=x$ 所围成的闭区域.

解 求出积分区域边界曲线之间的交点为 $\left(\dfrac{1}{3},3\right),(1,1),(3,3)$，如图 9-2 所示.

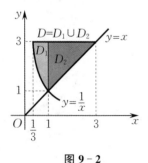

图 9-2

（1）将积分区域表达为 X-型区域：将区域投影到 x 轴，得投影区间为 $\left[\dfrac{1}{3},3\right]$. 过区间内任一点作直线垂直于 x 轴，与区域边界曲线相交于两点，上面的交点对应上边界曲线 $y=3$，下面的交点对应下边界曲线. 移动该直线，会发现上边界曲线不变，但下边界曲线会发生变化，说明下边界曲线多于一条，分别是曲线 $y=\dfrac{1}{x}$ 和直线 $y=x$，需要在交点 $(1,1)$ 处作垂直于 x 轴的直线将区域分为两部分 D_1 和 D_2. 于

是,得 X-型区域为

$$D_1 = \left\{ (x,y) \,\middle|\, \frac{1}{3} \leqslant x \leqslant 1, \frac{1}{x} \leqslant y \leqslant 3 \right\}, \quad D_2 = \{(x,y) \mid 1 \leqslant x \leqslant 3, x \leqslant y \leqslant 3\}.$$

故按 X-型区域计算得

$$I = \iint\limits_{D_1} f(x,y)\mathrm{d}x\mathrm{d}y + \iint\limits_{D_2} f(x,y)\mathrm{d}x\mathrm{d}y = \int_{\frac{1}{3}}^1 \mathrm{d}x \int_{\frac{1}{x}}^3 f(x,y)\mathrm{d}y + \int_1^3 \mathrm{d}x \int_x^3 f(x,y)\mathrm{d}y.$$

(2) 将积分区域表示为 Y-型区域:将区域投影到 y 轴,得投影区间为 $[1,3]$. 过区间内任一点作直线垂直于 y 轴,与区域边界曲线相交于两点,左边的交点对应左边界曲线 $x = \dfrac{1}{y}$,右边的交点对应右边界曲线 $x = y$. 移动该直线,会发现左右边界曲线是唯一的. 于是,得 Y-型区域为

$$D = \left\{ (x,y) \,\middle|\, \frac{1}{y} \leqslant x \leqslant y, 1 \leqslant y \leqslant 3 \right\}.$$

故按 Y-型区域计算得

$$I = \int_1^3 \mathrm{d}y \int_{\frac{1}{y}}^y f(x,y)\mathrm{d}x.$$

例 3 画出积分区域,并计算下列二重积分:

(1) $\displaystyle\iint\limits_{D} \frac{\sin x}{x}\mathrm{d}\sigma$,其中 D 是由直线 $y = x$,$y = \dfrac{x}{2}$,$x = 2$ 所围成的闭区域;

(2) $\displaystyle\iint\limits_{D} x^2 \mathrm{e}^{-y^2}\mathrm{d}\sigma$,其中 D 是以 $(0,0)$,$(1,1)$,$(0,1)$ 为顶点的三角形闭区域;

(3) $\displaystyle\iint\limits_{D} \frac{x}{y+1}\mathrm{d}\sigma$,其中 D 是由曲线 $y = x^2 + 1$ 及直线 $y = 2x$,$x = 0$ 所围成的闭区域.

解 (1) 积分区域 D 如图 9-3 所示. 因被积函数 $\dfrac{\sin x}{x}$ 首次积分关于 x 不能求原函数,只能先对 y 积分,故该积分按 X-型区域计算.

$$\text{原式} = \int_0^2 \frac{\sin x}{x}\mathrm{d}x \int_{\frac{x}{2}}^x \mathrm{d}y = \int_0^2 \frac{\sin x}{x} \cdot \frac{x}{2} \mathrm{d}x = \left(-\frac{1}{2}\cos x \right)\bigg|_0^2 = \frac{1}{2}(1 - \cos 2).$$

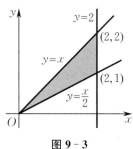

图 9-3

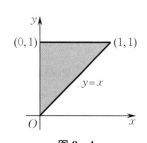

图 9-4

(2) 积分区域 D 如图 9-4 所示. 因被积函数 $x^2 \mathrm{e}^{-y^2}$ 首次积分关于 y 不能求原函数,只能先对 x 积分,故该积分按 Y-型区域计算.

$$\text{原式} = \int_0^1 \mathrm{d}y \int_0^y x^2 \mathrm{e}^{-y^2}\mathrm{d}x = \int_0^1 \frac{y^3}{3}\mathrm{e}^{-y^2}\mathrm{d}y$$

$$= -\frac{1}{6}\int_0^1 y^2 \mathrm{d}(\mathrm{e}^{-y^2}) = -\frac{1}{6}\left[y^2 \mathrm{e}^{-y^2}\bigg|_0^1 - \int_0^1 \mathrm{e}^{-y^2}\mathrm{d}(y^2) \right]$$

$$= -\frac{1}{6}\left(\mathrm{e}^{-1} + \mathrm{e}^{-y^2}\bigg|_0^1 \right) = \frac{1}{6}(1 - 2\mathrm{e}^{-1}).$$

(3) 积分区域 D 如图 9-5 所示. 被积函数关于 x 或关于 y 求原函数的计算量差别不大, 区域按 X-型区域计算可避免对区域进行分块, 故按 X-型区域计算.

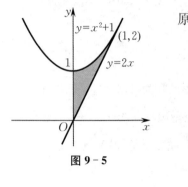

图 9-5

$$原式 = \int_0^1 dx \int_{2x}^{x^2+1} \frac{x}{y+1} dy = \int_0^1 x\ln(y+1) \Big|_{2x}^{x^2+1} dx$$

$$= \int_0^1 x\ln(x^2+2) dx - \int_0^1 x\ln(2x+1) dx$$

$$= \frac{1}{2} \int_0^1 \ln(x^2+2) d(x^2+2) - \int_0^1 \ln(2x+1) d\left(\frac{x^2}{2}\right)$$

$$= \frac{1}{2}(x^2+2)\ln(x^2+2) \Big|_0^1 - \frac{1}{2}\int_0^1 (x^2+2) d[\ln(x^2+2)]$$

$$\qquad - \ln(2x+1)\frac{x^2}{2}\Big|_0^1 + \int_0^1 \frac{x^2}{2} d[\ln(2x+1)]$$

$$= \frac{3}{2}\ln 3 - \ln 2 - \int_0^1 x dx - \frac{\ln 3}{2} + \int_0^1 \frac{x^2}{2x+1} dx$$

$$= \ln 3 - \ln 2 - \frac{x^2}{2}\Big|_0^1 + \int_0^1 \left[\frac{x}{2} - \frac{1}{4} + \frac{1}{4(2x+1)}\right] dx$$

$$= \frac{9}{8}\ln 3 - \ln 2 - \frac{1}{2}.$$

例 4 改变下列二次积分的积分次序:

(1) $\int_{-1}^0 dx \int_{x+1}^{\sqrt{1-x^2}} f(x,y) dy$;

(2) $\int_0^1 dy \int_{1-y}^{1+y^2} f(x,y) dx$;

(3) $\int_0^1 dx \int_0^x f(x,y) dy + \int_1^2 dx \int_0^{2-x} f(x,y) dy$.

分析 根据积分限写出四条对应的边界曲线方程, 作图, 再根据要求的积分次序改写区域边界曲线的表达式.

解 (1) 区域的边界曲线方程为 $x=-1, x=0, y=x+1, y=\sqrt{1-x^2}$, 积分区域如图 9-6 所示. 依题意, 积分次序改为先对 x 积分, 需将区域表示为 Y-型区域, 即将区域投影到 y 轴. 于是, D 可改写为

$$D: -\sqrt{1-y^2} \leqslant x \leqslant y-1, 0 \leqslant y \leqslant 1.$$

故

$$原式 = \int_0^1 dy \int_{-\sqrt{1-y^2}}^{y-1} f(x,y) dx.$$

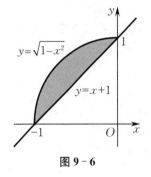

图 9-6

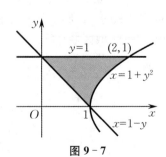

图 9-7

（2）区域的边界曲线方程为 $y=0,y=1,x=1-y,x=1+y^2$，积分区域如图9-7所示.

依题意，积分次序改为先对 y 积分，需将区域表示为 X-型区域，即将区域投影到 x 轴. D 在两边界曲线的交点 $(1,0)$ 处分块，得

$$D_1:0\leqslant x\leqslant 1,1-x\leqslant y\leqslant 1,\quad D_2:1\leqslant x\leqslant 2,\sqrt{x-1}\leqslant y\leqslant 1.$$

故

$$原式=\int_0^1\mathrm{d}x\int_{1-x}^1 f(x,y)\mathrm{d}y+\int_1^2\mathrm{d}x\int_{\sqrt{x-1}}^1 f(x,y)\mathrm{d}y.$$

（3）区域的边界曲线方程为 $x=0,x=1,y=x,y=2-x$，$y=0,x=2$，积分区域如图9-8所示.依题意，积分次序改为先对 x 积分，需将区域表示为 Y-型区域，即将区域投影到 y 轴.于是，D 可改写为

$$D:y\leqslant x\leqslant 2-y,0\leqslant y\leqslant 1.$$

故

$$原式=\int_0^1\mathrm{d}y\int_y^{2-y}f(x,y)\mathrm{d}x.$$

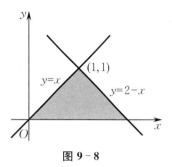

图 9-8

例 5 设 D 是由不等式 $|x|+|y|\leqslant 1$ 所确定的有界闭区域，求二重积分 $\iint\limits_D(|x|+y)\mathrm{d}x\mathrm{d}y$.

分析 当积分区域有对称性时，就要考虑被积函数是否有相适应的对称性，尽量利用对称性化简计算.

解 由对称性知 $\iint\limits_D y\mathrm{d}x\mathrm{d}y=0$，剩下部分的积分按 X-型区域计算，y 轴将 D 分割成两部分：

$$D_1:-1\leqslant x\leqslant 0,-x-1\leqslant y\leqslant x+1;\quad D_2:0\leqslant x\leqslant 1,x-1\leqslant y\leqslant 1-x.$$

于是

$$\iint\limits_D|x|\mathrm{d}x\mathrm{d}y=\int_{-1}^0(-x)\mathrm{d}x\int_{-1-x}^{1+x}\mathrm{d}y+\int_0^1 x\mathrm{d}x\int_{x-1}^{1-x}\mathrm{d}y$$

$$=-2\int_{-1}^0(x^2+x)\mathrm{d}x+2\int_0^1(-x^2+x)\mathrm{d}x=\frac{2}{3},$$

故

$$\iint\limits_D(|x|+y)\mathrm{d}x\mathrm{d}y=\frac{2}{3}.$$

例 6 已知二重积分 $\iint\limits_D f(x,y)\mathrm{d}\sigma$ 的被积函数 $f(x,y)$ 是两个函数 $f_1(x)$ 和 $f_2(y)$ 的乘积，即 $f(x,y)=f_1(x)f_2(y)$，积分区域 $D=\{(x,y)\mid a\leqslant x\leqslant b,c\leqslant y\leqslant d\}$，证明：

$$\iint\limits_D f_1(x)f_2(y)\mathrm{d}\sigma=\left[\int_a^b f_1(x)\mathrm{d}x\right]\cdot\left[\int_c^d f_2(y)\mathrm{d}x\right].$$

证 $\iint\limits_D f_1(x)f_2(y)\mathrm{d}\sigma=\int_a^b\mathrm{d}x\int_c^d f_1(x)f_2(y)\mathrm{d}y=\int_a^b f_1(x)\mathrm{d}x\int_c^d f_2(y)\mathrm{d}y$

$$=\left[\int_a^b f_1(x)\mathrm{d}x\right]\cdot\left[\int_c^d f_2(y)\mathrm{d}y\right].$$

例 7 求由曲线 $(x-y)^2+x^2=a^2(a>0)$ 所围成的平面图形的面积.

分析 利用二重积分的性质 $\sigma=\iint\limits_{D}\mathrm{d}\sigma$,可将积分区域 D 表示为 X-型区域(或 Y-型区域).

解 该曲线所围成的区域为

$$D: -a \leqslant x \leqslant a, x-\sqrt{a^2-x^2} \leqslant y \leqslant x+\sqrt{a^2-x^2},$$

故

$$\sigma=\iint\limits_{D}\mathrm{d}\sigma=\int_{-a}^{a}\mathrm{d}x\int_{x-\sqrt{a^2-x^2}}^{x+\sqrt{a^2-x^2}}\mathrm{d}y=\int_{-a}^{a}2\sqrt{a^2-x^2}\,\mathrm{d}x=4\int_{0}^{a}\sqrt{a^2-x^2}\,\mathrm{d}x.$$

令 $x=a\sin t, 0 \leqslant t \leqslant \dfrac{\pi}{2}$,则 $\mathrm{d}x=a\cos t\mathrm{d}t$,于是所求面积

$$\sigma=4\int_{0}^{\frac{\pi}{2}}a\cos ta\cos t\mathrm{d}t=2a^2\int_{0}^{\frac{\pi}{2}}(\cos 2t+1)\mathrm{d}t=2a^2\left(\frac{1}{2}\sin 2t+t\right)\Big|_{0}^{\frac{\pi}{2}}=\pi a^2.$$

▌ 例 8 求由曲面 $z=x^2+y^2, y=x^2, y=1, z=0$ 所围成的立体的体积.

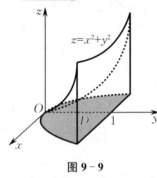

图 9-9

分析 利用二重积分的几何意义 $V=\iint\limits_{D}f(x,y)\mathrm{d}x\mathrm{d}y$,其中 $z=f(x,y)$ 为立体顶面方程,D 为立体底面区域.

解 所围立体如图 9-9 所示,其底面区域 D 由曲线 $y=x^2$ 和直线 $y=1$ 所围成,顶面是旋转抛物面 $z=x^2+y^2$. 将 D 表示为 X-型区域: $x^2 \leqslant y \leqslant 1, -1 \leqslant x \leqslant 1$,故所求体积

$$V=\int_{-1}^{1}\mathrm{d}x\int_{x^2}^{1}(x^2+y^2)\mathrm{d}y=\int_{-1}^{1}\left(x^2y+\frac{y^3}{3}\right)\Big|_{x^2}^{1}\mathrm{d}x$$

$$=\int_{-1}^{1}\left(x^2+\frac{1}{3}-x^4-\frac{x^6}{3}\right)\mathrm{d}x=\frac{88}{105}.$$

▌ 例 9 化下列二次积分为极坐标形式的二次积分:

(1) $\displaystyle\int_{0}^{a}\mathrm{d}y\int_{0}^{\sqrt{a^2-y^2}}f(x,y)\mathrm{d}x$; (2) $\displaystyle\int_{0}^{2}\mathrm{d}x\int_{x}^{\sqrt{3}x}f(x,y)\mathrm{d}y$;

(3) $\displaystyle\int_{0}^{1}\mathrm{d}x\int_{1-x}^{\sqrt{1-x^2}}f(x,y)\mathrm{d}y$.

解 (1) 区域的边界曲线方程为 $y=0, y=a, x=0, x=\sqrt{a^2-y^2}$,积分区域如图 9-10 所示. 根据图形写出边界曲线的极坐标方程 $\theta=0, \theta=\dfrac{\pi}{2}, \rho=a$,于是

$$\int_{0}^{a}\mathrm{d}y\int_{0}^{\sqrt{a^2-y^2}}f(x,y)\mathrm{d}x=\int_{0}^{\frac{\pi}{2}}\mathrm{d}\theta\int_{0}^{a}f(\rho\cos\theta,\rho\sin\theta)\rho\mathrm{d}\rho.$$

(2) 区域的边界曲线方程为 $x=0, x=2, y=x, y=\sqrt{3}x$,积分区域如图 9-11 所示. 根据图形写出边界曲线的极坐标方程 $\theta=\dfrac{\pi}{4}, \theta=\dfrac{\pi}{3}, \rho=2\sec\theta$,于是

$$\int_{0}^{2}\mathrm{d}x\int_{x}^{\sqrt{3}x}f(x,y)\mathrm{d}y=\int_{\frac{\pi}{4}}^{\frac{\pi}{3}}\mathrm{d}\theta\int_{0}^{2\sec\theta}f(\rho\cos\theta,\rho\sin\theta)\rho\mathrm{d}\rho.$$

(3) 区域的边界曲线方程为 $x=0, x=1, y=1-x, y=\sqrt{1-x^2}$,积分区域如图 9-12 所示. 根据图形写出边界曲线的极坐标方程 $\theta=0, \theta=\dfrac{\pi}{2}, \rho=\dfrac{1}{\sin\theta+\cos\theta}, \rho=1$,于是

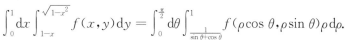

$$\int_0^1 \mathrm{d}x \int_{1-x}^{\sqrt{1-x^2}} f(x,y)\mathrm{d}y = \int_0^{\frac{\pi}{2}} \mathrm{d}\theta \int_{\frac{1}{\sin\theta+\cos\theta}}^{1} f(\rho\cos\theta,\rho\sin\theta)\rho\mathrm{d}\rho.$$

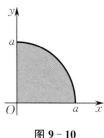

图 9-10

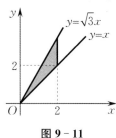

图 9-11

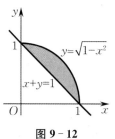

图 9-12

例 10 利用极坐标计算下列二重积分:

(1) $\iint\limits_D \mathrm{e}^{x^2+y^2}\mathrm{d}\sigma$,其中 D 是由圆周 $x^2+y^2=9$ 所围成的闭区域;

(2) $\iint\limits_D \arctan\dfrac{y}{x}\mathrm{d}\sigma$,其中 D 是由圆周 $x^2+y^2=1$,$x^2+y^2=16$ 及直线 $y=0$,$y=\dfrac{\sqrt{3}}{3}x$ 所围成的在第一象限内的闭区域;

(3) $\iint\limits_D \sin\sqrt{x^2+y^2}\mathrm{d}\sigma$,其中 D 是由圆周 $x^2+y^2=\pi^2$,$x^2+y^2=4\pi^2$ 及直线 $y=x$,$y=2x$ 所围成的在第一象限内的闭区域.

解 (1) 在极坐标系下,$D=\{(\rho,\theta)\mid 0\leqslant\rho\leqslant 3,0\leqslant\theta\leqslant 2\pi\}$,故

$$\text{原式}=\int_0^{2\pi}\mathrm{d}\theta\int_0^3 \rho\mathrm{e}^{\rho^2}\mathrm{d}\rho=\left(\frac{1}{2}\cdot 2\pi\cdot\mathrm{e}^{\rho^2}\right)\Big|_0^3=\pi(\mathrm{e}^9-1).$$

(2) 在极坐标系下,$D=\left\{(\rho,\theta)\mid 1\leqslant\rho\leqslant 4,0\leqslant\theta\leqslant\dfrac{\pi}{6}\right\}$,故

$$\text{原式}=\int_0^{\frac{\pi}{6}}\theta\mathrm{d}\theta\int_1^4 \rho\mathrm{d}\rho=\left(\frac{1}{2}\theta^2\right)\Big|_0^{\frac{\pi}{6}}\cdot\left(\frac{1}{2}\rho^2\right)\Big|_1^4=\frac{5}{48}\pi^2.$$

(3) 在极坐标系下,$D=\left\{(\rho,\theta)\mid \pi\leqslant\rho\leqslant 2\pi,\dfrac{\pi}{4}\leqslant\theta\leqslant\arctan 2\right\}$,故

$$\text{原式}=\int_{\frac{\pi}{4}}^{\arctan 2}\mathrm{d}\theta\int_\pi^{2\pi}\rho\sin\rho\mathrm{d}\rho=\left(\arctan 2-\frac{\pi}{4}\right)\int_\pi^{2\pi}\rho\mathrm{d}(-\cos\rho)$$

$$=\left(\arctan 2-\frac{\pi}{4}\right)\left(-\rho\cos\rho\Big|_\pi^{2\pi}+\int_\pi^{2\pi}\cos\rho\mathrm{d}\rho\right)=-3\pi\left(\arctan 2-\frac{\pi}{4}\right).$$

例 11 选用适当的坐标计算下列二重积分:

(1) $\iint\limits_D \dfrac{x^2}{y^2}\mathrm{d}\sigma$,其中 D 是由直线 $x=2$,$y=x$ 及曲线 $xy=1$ 所围成的闭区域;

(2) $\iint\limits_D \dfrac{x+y}{x^2+y^2}\mathrm{d}\sigma$,其中 $D=\{(x,y)\mid x^2+y^2\leqslant 1,x+y\geqslant 1\}$;

(3) $\iint\limits_D (x^2+y^2)\mathrm{d}\sigma$,其中 D 是由直线 $y=x$,$y=x+1$,$y=1$,$y=3$ 所围成的闭区域.

解 (1) 积分区域 D 如图 9-13 所示,利用直角坐标计算. $D:1\leqslant x\leqslant 2,\dfrac{1}{x}\leqslant y\leqslant x$,故

$$原式 = \int_1^2 x^2 \, dx \int_{\frac{1}{x}}^{x} \frac{1}{y^2} \, dy = \int_1^2 x^2 \left(-\frac{1}{y} \right) \Big|_{\frac{1}{x}}^{x} \, dx$$

$$= -\int_1^2 (x - x^3) \, dx = -\left(\frac{x^2}{2} - \frac{x^4}{4} \right) \Big|_1^2 = \frac{9}{4}.$$

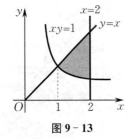
图 9 - 13

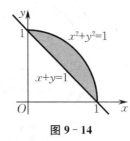
图 9 - 14

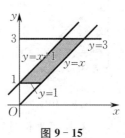
图 9 - 15

（2）积分区域 D 如图 $9-14$ 所示，利用极坐标计算. $D: 0 \leqslant \theta \leqslant \frac{\pi}{2}, \frac{1}{\cos\theta + \sin\theta} \leqslant \rho \leqslant 1$，故

$$原式 = \iint\limits_D \frac{\rho\cos\theta + \rho\sin\theta}{\rho^2} \rho \, d\rho \, d\theta = \int_0^{\frac{\pi}{2}} d\theta \int_{\frac{1}{\cos\theta+\sin\theta}}^{1} (\cos\theta + \sin\theta) \, d\rho$$

$$= \int_0^{\frac{\pi}{2}} (\cos\theta + \sin\theta) \left(1 - \frac{1}{\cos\theta + \sin\theta} \right) d\theta = \int_0^{\frac{\pi}{2}} (\cos\theta + \sin\theta - 1) \, d\theta$$

$$= (\sin\theta - \cos\theta - \theta) \Big|_0^{\frac{\pi}{2}} = 2 - \frac{\pi}{2}.$$

（3）积分区域 D 如图 $9-15$ 所示，利用直角坐标计算. $D: 1 \leqslant y \leqslant 3, y-1 \leqslant x \leqslant y$，故

$$\iint\limits_D (x^2 + y^2) \, d\sigma = \int_1^3 dy \int_{y-1}^{y} (x^2 + y^2) \, dx = \int_1^3 \left(2y^2 - y + \frac{1}{3} \right) dy$$

$$= \left(\frac{2}{3} y^3 - \frac{y^2}{2} + \frac{y}{3} \right) \Big|_1^3 = 14.$$

例 12 求由曲面 $z = x^2 + 2y^2$ 和 $z = 3 - 2x^2 - y^2$ 所围成的立体的体积.

分析 由二重积分的几何意义可知 $V = \iint\limits_D f(x,y) \, dx \, dy$ 为曲顶柱体的体积，其中 $z = f(x,y)(\geqslant 0)$ 为立体顶面方程，D 为立体底面区域. 当立体与坐标面没有接触面时需进行图形组合.

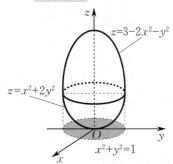
图 9 - 16

解 所求立体是由两个椭圆抛物面所围成的，如图 $9-16$ 所示，它在 xOy 面上的投影区域为

$$D = \{(x,y) \mid x^2 + y^2 \leqslant 1\}.$$

于是，所求立体体积等于两个曲顶柱体体积的差，即

$$V = \iint\limits_D (3 - 2x^2 - y^2) \, d\sigma - \iint\limits_D (x^2 + 2y^2) \, d\sigma = \iint\limits_D (3 - 3x^2 - 3y^2) \, d\sigma$$

$$= 3 \int_0^{2\pi} d\theta \int_0^1 (1 - \rho^2) \rho \, d\rho = \frac{3}{2} \pi.$$

（四）同步练习

1. 画出积分区域，并计算下列二重积分：

(1) $\iint\limits_{D} e^{\frac{x}{y}} \mathrm{d}x\mathrm{d}y$,其中 D 是由抛物线 $y^2=x$,直线 $x=0$ 与 $y=1$ 所围成的闭区域;

(2) $\iint\limits_{D} \sqrt{x^2-y^2}\,\mathrm{d}x\mathrm{d}y$,其中 D 是以 $(0,0)$,$(1,-1)$,$(1,1)$ 三点为顶点的三角形闭区域.

2. 改变下列二次积分的积分次序:

(1) $\displaystyle\int_1^e \mathrm{d}x \int_0^{\ln x} f(x,y)\mathrm{d}y$;   (2) $\displaystyle\int_0^1 \mathrm{d}y \int_{\sqrt{y}}^{3-2y} f(x,y)\mathrm{d}x$;

(3) $\displaystyle\int_0^1 \mathrm{d}y \int_0^{2y} f(x,y)\mathrm{d}x + \int_1^3 \mathrm{d}y \int_0^{3-y} f(x,y)\mathrm{d}x$.

3. 把下列二次积分化为极坐标形式:

(1) $\displaystyle\int_0^1 \mathrm{d}x \int_0^1 f(x,y)\mathrm{d}y$;   (2) $\displaystyle\int_0^1 \mathrm{d}x \int_x^{x^2} f(x,y)\mathrm{d}y$.

同步练习简解

1. 解 (1) 积分区域 D 如图 9-17 所示.因被积函数 $e^{\frac{x}{y}}$ 关于 x 求原函数计算较简单,故先对 x 积分,将 D 表示为 Y-型区域:$0\leqslant y\leqslant 1,0\leqslant x\leqslant y^2$. 于是

$$\iint\limits_{D} e^{\frac{x}{y}} \mathrm{d}x\mathrm{d}y = \int_0^1 \mathrm{d}y \int_0^{y^2} e^{\frac{x}{y}}\mathrm{d}x = \int_0^1 y\mathrm{d}y \int_0^{y^2} e^{\frac{x}{y}}\mathrm{d}\left(\frac{x}{y}\right) = \int_0^1 y e^{\frac{x}{y}} \Big|_0^{y^2} \mathrm{d}y$$

$$= \int_0^1 y(e^y - 1)\mathrm{d}y = \int_0^1 ye^y\mathrm{d}y - \int_0^1 y\mathrm{d}y$$

$$= ye^y \Big|_0^1 - \int_0^1 e^y\mathrm{d}y - \frac{1}{2}y^2 \Big|_0^1 = \frac{1}{2}.$$

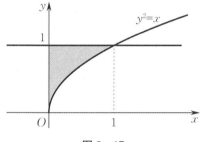

图 9-17

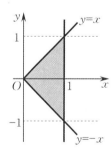

图 9-18

(2) 积分区域 D 如图 9-18 所示.先对 y 积分,将 D 表示为 X-型区域:$0\leqslant x\leqslant 1,-x\leqslant y\leqslant x$. 于是

$$\iint\limits_{D} \sqrt{x^2-y^2}\,\mathrm{d}x\mathrm{d}y = \int_0^1 \mathrm{d}x \int_{-x}^{x} \sqrt{x^2-y^2}\,\mathrm{d}y$$

$$= \int_0^1 \left(\frac{x^2}{2}\arcsin\frac{y}{x} + \frac{y}{2}\sqrt{x^2-y^2}\right) \Big|_{-x}^{x} \mathrm{d}x$$

$$= \int_0^1 \frac{\pi}{2}x^2\mathrm{d}x = \frac{\pi}{2}\cdot\frac{1}{3}x^3 \Big|_0^1 = \frac{\pi}{6}.$$

2. 解 (1) 区域的边界曲线方程为 $x=1,x=e,y=0$, $y=\ln x$,积分区域如图 9-19 所示.依题意,积分次序改为先对 x 积分,D 可表示为 $0\leqslant y\leqslant 1, e^y\leqslant x\leqslant e$. 故

$$原式 = \int_0^1 \mathrm{d}y \int_{e^y}^e f(x,y)\mathrm{d}x.$$

(2) 区域的边界曲线方程为 $y=0,y=1,x=\sqrt{y},x=3-2y$,积分区域如图 9-20 所示.依题意,积分次序改为先对 y 积分,D 可看成 D_1 与 D_2 的和,其中

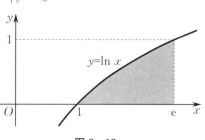

图 9-19

$$D_1: 0 \leqslant x \leqslant 1, 0 \leqslant y \leqslant x^2, \quad D_2: 1 \leqslant x \leqslant 3, 0 \leqslant y \leqslant \frac{1}{2}(3-x).$$

故

$$原式 = \int_0^1 dx \int_0^{x^2} f(x,y) dy + \int_1^3 dx \int_0^{\frac{1}{2}(3-x)} f(x,y) dy.$$

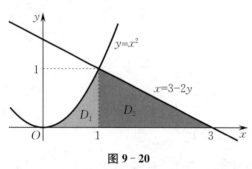

图 9-20

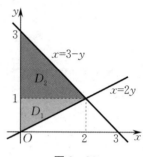

图 9-21

（3）区域的边界曲线方程为 $y=0, y=1, y=3, x=0, x=2y, x=3-y$，积分区域如图 9-21所示. 依题意，积分次序改为先对 y 积分，D 可表示为 $0 \leqslant x \leqslant 2, \frac{x}{2} \leqslant y \leqslant 3-x$. 故

$$原式 = \int_0^2 dx \int_{\frac{x}{2}}^{3-x} f(x,y) dy.$$

3. 解 （1）积分区域 D 如图 9-22所示，用直线 $y=x$ 将 D 分成 D_1, D_2 两部分：

$$D_1 = \left\{ (\rho,\theta) \,\middle|\, 0 \leqslant \rho \leqslant \sec\theta, 0 \leqslant \theta \leqslant \frac{\pi}{4} \right\}, \quad D_2 = \left\{ (\rho,\theta) \,\middle|\, 0 \leqslant \rho \leqslant \csc\theta, \frac{\pi}{4} \leqslant \theta \leqslant \frac{\pi}{2} \right\}.$$

故

$$原式 = \int_0^{\frac{\pi}{4}} d\theta \int_0^{\sec\theta} f(\rho\cos\theta, \rho\sin\theta)\rho \, d\rho + \int_{\frac{\pi}{4}}^{\frac{\pi}{2}} d\theta \int_0^{\csc\theta} f(\rho\cos\theta, \rho\sin\theta)\rho \, d\rho.$$

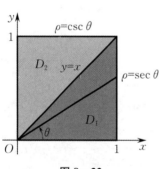

图 9-22

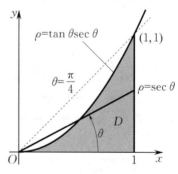

图 9-23

（2）积分区域 D 如图 9-23所示. 在极坐标系中，直线 $x=1$ 的方程是 $\rho = \sec\theta$；抛物线 $y=x^2$ 的方程是 $\rho\sin\theta = \rho^2\cos^2\theta$，即 $\rho = \tan\theta\sec\theta$；从坐标原点到两者的交点的射线是 $\theta = \frac{\pi}{4}$. 于是，D 可表示为

$$D = \left\{ (\rho,\theta) \,\middle|\, \tan\theta\sec\theta \leqslant \rho \leqslant \sec\theta, 0 \leqslant \theta \leqslant \frac{\pi}{4} \right\}.$$

故

$$原式 = \int_0^{\frac{\pi}{4}} d\theta \int_{\tan\theta\sec\theta}^{\sec\theta} f(\rho\cos\theta, \rho\sin\theta)\rho \, d\rho.$$

9.3　三　重　积　分

（一）内容提要

定义	$\iiint\limits_{\Omega} f(x,y,z)\mathrm{d}v = \lim\limits_{\lambda \to 0} \sum\limits_{i=1}^{n} f(\xi_i,\eta_i,\zeta_i)\Delta v_i$	
性质	与二重积分类似	
计算	利用直角坐标计算	投影法(针刺法、先一后二法) $\iiint\limits_{\Omega} f(x,y,z)\mathrm{d}v = \iint\limits_{D_{xy}} \mathrm{d}x\mathrm{d}y \int_{z_1(x,y)}^{z_2(x,y)} f(x,y,z)\mathrm{d}z$
		截面法(切片法、先二后一法) $\iiint\limits_{\Omega} f(x,y,z)\mathrm{d}v = \int_{c_1}^{c_2} \mathrm{d}z \iint\limits_{D_z} f(x,y,z)\mathrm{d}x\mathrm{d}y$
	利用柱面坐标计算	$\iiint\limits_{\Omega} f(x,y,z)\mathrm{d}v = \iiint\limits_{\Omega} f(\rho\cos\theta,\rho\sin\theta,z)\rho\mathrm{d}\rho\mathrm{d}\theta\mathrm{d}z$, $0 \leqslant \rho < +\infty, 0 \leqslant \theta \leqslant 2\pi, -\infty < z < +\infty$. 当被积函数为 $f(x^2 \pm y^2)$, $f\left(\dfrac{y}{x}\right)$, $f(xy)$, 积分区域为圆柱面(或一部分)、锥面、抛物面所围成时,柱面坐标比较方便
	利用球面坐标计算	$\iiint\limits_{\Omega} f(x,y,z)\mathrm{d}v = \iiint\limits_{\Omega} f(r\sin\varphi\cos\theta,r\sin\varphi\sin\theta,r\cos\varphi)r^2\sin\varphi\mathrm{d}r\mathrm{d}\varphi\mathrm{d}\theta$, $0 \leqslant \varphi \leqslant \pi, 0 \leqslant \theta \leqslant 2\pi, 0 \leqslant r < +\infty$. 当积分区域是球形或球的一部分,或上部分是球面、下半部分是顶点在坐标原点的锥面,被积函数为 $f(x^2 + y^2 + z^2)$ 时,球面坐标比较方便

（二）析疑解惑

■ 题 1　在三重积分 $\iiint\limits_{\Omega} f(x,y,z)\mathrm{d}x\mathrm{d}y\mathrm{d}z$ 中,若积分区域 Ω 恰由曲面 $f(x,y,z) = c$ 所围成,则

$$\iiint_{\Omega} f(x,y,z)\mathrm{d}x\mathrm{d}y\mathrm{d}z = \iiint_{\Omega} c\mathrm{d}x\mathrm{d}y\mathrm{d}z = c|\Omega| \quad (|\Omega| \text{ 表示区域 } \Omega \text{ 的体积})$$

是否成立,即区域边界曲面的方程能否代入被积函数中?

解 不能.这是部分初学者容易发生的错误.在三重积分中,被积函数 $f(x,y,z)$ 的变量 x,y,z 要取遍区域 Ω 的所有点,若将 $f(x,y,z)=c$ 代入,则被积函数 $f(x,y,z)$ 就只在边界上取值,显然是错误的.

题 2 三重积分化为累次积分的基本方法是什么?

解 三重积分化为累次积分的基本方法如下:

(1) 先一后二法.将积分区域 Ω 投影到 xOy 面上,得平面区域 D_{xy},过平面区域 D_{xy} 内任一点作垂直于 xOy 面的直线 l 与 Ω 的边界曲面交于两点,将上一交点对应的边界曲面方程化为 $z = z_2(x,y)$,将下一交点对应的边界曲面方程化为 $z = z_1(x,y)$.在 D_{xy} 内移动直线 l,若上下两个交点总是分别处在同一曲面,则

$$\iiint_{\Omega} f(x,y,z)\mathrm{d}v = \iint_{D_{xy}} \mathrm{d}x\mathrm{d}y \int_{z_1(x,y)}^{z_2(x,y)} f(x,y,z)\mathrm{d}z.$$

若直线 l 移动过程中,有一个交点所在的边界曲面方程发生改变,则 Ω 需分割为更小的区域.类似地,可将 Ω 投影到其他坐标面得到不同的积分次序.

(2) 先二后一法.将积分区域 Ω 投影到 z 轴,得投影区间 $[c_1,c_2]$,过区间 $[c_1,c_2]$ 内任一点 z 作平行于 xOy 面的平面与 Ω 相交得一截面区域,写出该截面区域 D_z.连续上下移动该截面,若截面区域 D_z 的边界曲线方程保持一致,则

$$\iiint_{\Omega} f(x,y,z)\mathrm{d}v = \int_{c_1}^{c_2} \mathrm{d}z \iint_{D_z} f(x,y,z)\mathrm{d}x\mathrm{d}y.$$

若截面移动过程中,D_z 的边界曲线方程发生改变,则 Ω 需分割为更小的区域.类似地,可将 Ω 投影到其他坐标轴得到不同的积分次序.

题 3 如何利用对称性化简三重积分?

解 (1) 设函数 $f(x,y,z)$ 可积.若积分区域 Ω 关于坐标面 $z = 0$,即 xOy 面对称,则

① $\iiint_{\Omega} f(x,y,z)\mathrm{d}v = 0$,其中 $f(x,y,z)$ 是 z 的奇函数;

② $\iiint_{\Omega} f(x,y,z)\mathrm{d}v = 2\iiint_{\Omega_{\text{上}}} f(x,y,z)\mathrm{d}v$,其中 $f(x,y,z)$ 是 z 的偶函数.

(2) 若三个积分变量 x,y,z 在积分区域 Ω 的方程中具有轮换对称性,则

$$\iiint_{\Omega} g(x)\mathrm{d}v = \iiint_{\Omega} g(y)\mathrm{d}v = \iiint_{\Omega} g(z)\mathrm{d}v = \frac{1}{3}\iiint_{\Omega} [g(x)+g(y)+g(z)]\mathrm{d}v.$$

题 4 计算三重积分时,如何选择坐标系?

解 一般而言,若积分区域 Ω 的投影区域是 X-型或 Y-型区域,则直接用直角坐标计算;若被积函数为 $f(x^2 \pm y^2)$,$f\left(\dfrac{y}{x}\right)$,$f(xy)$,积分区域是由圆柱面(或圆柱面的一部分)、锥面、抛物面所围成的,则采用柱面坐标比较方便;若积分区域是球形或球的一部分,或上部分是球面、下半部分是顶点在坐标原点的锥面,被积函数为 $f(x^2 + y^2 + z^2)$,则采用球面坐标比较方便.

（三）范例分析

例 1　化三重积分 $\iiint\limits_{\Omega} f(x,y,z)\mathrm{d}x\mathrm{d}y\mathrm{d}z$ 为三次积分，其中积分区域 Ω 是：

（1）由曲面 $z = xy$，$\dfrac{x^2}{a^2} + \dfrac{y^2}{b^2} = 1$ 及平面 $z = 0$ 所围成的在第一卦限内的闭区域；

（2）由六个平面 $x = 0$，$x = 2$，$y = 1$，$x + 2y = 4$，$z = x$，$z = 2$ 所围成的闭区域；

（3）由曲面 $z = x^2 + 2y^2$ 及 $z = 2 - x^2$ 所围成的闭区域.

解　（1）如图 $9-24$ 所示，积分区域 Ω 可表示为

$$\Omega = \left\{(x,y,z) \,\middle|\, 0 \leqslant z \leqslant xy, 0 \leqslant y \leqslant b\sqrt{1 - \frac{x^2}{a^2}}, 0 \leqslant x \leqslant a\right\},$$

Ω 在 xOy 面上的投影区域为

$$D = \left\{(x,y) \,\middle|\, 0 \leqslant y \leqslant b\sqrt{1 - \frac{x^2}{a^2}}, 0 \leqslant x \leqslant a\right\}.$$

故

$$\iiint\limits_{\Omega} f(x,y,z)\mathrm{d}x\mathrm{d}y\mathrm{d}z = \iint\limits_{D}\mathrm{d}x\mathrm{d}y\int_0^{xy} f(x,y,z)\mathrm{d}z = \int_0^a \mathrm{d}x \int_0^{b\sqrt{1 - \frac{x^2}{a^2}}} \mathrm{d}y \int_0^{xy} f(x,y,z)\mathrm{d}z.$$

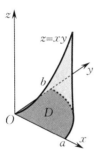
图 $9-24$

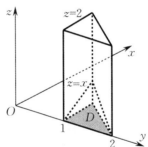
图 $9-25$

（2）如图 $9-25$ 所示，易知积分区域 Ω 介于平面 $z = x$ 与 $z = 2$ 之间，即 $x \leqslant z \leqslant 2$，$\Omega$ 在 xOy 面上的投影区域为 $D = \left\{(x,y) \,\middle|\, 0 \leqslant x \leqslant 2, 1 \leqslant y \leqslant 2 - \dfrac{x}{2}\right\}$. 故

$$\iiint\limits_{\Omega} f(x,y,z)\mathrm{d}x\mathrm{d}y\mathrm{d}z = \iint\limits_{D}\mathrm{d}x\mathrm{d}y\int_x^2 f(x,y,z)\mathrm{d}z = \int_0^2 \mathrm{d}x \int_1^{2 - \frac{x}{2}} \mathrm{d}y \int_x^2 f(x,y,z)\mathrm{d}z.$$

（3）积分区域 Ω 由开口向上的椭圆抛物面 $z = x^2 + 2y^2$ 与抛物柱面 $z = 2 - x^2$ 所围成，不难求得两曲面的交线在 xOy 面上的投影为 $x^2 + y^2 = 1$，则 Ω 在 xOy 面上的投影区域为 $D = \{(x,y) \mid x^2 + y^2 \leqslant 1\}$. 故

$$\iiint\limits_{\Omega} f(x,y,z)\mathrm{d}x\mathrm{d}y\mathrm{d}z = \int_{-1}^1 \mathrm{d}x \int_{-\sqrt{1-x^2}}^{\sqrt{1-x^2}} \mathrm{d}y \int_{x^2+2y^2}^{2-x^2} f(x,y,z)\mathrm{d}z.$$

例 2　设三重积分 $I = \iiint\limits_{\Omega} x\sin^2 y\,\mathrm{d}v$，其中 Ω 是由平面 $y = -x$，$y = x$，$y + z = 1$ 及 $z = 0$ 所围成的闭区域.

(1) 作出 I 的积分区域 Ω 的图形；

(2) 把 I 化为不同积分次序的累次积分；

(3) 任选其中一种积分次序计算 I 值.

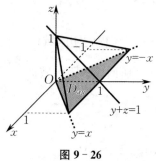

图 9-26

解 (1) 积分区域 Ω 的图形如图 9-26 所示.

(2) 把 I 化为不同积分次序的累次积分：

① 先对 z 积分，z 的变化范围为 $0 \leqslant z \leqslant 1-y$. Ω 在 xOy 面上的投影区域 D_{xy} 如图 9-26 阴影部分所示. 故

$$I = \iiint\limits_{\Omega} x\sin^2 y \, \mathrm{d}v = \int_0^1 \sin^2 y \mathrm{d}y \int_{-y}^{y} x \mathrm{d}x \int_0^{1-y} \mathrm{d}z$$

$$= \int_{-1}^0 x \mathrm{d}x \int_{-x}^1 \sin^2 y \mathrm{d}y \int_0^{1-y} \mathrm{d}z + \int_0^1 x \mathrm{d}x \int_x^1 \sin^2 y \mathrm{d}y \int_0^{1-y} \mathrm{d}z.$$

② 先对 x 积分，x 的变化范围为 $-y \leqslant x \leqslant y$. Ω 在 yOz 面上的投影区域 D_{yz} 如图 9-27(a) 所示. 故

$$I = \iiint\limits_{\Omega} x\sin^2 y \, \mathrm{d}v = \int_0^1 \mathrm{d}z \int_0^{1-z} \sin^2 y \mathrm{d}y \int_{-y}^y x \mathrm{d}x = \int_0^1 \sin^2 y \mathrm{d}y \int_0^{1-y} \mathrm{d}z \int_{-y}^y x \mathrm{d}x.$$

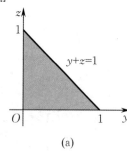

(a)

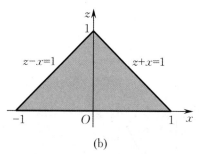

(b)

图 9-27

③ 先对 y 积分. 此时需将 Ω 分为 Ω_1 和 Ω_2 两部分，Ω_1 是 Ω 位于 yOz 面后面的部分，Ω_2 则是前面的部分. Ω 在 zOx 面上的投影区域 D_{zx} 如图 9-27(b) 所示. 故

$$I = \iiint\limits_{\Omega} x\sin^2 y \, \mathrm{d}v = \int_{-1}^0 x \mathrm{d}x \int_0^{1+x} \mathrm{d}z \int_{-x}^{1-z} \sin^2 y \mathrm{d}y + \int_0^1 x \mathrm{d}x \int_0^{1-x} \mathrm{d}z \int_x^{1-z} \sin^2 y \mathrm{d}y$$

$$= \int_0^1 \mathrm{d}z \int_{z-1}^0 x \mathrm{d}x \int_{-x}^{1-z} \sin^2 y \mathrm{d}y + \int_0^1 \mathrm{d}z \int_0^{1-z} x \mathrm{d}x \int_x^{1-z} \sin^2 y \mathrm{d}y.$$

(3) $I = \iiint\limits_{\Omega} x\sin^2 y \, \mathrm{d}v = \int_0^1 \sin^2 y \mathrm{d}y \int_{-y}^y x \mathrm{d}x \int_0^{1-y} \mathrm{d}z = 0.$

例 3 计算 $\iiint\limits_{\Omega} xy^2 z^3 \mathrm{d}v$，其中 Ω 是由曲面 $z = xy,y = x,x = 1,z = 0$ 所围成的闭区域.

解 依题意，如图 9-28 所示，积分区域 Ω 可表示为 $0 \leqslant z \leqslant xy,0 \leqslant y \leqslant x,0 \leqslant x \leqslant 1$. 故

$$\iiint\limits_{\Omega} xy^2 z^3 \mathrm{d}v = \int_0^1 x \mathrm{d}x \int_0^x y^2 \mathrm{d}y \int_0^{xy} z^3 \mathrm{d}z = \frac{1}{4} \int_0^1 x^5 \mathrm{d}x \int_0^x y^6 \mathrm{d}y = \frac{1}{28} \int_0^1 x^{12} \mathrm{d}x = \frac{1}{364}.$$

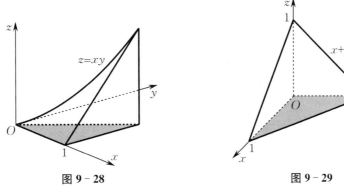

图 9 - 28   图 9 - 29

例 4 计算 $\displaystyle\iiint\limits_{\Omega}\frac{\mathrm{d}v}{(1+x+y+z)^3}$,其中 Ω 是由 $x=0,y=0,z=0$ 和 $x+y+z=1$ 所围成的四面体.

解 如图 9 - 29 所示,Ω 在 xOy 面上的投影区域为 $D_{xy}:0\leqslant x\leqslant 1,0\leqslant y\leqslant 1-x$. 故

$$\iiint\limits_{\Omega}\frac{\mathrm{d}v}{(1+x+y+z)^3}=\int_0^1\mathrm{d}x\int_0^{1-x}\mathrm{d}y\int_0^{1-x-y}\frac{\mathrm{d}z}{(1+x+y+z)^3}$$

$$=\int_0^1\mathrm{d}x\int_0^{1-x}\mathrm{d}y\int_0^{1-x-y}\frac{\mathrm{d}(1+x+y+z)}{(1+x+y+z)^3}$$

$$=-\frac{1}{2}\int_0^1\mathrm{d}x\int_0^{1-x}\frac{1}{(1+x+y+z)^2}\Big|_0^{1-x-y}\mathrm{d}y$$

$$=-\frac{1}{2}\int_0^1\mathrm{d}x\int_0^{1-x}\Big[\frac{1}{4}-\frac{1}{(1+x+y)^2}\Big]\mathrm{d}y$$

$$=-\frac{1}{2}\int_0^1\Big(\frac{1}{4}y+\frac{1}{1+x+y}\Big)\Big|_0^{1-x}\mathrm{d}x$$

$$=-\frac{1}{2}\int_0^1\Big[\frac{1}{4}(1-x)+\frac{1}{2}-\frac{1}{1+x}\Big]\mathrm{d}x$$

$$=-\frac{1}{2}\Big[-\frac{1}{4}\frac{(1-x)^2}{2}+\frac{1}{2}x-\ln(1+x)\Big]\Big|_0^1=\frac{1}{2}\Big(\ln 2-\frac{5}{8}\Big).$$

例 5 计算 $\displaystyle\iiint\limits_{\Omega}\mathrm{e}^{|z|}\mathrm{d}v$,其中 $\Omega:x^2+y^2+z^2\leqslant 1$.

解 被积函数仅为 z 的函数,且关于 z 为偶函数. 在积分区域内作平面垂直于 z 轴截该积分区域,截面为圆域 $D_z:x^2+y^2\leqslant 1-z^2$,故采用先二后一法,并利用对称性得

$$\iiint\limits_{\Omega}\mathrm{e}^{|z|}\mathrm{d}v=2\iiint\limits_{\Omega_{\text{上}}}\mathrm{e}^z\mathrm{d}v=2\int_0^1\mathrm{e}^z\mathrm{d}z\iint\limits_{D_z}\mathrm{d}x\mathrm{d}y=2\int_0^1\mathrm{e}^z\big[\pi(1-z^2)\big]\mathrm{d}z$$

$$=2\pi\int_0^1\mathrm{e}^z\mathrm{d}z-2\pi\int_0^1 z^2\mathrm{e}^z\mathrm{d}z=2\pi(\mathrm{e}-1)-2\pi\int_0^1 z^2\mathrm{d}(\mathrm{e}^z)$$

$$=2\pi(\mathrm{e}-1)-2\pi\Big[z^2\mathrm{e}^z\Big|_0^1-\int_0^1\mathrm{e}^z\mathrm{d}(z^2)\Big]$$

$$=-2\pi+4\pi\int_0^1 z\mathrm{e}^z\mathrm{d}z=-2\pi+4\pi\int_0^1 z\mathrm{d}(\mathrm{e}^z)$$

$$=-2\pi+4\pi\Big(z\mathrm{e}^z\Big|_0^1-\int_0^1\mathrm{e}^z\mathrm{d}z\Big)=2\pi.$$

例6 设函数 $f(z)$ 在区间 $(-\infty, +\infty)$ 上可积,证明:

$$\iiint\limits_{\Omega} f(z)\mathrm{d}v = \pi \int_{-1}^{1}(1-z^2)f(z)\mathrm{d}z,$$

其中 Ω 是由球面 $x^2 + y^2 + z^2 = 1$ 所围成的空间闭区域.

证法一 直接在直角坐标系下计算.

$$\iiint\limits_{\Omega} f(z)\mathrm{d}v = \int_{-1}^{1}f(z)\mathrm{d}z \int_{-\sqrt{1-z^2}}^{\sqrt{1-z^2}}\mathrm{d}y \int_{-\sqrt{1-y^2-z^2}}^{\sqrt{1-y^2-z^2}}\mathrm{d}x = 2\int_{-1}^{1}f(z)\mathrm{d}z \int_{-\sqrt{1-z^2}}^{\sqrt{1-z^2}}\sqrt{1-y^2-z^2}\,\mathrm{d}y$$

$$= 2\int_{-1}^{1}f(z)\left(\frac{y}{2}\sqrt{1-y^2-z^2} + \frac{1-z^2}{2}\arcsin\frac{y}{\sqrt{1-z^2}}\right)\Bigg|_{-\sqrt{1-z^2}}^{\sqrt{1-z^2}}\mathrm{d}z$$

$$= \pi\int_{-1}^{1}f(z)(1-z^2)\mathrm{d}z.$$

证法二 被积函数只含 z,且作垂直于 z 轴的平面截积分区域 Ω 得截面为圆域 $D_z: x^2 + y^2 \leqslant 1-z^2$,面积易于计算,故可采用先二后一法.

$$\iiint\limits_{\Omega} f(z)\mathrm{d}v = \int_{-1}^{1}f(z)\mathrm{d}z \iint\limits_{D_z}\mathrm{d}x\mathrm{d}y = \pi\int_{-1}^{1}f(z)(1-z^2)\mathrm{d}z.$$

例7 计算 $\iiint\limits_{\Omega}(x^2+y^2)\mathrm{d}v$,其中 Ω 为圆 $(x-b)^2 + z^2 = a^2 (0<a<b)$ 绕 z 轴旋转一周所成的空间环形闭区域.

解 被积函数不含 z,且作垂直于 z 轴的平面截积分区域 Ω 得截面为圆环,易于计算,则可采用先二后一法. 而二重积分的区域为圆环,故可做极坐标变换.

$$\iiint\limits_{\Omega}(x^2+y^2)\mathrm{d}v = \int_{-a}^{a}\mathrm{d}z \iint\limits_{D_z}(x^2+y^2)\mathrm{d}x\mathrm{d}y = \int_{-a}^{a}\mathrm{d}z \int_{0}^{2\pi}\mathrm{d}\theta \int_{b-\sqrt{a^2-z^2}}^{b+\sqrt{a^2-z^2}}\rho^2 \cdot \rho\mathrm{d}\rho$$

$$= \frac{\pi}{2}\int_{-a}^{a}\left[(b+\sqrt{a^2-z^2})^4 - (b-\sqrt{a^2-z^2})^4\right]\mathrm{d}z$$

$$= 8\pi b\int_{0}^{a}\left[b^2\sqrt{a^2-z^2} + (a^2-z^2)^{\frac{3}{2}}\right]\mathrm{d}z$$

$$= 8\pi b\int_{0}^{\frac{\pi}{2}}(b^2 a\cos t + a^3\cos^3 t)a\cos t\mathrm{d}t = \frac{\pi^2 a^2 b(4b^2 + 3a^2)}{2}.$$

例8 选用适当的坐标计算下列三重积分:

(1) $\iiint\limits_{\Omega}z\mathrm{d}v$,其中 Ω 是由曲面 $z = \sqrt{2-x^2-y^2}$ 及 $z = x^2 + y^2$ 所围成的闭区域;

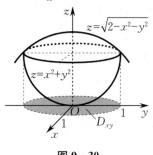

图 9 - 30

(2) $\iiint\limits_{\Omega}(x^2+y^2)\mathrm{d}v$,其中 Ω 是由曲面 $x^2 + y^2 = 2z$ 及 $z = 2$ 所围成的闭区域.

解 (1) **解法一** Ω 是由上半球面和旋转抛物面所围成的闭区域,如图 9 - 30 所示. 它在 xOy 面上的投影区域 $D_{xy} = \{(x,y) \mid x^2 + y^2 \leqslant 1\}$,利用柱面坐标,$\Omega$ 可用不等式表示为

$$\rho^2 \leqslant z \leqslant \sqrt{2-\rho^2}, 0 \leqslant \rho \leqslant 1, 0 \leqslant \theta \leqslant 2\pi.$$

于是

$$\iiint_{\Omega} z\,\mathrm{d}v = \iiint_{\Omega} z\rho\,\mathrm{d}\rho\,\mathrm{d}\theta\,\mathrm{d}z = \int_0^{2\pi}\mathrm{d}\theta\int_0^1\rho\,\mathrm{d}\rho\int_{\rho^2}^{\sqrt{2-\rho^2}} z\,\mathrm{d}z$$

$$= \frac{1}{2}\int_0^{2\pi}\mathrm{d}\theta\int_0^1\rho(2-\rho^2-\rho^4)\,\mathrm{d}\rho$$

$$= \frac{1}{2}\cdot 2\pi\left(\rho^2 - \frac{\rho^4}{4} - \frac{\rho^6}{6}\right)\Big|_0^1 = \frac{7\pi}{12}.$$

解法二 Ω 可用不等式表示为

$$x^2+y^2\leqslant 1, \quad x^2+y^2\leqslant z\leqslant \sqrt{2-x^2-y^2}.$$

于是,可采用先一后二法,再做极坐标变换.

$$\iiint_{\Omega} z\,\mathrm{d}v = \iint_{D_{xy}}\mathrm{d}x\mathrm{d}y\int_{x^2+y^2}^{\sqrt{2-x^2-y^2}} z\,\mathrm{d}z = \frac{1}{2}\iint_{x^2+y^2\leqslant 1} z^2\Big|_{x^2+y^2}^{\sqrt{2-x^2-y^2}}\,\mathrm{d}x\mathrm{d}y$$

$$= \frac{1}{2}\iint_{x^2+y^2\leqslant 1}\left[2-x^2-y^2-(x^2+y^2)^2\right]\mathrm{d}x\mathrm{d}y = \frac{1}{2}\int_0^{2\pi}\mathrm{d}\theta\int_0^1\rho(2-\rho^2-\rho^4)\,\mathrm{d}\rho$$

$$= \frac{1}{2}\cdot 2\pi\left(\rho^2 - \frac{\rho^4}{4} - \frac{\rho^6}{6}\right)\Big|_0^1 = \frac{7\pi}{12}.$$

注 利用柱面坐标计算三重积分,可以看作对三重积分的先一后二法中的二重积分做极坐标变换.

(2) $x^2+y^2=2z$ 和 $z=2$ 的交线是平面 $z=2$ 上的圆 $x^2+y^2=4$,故 Ω 在 xOy 面上的投影区域为 $D_{xy}:x^2+y^2\leqslant 4$. 利用柱面坐标,得

$$原式 = \iiint_{\Omega}\rho^2\cdot\rho\,\mathrm{d}\rho\,\mathrm{d}\theta\,\mathrm{d}z = \int_0^{2\pi}\mathrm{d}\theta\int_0^2\rho^3\,\mathrm{d}\rho\int_{\frac{\rho^2}{2}}^2\mathrm{d}z = 2\pi\int_0^2\rho^3\left(2-\frac{\rho^2}{2}\right)\mathrm{d}\rho$$

$$= 2\pi\left(\frac{\rho^4}{2} - \frac{\rho^6}{12}\right)\Big|_0^2 = \frac{16\pi}{3}.$$

例 9 利用球面坐标计算三重积分 $\iiint_{\Omega}(x^2+y^2+z^2)\,\mathrm{d}v$,其中 Ω 是由上半球面 $x^2+y^2+z^2=1(z\geqslant 0)$ 所围成的闭区域.

解 上半球面 $x^2+y^2+z^2=1(z\geqslant 0)$(见图 9-31),用球面坐标表示的方程为 $r=1\left(0\leqslant\varphi\leqslant\dfrac{\pi}{2}, 0\leqslant\theta\leqslant 2\pi\right)$,则积分区域为

$$\Omega = \left\{(r,\varphi,\theta)\,\Big|\,0\leqslant r\leqslant 1, 0\leqslant\varphi\leqslant\frac{\pi}{2}, 0\leqslant\theta\leqslant 2\pi\right\}.$$

故

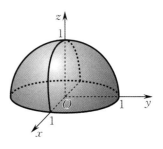

图 9-31

$$原式 = \iiint_{\Omega} r^2\cdot r^2\sin\varphi\,\mathrm{d}r\,\mathrm{d}\theta\,\mathrm{d}\varphi = \int_0^{2\pi}\mathrm{d}\theta\int_0^1 r^4\,\mathrm{d}r\int_0^{\frac{\pi}{2}}\sin\varphi\,\mathrm{d}\varphi = \frac{2\pi}{5}.$$

例 10 利用球面坐标计算三重积分 $\iiint_{\Omega} z\sqrt{x^2+y^2+z^2}\,\mathrm{d}v$,其中 $\Omega:x^2+y^2+z^2\leqslant 1$, $z\geqslant\sqrt{3(x^2+y^2)}$.

解 由题意可知,$\Omega:0\leqslant\theta\leqslant 2\pi, 0\leqslant\varphi\leqslant\dfrac{\pi}{6}, 0\leqslant r\leqslant 1$. 故

$$\text{原式} = \iiint\limits_{\Omega} r\cos\varphi \cdot r \cdot r^2\sin\varphi\, \mathrm{d}r\mathrm{d}\theta\mathrm{d}\varphi = \int_0^{2\pi}\mathrm{d}\theta\int_0^1 r^4\mathrm{d}r\int_0^{\frac{\pi}{6}}\sin\varphi\mathrm{d}(\sin\varphi)$$

$$= \int_0^{2\pi}\mathrm{d}\theta\int_0^1 r^4 \cdot \frac{\sin^2\varphi}{2}\Big|_0^{\frac{\pi}{6}}\mathrm{d}r = \frac{1}{8}\int_0^{2\pi}\frac{r^5}{5}\Big|_0^1\mathrm{d}\theta = \frac{\pi}{20}.$$

例 11 计算 $\iiint\limits_{\Omega} xy\mathrm{d}v$,其中 Ω 是由柱面 $x^2+y^2=1$ 及平面 $z=1,z=0,x=0,y=0$ 所围成的在第一卦限内的闭区域.

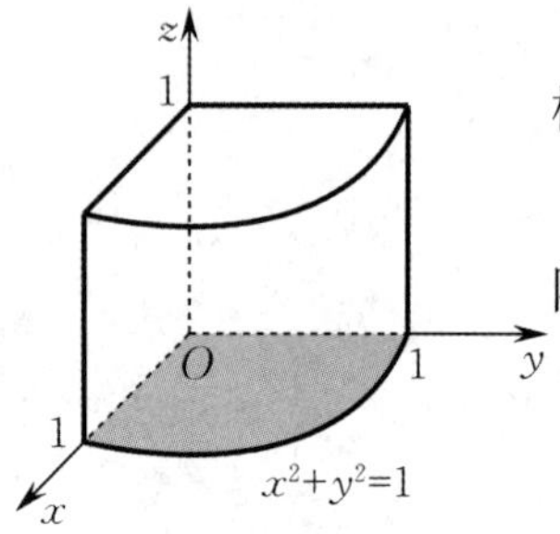

分析 被积函数较简单,区域边界曲面方程含 x^2+y^2,宜采用柱面坐标计算.

解 如图 9-32 所示,Ω 在 xOy 面上的投影区域为位于第一象限的 $\frac{1}{4}$ 个单位圆,Ω 可表示为 $0\leqslant\theta\leqslant\frac{\pi}{2}$,$0\leqslant\rho\leqslant1$,$0\leqslant z\leqslant1$. 故

图 9-32

$$\text{原式} = \iiint\limits_{\Omega} \rho\cos\theta \cdot \rho\sin\theta \cdot \rho\mathrm{d}\rho\mathrm{d}\theta\mathrm{d}z = \int_0^{\frac{\pi}{2}}\sin\theta\cos\theta\mathrm{d}\theta\int_0^1\rho^3\mathrm{d}\rho\int_0^1\mathrm{d}z$$

$$= \frac{1}{4}\int_0^{\frac{\pi}{2}}\sin\theta\mathrm{d}(\sin\theta) = \frac{1}{4}\cdot\frac{\sin^2\theta}{2}\Big|_0^{\frac{\pi}{2}} = \frac{1}{8}.$$

例 12 计算 $\iiint\limits_{\Omega} \sqrt{x^2+y^2}\mathrm{d}v$,其中 Ω 是由平面 $y+z=4,x+y+z=1$ 与圆柱面 $x^2+y^2=1$ 所围成的闭区域.

分析 被积函数与区域边界曲面方程均含 x^2+y^2,宜采用柱面坐标计算.

解 Ω 在 xOy 面上的投影区域为 $D:x^2+y^2\leqslant1$,而当 $(x,y)\in D$ 时,易证 $1-x-y\leqslant 4-y$,所以平面 $z=4-y$ 位于平面 $z=1-x-y$ 的上方. 采用柱面坐标,得

$$\text{原式} = \int_0^{2\pi}\mathrm{d}\theta\int_0^1\rho^2\mathrm{d}\rho\int_{1-\rho\cos\theta-\rho\sin\theta}^{4-\rho\sin\theta}\mathrm{d}z = \int_0^{2\pi}\mathrm{d}\theta\int_0^1(3+\rho\cos\theta)\rho^2\mathrm{d}\rho$$

$$= \int_0^{2\pi}\left(\rho^3+\frac{\rho^4}{4}\cos\theta\right)\Big|_0^1\mathrm{d}\theta = \int_0^{2\pi}\left(1+\frac{1}{4}\cos\theta\right)\mathrm{d}\theta$$

$$= \left(\theta+\frac{1}{4}\sin\theta\right)\Big|_0^{2\pi} = 2\pi.$$

例 13 计算 $\iiint\limits_{\Omega} \sqrt{x^2+y^2+z^2}\mathrm{d}v$,其中 Ω 是由 $x^2+y^2+z^2=z$ 所围成的闭区域.

解 利用球面坐标计算. 题设球面方程可化为 $x^2+y^2+\left(z-\frac{1}{2}\right)^2=\frac{1}{4}$,如图 9-33 所示. 它位于 xOy 面的上方,且与 xOy 面相切,从而 Ω 可表示为 $0\leqslant r\leqslant\cos\varphi$,$0\leqslant\varphi\leqslant\frac{\pi}{2}$,$0\leqslant\theta\leqslant2\pi$. 故

$$\text{原式} = \iiint\limits_{\Omega} r \cdot r^2\sin\varphi\mathrm{d}r\mathrm{d}\theta\mathrm{d}\varphi = \int_0^{2\pi}\mathrm{d}\theta\int_0^{\frac{\pi}{2}}\sin\varphi\mathrm{d}\varphi\int_0^{\cos\varphi}r^3\mathrm{d}r$$

$$= -\frac{1}{4}\int_0^{2\pi}\mathrm{d}\theta\int_0^{\frac{\pi}{2}}\cos^4\varphi\mathrm{d}(\cos\varphi)$$

$$= -\frac{1}{4}\int_0^{2\pi}\frac{\cos^5\varphi}{5}\Big|_0^{\frac{\pi}{2}}\mathrm{d}\theta = \frac{1}{20}\int_0^{2\pi}\mathrm{d}\theta = \frac{\pi}{10}.$$

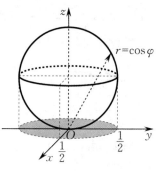

图 9-33

例 14 计算 $\iiint\limits_{\Omega} z^2 \mathrm{d}v$，其中 Ω 是由两个球 $x^2+y^2+z^2 \leqslant R^2$，$x^2+y^2+z^2 \leqslant 2Rz$ $(R>0)$ 所围成的闭区域.

解 利用柱面坐标计算. 积分区域 Ω 的上半曲面是球面 $x^2+y^2+z^2=R^2$，下半曲面是球面 $x^2+y^2+z^2=2Rz$. 两曲面的交线为 $\begin{cases} x^2+y^2+z^2=R^2, \\ x^2+y^2+z^2=2Rz, \end{cases}$ 消去 z 得 $x^2+y^2=\dfrac{3}{4}R^2$，从而 Ω 在 xOy 面上的投影区域为 $D_{xy}:x^2+y^2 \leqslant \dfrac{3}{4}R^2$. 故

$$
\begin{aligned}
\text{原式} &= \int_0^{2\pi} \mathrm{d}\theta \int_0^{\frac{\sqrt{3}}{2}R} \mathrm{d}\rho \int_{R-\sqrt{R^2-\rho^2}}^{\sqrt{R^2-\rho^2}} z^2 \cdot \rho \mathrm{d}z \\
&= \frac{2\pi}{3} \int_0^{\frac{\sqrt{3}}{2}R} \big[(R^2-\rho^2)^{\frac{3}{2}} - (R-\sqrt{R^2-\rho^2})^3 \big] \rho \mathrm{d}\rho \\
&= \frac{2\pi}{3} \int_0^{\frac{\sqrt{3}}{2}R} \big[2(R^2-\rho^2)^{\frac{3}{2}} - 4R^3 + 3R^2\sqrt{R^2-\rho^2} + 3R\rho^2 \big] \rho \mathrm{d}\rho \\
&= \frac{2\pi}{3} \Big(\frac{31}{80}R^5 - \frac{3}{2}R^5 + \frac{7}{8}R^5 + \frac{27}{64}R^5 \Big) = \frac{59}{480}\pi R^5.
\end{aligned}
$$

例 15 求由曲面 $z=6-x^2-y^2$ 及 $z=\sqrt{x^2+y^2}$ 所围立体的体积.

解 利用柱面坐标计算. 积分区域 Ω 的上半曲面是抛物面，下半曲面是开口向上的锥面，由 $\sqrt{x^2+y^2} \leqslant z \leqslant 6-x^2-y^2$ 得 $\rho \leqslant z \leqslant 6-\rho^2$. 又两曲面的交线为 $\begin{cases} z=6-x^2-y^2, \\ z=\sqrt{x^2+y^2}, \end{cases}$ 消去 z 得

$$\sqrt{x^2+y^2}=6-x^2-y^2, \quad \text{即} \quad x^2+y^2=4 \quad (z=2),$$

从而 Ω 在 xOy 面上的投影区域为 $D_{xy}:x^2+y^2 \leqslant 4$. 故

$$V = \iiint\limits_{\Omega} \mathrm{d}v = \int_0^{2\pi} \mathrm{d}\theta \int_0^2 \rho \mathrm{d}\rho \int_\rho^{6-\rho^2} \mathrm{d}z = \frac{32}{3}\pi.$$

（四）同步练习

1. 化三重积分 $I = \iiint\limits_{\Omega} f(x,y,z)\mathrm{d}x\mathrm{d}y\mathrm{d}z$ 为三次积分，其中积分区域 Ω 是由曲面 $xy=z$ 及平面 $x+y-1=0$，$z=0$ 所围成的闭区域.

2. 在直角坐标系下计算下列三重积分：

(1) $\iiint\limits_{\Omega} xyz\mathrm{d}x\mathrm{d}y\mathrm{d}z$，其中 Ω 是由平面 $x=a(a>0)$，$y=x$，$z=y$，$z=0$ 所围成的闭区域；

(2) $\iiint\limits_{\Omega} \dfrac{y\sin x}{x}\mathrm{d}x\mathrm{d}y\mathrm{d}z$，其中 Ω 是由曲面 $y^2=x$ 及平面 $y=0$，$z=0$，$x+z=\dfrac{\pi}{2}$ 所围成的闭区域.

3. 利用球面坐标计算三重积分 $\iiint\limits_{\Omega} z^2 \mathrm{d}x\mathrm{d}y\mathrm{d}z$，其中 Ω 是由两个球 $x^2+y^2+z^2 \leqslant R^2$，$x^2+y^2+z^2 \leqslant 2Rz$ $(R>0)$ 所围成的闭区域.

同步练习简解

1. 解 积分区域 Ω 可表示为 $0 \leqslant x \leqslant 1$，$0 \leqslant y \leqslant 1-x$，$0 \leqslant z \leqslant xy$. Ω 在 xOy 面上的投影区域为 $D = \{(x,y) \mid 0 \leqslant x \leqslant 1, 0 \leqslant y \leqslant 1-x\}$，故

$$I = \iint\limits_{D} dxdy \int_0^{xy} f(x,y,z)dz = \int_0^1 dx \int_0^{1-x} dy \int_0^{xy} f(x,y,z)dz.$$

2. 解 （1）积分区域 Ω 如图 $9-34$ 所示，Ω 可表示为 $0 \leqslant x \leqslant a, 0 \leqslant y \leqslant x, 0 \leqslant z \leqslant y$. 故

$$原式 = \int_0^a dx \int_0^x dy \int_0^y xyzdz = \int_0^a xdx \int_0^x ydy \int_0^y zdz$$

$$= \int_0^a xdx \int_0^x y \cdot \left.\frac{z^2}{2}\right|_0^y dy = \int_0^a xdx \int_0^x \frac{1}{2}y^3dy$$

$$= \int_0^a \frac{1}{8}x^5dx = \left.\frac{1}{48}x^6\right|_0^a = \frac{1}{48}a^6.$$

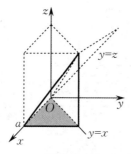
图 $9-34$

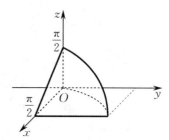
图 $9-35$

（2）积分区域 Ω 如图 $9-35$ 所示，Ω 可表示为 $0 \leqslant x \leqslant \frac{\pi}{2}, 0 \leqslant y \leqslant \sqrt{x}, 0 \leqslant z \leqslant \frac{\pi}{2} - x$. 故

$$原式 = \int_0^{\frac{\pi}{2}} \frac{\sin x}{x}dx \int_0^{\sqrt{x}} ydy \int_0^{\frac{\pi}{2}-x} dz = \int_0^{\frac{\pi}{2}} \frac{\sin x}{x}dx \int_0^{\sqrt{x}} \left(\frac{\pi}{2}-x\right)ydy$$

$$= \int_0^{\frac{\pi}{2}} \left(\frac{\pi}{4} - \frac{x}{2}\right)\sin xdx = \frac{\pi}{4}\int_0^{\frac{\pi}{2}} \sin xdx - \frac{1}{2}\int_0^{\frac{\pi}{2}} x\sin xdx = \frac{\pi}{4} - \frac{1}{2}.$$

3. 解 令 $x = r\sin\varphi\cos\theta, y = r\sin\varphi\sin\theta, z = r\cos\varphi$，则积分区域 Ω 的边界曲面方程化为 $r = R$ 和 $r = 2R\cos\varphi$，Ω 分割为两部分：

$$\Omega_1: 0 \leqslant r \leqslant R, 0 \leqslant \theta \leqslant 2\pi, 0 \leqslant \varphi \leqslant \frac{\pi}{3}, \quad \Omega_2: 0 \leqslant r \leqslant 2R\cos\varphi, 0 \leqslant \theta \leqslant 2\pi, \frac{\pi}{3} \leqslant \varphi \leqslant \frac{\pi}{2}.$$

故

$$原式 = \iiint\limits_{\Omega_1} z^2 dxdydz + \iiint\limits_{\Omega_2} z^2 dxdydz$$

$$= \int_0^{2\pi} d\theta \int_0^{\frac{\pi}{3}} d\varphi \int_0^R r^2\cos^2\varphi \cdot r^2\sin\varphi dr + \int_0^{2\pi} d\theta \int_{\frac{\pi}{3}}^{\frac{\pi}{2}} d\varphi \int_0^{2R\cos\varphi} r^2\cos^2\varphi \cdot r^2\sin\varphi dr$$

$$= \frac{7\pi R^5}{60} + \frac{\pi R^5}{160} = \frac{59\pi R^5}{480}.$$

9.4 重积分的应用

（一）内容提要

应用	求立体的体积、曲面的面积、质量、质心、转动惯量等

（二）析疑解惑

题 1 定积分的应用中有元素法，重积分有没有相应的元素法？

解 在定积分的应用中，广泛应用于求不均匀分布的量的总量时常用的元素法可类似地

推广到重积分情形. 当所求的量 Φ 分布于平面区域 D(或空间区域 Ω),且 Φ 关于区域具有可加性时,若在点 (x,y)(或 (x,y,z)) 处的任意微小区域上,Φ 的部分量 $\Delta\Phi$ 可以近似表示为
$$\mathrm{d}\Phi = f(x,y)\mathrm{d}\sigma \quad (\text{或 } \mathrm{d}\Phi = f(x,y,z)\mathrm{d}v),$$
其中 $\mathrm{d}\sigma$(或 $\mathrm{d}v$) 为该小区域的面积(或体积)元素,且 $\Delta\Phi - \mathrm{d}\Phi$ 是比 $\mathrm{d}\sigma$(或 $\mathrm{d}v$) 高阶的无穷小,则在整个区域上的值可用重积分表示,即
$$\Phi = \iint\limits_{D} f(x,y)\mathrm{d}\sigma \quad \left(\text{或 } \Phi = \iiint\limits_{\Omega} f(x,y,z)\mathrm{d}v\right).$$

题 2 设一区域由 $x=a,x=b,y=f(x),y=0$ 所围成,定积分中导出的该区域绕 x 轴旋转一周所得旋转体的体积公式 $V = \pi\int_a^b f^2(x)\mathrm{d}x$ 与应用三重积分的性质求体积的公式 $V = \iiint\limits_{\Omega}\mathrm{d}v$ 结果是一致的吗?

解 结果是一致的. 三重积分的体积公式 $V = \iiint\limits_{\Omega}\mathrm{d}v$ 计算时,采用先二后一法,将立体投影到 x 轴得区间 $[a,b]$,再过 $[a,b]$ 内任一点作垂直于 x 轴的切面切旋转体,得切口区域 D_x,其中 D_x 为圆域,则
$$V = \iiint\limits_{\Omega}\mathrm{d}v = \int_a^b \mathrm{d}x \iint\limits_{D_x}\mathrm{d}y\mathrm{d}z = \pi\int_a^b f^2(x)\mathrm{d}x.$$

题 3 简述求曲面的面积的一般步骤.
解 求曲面的面积的一般步骤如下:
(1) 确定曲面方程,将曲面方程化为 $z = f(x,y)$;
(2) 将曲面投影到 xOy 面,得投影区域 D_{xy};
(3) 计算面积元素 $\mathrm{d}A = \sqrt{1 + f_x^2(x,y) + f_y^2(x,y)}$;
(4) 用公式计算 $A = \iint\limits_{D_{xy}} \sqrt{1 + f_x^2(x,y) + f_y^2(x,y)}\,\mathrm{d}x\mathrm{d}y.$

类似地,可将曲面投影到不同的坐标面而得到不同的公式,具体见教材.

(三)范例分析

例 1 求球面 $x^2 + y^2 + z^2 = a^2$ 包含在圆柱面 $x^2 + y^2 = ax(a > 0)$ 内部的那一部分的面积.

解 所求面积的那一部分的 $\dfrac{1}{4}$ 图形如图 9-36(a) 阴影部分所示,其在 xOy 面上的投影区域 D 如图 9-36(b) 所示.

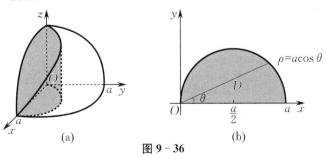

图 9-36

上半球面的方程为 $z = \sqrt{a^2 - x^2 - y^2}$，由 $\dfrac{\partial z}{\partial x} = \dfrac{-x}{\sqrt{a^2 - x^2 - y^2}}$，$\dfrac{\partial z}{\partial y} = \dfrac{-y}{\sqrt{a^2 - x^2 - y^2}}$ 得

$$\sqrt{1 + \left(\frac{\partial z}{\partial x}\right)^2 + \left(\frac{\partial z}{\partial y}\right)^2} = \frac{a}{\sqrt{a^2 - x^2 - y^2}}.$$

由对称性得所求面积为

$$A = 4\iint\limits_{D} \sqrt{1 + \left(\frac{\partial z}{\partial x}\right)^2 + \left(\frac{\partial z}{\partial y}\right)^2} \, \mathrm{d}x\mathrm{d}y = 4\iint\limits_{D} \frac{a}{\sqrt{a^2 - x^2 - y^2}} \mathrm{d}x\mathrm{d}y$$

$$= 4a\iint\limits_{D} \frac{1}{\sqrt{a^2 - \rho^2}} \cdot \rho\mathrm{d}\rho\mathrm{d}\theta = 4a\int_0^{\frac{\pi}{2}} \mathrm{d}\theta \int_0^{a\cos\theta} \frac{\rho}{\sqrt{a^2 - \rho^2}} \mathrm{d}\rho$$

$$= -2a\int_0^{\frac{\pi}{2}} \mathrm{d}\theta \int_0^{a\cos\theta} \frac{1}{\sqrt{a^2 - \rho^2}} \mathrm{d}(a^2 - \rho^2) = -2a\int_0^{\frac{\pi}{2}} 2(a^2 - \rho^2)^{\frac{1}{2}} \Bigg|_0^{a\cos\theta} \mathrm{d}\theta$$

$$= 4a\int_0^{\frac{\pi}{2}} a(1 - \sin\theta)\mathrm{d}\theta = 2a^2(\pi - 2).$$

例 2 半径为 R 的匀质球占有空间闭区域 $\Omega = \{(x, y, z) \mid x^2 + y^2 + z^2 \leqslant R^2\}$，求它对在点 $M_0(0, 0, a)(a > R)$ 处单位质量的质点的引力.

解 取匀质球上任意一点 $M(x, y, z)$，则 $r = |\overrightarrow{M_0M}| = \sqrt{x^2 + y^2 + (z-a)^2}$. 设球的密度为 μ，由球体的对称性及质量分布的均匀性知 $F_x = F_y = 0$，所求的引力沿 z 轴的分量为

$$F_z = \iiint\limits_{\Omega} G\mu \frac{z - a}{[x^2 + y^2 + (z-a)^2]^{\frac{3}{2}}} \mathrm{d}v$$

$$= G\mu \int_{-R}^{R} (z - a)\mathrm{d}z \iint\limits_{x^2+y^2 \leqslant R^2 - z^2} \frac{\mathrm{d}x\mathrm{d}y}{[x^2 + y^2 + (z-a)^2]^{\frac{3}{2}}}$$

$$= G\mu \int_{-R}^{R} (z - a)\mathrm{d}z \int_0^{2\pi} \mathrm{d}\theta \int_0^{\sqrt{R^2 - z^2}} \frac{\rho\mathrm{d}\rho}{[\rho^2 + (z-a)^2]^{\frac{3}{2}}}$$

$$= 2\pi G\mu \int_{-R}^{R} (z - a)\left(\frac{1}{a - z} - \frac{1}{\sqrt{R^2 - 2az + a^2}}\right)\mathrm{d}z$$

$$= 2\pi G\mu \left[-2R + \frac{1}{a}\int_{-R}^{R} (z - a)\mathrm{d}(\sqrt{R^2 - 2az + a^2})\right]$$

$$= 2\pi G\mu \left(-2R + 2R - \frac{2R^3}{3a^3}\right) = -G \cdot \frac{4\pi R^3}{3} \cdot \mu \cdot \frac{1}{a^2} = -G\frac{M}{a^2},$$

其中 $M = \dfrac{4\pi R^3}{3}\mu$ 为球的质量，G 为引力常数. 故所求引力为 $\boldsymbol{F} = \left\{0, 0, -G\dfrac{M}{a^2}\right\}$.

上述结果表明，匀质球对球外一质点的引力如同球的质量集中于球心时两质点间的引力.

例 3 设均匀薄片所占的闭区域 D 由曲线 $y = \sqrt{2px}$ 及直线 $x = x_0$，$y = 0$ 所围成，求此薄片的质心.

解 不妨设该薄片的面密度为 1，则该薄片的质量

$$M = \iint\limits_{D} 1\mathrm{d}x\mathrm{d}y = \int_0^{x_0} \mathrm{d}x \int_0^{\sqrt{2px}} \mathrm{d}y = \int_0^{x_0} \sqrt{2px} \, \mathrm{d}x = \frac{2}{3}x_0\sqrt{2px_0}.$$

又静矩

$$M_x = \iint\limits_{D} y \mathrm{d}x \mathrm{d}y = \int_0^{x_0} \mathrm{d}x \int_0^{\sqrt{2px}} y \mathrm{d}y = \int_0^{x_0} px \mathrm{d}x = \frac{p}{2} x_0^2,$$

$$M_y = \iint\limits_{D} x \mathrm{d}x \mathrm{d}y = \int_0^{x_0} x \mathrm{d}x \int_0^{\sqrt{2px}} \mathrm{d}y = \frac{2}{5} \sqrt{2p} x_0^{\frac{5}{2}},$$

从而质心坐标为

$$\overline{x} = \frac{M_y}{M} = \frac{3}{5} x_0, \quad \overline{y} = \frac{M_x}{M} = \frac{3}{8} \sqrt{2p} x_0 = \frac{3}{8} y_0,$$

即质心在点 $\left(\dfrac{3}{5} x_0, \dfrac{3}{8} y_0 \right)$.

例 4 求由曲面 $z^2 = x^2 + y^2, z = 1$ 所围成的立体的质心(设密度 $\mu = 1$).

解 这是一个锥体,由对称性易知,$\overline{x} = \overline{y} = 0$. 利用柱面坐标计算,投影区域 $D_{xy}: x^2 + y^2 \leqslant 1, \sqrt{x^2 + y^2} \leqslant z \leqslant 1$,即 $\rho \leqslant z \leqslant 1$,于是

$$M = \iiint\limits_{\Omega} 1 \mathrm{d}v = \int_0^{2\pi} \mathrm{d}\theta \int_0^1 \rho \mathrm{d}\rho \int_\rho^1 \mathrm{d}z = \int_0^{2\pi} \mathrm{d}\theta \int_0^1 \rho(1-\rho) \mathrm{d}\rho = \int_0^{2\pi} \left(\frac{\rho^2}{2} - \frac{\rho^3}{3} \right) \Big|_0^1 \mathrm{d}\theta = \frac{\pi}{3}.$$

又静矩

$$M_z = \iiint\limits_{\Omega} \mu z \mathrm{d}v = \int_0^{2\pi} \mathrm{d}\theta \int_0^1 \rho \mathrm{d}\rho \int_\rho^1 z \mathrm{d}z = \frac{1}{2} \int_0^{2\pi} \mathrm{d}\theta \int_0^1 (\rho - \rho^3) \mathrm{d}\rho = \pi \left(\frac{\rho^2}{2} - \frac{\rho^4}{4} \right) \Big|_0^1 = \frac{\pi}{4},$$

所以 $\overline{z} = \dfrac{M_z}{M} = \dfrac{3}{4}$,故质心坐标为 $\left(0, 0, \dfrac{3}{4} \right)$.

例 5 已知一球体 $x^2 + y^2 + z^2 \leqslant 2Rz$ 内各点处的密度的大小等于该点到坐标原点的距离的平方,求该球体的质心.

解 依题意,密度函数 $\mu = x^2 + y^2 + z^2$. 由于此球体关于 zOx 面,yOz 面对称,所以 $\overline{x} = \overline{y} = 0$,下面求 $\overline{z}$. 记 Ω 为该球体,用球面坐标计算三重积分,将球面坐标代入球面方程,得 $0 \leqslant r \leqslant 2R\cos\varphi$,又易见 $0 \leqslant \theta \leqslant 2\pi, 0 \leqslant \varphi \leqslant \dfrac{\pi}{2}$,于是

$$M = \iiint\limits_{\Omega} \mu(x, y, z) \mathrm{d}v = \iiint\limits_{\Omega} (x^2 + y^2 + z^2) \mathrm{d}v$$

$$= \int_0^{2\pi} \mathrm{d}\theta \int_0^{\frac{\pi}{2}} \mathrm{d}\varphi \int_0^{2R\cos\varphi} r^2 \cdot r^2 \sin\varphi \mathrm{d}r = \frac{1}{5} \int_0^{2\pi} \mathrm{d}\theta \int_0^{\frac{\pi}{2}} \left(r^5 \Big|_0^{2R\cos\varphi} \right) \sin\varphi \mathrm{d}\varphi$$

$$= -\frac{32R^5}{5} \int_0^{2\pi} \mathrm{d}\theta \int_0^{\frac{\pi}{2}} \cos^5\varphi \mathrm{d}(\cos\varphi) = -\frac{32R^5}{5} \int_0^{2\pi} \left(\frac{\cos^6\varphi}{6} \right) \Big|_0^{\frac{\pi}{2}} \mathrm{d}\theta = \frac{32}{15} \pi R^5.$$

又静矩

$$M_z = \iiint\limits_{\Omega} \mu(x, y, z) z \mathrm{d}v = \int_0^{2\pi} \mathrm{d}\theta \int_0^{\frac{\pi}{2}} \mathrm{d}\varphi \int_0^{2R\cos\varphi} r^2 \cdot r\cos\varphi \cdot r^2 \sin\varphi \mathrm{d}r$$

$$= 2\pi \int_0^{\frac{\pi}{2}} \sin\varphi\cos\varphi \cdot \frac{1}{6} (2R\cos\varphi)^6 \mathrm{d}\varphi = -\frac{64\pi R^6}{3} \int_0^{\frac{\pi}{2}} \cos^7\varphi \mathrm{d}(\cos\varphi)$$

$$= -\frac{64\pi R^6}{3} \cdot \frac{\cos^8\varphi}{8} \Big|_0^{\frac{\pi}{2}} = \frac{8\pi R^6}{3},$$

所以 $\overline{z} = \dfrac{M_z}{M} = \dfrac{5R}{4}$,故该球体的质心坐标为 $\left(0, 0, \dfrac{5R}{4} \right)$.

例 6 一均匀物体（密度 μ 为常量）占有的闭区域 Ω 由曲面 $z = x^2 + y^2$ 和平面 $z = 0, |x| = a, |y| = a$ 所围成. 求：

(1) 该物体的质心；

(2) 该物体对于 z 轴的转动惯量.

解 (1) 由 μ 为常量和该物体关于 zOx 面、yOz 面对称知，$\overline{x} = \overline{y} = 0$. 又

$$M = \iiint\limits_{\Omega} \mu \mathrm{d}v = 4\mu \int_0^a \mathrm{d}x \int_0^a \mathrm{d}y \int_0^{x^2+y^2} \mathrm{d}z = 4\mu \int_0^a \mathrm{d}x \int_0^a (x^2 + y^2)\mathrm{d}y = 4\mu \int_0^a \left(x^2 y + \frac{y^3}{3}\right)\Big|_0^a \mathrm{d}x$$

$$= 4\mu \int_0^a \left(ax^2 + \frac{a^3}{3}\right)\mathrm{d}x = 4\mu \left(\frac{ax^3}{3} + \frac{a^3 x}{3}\right)\Big|_0^a = \frac{8}{3}\mu a^4 = \mu M_0,$$

$$\overline{z} = \frac{1}{M}\iiint\limits_{\Omega} \mu z \mathrm{d}v = \frac{4}{M_0}\int_0^a \mathrm{d}x \int_0^a \mathrm{d}y \int_0^{x^2+y^2} z\mathrm{d}z = \frac{2}{M_0}\int_0^a \mathrm{d}x \int_0^a (x^4 + 2x^2 y^2 + y^4)\mathrm{d}y$$

$$= \frac{2}{M_0}\int_0^a \left(ax^4 + \frac{2}{3}a^3 x^2 + \frac{a^5}{5}\right)\mathrm{d}x = \frac{2}{M_0}\left(\frac{1}{5} + \frac{2}{9} + \frac{1}{5}\right)a^6 = \frac{7}{15}a^2,$$

所以该物体的质心坐标为 $\left(0, 0, \frac{7}{15}a^2\right)$.

(2) $I_z = \iiint\limits_{\Omega} \mu(x^2 + y^2)\mathrm{d}v = 4\mu \int_0^a \mathrm{d}x \int_0^a \mathrm{d}y \int_0^{x^2+y^2} (x^2 + y^2)\mathrm{d}z$

$$= 4\mu \int_0^a \mathrm{d}x \int_0^a (x^4 + 2x^2 y^2 + y^4)\mathrm{d}y = 4\mu \cdot \frac{28}{45}a^6 = \frac{112}{45}\mu a^6.$$

（四）同步练习

1. 求锥面 $z = \sqrt{x^2 + y^2}$ 被柱面 $z^2 = 2x$ 所截部分曲面的面积.

2. 设均匀薄片所占的平面闭区域 D 介于两个圆 $r = a\cos\theta, r = b\cos\theta (0 < a < b)$ 之间，求薄片的质心.

3. 求由直线 $\frac{x}{a} + \frac{y}{b} = 1(a > 0, b > 0)$ 与坐标轴所围成的三角形区域对于 x 轴及坐标原点的转动惯量（面密度 μ 为常数）.

4. 设面密度为常量 μ 的匀质半圆环形薄片占有 xOy 面上的闭区域 $D = \{(x, y) \mid R_1 \leqslant \sqrt{x^2 + y^2} \leqslant R_2, y \geqslant 0\}$，求它对位于 z 轴上点 $M_0(0, 0, a)(a > 0)$ 处的单位质量的质点引力 $\boldsymbol{F}$.

5. 求密度为 ρ 的均匀球体对于过球心的一条轴 l 的转动惯量.

同步练习简解

1. 解 联立方程组 $\begin{cases} z^2 = x^2 + y^2 \\ z^2 = 2x, \end{cases}$ 消去 z 得 $x^2 + y^2 = 2x$，则所求曲面在 xOy 面上的投影区域为 D：$x^2 + y^2 \leqslant 2x$. 又因为锥面方程为 $z = \sqrt{x^2 + y^2}$，所以

$$\frac{\partial z}{\partial x} = \frac{x}{\sqrt{x^2 + y^2}}, \quad \frac{\partial z}{\partial y} = \frac{y}{\sqrt{x^2 + y^2}},$$

$$\sqrt{1 + \left(\frac{\partial z}{\partial x}\right)^2 + \left(\frac{\partial z}{\partial y}\right)^2} = \sqrt{1 + \frac{x^2}{x^2 + y^2} + \frac{y^2}{x^2 + y^2}} = \sqrt{2}.$$

故所求曲面的面积为

$$A = \iint\limits_{D} \sqrt{1 + \left(\frac{\partial z}{\partial x}\right)^2 + \left(\frac{\partial z}{\partial y}\right)^2}\, \mathrm{d}x\mathrm{d}y = \iint\limits_{D} \sqrt{2}\, \mathrm{d}x\mathrm{d}y = 2\int_0^{\frac{\pi}{2}} \mathrm{d}\theta \int_0^{2\cos\theta} \sqrt{2}\, \rho\mathrm{d}\rho$$

$$= 4\sqrt{2}\int_0^{\frac{\pi}{2}} \cos^2\theta\mathrm{d}\theta = 2\sqrt{2}\int_0^{\frac{\pi}{2}} (1 + \cos 2\theta)\mathrm{d}\theta = \sqrt{2}\pi.$$

2. 解   闭区域 D 如图 $9-37$ 阴影部分所示. 因为 D 关于 x 轴对称, 所以 $\bar{y}=0$. 又 D 的面积为

$$A=\iint\limits_{D}\mathrm{d}x\mathrm{d}y=2\int_{0}^{\frac{\pi}{2}}\mathrm{d}\theta\int_{a\cos\theta}^{b\cos\theta}\rho\,\mathrm{d}\rho=\int_{0}^{\frac{\pi}{2}}(b^{2}-a^{2})\cos^{2}\theta\mathrm{d}\theta=\frac{\pi}{4}(b^{2}-a^{2}),$$

故

$$\bar{x}=\frac{1}{A}\iint\limits_{D}x\mathrm{d}x\mathrm{d}y=\frac{2}{A}\int_{0}^{\frac{\pi}{2}}\mathrm{d}\theta\int_{a\cos\theta}^{b\cos\theta}\rho^{2}\cos\theta\mathrm{d}\rho$$

$$=\frac{2}{A}\int_{0}^{\frac{\pi}{2}}\frac{b^{3}-a^{3}}{3}\cos^{4}\theta\mathrm{d}\theta=\frac{a^{2}+ab+b^{2}}{2(a+b)},$$

即所求质心为 $\left(\dfrac{a^{2}+ab+b^{2}}{2(a+b)},0\right)$.

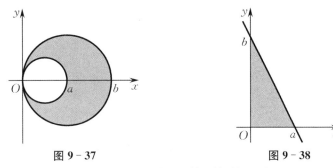

图 $9-37$ 图 $9-38$

3. 解   所围三角形区域 D 如图 $9-38$ 所示, 对于 x 轴的转动惯量为

$$I_{x}=\iint\limits_{D}y^{2}\mu\mathrm{d}x\mathrm{d}y=\int_{0}^{b}\mu y^{2}\mathrm{d}y\int_{0}^{a-\frac{a}{b}y}\mathrm{d}x=\int_{0}^{b}\mu\left(ay^{2}-\frac{a}{b}y^{3}\right)\mathrm{d}y=\frac{ab^{3}}{12}\mu,$$

对于坐标原点的转动惯量为

$$I_{0}=\iint\limits_{D}(x^{2}+y^{2})\mu\mathrm{d}x\mathrm{d}y=\mu\int_{0}^{b}\mathrm{d}y\int_{0}^{a-\frac{a}{b}y}(x^{2}+y^{2})\mathrm{d}x$$

$$=\mu\int_{0}^{b}\left(\frac{x^{3}}{3}+y^{2}x\right)\Big|_{0}^{a-\frac{a}{b}y}\mathrm{d}y=\mu\int_{0}^{b}\left[\frac{a^{3}}{3}\left(1-\frac{y}{b}\right)^{3}+ay^{2}-\frac{a}{b}y^{3}\right]\mathrm{d}y$$

$$=\frac{\mu ab}{12}(b^{2}+a^{2}).$$

4. 解   薄片所占区域 D 如图 $9-39$ 所示. 设匀质薄片上任意一点 $M(x,y,0)$, 则 $r=|\overrightarrow{M_{0}M}|=\sqrt{x^{2}+y^{2}+a^{2}}$. 于是

$$F_{y}=\iint\limits_{D}\frac{G\mu y}{r^{3}}\mathrm{d}\sigma=\iint\limits_{D}\frac{G\mu y}{(x^{2}+y^{2}+a^{2})^{\frac{3}{2}}}\mathrm{d}\sigma$$

$$=\int_{0}^{\pi}\mathrm{d}\theta\int_{R_{1}}^{R_{2}}\frac{G\mu\rho\sin\theta}{(\rho^{2}+a^{2})^{\frac{3}{2}}}\rho\mathrm{d}\rho$$

$$=2G\mu\left(\ln\frac{\sqrt{R_{2}^{2}+a^{2}}+R_{2}}{\sqrt{R_{1}^{2}+a^{2}}+R_{1}}-\frac{R_{2}}{\sqrt{R_{2}^{2}+a^{2}}}+\frac{R_{1}}{\sqrt{R_{1}^{2}+a^{2}}}\right),$$

$$F_{z}=\iint\limits_{D}\frac{G\mu(-a)}{r^{3}}\mathrm{d}\sigma=\iint\limits_{D}\frac{G\mu(-a)}{(x^{2}+y^{2}+a^{2})^{\frac{3}{2}}}\mathrm{d}\sigma$$

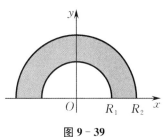

图 $9-39$

$$=-Ga\mu\int_{0}^{\pi}\mathrm{d}\theta\int_{R_{1}}^{R_{2}}\frac{\rho}{(\rho^{2}+a^{2})^{\frac{3}{2}}}\mathrm{d}\rho$$

$$=\pi Ga\mu\left(\frac{1}{\sqrt{R_{2}^{2}+a^{2}}}-\frac{1}{\sqrt{R_{1}^{2}+a^{2}}}\right).$$

因 D 关于 y 轴对称, 且质量均匀分布, 故 $F_{x}=0$. 因此, 所求引力为

$$\boldsymbol{F} = \left\{ 0, 2G\mu \left(\ln \frac{\sqrt{R_2^2 + a^2} + R_2}{\sqrt{R_1^2 + a^2} + R_1} - \frac{R_2}{\sqrt{R_2^2 + a^2}} + \frac{R_1}{\sqrt{R_1^2 + a^2}} \right), \pi Ga\mu \left(\frac{1}{\sqrt{R_2^2 + a^2}} - \frac{1}{\sqrt{R_1^2 + a^2}} \right) \right\}.$$

5. 解 取球心为坐标原点, z 轴为 l 轴. 设球所占区域为 $\Omega: x^2 + y^2 + z^2 \leqslant a^2$, 则

$$I_z = \iiint\limits_{\Omega} (x^2 + y^2) \rho \mathrm{d}x\mathrm{d}y\mathrm{d}z = \rho \iiint\limits_{\Omega} (r^2 \sin^2\varphi \cos^2\theta + r^2 \sin^2\varphi \sin^2\theta) \cdot r^2 \sin\varphi \mathrm{d}r\mathrm{d}\varphi\mathrm{d}\theta$$

$$= \rho \int_0^{2\pi} \mathrm{d}\theta \int_0^{\pi} \sin^3\varphi \mathrm{d}\varphi \int_0^a r^4 \mathrm{d}r = \frac{8\pi\rho a^5}{15}.$$

复习题

一、选择题

1. 设函数 $f(x,y)$ 在矩形闭区域 $D = \{(x,y) \mid a \leqslant x \leqslant b, c \leqslant y \leqslant d\}$ 上有二阶连续偏导数, 则 $\iint\limits_{D} \frac{\partial^2 f(x,y)}{\partial x \partial y} \mathrm{d}x\mathrm{d}y$ 的值为(   ).

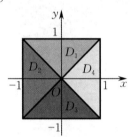

图 9 - 40

    A. $f(a,d) - f(b,d) - f(b,c) + f(a,c)$

    B. $f(b,d) - f(a,d) - f(b,c) + f(a,c)$

    C. $f(b,d) - f(a,d) - f(a,c) + f(b,c)$

    D. $f(a,d) - f(b,d) - f(a,c) + f(b,c)$

2. 如图 9 - 40 所示, 正方形 $\{(x,y) \mid |x| \leqslant 1, |y| \leqslant 1\}$ 被其对角线划分为四个区域 $D_k (k = 1,2,3,4)$, $I_k = \iint\limits_{D_k} y \cos x \mathrm{d}x\mathrm{d}y$, 则 $\max\limits_{1 \leqslant k \leqslant 4} I_k = ($ $)$.

    A. I_1 B. I_2

    C. I_3 D. I_4

3. 设 $f(x,y,z)$ 为 $\mathbf{R}^3$ 上的连续函数, $I = \int_0^1 \mathrm{d}y \int_y^1 \mathrm{d}x \int_0^y f(x,y,z) \mathrm{d}z$, 则有(   ).

A. $I = \int_0^1 \mathrm{d}x \int_x^1 \mathrm{d}y \int_0^y f(x,y,z) \mathrm{d}z$

B. $I = \int_0^1 \mathrm{d}z \int_z^1 \mathrm{d}y \int_0^y f(x,y,z) \mathrm{d}x$

C. $I = \int_0^1 \mathrm{d}z \int_z^1 \mathrm{d}x \int_z^x f(x,y,z) \mathrm{d}y$

D. $I = \int_0^1 \mathrm{d}x \int_x^1 \mathrm{d}z \int_0^z f(x,y,z) \mathrm{d}y$

4. 设 $f(x,y,z)$ 为连续函数, 则 $\int_0^{\frac{\pi}{4}} \mathrm{d}\theta \int_0^1 f(\rho\cos\theta, \rho\sin\theta) \rho \mathrm{d}\rho$ 等于(   ).

A. $\int_0^{\frac{\sqrt{2}}{2}} \mathrm{d}x \int_x^{\sqrt{1-x^2}} f(x,y) \mathrm{d}y$

B. $\int_0^{\frac{\sqrt{2}}{2}} \mathrm{d}x \int_0^{\sqrt{1-x^2}} f(x,y) \mathrm{d}y$

C. $\int_0^{\frac{\sqrt{2}}{2}} \mathrm{d}y \int_y^{\sqrt{1-y^2}} f(x,y) \mathrm{d}x$

D. $\int_0^{\frac{\sqrt{2}}{2}} \mathrm{d}y \int_0^{\sqrt{1-y^2}} f(x,y) \mathrm{d}x$

5. 设 $f(x)$ 为连续函数. 已知 $F(t) = \int_1^t \mathrm{d}y \int_y^t f(x) \mathrm{d}x$, 则 $F'(2)$ 等于(   ).

A. $2f(2)$ B. $f(2)$ C. $-f(2)$ D. 0

二、解答题

1. 计算下列二重积分:

(1) $\iint\limits_{D} (x^2 + 2x + \sin y + 19) \mathrm{d}\sigma$, 其中 D 是由圆周 $x^2 + y^2 = R^2$ 所围成的闭区域;

(2) $\iint\limits_{D} \sqrt{x^2 + y^2} \mathrm{d}x\mathrm{d}y$, 其中 D 是由曲线 $y = x^4$ 与直线 $y = x$ 所围成的闭区域;

(3) $\iint\limits_{D} \frac{1 + xy}{1 + x^2 + y^2} \mathrm{d}x\mathrm{d}y$, 其中 $D = \{(x,y) \mid x^2 + y^2 \leqslant 1, x \geqslant 0\}$;

(4) $\iint\limits_{D} xy\mathrm{d}\sigma$,其中 D 是由曲线 $\rho=\sin 2\theta\left(0\leqslant\theta\leqslant\dfrac{\pi}{2}\right)$ 所围成的闭区域.

2. 把三重积分 $\iiint\limits_{\Omega} f(x,y,z)\mathrm{d}x\mathrm{d}y\mathrm{d}z$ 化为三次积分,其中积分区域 Ω 是由曲面 $z=x^2+y^2$,$y=x^2$ 及平面 $y=1$,$z=0$ 所围成的闭区域.

3. 计算下列三重积分:

(1) $\iiint\limits_{\Omega}(x+y+z)^2\mathrm{d}v$,其中 Ω 是由圆柱面 $x^2+y^2=1$ 和平面 $z=1$,$z=-1$ 所围成的闭区域;

(2) $\iiint\limits_{\Omega}(x^3+y^3+z^3)\mathrm{d}v$,其中 Ω 是由半球面 $x^2+y^2+z^2=2z(z\geqslant 1)$ 和锥面 $z=\sqrt{x^2+y^2}$ 所围成的闭区域.

4. 求平面 $\dfrac{x}{a}+\dfrac{y}{b}+\dfrac{z}{c}=1$ 被三个坐标面所截有限部分的面积.

5. 在半径为 R 的均匀半圆形薄片的直径上,要接上一个一边与直径等长的同样材料的均匀矩形薄片,为了使整个均匀薄片的质心恰好落在圆心上,问:接上去的均匀矩形薄片另一边的长度应是多少(设密度 $\mu=1$)?

6. 密度均匀的平面薄片由曲线 $y=x^2$ 和直线 $x=0$,$y=t>0(t>0,t$ 可变$)$ 所围成,求该可变面积平面薄片的质心轨迹.

7. 求由抛物线 $y=x^2$ 及直线 $y=1$ 所围成的均匀薄片(面密度为常数 μ)对于直线 $y=-1$ 的转动惯量.

8. 计算 $I=\displaystyle\int_0^1\mathrm{d}x\int_x^1\mathrm{d}y\int_y^1\sqrt{1+z^4}\,\mathrm{d}z$.

三、证明题

证明:$\displaystyle\int_0^a\mathrm{d}y\int_0^y\mathrm{e}^{m(a-x)}f(x)\mathrm{d}x=\int_0^a\mathrm{d}x\int_x^a\mathrm{e}^{m(a-x)}f(x)\mathrm{d}y=\int_0^a(a-x)\mathrm{e}^{m(a-x)}f(x)\mathrm{d}x$.

历年考研真题

1. 设平面区域 D 由曲线 $\begin{cases} x=t-\sin t, \\ y=1-\cos t \end{cases}(0\leqslant t\leqslant 2\pi)$ 与 x 轴所围成,求二重积分 $\iint\limits_{D}(x+2y)\mathrm{d}x\mathrm{d}y$. (2018)

2. 已知平面区域 $D=\{(x,y)\mid x^2+y^2\leqslant 2y\}$,求二重积分 $\iint\limits_{D}(x+1)^2\mathrm{d}x\mathrm{d}y$. (2017)

3. 设 D 是由直线 $y=1$,$y=x$,$y=-x$ 所围成的有界闭区域,求二重积分 $\iint\limits_{D}\dfrac{x^2-xy-y^2}{x^2+y^2}\mathrm{d}x\mathrm{d}y$. (2016)

4. 求二重积分 $\iint\limits_{D}x(x+y)\mathrm{d}x\mathrm{d}y$,其中 $D=\{(x,y)\mid x^2+y^2\leqslant 2,y\geqslant x^2\}$. (2015)

5. 已知函数 $f(x,y)$ 满足 $\dfrac{\partial f}{\partial y}=2(y+1)$,且 $f(y,y)=(y+1)^2-(2-y)\ln y$,求曲线 $f(x,y)=0$ 所围图形绕直线 $y=-1$ 旋转一周所成旋转体的体积. (2014)

6. 已知函数 $f(x,y)$ 具有二阶连续偏导数,且

$$f(1,y)=0,\quad f(x,1)=0,\quad \iint\limits_{D}f(x,y)\mathrm{d}x\mathrm{d}y=a,$$

其中 $D = \{(x,y) \mid 0 \leqslant x \leqslant 1, 0 \leqslant y \leqslant 1\}$，求二重积分 $I = \iint\limits_{D} xy f_{xy}(x,y) \mathrm{d}x\mathrm{d}y$. (2011)

7. 设薄片型物体 S 是圆锥面 $z = \sqrt{x^2 + y^2}$ 被柱面 $z^2 = 2x$ 割下的有限部分，其上任一点的密度为 $\mu(x,y,z) = 9\sqrt{x^2 + y^2 + z^2}$，记圆锥面与柱面的交线为 C，求：

(1) C 在 xOy 面上的投影曲线方程；

(2) S 的质量. (2017)

8. 已知平面区域 $D = \left\{(\rho, \theta) \middle| 2 \leqslant \rho \leqslant 2(1 + \cos\theta), -\frac{\pi}{2} \leqslant \theta \leqslant \frac{\pi}{2}\right\}$，求二重积分 $\iint\limits_{D} x \mathrm{d}x\mathrm{d}y$. (2016)

9. 设直线 L 过 $A(1,0,0)$，$B(0,1,1)$ 两点，将 L 绕 z 轴旋转一周得到曲面 Σ，Σ 与平面 $z = 0$，$z = 2$ 所围立体为 Ω，求：

(1) Σ 的方程；

(2) Ω 的形心坐标. (2013)

1. **解** 积分区域 D 是典型的 X-型区域，如图 $9-41$ 所示，但边界曲线由参数方程给出，可暂时以 $y = y(x)$ 表示，于是 D 可用不等式表示为 $0 \leqslant x \leqslant 2\pi$，$0 \leqslant y \leqslant y(x)$，待二重积分化为定积分后再根据参数方程做相应的变量代换，故

$$
\begin{aligned}
\iint\limits_{D} (x + 2y) \mathrm{d}x\mathrm{d}y &= \int_0^{2\pi} \mathrm{d}x \int_0^{y(x)} (x + 2y) \mathrm{d}y = \int_0^{2\pi} \left[xy(x) + y^2(x) \right] \mathrm{d}x \\
&= \int_0^{2\pi} \left[(t - \sin t)(1 - \cos t) + (1 - \cos t)^2 \right] (1 - \cos t) \mathrm{d}t \\
&= \int_0^{2\pi} (t - \sin t)(1 - \cos t)^2 \mathrm{d}t + \int_0^{2\pi} (1 - \cos t)^3 \mathrm{d}t \\
&= \int_0^{2\pi} (t - 2t\cos t + t\cos^2 t) \mathrm{d}t + 5\pi = 3\pi^2 + 5\pi.
\end{aligned}
$$

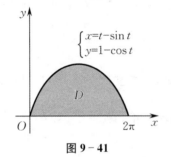

图 9 - 41　　　　　　　图 9 - 42

2. **解** 积分区域 D 如图 $9-42$ 所示，显然区域关于 y 轴对称，记 D_1 为 D 的右半部分，可利用对称性进行计算.

$$
\iint\limits_{D} (x + 1)^2 \mathrm{d}x\mathrm{d}y = \iint\limits_{D} x^2 \mathrm{d}x\mathrm{d}y + 2\iint\limits_{D} x \mathrm{d}x\mathrm{d}y + \iint\limits_{D} \mathrm{d}x\mathrm{d}y,
$$

其中

$$\iint\limits_{D}x^2\mathrm{d}x\mathrm{d}y=2\iint\limits_{D_1}x^2\mathrm{d}x\mathrm{d}y=2\int_0^{\frac{\pi}{2}}\mathrm{d}\theta\int_0^{2\sin\theta}\rho^2\cos^2\theta\cdot\rho\mathrm{d}\rho$$

$$=8\int_0^{\frac{\pi}{2}}\sin^4\theta\cos^2\theta\mathrm{d}\theta=8\int_0^{\frac{\pi}{2}}(\sin^4\theta-\sin^6\theta)\mathrm{d}\theta$$

$$=8\left(\frac{3}{4}\times\frac{1}{2}\times\frac{\pi}{2}-\frac{5}{6}\times\frac{3}{4}\times\frac{1}{2}\times\frac{\pi}{2}\right)=\frac{\pi}{4},$$

$$\iint\limits_{D}x\mathrm{d}x\mathrm{d}y=0,\quad\iint\limits_{D}\mathrm{d}x\mathrm{d}y=\pi,$$

故

$$\iint\limits_{D}(x+1)^2\mathrm{d}x\mathrm{d}y=\iint\limits_{D}x^2\mathrm{d}x\mathrm{d}y+2\iint\limits_{D}x\mathrm{d}x\mathrm{d}y+\iint\limits_{D}\mathrm{d}x\mathrm{d}y=\frac{5\pi}{4}.$$

3. 解 积分区域 D 如图 $9-43$ 所示,显然区域关于 y 轴对称,记 D_1 为 D 的右半部分,可利用对称性进行计算. 故

$$\iint\limits_{D}\frac{x^2-xy-y^2}{x^2+y^2}\mathrm{d}x\mathrm{d}y=2\iint\limits_{D_1}\frac{x^2-y^2}{x^2+y^2}\mathrm{d}x\mathrm{d}y=2\iint\limits_{D_1}\left(1-\frac{2y^2}{x^2+y^2}\right)\mathrm{d}x\mathrm{d}y$$

$$=2\iint\limits_{D_1}\mathrm{d}x\mathrm{d}y-2\iint\limits_{D_1}\frac{2y^2}{x^2+y^2}\mathrm{d}x\mathrm{d}y$$

$$=1-4\int_0^1\mathrm{d}y\int_0^y\frac{1}{1+\left(\frac{x}{y}\right)^2}\mathrm{d}x=1-\frac{\pi}{2}.$$

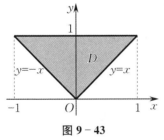

图 9 – 43

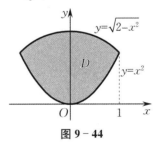

图 9 – 44

4. 解 积分区域 D 如图 $9-44$ 所示,显然区域关于 y 轴对称,记 D_1 为 D 的右半部分,可利用对称性进行计算.

$$\iint\limits_{D}x(x+y)\mathrm{d}x\mathrm{d}y=\iint\limits_{D}x^2\mathrm{d}x\mathrm{d}y+\iint\limits_{D}xy\mathrm{d}x\mathrm{d}y,$$

其中 $\iint\limits_{D}xy\mathrm{d}x\mathrm{d}y=0$,故

$$\iint\limits_{D}x(x+y)\mathrm{d}x\mathrm{d}y=\iint\limits_{D}x^2\mathrm{d}x\mathrm{d}y=2\iint\limits_{D_1}x^2\mathrm{d}x\mathrm{d}y=2\int_0^1\mathrm{d}x\int_{x^2}^{\sqrt{2-x^2}}x^2\mathrm{d}y$$

$$=2\int_0^1x^2(\sqrt{2-x^2}-x^2)\mathrm{d}x=2\int_0^1x^2\sqrt{2-x^2}\mathrm{d}x-\frac{2}{5}$$

$$=8\int_0^{\frac{\pi}{4}}\sin^2t\cos^2t\mathrm{d}t-\frac{2}{5}=\frac{\pi}{4}-\frac{2}{5}.$$

5. 解 由 $\dfrac{\partial f}{\partial y}=2(y+1)$ 得 $f(x,y)=\int 2(y+1)\mathrm{d}y=(y+1)^2+\varphi(x)$,其中 $\varphi(x)$ 为待

定的连续函数. 又由 $f(y,y)=(y+1)^2-(2-y)\ln y$ 得 $\varphi(y)=-(2-y)\ln y$, 从而
$$f(x,y)=(y+1)^2-(2-x)\ln x.$$
故曲线方程为
$$(y+1)^2-(2-x)\ln x=0 \quad (1\leqslant x\leqslant 2),$$
其所围图形绕直线 $y=-1$ 旋转一周所成旋转体的体积为
$$V=\pi\int_1^2(y+1)^2\mathrm{d}x=\pi\int_1^2(2-x)\ln x\mathrm{d}x=\left(2\ln 2-\frac{5}{4}\right)\pi.$$

6. 解 积分区域为矩形区域, 根据被积函数特征, 有
$$I=\iint\limits_{D}xyf_{xy}(x,y)\mathrm{d}x\mathrm{d}y=\int_0^1\mathrm{d}x\int_0^1xyf_{xy}(x,y)\mathrm{d}y=\int_0^1\left[x\int_0^1y\mathrm{d}f_x(x,y)\right]\mathrm{d}x.$$
利用分部积分法, 得
$$\int_0^1y\mathrm{d}f_x(x,y)=yf_x(x,y)\Big|_0^1-\int_0^1f_x(x,y)\mathrm{d}y=-\int_0^1f_x(x,y)\mathrm{d}y,$$
于是
$$I=\int_0^1\left[x\int_0^1y\mathrm{d}f_x(x,y)\right]\mathrm{d}x=-\int_0^1\left[x\int_0^1f_x(x,y)\mathrm{d}y\right]\mathrm{d}x.$$
重新交换积分次序, 得
$$I=\int_0^1\left[x\int_0^1y\mathrm{d}f_x(x,y)\right]\mathrm{d}x=-\int_0^1\left[x\int_0^1f_x(x,y)\mathrm{d}y\right]\mathrm{d}x=-\int_0^1\mathrm{d}y\int_0^1xf_x(x,y)\mathrm{d}x,$$
再利用分部积分法, 得
$$I=-\int_0^1\mathrm{d}y\int_0^1xf_x(x,y)\mathrm{d}x=-\int_0^1\left[\int_0^1x\mathrm{d}f(x,y)\right]\mathrm{d}y$$
$$=-\int_0^1\left[xf(x,y)\Big|_0^1-\int_0^1f(x,y)\mathrm{d}x\right]\mathrm{d}y$$
$$=\int_0^1\left[\int_0^1f(x,y)\mathrm{d}x\right]\mathrm{d}y=\iint\limits_{D}f(x,y)\mathrm{d}x\mathrm{d}y=a.$$

7. 解 (1) 依题意, 曲线 C 的方程为 $\begin{cases}z=\sqrt{x^2+y^2},\\z^2=2x.\end{cases}$ 消去 z 得 $x^2+y^2=2x$, 故曲线 C 在 xOy 面的投影曲线方程为 $\begin{cases}x^2+y^2=2x,\\z=0.\end{cases}$

(2) 物体 S 的方程为 $z=\sqrt{x^2+y^2}$, 于是
$$\mathrm{d}S=\sqrt{1+(z_x')^2+(z_y')^2}\mathrm{d}x\mathrm{d}y=\sqrt{2}\mathrm{d}x\mathrm{d}y,$$
从而 S 的质量为
$$M=\iint\limits_{D}\mu(x,y,z)\mathrm{d}S=\iint\limits_{D}9\sqrt{x^2+y^2+z^2}\mathrm{d}S=9\sqrt{2}\iint\limits_{D}\sqrt{2(x^2+y^2)}\mathrm{d}x\mathrm{d}y,$$
其中 $D=\{(x,y)\mid x^2+y^2\leqslant 2x\}$. 于是
$$M=18\int_{-\frac{\pi}{2}}^{\frac{\pi}{2}}\mathrm{d}\theta\int_0^{2\cos\theta}\rho^2\mathrm{d}\rho=48\int_{-\frac{\pi}{2}}^{\frac{\pi}{2}}\cos^3\theta\mathrm{d}\theta=64.$$

8. 解 积分区域关于 x 轴对称, 可利用对称性计算. 于是

$$\iint\limits_{D} x \, dx \, dy = 2 \int_0^{\frac{\pi}{2}} d\theta \int_2^{2(1+\cos\theta)} \rho^2 \cos\theta \, d\rho = \frac{16}{3} \int_0^{\frac{\pi}{2}} \left[(1+\cos\theta)^3 - 1 \right] \cos\theta \, d\theta$$

$$= \frac{16}{3} \int_0^{\frac{\pi}{2}} \left[3\cos^2\theta + 3\cos^3\theta + \cos^4\theta \right] d\theta = \frac{32}{3} + 5\pi.$$

9. 解 (1) 直线 L 的方向向量为 $s = \overrightarrow{AB} = \{-1, 1, 1\}$,从而 L 的方程为

$$\frac{x-1}{-1} = \frac{y}{1} = \frac{z}{1}, \quad \text{即} \quad \begin{cases} x = 1-z, \\ y = z. \end{cases}$$

故 L 绕 z 轴旋转一周所得曲面 Σ 的方程为

$$x^2 + y^2 = (1-z)^2 + z^2, \quad \text{即} \quad x^2 + y^2 - 2z^2 + 2z - 1 = 0.$$

(2) 从曲面 Σ 的方程可知,Ω 关于 zOx 面及 yOz 面对称,故其形心坐标为

$$\bar{x} = \bar{y} = 0, \quad \bar{z} = \frac{\iiint\limits_{\Omega} z \, dx \, dy \, dz}{\iiint\limits_{\Omega} dx \, dy \, dz}.$$

因为被积函数仅与 z 有关,且用垂直于 z 轴的平面切 Ω,得到的切片为圆盘,面积易于计算,所以使用先二后一法,有

$$\iiint\limits_{\Omega} z \, dx \, dy \, dz = \int_0^2 z \, dz \iint\limits_{D_z} dx \, dy = \int_0^2 z \, dz \iint\limits_{x^2+y^2 \leqslant 2z^2-2z+1} dx \, dy$$

$$= \pi \int_0^2 z(2z^2 - 2z + 1) \, dz = \frac{14\pi}{3},$$

$$\iiint\limits_{\Omega} dx \, dy \, dz = \int_0^2 dz \iint\limits_{D_z} dx \, dy = \int_0^2 dz \iint\limits_{x^2+y^2 \leqslant 2z^2-2z+1} dx \, dy$$

$$= \pi \int_0^2 (2z^2 - 2z + 1) \, dz = \frac{10\pi}{3}.$$

故 Ω 的形心坐标为 $\left(0, 0, \frac{7}{5} \right)$.

第10章　曲线积分与曲面积分

一、知 识 结 构

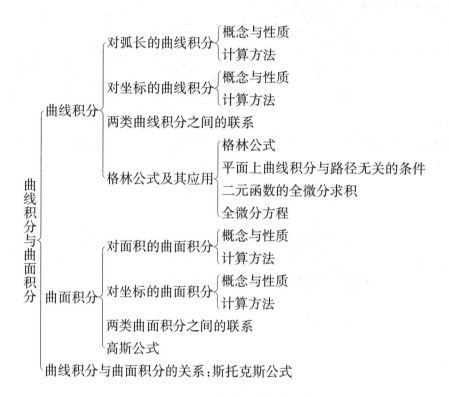

二、学 习 要 求

(1) 理解两类曲线积分的概念;了解两类曲线积分的性质及其相互关系.

(2) 熟练掌握两类曲线积分的计算方法.

(3) 掌握格林公式,并会运用平面上曲线积分与路径无关的条件.

(4) 理解两类曲面积分的概念;了解两类曲面积分的性质及其相互关系;掌握两类曲面积分的计算方法.

(5) 掌握高斯公式,并会利用它计算某些曲面积分;了解斯托克斯公式,并会利用它计算某些曲线积分.

(6) 利用曲线积分及曲面积分解决一些几何与物理问题.

三、同步学习指导

10.1　对弧长的曲线积分

（一）内容提要

对弧长的曲线积分	平面曲线：$\int_L f(x,y)\mathrm{d}s$
	空间曲线：$\int_\Gamma f(x,y,z)\mathrm{d}s$

常用性质	$\int_L [k_1 f(x,y)+k_2 g(x,y)]\mathrm{d}s = k_1\int_L f(x,y)\mathrm{d}s+k_2\int_L g(x,y)\mathrm{d}s$，其中 k_1,k_2 为常数
	若 $L=L_1+L_2$，则 $\int_L f(x,y)\mathrm{d}s = \int_{L_1} f(x,y)\mathrm{d}s+\int_{L_2} f(x,y)\mathrm{d}s$
	$\int_L \mathrm{d}s = L$ 的弧长

计算	平面曲线	$L:\begin{cases} x=x(t),\\ y=y(t), \end{cases} \alpha\leqslant t\leqslant\beta$，其中 $x(t),y(t)$ 具有一阶连续导数，则 $\mathrm{d}s=\sqrt{[x'(t)]^2+[y'(t)]^2}\,\mathrm{d}t$，$\quad\int_L f(x,y)\mathrm{d}s=\int_\alpha^\beta f[x(t),y(t)]\sqrt{[x'(t)]^2+[y'(t)]^2}\,\mathrm{d}t$
		$L:y=f(x),a\leqslant x\leqslant b$，其中 $f(x)$ 具有一阶连续导数，则 $\mathrm{d}s=\sqrt{1+[f'(x)]^2}\,\mathrm{d}x$，$\quad\int_L f(x,y)\mathrm{d}s=\int_a^b f[x,f(x)]\sqrt{1+[f'(x)]^2}\,\mathrm{d}x$
		$L:x=f(y),c\leqslant y\leqslant d$，其中 $f(y)$ 具有一阶连续导数，则 $\mathrm{d}s=\sqrt{1+[f'(y)]^2}\,\mathrm{d}y$，$\quad\int_L f(x,y)\mathrm{d}s=\int_c^d f[f(y),y]\sqrt{1+[f'(y)]^2}\,\mathrm{d}y$
		$L:\rho=\rho(\theta),\alpha\leqslant\theta\leqslant\beta$，则 $\mathrm{d}s=\sqrt{\rho^2+[\rho'(\theta)]^2}\,\mathrm{d}\theta$，$\quad\int_L f(x,y)\mathrm{d}s=\int_\alpha^\beta f(\rho\cos\theta,\rho\sin\theta)\sqrt{\rho^2+[\rho'(\theta)]^2}\,\mathrm{d}\theta$
	空间曲线	$\Gamma:\begin{cases} x=x(t),\\ y=y(t),\\ z=z(t), \end{cases}\alpha\leqslant t\leqslant\beta$，其中 $x(t),y(t),z(t)$ 具有一阶连续导数，则 $\mathrm{d}s=\sqrt{[x'(t)]^2+[y'(t)]^2+[z'(t)]^2}\,\mathrm{d}t$，$\int_\Gamma f(x,y,z)\mathrm{d}s=\int_\alpha^\beta f[x(t),y(t),z(t)]\sqrt{[x'(t)]^2+[y'(t)]^2+[z'(t)]^2}\,\mathrm{d}t$

（二）析疑解惑

‖ **题 1**　定积分可看成对弧长的曲线积分的特例吗？

解　不能. 对弧长的曲线积分要求 $\mathrm{d}s>0$，但定积分中 $\mathrm{d}x$ 可能为负.

题 2　简述计算对弧长的曲线积分的基本步骤.

解　对弧长的曲线积分的计算方法主要是化为定积分,正确表达曲线方程是计算的关键,教材中定理 10.1.1 给出了直角坐标系下显函数表示曲线时的计算方法,对于极坐标情形可类似处理.以 $\int_L f(x,y)\mathrm{d}s$ 为例,一般过程如下:

(1) 给出 L 的参数方程表达式 $L:\begin{cases} x=\varphi(t),\\ y=\psi(t) \end{cases}(\alpha \leqslant t \leqslant \beta)$;

(2) 计算弧微分 $\mathrm{d}s=\sqrt{[\varphi'(t)]^2+[\psi'(t)]^2}\,\mathrm{d}t$;

(3) 计算定积分 $\int_\alpha^\beta f[\varphi(t),\psi(t)]\sqrt{[\varphi'(t)]^2+[\psi'(t)]^2}\,\mathrm{d}t$.

注　对弧长的曲线积分定义中 $\Delta s_i > 0$,故化为定积分时,积分下限必须小于积分上限.

题 3　如何将空间曲线的隐式方程化为参数方程?

解　计算两类曲线积分,当曲线为空间曲线,且曲线方程为隐式方程时,将曲线方程表述为参数方程是其中一种重要的计算方法.其一般步骤如下:

(1) 将方程组 $\begin{cases} F(x,y,z)=0,\\ G(x,y,z)=0 \end{cases}$ 消去 z,得方程 $H(x,y)=0$;

(2) 在平面上将方程 $H(x,y)=0$ 化为参数方程 $\begin{cases} x=x(t),\\ y=y(t) \end{cases}$;

(3) 将参数方程 $\begin{cases} x=x(t)\\ y=y(t) \end{cases}$ 代入方程 $F(x,y,z)=0$ 或 $G(x,y,z)=0$ 即得空间曲线的参数

方程 $\begin{cases} x=x(t),\\ y=y(t),\\ z=z(t). \end{cases}$

题 4　如何利用对称性简化对弧长的曲线积分的计算?

解　计算对弧长的曲线积分,也要注意利用对称性来简化运算.

设 L 可分为对称的两段 L_1 和 L_2.

(1) 如果 $f(x,y)$ 在 L_1 上各点的取值与其在 L_2 上各对称点的取值互为相反,那么

$$\int_L f(x,y)\mathrm{d}s=0;$$

(2) 如果 $f(x,y)$ 在 L_1 上各点的取值与其在 L_2 上各对称点的取值互为相等,那么

$$\int_L f(x,y)\mathrm{d}s=2\int_{L_1} f(x,y)\mathrm{d}s=2\int_{L_2} f(x,y)\mathrm{d}s.$$

题 5　何谓轮换对称性?如何利用?

解　对弧长的曲线积分 $\int_L f(x,y)\mathrm{d}s$,如果平面曲线 L 的方程关于 x,y 具有轮换对称性,即 L 的方程表达式中将 x,y 对调,方程的表达式不变,那么

$$\int_L f(x,y)\mathrm{d}s=\int_L f(y,x)\mathrm{d}s=\frac{1}{2}\int_L [f(x,y)+f(y,x)]\mathrm{d}s.$$

对弧长的曲线积分 $\int_\Gamma f(x,y,z)\mathrm{d}s$,如果空间曲线 Γ 关于 x,y,z 具有轮换对称性,即 Γ 的方程表达式中将 x 换为 y,y 换为 z,z 换为 x,方程的表达式不变,那么

$$\int_\Gamma f(x,y,z)\mathrm{d}s = \int_\Gamma f(y,z,x)\mathrm{d}s = \int_\Gamma f(z,x,y)\mathrm{d}s$$
$$= \frac{1}{3}\int_\Gamma \left[f(x,y,z)+f(y,z,x)+f(z,x,y)\right]\mathrm{d}s.$$

（三）范例分析

例 1 计算曲线积分 $\oint_L (x+2y)\mathrm{d}s$，其中 L 为联结 $O(0,0)$，$A(0,1)$，$B(2,0)$ 三点的闭折线.

分析 L 由三段直线段组成，故要分段积分.

解 如图 $10-1$ 所示，$L = OA + AB + BO$，则

$$\oint_L (x+2y)\mathrm{d}s = \left(\int_{OA}+\int_{AB}+\int_{BO}\right)(x+2y)\mathrm{d}s.$$

因为 OA：$x=0,0\leqslant y\leqslant 1$，所以

$$\mathrm{d}s = \sqrt{1+[x'(y)]^2}\mathrm{d}y = \mathrm{d}y,$$

$$\int_{OA}(x+2y)\mathrm{d}s = \int_0^1 (0+2y)\mathrm{d}y = y^2\Big|_0^1 = 1.$$

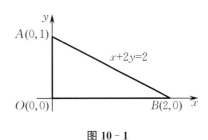

图 $10-1$

因为 AB：$y=\dfrac{1}{2}(2-x),0\leqslant x\leqslant 2$，所以

$$\mathrm{d}s = \sqrt{1+[y'(x)]^2}\mathrm{d}x = \frac{\sqrt{5}}{2}\mathrm{d}x, \quad \int_{AB}(x+2y)\mathrm{d}s = \int_0^2 2\cdot\frac{\sqrt{5}}{2}\mathrm{d}x = 2\sqrt{5}.$$

因为 BO：$y=0,0\leqslant x\leqslant 2$，所以

$$\mathrm{d}s = \sqrt{1+[y'(x)]^2}\mathrm{d}x = \mathrm{d}x, \quad \int_{BO}(x+2y)\mathrm{d}s = \int_0^2 (x+0)\mathrm{d}x = \frac{1}{2}x^2\Big|_0^2 = 2.$$

于是

$$\oint_L (x+2y)\mathrm{d}s = 1+2+2\sqrt{5} = 3+2\sqrt{5}.$$

注 （1）$\int_{AB}(x+2y)\mathrm{d}s = \int_{BA}(x+2y)\mathrm{d}s, \int_{BO}(x+2y)\mathrm{d}s = \int_{OB}(x+2y)\mathrm{d}s.$ 对弧长的曲线积分是没有方向性的，积分限均应从小到大.

（2）对于 AB 段的积分可化为对 x 的定积分，也可化为对 y 的定积分，但对于 OA 段（或 OB 段）只能化为对 y（或对 x）的定积分.

（3）对于 AB 段，利用被积函数定义在 AB 上，故总有 $f(x,y)=x+2y=2$.

例 2 计算曲线积分 $\oint_L x\mathrm{d}s$，其中 L 为圆周 $\left(x-\dfrac{a}{2}\right)^2+y^2=\dfrac{a^2}{4}$.

分析 L 为圆周，利用极坐标计算较简单.

解 L 的极坐标方程为 $\rho = a\cos\theta, -\dfrac{\pi}{2}\leqslant\theta\leqslant\dfrac{\pi}{2}$，于是

$$\mathrm{d}s = \sqrt{\rho^2+[\rho'(\theta)]^2}\mathrm{d}\theta = \sqrt{(a\cos\theta)^2+(-a\sin\theta)^2}\mathrm{d}\theta = a\mathrm{d}\theta,$$

$$x = \rho\cos\theta = a\cos^2\theta,$$

$$\oint_L x\mathrm{d}s = \int_{-\frac{\pi}{2}}^{\frac{\pi}{2}} a\cos^2\theta\cdot a\mathrm{d}\theta = 2a^2\int_0^{\frac{\pi}{2}}\cos^2\theta\mathrm{d}\theta = 2a^2\cdot\frac{1}{2}\cdot\frac{\pi}{2} = \frac{1}{2}\pi a^2.$$

例 3 计算曲线积分 $\displaystyle\int_\Gamma \frac{\mathrm{d}s}{x^2+y^2+z^2}$,其中 Γ 为曲线 $x=\cos t, y=\sin t, z=t$ 上对应于 t 从 0 到 1 的一段弧.

解 因为

$$\mathrm{d}s=\sqrt{[x'(t)]^2+[y'(t)]^2+[z'(t)]^2}\,\mathrm{d}t=\sqrt{(-\sin t)^2+(\cos t)^2+1}\,\mathrm{d}t=\sqrt{2}\,\mathrm{d}t,$$

所以

$$\text{原式}=\int_0^1 \frac{1}{\cos^2 t+\sin^2 t+t^2}\cdot\sqrt{2}\,\mathrm{d}t=\int_0^1 \frac{\sqrt{2}}{1+t^2}\,\mathrm{d}t=\sqrt{2}\arctan 1=\frac{\sqrt{2}\pi}{4}.$$

例 4 计算曲线积分 $\displaystyle\oint_\Gamma \sqrt{x^2+z^2+xz}\,\mathrm{d}s$,其中 Γ 为球面 $x^2+y^2+z^2=R^2$ 与平面 $x+y+z=0$ 的交线.

分析 曲线 Γ 的参数方程不易求出,但 Γ 满足 $x^2+z^2+xz=\dfrac{R^2}{2}$,故总有 $\sqrt{x^2+z^2+xz}=\sqrt{\dfrac{R^2}{2}}$.

解 因 $\Gamma:\begin{cases}x^2+y^2+z^2=R^2,\\x+y+z=0,\end{cases}$ 即 $\Gamma:\begin{cases}x^2+z^2+xz=\dfrac{R^2}{2},\\x+y+z=0,\end{cases}$ 故

$$\text{原式}=\oint_\Gamma \sqrt{\frac{R^2}{2}}\,\mathrm{d}s=\frac{R}{\sqrt{2}}\oint_\Gamma \mathrm{d}s=\frac{R}{\sqrt{2}}\cdot 2\pi R=\sqrt{2}\pi R^2.$$

注 (1) 利用被积函数 $f(x,y,z)=\sqrt{x^2+z^2+xz}$ 定义在 Γ 上,故总有 $\sqrt{x^2+z^2+xz}=\sqrt{\dfrac{R^2}{2}}$,这是常用的一种简化运算的方法.

(2) Γ 为平面 $x+y+z=0$ 上的一个圆,圆心为 $(0,0,0)$,半径为 R.

例 5 计算曲线积分 $\displaystyle\oint_L |xy|\,\mathrm{d}s$,其中 L 为圆周 $x^2+y^2=a^2$.

解 利用对称性

$$\oint_L |xy|\,\mathrm{d}s=4\int_{L_1}|xy|\,\mathrm{d}s,$$

其中 $L_1:\begin{cases}x=a\cos\theta,\\y=a\sin\theta,\end{cases}0\leqslant\theta\leqslant\dfrac{\pi}{2}.$ 于是

$$\oint_L |xy|\,\mathrm{d}s=4\int_{L_1}|xy|\,\mathrm{d}s=4\int_{L_1}xy\,\mathrm{d}s$$

$$=4\int_0^{\frac{\pi}{2}}a\cos\theta\cdot a\sin\theta\cdot\sqrt{(-a\sin\theta)^2+(a\cos\theta)^2}\,\mathrm{d}\theta$$

$$=4a^3\int_0^{\frac{\pi}{2}}\cos\theta\sin\theta\,\mathrm{d}\theta=2a^3\sin^2\theta\Big|_0^{\frac{\pi}{2}}=2a^3.$$

例 6 计算曲线积分 $\displaystyle\oint_\Gamma x^2\,\mathrm{d}s$,其中曲线 $\Gamma:\begin{cases}x^2+y^2+z^2=a^2,\\x+y+z=0.\end{cases}$

解 显然曲线 Γ 关于 x,y,z 具有轮换对称性,所以

$$\oint_\Gamma x^2\,\mathrm{d}s=\frac{1}{3}\oint_\Gamma (x^2+y^2+z^2)\,\mathrm{d}s=\frac{1}{3}\oint_\Gamma a^2\,\mathrm{d}s=\frac{2\pi a^3}{3}.$$

（四）同步练习

计算下列对弧长的曲线积分：

(1) $\oint_L \dfrac{1}{|x|+|y|+3} ds$，其中 L 为以 $A(1,0),B(0,1),C(-1,0)$ 和 $D(0,-1)$ 四点为顶点的正方形边界；

(2) $\displaystyle\int_L y^2 ds$，其中 L 为摆线的一拱 $x=a(t-\sin t), y=a(1-\cos t)(0 \leqslant t \leqslant 2\pi, a>0)$；

(3) $\oint_\Gamma (y^2+z) ds$，其中曲线 Γ：$\begin{cases} x^2+y^2+z^2=a^2, \\ x+y+z=0. \end{cases}$

同步练习简解

解 （1）因为 L 的方程满足 $|x|+|y|=1$，所以

$$\oint_L \frac{1}{|x|+|y|+3} ds = \frac{1}{4}\oint_L ds = \sqrt{2}.$$

（2）因为

$$ds = \sqrt{[x'(t)]^2+[y'(t)]^2} dt = \sqrt{a^2(1-\cos t)^2+a^2\sin^2 t} dt = 2a\sin\frac{t}{2} dt,$$

所以

$$\int_L y^2 ds = \int_0^{2\pi} a^2(1-\cos t)^2 \cdot 2a\sin\frac{t}{2} dt = 8a^3 \int_0^{2\pi} \sin^5\frac{t}{2} dt$$

$$= 16a^3 \int_0^{2\pi} \sin^5\frac{t}{2} d\left(\frac{t}{2}\right) = \frac{256}{15}a^3.$$

（3）注意到曲线 Γ 关于 x,y,z 具有轮换对称性，则

$$\oint_\Gamma x ds = \oint_\Gamma y ds = \oint_\Gamma z ds, \quad \oint_\Gamma x^2 ds = \oint_\Gamma y^2 ds = \oint_\Gamma z^2 ds.$$

故

$$\oint_\Gamma (y^2+z) ds = \frac{1}{3}\oint_\Gamma (x^2+y^2+z^2) ds + \frac{1}{3}\oint_\Gamma (x+y+z) ds$$

$$= \frac{a^2}{3}\oint_\Gamma ds + 0 = \frac{2\pi a^3}{3}.$$

10.2 对坐标的曲线积分

（一）内容提要

对坐标的曲线积分	平面曲线：$\displaystyle\int_L P(x,y)dx+Q(x,y)dy$	
	空间曲线：$\displaystyle\int_\Gamma P(x,y,z)dx+Q(x,y,z)dy+R(x,y,z)dz$	
常用性质	$\displaystyle\int_L (k_1 P_1+k_2 P_2)dx = k_1\int_L P_1 dx+k_2\int_L P_2 dx$	
	$\displaystyle\int_L (k_1 Q_1+k_2 Q_2)dy = k_1\int_L Q_1 dy+k_2\int_L Q_2 dy$	
	$\displaystyle\int_{L^+} Pdx+Qdy = -\int_{L^-} Pdx+Qdy$，其中 L^+ 表示曲线的某一方向（正向），L^- 表示曲线的另一方向（负向）	
	若 $L=L_1+L_2$，则 $\displaystyle\int_L Pdx+Qdy = \int_{L_1} Pdx+Qdy+\int_{L_2} Pdx+Qdy$	

计算	平面曲线	$L:\begin{cases} x = x(t), \\ y = y(t), \end{cases}$ 起点 $t = \alpha$, 终点 $t = \beta$, 其中 $x(t)$, $y(t)$ 具有一阶连续导数, 则 $$\int_L P(x,y)\mathrm{d}x + Q(x,y)\mathrm{d}y = \int_\alpha^\beta \{P[x(t),y(t)]x'(t) + Q[x(t),y(t)]y'(t)\}\mathrm{d}t$$
	空间曲线	$\Gamma:\begin{cases} x = x(t), \\ y = y(t), \\ z = z(t), \end{cases}$ 起点 $t = \alpha$, 终点 $t = \beta$, 其中 $x(t)$, $y(t)$, $z(t)$ 具有一阶连续导数, 则 $$\int_\Gamma P\mathrm{d}x = \int_\alpha^\beta P[x(t),y(t),z(t)]x'(t)\mathrm{d}t,$$ $$\int_\Gamma Q\mathrm{d}y = \int_\alpha^\beta Q[x(t),y(t),z(t)]y'(t)\mathrm{d}t,$$ $$\int_\Gamma R\mathrm{d}z = \int_\alpha^\beta R[x(t),y(t),z(t)]z'(t)\mathrm{d}t$$

（二）析疑解惑

题 1 简述计算对坐标的曲线积分的一般步骤.

解 计算对坐标的曲线积分 $\int_L P(x,y)\mathrm{d}x + Q(x,y)\mathrm{d}y$ 的一般步骤如下：

(1) 求出 L 的一个参数方程表达式 $L:\begin{cases} x = \varphi(t), \\ y = \psi(t) \end{cases}$ $(\alpha \leqslant t \leqslant \beta)$;

(2) 确定 L 的起点对应的参变量 t_1 和终点对应的参变量 t_2, 其中 $t_1, t_2 \in [\alpha, \beta]$;

(3) 计算定积分 $\int_{t_1}^{t_2} \{P[\varphi(t),\psi(t)]\varphi'(t) + Q[\varphi(t),\psi(t)]\psi'(t)\}\mathrm{d}t$.

题 2 对坐标的曲线积分有没有中值定理?

解 对于对坐标的曲线积分, 不再有相应的"积分中值定理".

题 3 如何利用对称性简化对坐标的曲线积分的计算?

解 对于对坐标的曲线积分, 利用对称性比对弧长的曲线积分稍微复杂, 除考虑被积函数的大小和符号外, 还需考虑投影元素的符号. 若积分方向与坐标轴的正向的夹角小于 $\frac{\pi}{2}$, 则投影元素为正; 否则, 为负. 以 $\int_L P(x,y)\mathrm{d}x$ 为例, 在对称点上 $P(x,y)$ 的绝对值相等, 若 $P(x,y)$ 与投影元素 $\mathrm{d}x$ 的乘积 $P(x,y)\mathrm{d}x$ 在对称点上取相反符号, 则 $\int_L P(x,y)\mathrm{d}x = 0$; 若在对称点上 $P(x,y)\mathrm{d}x$ 取相同符号, 则 $\int_L P(x,y)\mathrm{d}x = 2\int_{L_1} P(x,y)\mathrm{d}x$, 其中 L_1 为 L 的对称两段中的一段. 对于 $\int_L Q(x,y)\mathrm{d}y$ 有相同的结论.

（三）范例分析

例 1 计算曲线积分 $\oint_L (x^2 + y^2)\mathrm{d}x + (x^2 - y^2)\mathrm{d}y$, 其中 L 是以 $O(0,0)$, $A(1,-1)$, $B(2,0)$, $C(1,1)$ 四点为顶点的正方形的正向边界.

分析 如图 $10-2$ 所示，L 由四段直线段组成，故要分段积分.

解 $L = OA + AB + BC + CO$，则

$$\oint_L (x^2 + y^2)\mathrm{d}x + (x^2 - y^2)\mathrm{d}y$$

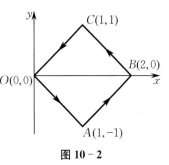

图 $10-2$

$$= \left(\int_{OA} + \int_{AB} + \int_{BC} + \int_{CO} \right)(x^2 + y^2)\mathrm{d}x + (x^2 - y^2)\mathrm{d}y.$$

因为 $OA: y = -x, 0 \leqslant x \leqslant 1$（$x$ 从 0 变到 1），所以

$$\int_{OA} (x^2 + y^2)\mathrm{d}x + (x^2 - y^2)\mathrm{d}y = \int_0^1 2x^2 \mathrm{d}x = \frac{2}{3}.$$

因为 $AB: y = x - 2, 1 \leqslant x \leqslant 2$（$x$ 从 1 变到 2），所以

$$\int_{AB} (x^2 + y^2)\mathrm{d}x + (x^2 - y^2)\mathrm{d}y = \int_1^2 \{[x^2 + (x-2)^2] + [x^2 - (x-2)^2]\}\mathrm{d}x$$

$$= \int_1^2 2x^2 \mathrm{d}x = 2 \cdot \frac{1}{3} x^3 \Big|_1^2 = \frac{14}{3}.$$

因为 $BC: y = 2 - x, 1 \leqslant x \leqslant 2$（$x$ 从 2 变到 1），所以

$$\int_{BC} (x^2 + y^2)\mathrm{d}x + (x^2 - y^2)\mathrm{d}y = \int_2^1 \{[x^2 + (2-x)^2] + [x^2 - (2-x)^2] \cdot (-1)\}\mathrm{d}x$$

$$= \int_2^1 2(2-x)^2 \mathrm{d}x = -2 \cdot \frac{1}{3}(2-x)^3 \Big|_2^1 = -\frac{2}{3}.$$

因为 $CO: y = x, 0 \leqslant x \leqslant 1$（$x$ 从 1 变到 0），所以

$$\int_{CO} (x^2 + y^2)\mathrm{d}x + (x^2 - y^2)\mathrm{d}y = \int_1^0 (x^2 + x^2)\mathrm{d}x = \int_1^0 2x^2 \mathrm{d}x = 2 \cdot \frac{1}{3}x^3 \Big|_1^0 = -\frac{2}{3}.$$

故

$$\oint_L (x^2 + y^2)\mathrm{d}x + (x^2 - y^2)\mathrm{d}y = \frac{2}{3} + \frac{14}{3} - \frac{2}{3} - \frac{2}{3} = 4.$$

例 2 计算曲线积分 $\displaystyle\int_\Gamma \frac{-y\mathrm{d}x + x\mathrm{d}y + \mathrm{d}z}{x^2 + y^2 + z^2}$，其中 Γ 为曲线 $x = \mathrm{e}^t \cos t, y = \mathrm{e}^t \sin t$，$z = \mathrm{e}^t$ 上对应于 t 从 0 到 2 的一段弧.

解 原式 $= \displaystyle\int_0^2 \frac{-\mathrm{e}^t \sin t (\mathrm{e}^t \cos t - \mathrm{e}^t \sin t)\mathrm{d}t + \mathrm{e}^t \cos t (\mathrm{e}^t \sin t + \mathrm{e}^t \cos t)\mathrm{d}t + \mathrm{e}^t \mathrm{d}t}{\mathrm{e}^{2t} \cos^2 t + \mathrm{e}^{2t} \sin^2 t + \mathrm{e}^{2t}}$

$$= \int_0^2 \frac{\mathrm{e}^{2t} + \mathrm{e}^t}{2\mathrm{e}^{2t}} \mathrm{d}t = \frac{1}{2} \int_0^2 (1 + \mathrm{e}^{-t})\mathrm{d}t = \frac{1}{2}(t - \mathrm{e}^{-t}) \Big|_0^2 = \frac{1}{2}(3 - \mathrm{e}^{-2}).$$

例 3 计算曲线积分 $\displaystyle\int_\Gamma x^2 y\mathrm{d}x + 3zy^2 \mathrm{d}y - z^2 x\mathrm{d}z$，其中 Γ 为从点 $A(4,2,3)$ 到点 $B(0,0,0)$ 的直线段 AB.

解 直线 AB 的方程为

$$\frac{x}{4} = \frac{y}{2} = \frac{z}{3},$$

化成参数方程得 $x = 4t, y = 2t, z = 3t, t$ 从 1 变到 0. 于是

$$原式 = \int_1^0 [(4t)^2 \cdot 2t \cdot 4 + 3 \cdot 3t \cdot (2t)^2 \cdot 2 - (3t)^2 \cdot 4t \cdot 3]\mathrm{d}t$$

$$= 92 \int_1^0 t^3 \mathrm{d}t = -23.$$

例 4 计算曲线积分 $\oint_L e^{-(x^2+y^2)}[\cos(2xy)\mathrm{d}x+\sin(2xy)\mathrm{d}y]$,其中曲线 $L: x^2+y^2=1$,取逆时针方向.

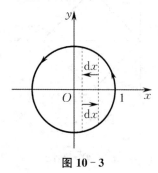

图 10-3

解 如图 10-3 所示,积分曲线 L 分为上下对称的两部分,在其对称点 (x,y) 与 $(x,-y)$ 上,函数 $e^{-(x^2+y^2)}\cos(2xy)$ 的值大小相等,符号相同,但投影元素 $\mathrm{d}x$ 在上半圆为负,下半圆为正. 因此,$e^{-(x^2+y^2)}\cos(2xy)\mathrm{d}x$ 在对称点的大小相等,符号相反,即

$$\oint_L e^{-(x^2+y^2)}\cos(2xy)\mathrm{d}x=0.$$

类似地,$\oint_L e^{-(x^2+y^2)}\sin(2xy)\mathrm{d}y=0$. 故

$$\oint_L e^{-(x^2+y^2)}[\cos(2xy)\mathrm{d}x+\sin(2xy)\mathrm{d}y]=0.$$

(四) 同步练习

计算下列对坐标的曲线积分:

(1) $\displaystyle\int_L (x^2-y^2)\mathrm{d}x$,其中 L 是抛物线 $y=x^2$ 上从点 $(0,0)$ 到点 $(2,4)$ 的一段弧;

(2) $\displaystyle\oint_L xy\mathrm{d}x$,其中 L 为圆周 $(x-a)^2+y^2=a^2(a>0)$ 及 x 轴所围成的在第一象限内的区域的整个边界(按逆时针方向绕行);

(3) $\displaystyle\oint_\Gamma \mathrm{d}x-\mathrm{d}y+y\mathrm{d}z$,其中 Γ 为由 $A(1,0,0)$,$B(0,1,0)$,$C(0,0,1)$ 三点所围成的有向闭折线 $ABCA$.

同步练习简解

解 (1) 因为 $L: y=x^2$,x 从 0 变到 2,所以

$$\int_L (x^2-y^2)\mathrm{d}x=\int_0^2 (x^2-x^4)\mathrm{d}x=\left(\frac{1}{3}x^3-\frac{1}{5}x^5\right)\Big|_0^2=-\frac{56}{15}.$$

(2) 如图 10-4 所示,L 由一段曲线和一段直线段组成,即 $L=L_1+L_2$,其中 L_1 的参数方程为 $\begin{cases} x=a+a\cos t, \\ y=a\sin t \end{cases}$ $(0\leqslant t\leqslant\pi)$,$L_2$ 的方程为 $y=0(0\leqslant x\leqslant 2a)$. 故

$$原式=\int_{L_1} xy\mathrm{d}x+\int_{L_2} xy\mathrm{d}x=\int_0^\pi a(1+\cos t)\cdot a\sin t\cdot(a+a\cos t)'\mathrm{d}t+0$$

$$=\int_0^\pi a^3(-\sin^2 t)(1+\cos t)\mathrm{d}t=-a^3\left[\int_0^\pi \sin^2 t\mathrm{d}t+\int_0^\pi \sin^2 t\mathrm{d}(\sin t)\right]=-\frac{\pi}{2}a^3.$$

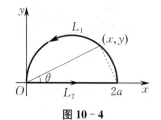

图 10-4   图 10-5

(3) 如图 10-5 所示,Γ 由三段直线段组成,即 $\Gamma=AB+BC+CA$.

因为 $AB: \begin{cases} y=1-x, \\ z=0, \end{cases}$ x 从 1 变到 0,所以

$$\int_{AB}\mathrm{d}x-\mathrm{d}y+y\mathrm{d}z=\int_1^0[1-(-1)]\mathrm{d}x=-2.$$

因为 $BC:\begin{cases}y=1-z,\\x=0,\end{cases}z$ 从 0 变到 1,所以

$$\int_{BC}\mathrm{d}x-\mathrm{d}y+y\mathrm{d}z=\int_0^1[-(-1)+(1-z)]\mathrm{d}z$$
$$=\int_0^1(2-z)\mathrm{d}z=\frac{3}{2}.$$

因为 $CA:\begin{cases}z=1-x,\\y=0,\end{cases}x$ 从 0 变到 1,所以

$$\int_{CA}\mathrm{d}x-\mathrm{d}y+y\mathrm{d}z=\int_0^1(1-0+0)\mathrm{d}x=1.$$

故

$$\oint_{\Gamma}\mathrm{d}x-\mathrm{d}y+y\mathrm{d}z=\left(\int_{AB}+\int_{BC}+\int_{CA}\right)\mathrm{d}x-\mathrm{d}y+y\mathrm{d}z=\frac{1}{2}.$$

10.3　格林公式和曲线积分与路径无关的条件

（一）内容提要

格林公式	设函数 $P(x,y),Q(x,y)$ 及它们的一阶偏导数在闭区域 D 上连续,则 $$\iint_D\left(\frac{\partial Q}{\partial x}-\frac{\partial P}{\partial y}\right)\mathrm{d}x\mathrm{d}y=\oint_L P\mathrm{d}x+Q\mathrm{d}y,$$ 其中 L 是 D 的边界曲线,且取正向
曲线积分与路径无关的条件	(1) 区域 D 内 $\dfrac{\partial Q}{\partial x}=\dfrac{\partial P}{\partial y}$ 处处成立; (2) 沿区域 D 内的任一闭曲线的曲线积分为零,即 $\oint_L P\mathrm{d}x+Q\mathrm{d}y=0$; (3) 在区域 D 内存在函数 $u(x,y)$,使得 $\mathrm{d}u(x,y)=P\mathrm{d}x+Q\mathrm{d}y$
曲线积分的牛顿-莱布尼茨公式	若闭区域 D 内 $\dfrac{\partial Q}{\partial x}=\dfrac{\partial P}{\partial y}$,则对于 D 内任意两点 $(x_1,y_1),(x_2,y_2)$,存在某个二元函数 $u(x,y)$,使得 $$\int_{(x_1,y_1)}^{(x_2,y_2)}P\mathrm{d}x+Q\mathrm{d}y=u(x_2,y_2)-u(x_1,y_1)$$

	判别法	解法及通解
全微分方程	方程 $P(x,y)\mathrm{d}x+Q(x,y)\mathrm{d}y=0$ 满足 $\dfrac{\partial P}{\partial y}=\dfrac{\partial Q}{\partial x}$	$u(x,y)=\int_{x_0}^x P(x,y)\mathrm{d}x+\int_{y_0}^y Q(x_0,y)\mathrm{d}y=C$ 或 $u(x,y)=\int_{x_0}^x P(x,y_0)\mathrm{d}x+\int_{y_0}^y Q(x,y)\mathrm{d}y=C$,其中 (x_0,y_0) 为选定的一点,通常取点 $(0,0)$
	当 $\dfrac{\partial P}{\partial y}\neq\dfrac{\partial Q}{\partial x}$ 时,若存在一函数 $\mu(x,y)\neq 0$,使得 $\dfrac{\partial(\mu P)}{\partial y}=\dfrac{\partial(\mu Q)}{\partial x}$,则称 $\mu(x,y)$ 为方程 $P(x,y)\mathrm{d}x+Q(x,y)\mathrm{d}y=0$ 的积分因子	(1) 常用积分因子:$\dfrac{1}{x+y},\dfrac{1}{x^2},\dfrac{1}{x^2+y^2},\dfrac{1}{x^2y^2},\dfrac{y}{x^2},\dfrac{x}{y^2}$; (2) 观察法找积分因子(常用):$x\mathrm{d}x+y\mathrm{d}y=\mathrm{d}\left(\dfrac{x^2+y^2}{2}\right)$, $\dfrac{x\mathrm{d}y-y\mathrm{d}x}{x^2}=\mathrm{d}\left(\dfrac{y}{x}\right),\dfrac{x\mathrm{d}y+y\mathrm{d}x}{xy}=\mathrm{d}(\ln xy),\dfrac{x\mathrm{d}y-y\mathrm{d}x}{x^2+y^2}=\mathrm{d}\left(\arctan\dfrac{y}{x}\right),\dfrac{x\mathrm{d}x+y\mathrm{d}y}{x^2+y^2}=\mathrm{d}\left[\dfrac{1}{2}\ln(x^2+y^2)\right]$

(二) 析疑解惑

题 1 格林公式成立的条件是什么?举例说明条件不满足时,结论不一定成立.

解 格林公式成立的条件是对坐标的曲线积分的被积函数 $P(x,y)$, $Q(x,y)$ 及它们的一阶偏导数在平面闭区域 D 上连续. 若上述条件不满足,则结论不一定成立. 例如,计算曲线积分 $\oint_L \dfrac{x\mathrm{d}y - y\mathrm{d}x}{x^2 + y^2}$,其中 L 为不经过坐标原点的光滑闭曲线,因为被积函数 $\dfrac{-y}{x^2 + y^2}$, $\dfrac{x}{x^2 + y^2}$ 在坐标原点处不连续,所以对此积分的计算就不能直接应用格林公式.

题 2 平面曲线积分与路径无关的定理中,为什么要求区域 G 是单连通的?

解 在平面曲线积分与路径无关的定理中,假设 G 是一个单连通区域是重要的. 例如,计算曲线积分 $\oint_L \dfrac{x\mathrm{d}y - y\mathrm{d}x}{x^2 + y^2}$,当 L 为沿上半圆周 $x^2 + y^2 = 1$ 从点 $(1,0)$ 到点 $(-1,0)$ 的光滑闭曲线时,L 的参数方程为 $x = \cos t, y = \sin t, t \in [0,\pi]$,有

$$\oint_L \frac{x\mathrm{d}y - y\mathrm{d}x}{x^2 + y^2} = \int_0^\pi \frac{\cos^2 t + \sin^2 t}{\cos^2 t + \sin^2 t}\mathrm{d}t = \pi.$$

而当 L 为沿下半圆周 $x^2 + y^2 = 1$ 从点 $(1,0)$ 到点 $(-1,0)$ 的光滑闭曲线时,有

$$\oint_L \frac{x\mathrm{d}y - y\mathrm{d}x}{x^2 + y^2} = \int_{2\pi}^\pi \frac{\cos^2 t + \sin^2 t}{\cos^2 t + \sin^2 t}\mathrm{d}t = -\pi.$$

这是因为任何包含单位圆的单连通区域 G 都不能使 $\dfrac{-y}{x^2 + y^2}$ 和 $\dfrac{x}{x^2 + y^2}$ 满足曲线积分与路径无关的条件.

题 3 是否任意的形如 $P(x,y)\mathrm{d}x + Q(x,y)\mathrm{d}y = 0$ 的方程都可化为全微分方程?

解 不一定. 只有满足条件 $\dfrac{\partial P}{\partial y} = \dfrac{\partial Q}{\partial x}$,或存在函数 $\mu(x,y)$ 使得 $\dfrac{\partial(\mu P)}{\partial y} = \dfrac{\partial(\mu Q)}{\partial x}$ 的方程才可以化为全微分方程.

题 4 方程的积分因子是不是唯一的?

解 积分因子一般不是唯一的. 例如方程 $x\mathrm{d}y - y\mathrm{d}x = 0$, $\dfrac{1}{x^2}$, $\dfrac{1}{y^2}$ 都是该方程的积分因子.

题 5 简述求解全微分方程的一般方法.

解 一般有以下三种方法:

(1) 利用 $P(x,y)\mathrm{d}x + Q(x,y)\mathrm{d}y = 0$ 在单连通区域是全微分方程同曲线积分 $\int_L P(x,y)\mathrm{d}x + Q(x,y)\mathrm{d}y$ 与路径无关的等价性,可得 $u(x,y) = \int_{x_0}^x P(x,y_0)\mathrm{d}x + \int_{y_0}^y Q(x,y)\mathrm{d}y = C$ 或 $u(x,y) = \int_{x_0}^x P(x,y)\mathrm{d}x + \int_{y_0}^y Q(x_0,y)\mathrm{d}y = C$.

(2) 设 $\mathrm{d}u = P(x,y)\mathrm{d}x + Q(x,y)\mathrm{d}y$,则 $\dfrac{\partial u}{\partial x} = P(x,y)$, $\dfrac{\partial u}{\partial y} = Q(x,y)$. 方程 $\dfrac{\partial u}{\partial x} = P(x,y)$ 两端同时对 x 积分,得

$$u(x,y) = \int P(x,y)\mathrm{d}x + \varphi(y),$$

其中 $\varphi(y)$ 为待定函数. 再由 $\dfrac{\partial u}{\partial y} = Q(x,y)$ 可得

$$Q(x,y) = \frac{\partial}{\partial y}\left[\int P(x,y)\mathrm{d}x + \varphi(y)\right] = \int \frac{\partial P(x,y)}{\partial y}\mathrm{d}x + \varphi'(y).$$

由上式解出 $\varphi'(y)$, 积分得 $\varphi(y)$, 从而求出 $u(x,y)$.

同理, 也可在方程 $\dfrac{\partial u}{\partial y} = Q(x,y)$ 两端同时对 y 积分, 得 $u(x,y) = \displaystyle\int Q(x,y)\mathrm{d}y + \varphi(x)$, 其

中 $\varphi(x)$ 为待定函数. 再由 $\dfrac{\partial u}{\partial x} = P(x,y)$ 可得

$$P(x,y) = \frac{\partial}{\partial x}\left[\int Q(x,y)\mathrm{d}y + \varphi(x)\right] = \int \frac{\partial Q(x,y)}{\partial x}\mathrm{d}y + \varphi'(x).$$

由上式解出 $\varphi'(x)$, 积分得 $\varphi(x)$, 从而求出 $u(x,y)$.

(3) 把方程 $P(x,y)\mathrm{d}x + Q(x,y)\mathrm{d}y = 0$ 左端凑微分, 有 $P(x,y)\mathrm{d}x + Q(x,y)\mathrm{d}y = \mathrm{d}u$, 则 $u(x,y) = C$ 为所求通解.

(三) 范例分析

例 1 计算下列曲线积分:

(1) $\displaystyle\oint_{ABOA} (\mathrm{e}^y\cos x - 2y)\mathrm{d}x + (\mathrm{e}^y\sin x - x)\mathrm{d}y$;

(2) $\displaystyle\int_{AB} (\mathrm{e}^y\cos x - 2y)\mathrm{d}x + (\mathrm{e}^y\sin x - x)\mathrm{d}y$,

其中 $A(0,a)$, $B(a,0)$, $O(0,0)$, $ABOA$ 是折线, AB 是从 A 到 B 的直线段, 如图 $10\text{-}6$ 所示.

分析 (1) 因为 $P = \mathrm{e}^y\cos x - 2y$, $Q = \mathrm{e}^y\sin x - x$, 所以 $\dfrac{\partial Q}{\partial x} - \dfrac{\partial P}{\partial y} = 1$, 应用格林公式较为方便.

(2) 本题的积分路径并非闭路, 不能直接用格林公式, 为此增加辅助曲线构成可应用格林公式的闭曲线, 随后减去补上的这些曲线段上的曲线积分. 补上的这些曲线段上的曲线积分本身应易于计算.

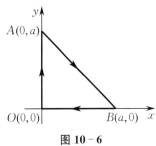

图 $10\text{-}6$

解 (1) 利用格林公式, 得

$$\oint_{ABOA} (\mathrm{e}^y\cos x - 2y)\mathrm{d}x + (\mathrm{e}^y\sin x - x)\mathrm{d}y$$

$$= -\oint_{AOBA} (\mathrm{e}^y\cos x - 2y)\mathrm{d}x + (\mathrm{e}^y\sin x - x)\mathrm{d}y$$

$$= -\iint_{D}\left[\frac{\partial}{\partial x}(\mathrm{e}^y\sin x - x) - \frac{\partial}{\partial y}(\mathrm{e}^y\cos x - 2y)\right]\mathrm{d}x\mathrm{d}y$$

$$= -\iint_{D}\mathrm{d}x\mathrm{d}y = -\frac{1}{2}a^2.$$

(2) 补全 BOA 段后, 有

$$\int_{AB} = \int_{AB} + \int_{BOA} - \int_{BOA} = \oint_{ABOA} - \int_{BO} - \int_{OA},$$

其中 $\oint_{ABOA} (e^y \cos x - 2y)dx + (e^y \sin x - x)dy = -\dfrac{1}{2}a^2$.

因为 $BO: y = 0, dy = 0, x$ 从 a 变到 0,所以

$$\int_{BO} (e^y \cos x - 2y)dx + (e^y \sin x - x)dy = \int_a^0 \cos x dx = -\sin a.$$

因为 $OA: x = 0, dx = 0, y$ 从 0 变到 a,所以

$$\int_{OA} (e^y \cos x - 2y)dx + (e^y \sin x - x)dy = \int_0^a 0 dy = 0.$$

故

$$原式 = -\frac{a^2}{2} - (-\sin a) - 0 = \sin a - \frac{a^2}{2}.$$

注 应用格林公式 $\iint_D \left(\dfrac{\partial Q}{\partial x} - \dfrac{\partial P}{\partial y} \right) dxdy = \oint_L Pdx + Qdy$ 时,除要求 $P(x,y), Q(x,y), \dfrac{\partial P}{\partial y}$, $\dfrac{\partial Q}{\partial x}$ 连续外,还要求 D 和 L 是正向关系,本题(1)的方向是反向的,故先改成正向,随后再用格林公式.

┃┃ 例 2 计算曲线积分 $\oint_L \dfrac{ydx - xdy}{2(x^2 + y^2)}$,其中 L 为逆时针方向的圆周 $(x-1)^2 + y^2 = 2$.

分析 $\dfrac{\partial Q}{\partial x} - \dfrac{\partial P}{\partial y} = 0$,应用格林公式方便,但因 L 所围成的闭区域内含被积函数不连续的点 $(0,0)$,故要把不连续的点 $(0,0)$ 挖掉.

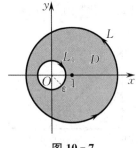
图 10 - 7

解 在 L 包围的区域内作顺时针方向的小圆周

$$L_1: x = \varepsilon \cos \theta, y = \varepsilon \sin \theta, \quad \theta 从 2\pi 变到 0.$$

在 L 与 L_1 包围的区域 D(见图 10-7)上,

$$\frac{\partial P}{\partial y} = \frac{x^2 - y^2}{2(x^2 + y^2)^2} = \frac{\partial Q}{\partial x},$$

由格林公式,有

$$\oint_{L+L_1} \frac{ydx - xdy}{2(x^2 + y^2)} = \iint_D \left(\frac{\partial Q}{\partial x} - \frac{\partial P}{\partial y} \right) dxdy = 0.$$

故

$$I = \oint_L \frac{ydx - xdy}{2(x^2 + y^2)} = -\oint_{L_1} \frac{ydx - xdy}{2(x^2 + y^2)}$$

$$= \int_0^{2\pi} \frac{\varepsilon \sin \theta (-\varepsilon \sin \theta) - \varepsilon \cos \theta \cdot \varepsilon \cos \theta}{2\varepsilon^2} d\theta$$

$$= -\frac{1}{2} \int_0^{2\pi} d\theta = -\pi.$$

注 因 L 所围的闭区域内含被积函数不连续的点 $(0,0)$,故此题不能直接用格林公式.

┃┃ 例 3 证明 $\int_{(1,1)}^{(2,3)} (x^2 + y)dx + (x - y^2)dy$ 在整个 xOy 面内与路径无关,并计算该积分值.

证法一 因为

$$(x^2+y)\mathrm{d}x+(x-y^2)\mathrm{d}y=(x^2\mathrm{d}x-y^2\mathrm{d}y)+(y\mathrm{d}x+x\mathrm{d}y)$$
$$=\mathrm{d}\left(\frac{x^3}{3}-\frac{y^3}{3}\right)+\mathrm{d}(xy)=\mathrm{d}\left(\frac{x^3}{3}-\frac{y^3}{3}+xy\right),$$

所以被积表达式是函数 $u(x,y)=\dfrac{x^3}{3}-\dfrac{y^3}{3}+xy$ 的全微分,从而题设曲线积分与路径无关.

$$原式=\left(\frac{x^3}{3}-\frac{y^3}{3}+xy\right)\Big|_{(1,1)}^{(2,3)}=\frac{2^3}{3}-\frac{3^3}{3}+2\times 3-\left(\frac{1}{3}-\frac{1}{3}+1\right)=-\frac{4}{3}.$$

证法二　因为 $P=x^2+y,Q=x-y^2,\dfrac{\partial P}{\partial y}=1=\dfrac{\partial Q}{\partial x}$,所以题设曲线积分与路径无关.

$$原式=\int_1^2(x^2+1)\mathrm{d}x+\int_1^3(2-y^2)\mathrm{d}y=\left(\frac{1}{3}x^3+x\right)\Big|_1^2+\left(2y-\frac{1}{3}y^3\right)\Big|_1^3=-\frac{4}{3}.$$

例 4　验证:$\mathrm{e}^x(1+\sin y)\mathrm{d}x+(\mathrm{e}^x+2\sin y)\cos y\mathrm{d}y$ 在整个 xOy 面内为某一函数 $u(x,y)$ 的全微分,并求出这样的一个 $u(x,y)$.

证　令 $P=\mathrm{e}^x(1+\sin y),Q=(\mathrm{e}^x+2\sin y)\cos y$,则有 $\dfrac{\partial Q}{\partial x}=\dfrac{\partial P}{\partial y}=\mathrm{e}^x\cos y$,满足全微分存在定理的条件,故在 xOy 面内,$\mathrm{e}^x(1+\sin y)\mathrm{d}x+(\mathrm{e}^x+2\sin y)\cos y\mathrm{d}y$ 是某一函数 $u(x,y)$ 的全微分.

下面用三种方法来求原函数 $u(x,y)$.

方法一　运用曲线积分公式,为了计算简单,如图 $10-8$ 所示,可取定点 $O(0,0)$,动点 $A(x,0)$ 与 $M(x,y)$.于是,原函数为

$$u(x,y)=\int_{(0,0)}^{(x,y)}\mathrm{e}^x(1+\sin y)\mathrm{d}x+(\mathrm{e}^x+2\sin y)\cos y\mathrm{d}y.$$

取路径 $OA+AM$,得

$$u(x,y)=\int_0^x\mathrm{e}^x(1+0)\mathrm{d}x+\int_0^y(\mathrm{e}^x+2\sin y)\cos y\mathrm{d}y$$
$$=\mathrm{e}^x-1+\mathrm{e}^x\sin y+\sin^2 y.$$

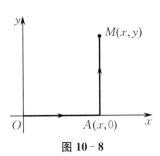

图 $10-8$

方法二　从定义出发,设原函数为 $u(x,y)$,则有

$$\frac{\partial u}{\partial x}=P(x,y)=\mathrm{e}^x(1+\sin y).$$

上式两端同时对 x 积分(y 此时看作常量),得

$$u(x,y)=\mathrm{e}^x(1+\sin y)+g(y),\qquad(10-1)$$

其中待定函数 $g(y)$ 作为对 x 积分时的任意常数.上式两端同时对 y 求偏导数,有

$$\mathrm{e}^x\cos y+g'(y)=Q(x,y)=(\mathrm{e}^x+2\sin y)\cos y,$$

即 $g'(y)=2\sin y\cos y$,从而 $g(y)=\sin^2 y+C(C$ 为任意常数),代入式(10-1),得原函数

$$u(x,y)=\mathrm{e}^x+\mathrm{e}^x\sin y+\sin^2 y+C.$$

方法三　将表达式重新组合,得

$$\mathrm{e}^x(1+\sin y)\mathrm{d}x+(\mathrm{e}^x+2\sin y)\cos y\mathrm{d}y$$
$$=\mathrm{e}^x\mathrm{d}x+\sin y\mathrm{d}(\mathrm{e}^x)+\mathrm{e}^x\mathrm{d}(\sin y)+2\sin y\mathrm{d}(\sin y)$$
$$=\mathrm{d}(\mathrm{e}^x)+\mathrm{d}(\mathrm{e}^x\sin y)+\mathrm{d}(\sin^2 y)$$
$$=\mathrm{d}(\mathrm{e}^x+\mathrm{e}^x\sin y+\sin^2 y),$$

从而所求原函数为

$$u(x,y) = \mathrm{e}^x + \mathrm{e}^x \sin y + \sin^2 y + C.$$

例 5　判别下列微分方程中哪些是全微分方程,并求其通解:

(1) $(x\cos y + \cos x)y' - y\sin x + \sin y = 0$;

(2) $(x^2 + y)\mathrm{d}x - 2xy\mathrm{d}y = 0$;

(3) $\left(1 + \mathrm{e}^{\frac{x}{y}}\right)\mathrm{d}x + \mathrm{e}^{\frac{x}{y}}\left(1 - \dfrac{x}{y}\right)\mathrm{d}y = 0.$

解　(1) 原方程化简为

$$(x\cos y + \cos x)\mathrm{d}y - (y\sin x - \sin y)\mathrm{d}x = 0,$$

这里 $P = -(y\sin x - \sin y), Q = x\cos y + \cos x.$

因为

$$\frac{\partial P}{\partial y} = -\sin x + \cos y = \frac{\partial Q}{\partial x},$$

所以原方程是全微分方程. 于是其通解为

$$\int_0^x 0\mathrm{d}x + \int_0^y (x\cos y + \cos x)\mathrm{d}y = C, \quad 即 \quad x\sin y + y\cos x = C.$$

(2) 这里 $P = x^2 + y, Q = -2xy.$ 因为 $\dfrac{\partial P}{\partial y} = 1, \dfrac{\partial Q}{\partial x} = -2y,$ 所以原方程不是全微分方程.

(3) 这里 $P = 1 + \mathrm{e}^{\frac{x}{y}}, Q = \mathrm{e}^{\frac{x}{y}}\left(1 - \dfrac{x}{y}\right).$ 因为

$$\frac{\partial P}{\partial y} = -\frac{x}{y^2}\mathrm{e}^{\frac{x}{y}} = \frac{\partial Q}{\partial x},$$

所以原方程是全微分方程. 于是,令

$$\frac{\partial u}{\partial x} = 1 + \mathrm{e}^{\frac{x}{y}}, \quad \frac{\partial u}{\partial y} = \left(1 - \frac{x}{y}\right)\mathrm{e}^{\frac{x}{y}},$$

从而

$$u = \int \left(1 + \mathrm{e}^{\frac{x}{y}}\right)\mathrm{d}x = x + y\mathrm{e}^{\frac{x}{y}} + \varphi(y),$$

其中 $\varphi(y)$ 是待定函数. 再由 $\dfrac{\partial u}{\partial y} = \left(1 - \dfrac{x}{y}\right)\mathrm{e}^{\frac{x}{y}}$ 得

$$\mathrm{e}^{\frac{x}{y}} + y\mathrm{e}^{\frac{x}{y}}\left(-\frac{x}{y^2}\right) + \varphi'(y) = \left(1 - \frac{x}{y}\right)\mathrm{e}^{\frac{x}{y}}, \quad 即 \quad \varphi'(y) = 0.$$

故其通解为

$$x + y\mathrm{e}^{\frac{x}{y}} = C.$$

例 6　证明: $\dfrac{1}{x^2}f\left(\dfrac{y}{x}\right)$ 是微分方程 $x\mathrm{d}y - y\mathrm{d}x = 0$ 的积分因子.

证　题设方程两端同乘以 $\dfrac{1}{x^2}f\left(\dfrac{y}{x}\right),$ 得

$$\frac{1}{x^2}f\left(\frac{y}{x}\right)(x\mathrm{d}y - y\mathrm{d}x) = 0,$$

这里 $P = -\dfrac{y}{x^2}f\left(\dfrac{y}{x}\right), Q = \dfrac{1}{x}f\left(\dfrac{y}{x}\right).$

因为 $\dfrac{\partial P}{\partial y} = -\dfrac{xf\left(\dfrac{y}{x}\right) + yf'\left(\dfrac{y}{x}\right)}{x^3} = \dfrac{\partial Q}{\partial x}$，所以 $\dfrac{1}{x^2}f\left(\dfrac{y}{x}\right)$ 是原方程的一个积分因子.

例 7 已知微分方程 $(6y + x^2 y^2)\mathrm{d}x + (8x + x^3 y)\mathrm{d}y = 0$ 具有形如 $y^3 f(x)$ 的积分因子，求 $f(x)$ 及该微分方程的通解.

解 方程两端同乘以 $y^3 f(x)$，得
$$y^3 f(x)(6y + x^2 y^2)\mathrm{d}x + y^3 f(x)(8x + x^3 y)\mathrm{d}y = 0.$$
因为 $y^3 f(x)$ 为原方程的积分因子，所以有
$$\frac{\partial}{\partial y}\left[y^3 f(x)(6y + x^2 y^2)\right] = \frac{\partial}{\partial x}\left[y^3 f(x)(8x + x^3 y)\right],$$
即
$$(24y^3 + 5x^2 y^4)f(x) = 8xy^3 f'(x) + x^3 y^4 f'(x) + 8y^3 f(x) + 3x^2 y^4 f(x).$$
化简，得
$$8\left[xf'(x) - 2f(x)\right] = -x^2\left[xf'(x) - 2f(x)\right]y.$$
由 y 值的任意性得 $xf'(x) = 2f(x)$，解得其通解为 $f(x) = Cx^2$. 取 $f(x) = x^2$，得原微分方程的积分因子为 $x^2 y^3$. 原方程两端同乘以该积分因子，得
$$(6x^2 y^4 + x^4 y^5)\mathrm{d}x + (8x^3 y^3 + x^5 y^4)\mathrm{d}y = 0.$$
整理，得
$$(6x^2 y^4 \mathrm{d}x + 8x^3 y^3 \mathrm{d}y) + (x^4 y^5 \mathrm{d}x + x^5 y^4 \mathrm{d}y) = 0,$$
从而 $\mathrm{d}\left(2x^3 y^4 + \dfrac{1}{5}x^5 y^5\right) = 0$. 故原微分方程的通解为 $2x^3 y^4 + \dfrac{1}{5}x^5 y^5 = C$.

例 8 利用观察法求出下列微分方程的积分因子，并求其通解：
(1) $x\mathrm{d}x + y\mathrm{d}y = (x^2 + y^2)\mathrm{d}x$;   (2) $(3x^2 + y)\mathrm{d}x + (2x^2 y - x)\mathrm{d}y = 0$;
(3) $(x^2 + y^2 + y)\mathrm{d}x - x\mathrm{d}y = 0$.

解 (1) 原方程两端同乘以 $\dfrac{1}{x^2 + y^2}$，得
$$\frac{x\mathrm{d}x + y\mathrm{d}y}{x^2 + y^2} - \mathrm{d}x = 0, \quad 即 \quad \mathrm{d}\left[\frac{1}{2}\ln(x^2 + y^2)\right] - \mathrm{d}x = 0,$$
所以 $\dfrac{1}{x^2 + y^2}$ 为原微分方程的一个积分因子，其通解为
$$\frac{1}{2}\ln(x^2 + y^2) - x = C.$$

(2) 原方程变形为
$$3x^2 \mathrm{d}x + 2x^2 y\mathrm{d}y + y\mathrm{d}x - x\mathrm{d}y = 0.$$
上述方程两端同乘以 $\dfrac{1}{x^2}$，得
$$3\mathrm{d}x + 2y\mathrm{d}y - \frac{x\mathrm{d}y - y\mathrm{d}x}{x^2} = 0, \quad 即 \quad \mathrm{d}(3x + y^2) - \mathrm{d}\left(\frac{y}{x}\right) = 0,$$
所以 $\dfrac{1}{x^2}$ 为原微分方程的一个积分因子，其通解为
$$3x + y^2 - \frac{y}{x} = C.$$

（3）原方程变形为

$$(x^2 + y^2)\mathrm{d}x + y\mathrm{d}x - x\mathrm{d}y = 0.$$

上述方程两端同乘以 $\dfrac{1}{x^2 + y^2}$，得

$$\mathrm{d}x + \frac{y\mathrm{d}x - x\mathrm{d}y}{x^2 + y^2} = 0, \quad 即 \quad \mathrm{d}x + \mathrm{d}\left(\arctan \frac{x}{y}\right) = 0,$$

所以 $\dfrac{1}{x^2 + y^2}$ 为原微分方程的一个积分因子，其通解为

$$x + \arctan \frac{x}{y} = C.$$

（四）同步练习

1. 用格林公式计算下列对坐标的曲线积分：

（1）$\oint_L (2x - y + 4)\mathrm{d}x + (3x + 5y - 6)\mathrm{d}y$，其中 L 为以 $(0,0),(3,0),(3,2)$ 三点为顶点的三角形的正向边界；

（2）$\oint_L (x^2 y\cos x + 2xy\sin x - y^2 \mathrm{e}^x)\mathrm{d}x + (x^2 \sin x - 2y\mathrm{e}^x)\mathrm{d}y$，其中 L 为正向星形线 $x^{\frac{2}{3}} + y^{\frac{2}{3}} = a^{\frac{2}{3}}\ (a > 0)$；

（3）$\int_L (2xy^3 - y^2 \cos x)\mathrm{d}x + (1 - 2y\sin x + 3x^2 y^2)\mathrm{d}y$，其中 L 为抛物线 $2x = \pi y^2$ 上从点 $(0,0)$ 到点 $\left(\dfrac{\pi}{2}, 1\right)$ 的一段弧.

2. 证明下列曲线积分与路径无关，并计算积分值：

（1）$\int_{(0,0)}^{(1,1)} (x - y)(\mathrm{d}x - \mathrm{d}y)$；

（2）$\int_{(1,1)}^{(1,2)} \dfrac{y\mathrm{d}x - x\mathrm{d}y}{x^2}$，沿在右半平面的路径.

3. 验证：$(3x^2 y + 8xy^2)\mathrm{d}x + (x^3 + 8x^2 y + 12y\mathrm{e}^y)\mathrm{d}y$ 在整个 xOy 面内为某一函数 $u(x,y)$ 的全微分，并求出这样的一个函数 $u(x,y)$.

4. 求下列微分方程的通解：

（1）$y\mathrm{d}x - x\mathrm{d}y + xy^2 \mathrm{d}x = 0$；　　　　（2）$\dfrac{2x}{y^3}\mathrm{d}x + \dfrac{y^2 - 3x^2}{y^4}\mathrm{d}y = 0$；

（3）$(x - y)\mathrm{d}x + (x + y)\mathrm{d}y = 0.$

同步练习简解

1. 解　（1）L 所围区域 D 如图 10-9 所示. 由格林公式得

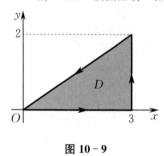

图 10-9

$$原式 = \iint_D \left(\frac{\partial Q}{\partial x} - \frac{\partial P}{\partial y}\right)\mathrm{d}x\mathrm{d}y = \iint_D [3 - (-1)]\mathrm{d}x\mathrm{d}y$$

$$= \iint_D 4\mathrm{d}x\mathrm{d}y = 12.$$

（2）令 $P = x^2 y\cos x + 2xy\sin x - y^2 \mathrm{e}^x$，$Q = x^2 \sin x - 2y\mathrm{e}^x$，则

$$\frac{\partial P}{\partial y} = x^2 \cos x + 2x\sin x - 2y\mathrm{e}^x = \frac{\partial Q}{\partial x}.$$

因 $\dfrac{\partial P}{\partial y} = \dfrac{\partial Q}{\partial x}$，故由格林公式得

$$原式 = \iint_D \left(\frac{\partial Q}{\partial x} - \frac{\partial P}{\partial y}\right)\mathrm{d}x\mathrm{d}y = 0.$$

(3) 令 $P = 2xy^3 - y^2\cos x, Q = 1 - 2y\sin x + 3x^2y^2$，则

$$\frac{\partial P}{\partial y} = 6xy^2 - 2y\cos x = \frac{\partial Q}{\partial x},$$

所给曲线积分在平面内与路径无关，从而可取积分路径 $O \to A \to B$，如图 10-10 所示. 故

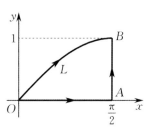

$$\text{原式} = \int_{OA+AB} P\mathrm{d}x + Q\mathrm{d}y = \int_{OA} P\mathrm{d}x + Q\mathrm{d}y + \int_{AB} P\mathrm{d}x + Q\mathrm{d}y$$

$$= \int_0^{\frac{\pi}{2}} 0\mathrm{d}x + \int_0^1 \left(1 - 2y\sin\frac{\pi}{2} + 3\cdot\frac{\pi^2}{4}y^2\right)\mathrm{d}y$$

$$= \int_0^1 \left(1 - 2y + \frac{3}{4}\pi^2 y^2\right)\mathrm{d}y = \frac{\pi^2}{4}.$$

图 10-10

2. 证 (1) 令 $P = x - y, Q = y - x$，显然 P, Q 在 xOy 面内有连续偏导数，且 $\frac{\partial P}{\partial y} = -1 = \frac{\partial Q}{\partial x}$，从而所给曲线积分与路径无关. 取 L 为从点 $(0,0)$ 到点 $(1,1)$ 的直线段，则 L 的方程为 $y = x, x$ 从 0 变到 1. 故

$$\int_{(0,0)}^{(1,1)} (x - y)(\mathrm{d}x - \mathrm{d}y) = \int_0^1 0\mathrm{d}x = 0.$$

(2) 令 $P = \frac{y}{x^2}, Q = -\frac{1}{x}$，则 P, Q 在右半平面内有连续偏导数，且 $\frac{\partial P}{\partial y} = \frac{1}{x^2} = \frac{\partial Q}{\partial x}$，从而在右半平面内所给曲线积分与路径无关. 取 L 为从点 $(1,1)$ 到点 $(1,2)$ 的直线段，则

$$\int_{(1,1)}^{(1,2)} \frac{y\mathrm{d}x - x\mathrm{d}y}{x^2} = \int_1^2 (-1)\mathrm{d}y = -1.$$

3. 解 令 $P = 3x^2y + 8xy^2, Q = x^3 + 8x^2y + 12ye^y$，则 $\frac{\partial P}{\partial y} = 3x^2 + 16xy = \frac{\partial Q}{\partial x}$. 故 $(3x^2y + 8xy^2)\mathrm{d}x + (x^3 + 8x^2y + 12ye^y)\mathrm{d}y$ 是某个定义在整个 xOy 面内函数 $u(x,y)$ 的全微分.

利用曲线积分公式，可得

$$u(x,y) = \int_{(0,0)}^{(x,y)} (3x^2y + 8x^2y)\mathrm{d}x + (x^3 + 8x^2y + 12ye^y)\mathrm{d}y$$

$$= \int_0^x 0\mathrm{d}x + \int_0^y (x^3 + 8x^2y + 12ye^y)\mathrm{d}y$$

$$= x^3y + 4x^2y^2 + 12ye^y - 12e^y + 12.$$

4. 解 (1) 原方程两端同乘以 $\frac{1}{y^2}$，得

$$\frac{y\mathrm{d}x - x\mathrm{d}y}{y^2} + x\mathrm{d}x = 0, \quad \text{即} \quad \mathrm{d}\left(\frac{x}{y} + \frac{x^2}{2}\right) = 0,$$

故通解为

$$\frac{x}{y} + \frac{x^2}{2} = C.$$

(2) 因 $\frac{\partial P}{\partial y} = -\frac{6x}{y^4} = \frac{\partial Q}{\partial x}$，故原方程是全微分方程. 将方程左端变形得

$$\frac{1}{y^2}\mathrm{d}y + \left(\frac{2x}{y^3}\mathrm{d}x - \frac{3x^2}{y^4}\mathrm{d}y\right) = \mathrm{d}\left(-\frac{1}{y}\right) + \mathrm{d}\left(\frac{x^2}{y^3}\right) = \mathrm{d}\left(-\frac{1}{y} + \frac{x^2}{y^3}\right),$$

从而通解为

$$-\frac{1}{y} + \frac{x^2}{y^3} = C.$$

(3) 原方程变形为

$$\frac{1}{2}\mathrm{d}(x^2 + y^2) + x\mathrm{d}y - y\mathrm{d}x = 0.$$

上述方程两端同乘以 $\frac{1}{x^2 + y^2}$，得

$$\frac{1}{2} \cdot \frac{\mathrm{d}(x^2 + y^2)}{x^2 + y^2} + \frac{x\mathrm{d}y - y\mathrm{d}x}{x^2 + y^2} = 0,$$

从而通解为

$$\frac{1}{2}\ln(x^2 + y^2) + \arctan\frac{y}{x} = C.$$

10.4　对面积的曲面积分

(一) 内容提要

对面积的曲面积分	$\displaystyle\iint_\Sigma f(x,y,z)\mathrm{d}S = \lim_{\lambda\to0}\sum_{i=1}^{n} f(\xi_i,\eta_i,\zeta_i)\Delta S_i$
常用性质	$\displaystyle\iint_\Sigma [k_1 f(x,y,z) + k_2 g(x,y,z)]\mathrm{d}S = k_1\iint_\Sigma f(x,y,z)\mathrm{d}S + k_2\iint_\Sigma g(x,y,z)\mathrm{d}S$，其中 k_1,k_2 为常数
	$\displaystyle\iint_\Sigma f(x,y,z)\mathrm{d}S = \iint_{\Sigma_1} f(x,y,z)\mathrm{d}S + \iint_{\Sigma_2} f(x,y,z)\mathrm{d}S$，其中 $\Sigma = \Sigma_1 + \Sigma_2$
	$\displaystyle\iint_\Sigma \mathrm{d}S =$ 曲面 Σ 的面积
计算	$\displaystyle\iint_\Sigma f(x,y,z)\mathrm{d}S = \iint_{D_{xy}} f[x,y,z(x,y)]\sqrt{1 + z_x^2(x,y) + z_y^2(x,y)}\,\mathrm{d}x\mathrm{d}y$，其中 D_{xy} 为 Σ 在 xOy 面上的投影区域
	$\displaystyle\iint_\Sigma f(x,y,z)\mathrm{d}S = \iint_{D_{yz}} f[x(y,z),y,z]\sqrt{1 + x_y^2(y,z) + x_z^2(y,z)}\,\mathrm{d}y\mathrm{d}z$，其中 D_{yz} 为 Σ 在 yOz 面上的投影区域
	$\displaystyle\iint_\Sigma f(x,y,z)\mathrm{d}S = \iint_{D_{zx}} f[x,y(z,x),z]\sqrt{1 + y_z^2(z,x) + y_x^2(z,x)}\,\mathrm{d}z\mathrm{d}x$，其中 D_{zx} 为 Σ 在 zOx 面上的投影区域

(二) 析疑解惑

题 1　简述在空间直角坐标系下计算 $\displaystyle\iint_\Sigma f(x,y,z)\mathrm{d}S$ 的一般步骤以及注意事项.

解　步骤如下：

一投,将曲面 S 向 xOy 面投影得投影区域 D_{xy}；

二代,将 $z = z(x,y)$ 代入 $f(x,y,z)$ 中；

三变换,$\mathrm{d}S$ 变成 $\sqrt{1 + z_x^2 + z_y^2}\,\mathrm{d}x\mathrm{d}y$；

四化重积分,

$$\iint_\Sigma f(x,y,z)\mathrm{d}S = \iint_{D_{xy}} f[x,y,z(x,y)]\sqrt{1 + z_x^2(x,y) + z_y^2(x,y)}\,\mathrm{d}x\mathrm{d}y.$$

类似地,还有其他计算公式(参考内容提要).

计算时应注意：

(1) 选取适当的坐标面，便于求出曲面 Σ 在该坐标面上的投影区域 D.

(2) 写出曲面 Σ 的直角坐标方程，并将 Σ 用定义于 D 上的显函数形式表出.

(3) 应用计算公式转化为二重积分后，尽量使该二重积分易于计算.

题 2 　当积分曲面 Σ 在某坐标面上的投影面积为零时，$\displaystyle\iint_{\Sigma} f(x,y,z)\mathrm{d}S$ 的值是否等于零？

解 　当积分曲面 Σ 在某坐标面上的投影区域 D 的面积为零且不能将 Σ 用定义于 D 上的显函数形式表示时，不能断定 $\displaystyle\iint_{\Sigma} f(x,y,z)\mathrm{d}S$ 的值为零. 此时应改为向其他坐标面投影再进行计算.

题 3 　如何利用对称性简化对面积的曲面积分的计算？

解 　(1) 若曲面 Σ 关于 xOy 面对称，$f(x,y,z)$ 为 Σ 上的连续函数，Σ_1 为 Σ 中 $z \geqslant 0$ 的那部分曲面，则

$$\iint_{\Sigma} f(x,y,z)\mathrm{d}S = \begin{cases} 0, & f(x,y,z) \text{ 为 } z \text{ 的奇函数}, \\ 2\displaystyle\iint_{\Sigma_1} f(x,y,z)\mathrm{d}S, & f(x,y,z) \text{ 为 } z \text{ 的偶函数}. \end{cases}$$

(2) 若曲面 Σ 关于 yOz 面对称，$f(x,y,z)$ 为 Σ 上的连续函数，Σ_1 为 Σ 中 $x \geqslant 0$ 的那部分曲面，则

$$\iint_{\Sigma} f(x,y,z)\mathrm{d}S = \begin{cases} 0, & f(x,y,z) \text{ 为 } x \text{ 的奇函数}, \\ 2\displaystyle\iint_{\Sigma_1} f(x,y,z)\mathrm{d}S, & f(x,y,z) \text{ 为 } x \text{ 的偶函数}. \end{cases}$$

(3) 若曲面 Σ 关于 zOx 面对称，$f(x,y,z)$ 为 Σ 上的连续函数，Σ_1 为 Σ 中 $y \geqslant 0$ 的那部分曲面，则

$$\iint_{\Sigma} f(x,y,z)\mathrm{d}S = \begin{cases} 0, & f(x,y,z) \text{ 为 } y \text{ 的奇函数}, \\ 2\displaystyle\iint_{\Sigma_1} f(x,y,z)\mathrm{d}S, & f(x,y,z) \text{ 为 } y \text{ 的偶函数}. \end{cases}$$

(4) 若曲面 Σ 关于 x,y,z 具有轮换对称性，则有

$$\iint_{\Sigma} f(x,y,z)\mathrm{d}S = \iint_{\Sigma} f(y,z,x)\mathrm{d}S = \iint_{\Sigma} f(z,x,y)\mathrm{d}S$$

$$= \frac{1}{3}\iint_{\Sigma} [f(x,y,z) + f(y,z,x) + f(z,x,y)]\mathrm{d}S.$$

（三）范例分析

例 1 　计算曲面积分 $\displaystyle\oiint_{\Sigma} (x^2+y^2)\mathrm{d}S$，其中 Σ 是由锥面 $z = \sqrt{x^2+y^2}$ 及平面 $z = 1$ 所围成的区域的整个边界曲面.

分析 　曲面 Σ 是由两块曲面组成的闭曲面，故应分块进行计算.

解 　曲面 Σ 由锥面 $\Sigma_1 : z = \sqrt{x^2+y^2}$ 与平面 $\Sigma_2 : z = 1$ 构成，其交线为 $x^2+y^2 = 1$，从而

Σ 在 xOy 面上的投影区域为圆域 $D_{xy} = \{(x,y)\,|\,x^2 + y^2 \leqslant 1\}$. 由于

$$\frac{\partial z}{\partial x} = \frac{x}{\sqrt{x^2 + y^2}}, \quad \frac{\partial z}{\partial y} = \frac{y}{\sqrt{x^2 + y^2}},$$

$$\sqrt{1 + \left(\frac{\partial z}{\partial x}\right)^2 + \left(\frac{\partial z}{\partial y}\right)^2} = \sqrt{1 + \frac{x^2}{x^2 + y^2} + \frac{y^2}{x^2 + y^2}} = \sqrt{2},$$

因此

$$\iint_{\Sigma_1} (x^2 + y^2)\mathrm{d}S = \iint_{D_{xy}} \sqrt{2}\,(x^2 + y^2)\mathrm{d}x\mathrm{d}y, \quad \iint_{\Sigma_2} (x^2 + y^2)\mathrm{d}S = \iint_{D_{xy}} (x^2 + y^2)\mathrm{d}x\mathrm{d}y,$$

$$\oiint_{\Sigma} (x^2 + y^2)\mathrm{d}S = \iint_{\Sigma_1} (x^2 + y^2)\mathrm{d}S + \iint_{\Sigma_2} (x^2 + y^2)\mathrm{d}S = (\sqrt{2} + 1)\iint_{D_{xy}} (x^2 + y^2)\mathrm{d}x\mathrm{d}y$$

$$= (\sqrt{2} + 1)\int_0^{2\pi}\mathrm{d}\theta\int_0^1 \rho^2 \cdot \rho\mathrm{d}\rho = \frac{1}{2}(\sqrt{2} + 1)\pi.$$

例2 计算曲面积分 $\oiint_{\Sigma}(x^2 + y^2 + z^2)\mathrm{d}S$,其中 Σ 是 $x^2 + y^2 + z^2 = a^2\,(x \geqslant 0, y \geqslant 0)$ 及坐标面 $x = 0, y = 0$ 所围成的闭曲面.

分析 曲面 Σ 是由三块曲面组成的闭曲面,故应分块进行计算.

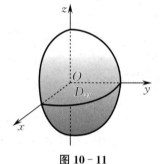

图 10 - 11

解 如图 10 - 11 所示,$\Sigma = \Sigma_1 + \Sigma_2 + \Sigma_3$,则

$$\oiint_{\Sigma} = \iint_{\Sigma_1} + \iint_{\Sigma_2} + \iint_{\Sigma_3},$$

其中 Σ_1 为部分 yOz 面,Σ_2 为部分 zOx 面,Σ_3 为球面块.

$\Sigma_1 : x = 0$,Σ_1 在 yOz 面上的投影区域为 $D_{yz} : y^2 + z^2 \leqslant a^2\,(y \geqslant 0)$,用极坐标表示为

$$D_{yz} : -\frac{\pi}{2} \leqslant \theta \leqslant \frac{\pi}{2}, 0 \leqslant \rho \leqslant a.$$

因为 $\mathrm{d}S = \sqrt{1 + x_y^2 + x_z^2}\,\mathrm{d}y\mathrm{d}z = \mathrm{d}y\mathrm{d}z$,所以

$$\iint_{\Sigma_1} (x^2 + y^2 + z^2)\mathrm{d}S = \int_{-\frac{\pi}{2}}^{\frac{\pi}{2}}\mathrm{d}\theta\int_0^a \rho^2 \cdot \rho\mathrm{d}\rho = \pi \cdot \frac{1}{4}\rho^4\Big|_0^a = \frac{1}{4}\pi a^4.$$

同理,$\iint_{\Sigma_2} (x^2 + y^2 + z^2)\mathrm{d}S = \frac{1}{4}\pi a^4.$

对于 $\iint_{\Sigma_3} (x^2 + y^2 + z^2)\mathrm{d}S$,其中 Σ_3 是球面一部分,方程为 $x^2 + y^2 + z^2 = a^2$,在化为二重积分运算时,可向不同的坐标面投影,故可有如下不同的计算方法:

方法一 Σ_3 向 xOy 面投影. 当曲面 Σ_3 的方程表示为 x, y 的显函数时,符号不一致,需将曲面分成两块,

$$\Sigma_{3\text{上}} : z = \sqrt{a^2 - x^2 - y^2}, \quad \Sigma_{3\text{下}} : z = -\sqrt{a^2 - x^2 - y^2}.$$

它们在 xOy 面上的投影区域为 $D_{xy} : x^2 + y^2 \leqslant a^2, x \geqslant 0, y \geqslant 0\,(z = 0)$.

因为 $z_x = \frac{-x}{z}, z_y = \frac{-y}{z}$,所以

$$\mathrm{d}S = \sqrt{1 + z_x^2 + z_y^2}\,\mathrm{d}x\mathrm{d}y = \sqrt{1 + \left(\frac{-x}{z}\right)^2 + \left(\frac{-y}{z}\right)^2}\,\mathrm{d}x\mathrm{d}y = \frac{a}{|z|}\mathrm{d}x\mathrm{d}y.$$

又

$$\Sigma_{3\pm}:z = \sqrt{a^2-x^2-y^2}, \quad \mathrm{d}S = \frac{a}{z}\mathrm{d}x\mathrm{d}y,$$

$$\Sigma_{3\mp}:z = -\sqrt{a^2-x^2-y^2}, \quad \mathrm{d}S = \frac{a}{-z}\mathrm{d}x\mathrm{d}y,$$

于是

$$\iint\limits_{\Sigma_3}(x^2+y^2+z^2)\mathrm{d}S = \iint\limits_{\Sigma_{3\pm}}(x^2+y^2+z^2)\mathrm{d}S + \iint\limits_{\Sigma_{3\mp}}(x^2+y^2+z^2)\mathrm{d}S$$

$$= \iint\limits_{D_{xy}}a^2 \cdot \frac{a}{\sqrt{a^2-x^2-y^2}}\mathrm{d}x\mathrm{d}y + \iint\limits_{D_{xy}}a^2 \cdot \left(-\frac{a}{-\sqrt{a^2-x^2-y^2}}\right)\mathrm{d}x\mathrm{d}y$$

$$= 2a^3\iint\limits_{D_{xy}}\frac{\mathrm{d}x\mathrm{d}y}{\sqrt{a^2-x^2-y^2}} = 2a^3\int_0^{\frac{\pi}{2}}\mathrm{d}\theta\int_0^a\frac{1}{\sqrt{a^2-\rho^2}}\cdot\rho\mathrm{d}\rho$$

$$= 2a^3 \cdot \frac{\pi}{2} \cdot \left(-\frac{1}{2}\right)\cdot 2(a^2-\rho^2)^{\frac{1}{2}}\Big|_0^a = \pi a^4.$$

方法二 Σ_3 向 yOz 面投影. 曲面 $\Sigma_3:x = \sqrt{a^2-y^2-z^2}$ 是单值函数,

$$\mathrm{d}S = \sqrt{1+x_y^2+x_z^2}\,\mathrm{d}x\mathrm{d}y = \frac{a}{x}\mathrm{d}y\mathrm{d}z.$$

Σ_3 在 yOz 面上的投影区域为 $D_{yz}:y^2+z^2 \leqslant a^2(y \geqslant 0)$,用极坐标表示为

$$D_{yz}:-\frac{\pi}{2} \leqslant \theta \leqslant \frac{\pi}{2}, 0 \leqslant \rho \leqslant a.$$

于是

$$\iint\limits_{\Sigma_3}(x^2+y^2+z^2)\mathrm{d}S = \iint\limits_{D_{yz}}a^2 \cdot \frac{a}{\sqrt{a^2-y^2-z^2}}\mathrm{d}y\mathrm{d}z = a^3\int_{-\frac{\pi}{2}}^{\frac{\pi}{2}}\mathrm{d}\theta\int_0^a\frac{1}{\sqrt{a^2-\rho^2}}\cdot\rho\mathrm{d}\rho$$

$$= a^3 \cdot \pi \cdot \left(-\frac{1}{2}\right)\cdot 2(a^2-\rho^2)^{\frac{1}{2}}\Big|_0^a = \pi a^4.$$

同理也可投影到 zOx 面来计算. 显然,方法二比方法一稍简单些,它避免了曲面的分块.

方法三 因为 Σ_3 是球面 $x^2+y^2+z^2 = a^2$ 的一部分,而被积函数定义在 Σ_3 上,所以总有

$$f(x,y,z) = x^2+y^2+z^2 = a^2,$$

从而

$$\iint\limits_{\Sigma_3}(x^2+y^2+z^2)\mathrm{d}S = \iint\limits_{\Sigma_3}a^2\mathrm{d}S = a^2\iint\limits_{\Sigma_3}\mathrm{d}S = a^2 \cdot \frac{4\pi a^2}{4} = \pi a^4.$$

综上所述

$$\oiint\limits_{\Sigma}(x^2+y^2+z^2)\mathrm{d}S = \left(\iint\limits_{\Sigma_1}+\iint\limits_{\Sigma_2}+\iint\limits_{\Sigma_3}\right)(x^2+y^2+z^2)\mathrm{d}S$$

$$= \frac{1}{4}\pi a^4 + \frac{1}{4}\pi a^4 + \pi a^4 = \frac{3}{2}\pi a^4.$$

注 利用被积函数 $f(x,y,z) = x^2+y^2+z^2$ 定义在 Σ_3 上,故总有 $x^2+y^2+z^2 = a^2$,代入简化积分计算. 这是常用的一种简化计算的方法.

▍**例3** 计算曲面积分 $\oiint\limits_{S}z^2\mathrm{d}S$,其中 S 是球面 $x^2+y^2+z^2 = a^2$.

解　因为球面 $x^2+y^2+z^2=a^2$ 关于 x,y,z 具有轮换对称性,所以

$$\oiint_S x^2 \mathrm{d}S = \oiint_S y^2 \mathrm{d}S = \oiint_S z^2 \mathrm{d}S.$$

故

$$\oiint_S z^2 \mathrm{d}S = \frac{1}{3}\oiint_S (x^2+y^2+z^2)\mathrm{d}S = \frac{1}{3}\oiint_S a^2 \mathrm{d}S = \frac{1}{3}a^2 \cdot 4\pi a^2 = \frac{4}{3}\pi a^4.$$

例 4　计算曲面积分 $\iint\limits_{\Sigma} \dfrac{\mathrm{d}S}{x^2+y^2}$,其中 Σ 是柱面 $x^2+y^2=R^2$ 被平面 $z=0,z=H$ 所截得的部分.

分析　曲面 Σ 在 xOy 面上的投影为圆周 $x^2+y^2=R^2$,面积为零,而且无法将曲面方程表示为 z 关于 x,y 的显函数,故该曲面积分不能转化为 xOy 面上的二重积分,须将曲面投影到其他坐标面,转化为其他坐标面上的二重积分.

解法一　将曲面 Σ 分成两个曲面 $\Sigma_1:x=\sqrt{R^2-y^2}$ 和 $\Sigma_2:x=-\sqrt{R^2-y^2}$,$\Sigma_1,\Sigma_2$ 在 yOz 面上的投影区域均为 $D_{yz}=\{(y,z)|-R\leqslant y\leqslant R,0\leqslant z\leqslant H\}$.

在曲面 Σ_1 上,由于

$$\frac{\partial x}{\partial y}=\frac{-y}{\sqrt{R^2-y^2}}, \quad \frac{\partial x}{\partial z}=0,$$

从而

$$\mathrm{d}S=\sqrt{1+\left(\frac{\partial x}{\partial y}\right)^2+\left(\frac{\partial x}{\partial z}\right)^2}\mathrm{d}y\mathrm{d}z=\sqrt{1+\left(\frac{-y}{\sqrt{R^2-y^2}}\right)^2}\mathrm{d}y\mathrm{d}z=\frac{R}{\sqrt{R^2-y^2}}\mathrm{d}y\mathrm{d}z,$$

$$\iint\limits_{\Sigma_1}\frac{\mathrm{d}S}{x^2+y^2}=\iint\limits_{D_{yz}}\frac{1}{R^2}\cdot\frac{R}{\sqrt{R^2-y^2}}\mathrm{d}y\mathrm{d}z=\frac{1}{R}\int_{-R}^{R}\frac{1}{\sqrt{R^2-y^2}}\mathrm{d}y\int_{0}^{H}\mathrm{d}z=\frac{\pi H}{R}.$$

同理可求得 $\iint\limits_{\Sigma_2}\dfrac{\mathrm{d}S}{x^2+y^2}=\dfrac{\pi H}{R}$. 故

$$\iint\limits_{\Sigma}\frac{\mathrm{d}S}{x^2+y^2}=\iint\limits_{\Sigma_1}\frac{\mathrm{d}S}{x^2+y^2}+\iint\limits_{\Sigma_2}\frac{\mathrm{d}S}{x^2+y^2}=\frac{2\pi H}{R}.$$

解法二　将柱面方程 $x^2+y^2=R^2$ 代入原曲面积分,得

$$\iint\limits_{\Sigma}\frac{\mathrm{d}S}{x^2+y^2}=\iint\limits_{\Sigma}\frac{\mathrm{d}S}{R^2}=\frac{1}{R^2}\iint\limits_{\Sigma}\mathrm{d}S=\frac{2\pi R\cdot H}{R^2}=\frac{2\pi H}{R}.$$

(四) 同步练习

计算下列对面积的曲面积分:

(1) $\iint\limits_{\Sigma}\dfrac{1}{z}\mathrm{d}S$,其中 Σ 是球面 $x^2+y^2+z^2=R^2$ 被平面 $z=h(0<h<R)$ 所截的顶部;

(2) $\oiint\limits_{\Sigma}(ax+by+cz)^2\mathrm{d}S$,其中 Σ 是球面 $x^2+y^2+z^2=R^2$,a,b,c 为常数;

(3) $\oiint\limits_{\Sigma}(x^2+y^2+z^2)\mathrm{d}S$,其中 Σ 是球面 $x^2+y^2+z^2=2az$,a 为常数.

同步练习简解

解　(1) 将曲面 Σ 的方程化为 $z=\sqrt{R^2-x^2-y^2}$,Σ 在 xOy 面上的投影区域为 $D_{xy}=\{(x,y)\mid x^2+$

$y^2 \leqslant R^2 - h^2 \}.$

因为 $z_x = \dfrac{-x}{z}, z_y = \dfrac{-y}{z}$,所以

$$\mathrm{d}S = \sqrt{1 + z_x^2 + z_y^2}\,\mathrm{d}x\mathrm{d}y = \sqrt{1 + \left(\dfrac{-x}{z}\right)^2 + \left(\dfrac{-y}{z}\right)^2}\,\mathrm{d}x\mathrm{d}y = \dfrac{R}{z}\,\mathrm{d}x\mathrm{d}y.$$

故

$$\iint\limits_{\Sigma} \frac{1}{z}\,\mathrm{d}S = \iint\limits_{D_{xy}} \frac{R}{z^2}\,\mathrm{d}x\mathrm{d}y = \iint\limits_{D_{xy}} \frac{R}{R^2 - x^2 - y^2}\,\mathrm{d}x\mathrm{d}y = \int_0^{2\pi} \mathrm{d}\theta \int_0^{\sqrt{R^2 - h^2}} \frac{R}{R^2 - \rho^2}\rho\,\mathrm{d}\rho = 2\pi R \ln \frac{R}{h}.$$

(2) $\oiint\limits_{\Sigma} (ax + by + cz)^2\,\mathrm{d}S = \oiint\limits_{\Sigma} (a^2x^2 + b^2y^2 + c^2z^2 + 2abxy + 2bcyz + 2acxz)\,\mathrm{d}S.$

因为 Σ 关于 x, y, z 具有轮换对称性,所以

$$\oiint\limits_{\Sigma} x^2\,\mathrm{d}S = \oiint\limits_{\Sigma} y^2\,\mathrm{d}S = \oiint\limits_{\Sigma} z^2\,\mathrm{d}S, \quad \oiint\limits_{\Sigma} xy\,\mathrm{d}S = \oiint\limits_{\Sigma} yz\,\mathrm{d}S = \oiint\limits_{\Sigma} zx\,\mathrm{d}S = 0,$$

$$\oiint\limits_{\Sigma} x^2\,\mathrm{d}S = \frac{1}{3}\oiint\limits_{\Sigma} (x^2 + y^2 + z^2)\,\mathrm{d}S = \frac{1}{3}\oiint\limits_{\Sigma} R^2\,\mathrm{d}S = \frac{4\pi R^4}{3}.$$

故

$$\text{原式} = \oiint\limits_{\Sigma} (a^2x^2 + b^2y^2 + c^2z^2)\,\mathrm{d}S + 0 + 0 + 0$$

$$= \frac{1}{3}(a^2 + b^2 + c^2)R^2 \oiint\limits_{\Sigma} \mathrm{d}S = \frac{4\pi}{3}R^4(a^2 + b^2 + c^2).$$

(3) Σ 在 xOy 面上的投影区域为 $D_{xy} = \{(x, y) \mid x^2 + y^2 \leqslant a^2\}$,上半球面 $\Sigma_1 : z = a + \sqrt{a^2 - (x^2 + y^2)}$,则

$$z_x = -\frac{x}{\sqrt{a^2 - (x^2 + y^2)}}, \quad z_y = -\frac{y}{\sqrt{a^2 - (x^2 + y^2)}}, \quad \mathrm{d}S = \sqrt{1 + z_x^2 + z_y^2}\,\mathrm{d}x\mathrm{d}y = \frac{a}{\sqrt{a^2 - (x^2 + y^2)}}\,\mathrm{d}x\mathrm{d}y.$$

下半球面 $\Sigma_2 : z = a - \sqrt{a^2 - (x^2 + y^2)}$,则

$$z_x = \frac{x}{\sqrt{a^2 - (x^2 + y^2)}}, \quad z_y = \frac{y}{\sqrt{a^2 - (x^2 + y^2)}}, \quad \mathrm{d}S = \sqrt{1 + z_x^2 + z_y^2}\,\mathrm{d}x\mathrm{d}y = \frac{a}{\sqrt{a^2 - (x^2 + y^2)}}\,\mathrm{d}x\mathrm{d}y.$$

故

$$\text{原式} = \oiint\limits_{\Sigma} 2az\,\mathrm{d}S = \iint\limits_{\Sigma_1} 2az\,\mathrm{d}S + \iint\limits_{\Sigma_2} 2az\,\mathrm{d}S$$

$$= 2a \iint\limits_{D_{xy}} \left[a + \sqrt{a^2 - (x^2 + y^2)}\right] \sqrt{1 + z_x^2 + z_y^2}\,\mathrm{d}x\mathrm{d}y$$

$$+ 2a \iint\limits_{D_{xy}} \left[a - \sqrt{a^2 - (x^2 + y^2)}\right] \sqrt{1 + z_x^2 + z_y^2}\,\mathrm{d}x\mathrm{d}y$$

$$= 4a^3 \iint\limits_{D_{xy}} \frac{\mathrm{d}x\mathrm{d}y}{\sqrt{a^2 - (x^2 + y^2)}} = 4a^3 \int_0^{2\pi} \mathrm{d}\theta \int_0^a \frac{\rho}{\sqrt{a^2 - \rho^2}}\,\mathrm{d}\rho = 8\pi a^4.$$

10.5 对坐标的曲面积分

(一) 内容提要

对坐标的曲面积分	$\displaystyle\iint\limits_{\Sigma} P(x, y, z)\,\mathrm{d}y\mathrm{d}z + Q(x, y, z)\,\mathrm{d}z\mathrm{d}x + R(x, y, z)\,\mathrm{d}x\mathrm{d}y$

常用性质	$\displaystyle\iint_{\Sigma^+}P\mathrm{d}y\mathrm{d}z=-\iint_{\Sigma^-}P\mathrm{d}y\mathrm{d}z$，其中 Σ^+ 表示有向光滑曲面的某一侧（正侧），Σ^- 表示该曲面的另一侧（负侧）
	若 $\Sigma=\Sigma_1+\Sigma_2$，则 $\displaystyle\iint_{\Sigma}P\mathrm{d}y\mathrm{d}z=\iint_{\Sigma_1}P\mathrm{d}y\mathrm{d}z+\iint_{\Sigma_2}P\mathrm{d}y\mathrm{d}z$
计算	$\displaystyle\iint_{\Sigma}P(x,y,z)\mathrm{d}y\mathrm{d}z=\iint_{\Sigma}P(x,y,z)\cos\alpha\mathrm{d}S=\pm\iint_{D_{yz}}P[x(y,z),y,z]\mathrm{d}y\mathrm{d}z$，其中 α 为 Σ 的法向量与 x 轴的夹角，当 α 为锐角时取正号，当 α 为钝角时取负号
	$\displaystyle\iint_{\Sigma}Q(x,y,z)\mathrm{d}z\mathrm{d}x=\iint_{\Sigma}Q(x,y,z)\cos\beta\mathrm{d}S=\pm\iint_{D_{zx}}Q[x,y(z,x),z]\mathrm{d}z\mathrm{d}x$，其中 β 为 Σ 的法向量与 y 轴的夹角，当 β 为锐角时取正号，当 β 为钝角时取负号
	$\displaystyle\iint_{\Sigma}R(x,y,z)\mathrm{d}x\mathrm{d}y=\iint_{\Sigma}R(x,y,z)\cos\gamma\mathrm{d}S=\pm\iint_{D_{xy}}R[x,y,z(x,y)]\mathrm{d}x\mathrm{d}y$，其中 γ 为 Σ 的法向量与 z 轴的夹角，当 γ 为锐角时取正号，当 γ 为钝角时取负号

（二）析疑解惑

题 1　二重积分与对坐标的曲面积分书写形式上比较接近，如何区别？

解　对坐标的曲面积分与直角坐标系下的二重积分在书写形式上比较接近. 但如果注意如下几点，那么两者不难区别：

（1）对坐标的曲面积分的被积函数一般是三元函数，而二重积分的被积函数是二元函数.

（2）对坐标的曲面积分的积分区域是空间曲面，而二重积分的积分区域是平面区域.

（3）对坐标的曲面积分的积分区域都需要指定它的侧，而二重积分的积分区域不需要指定它的侧.

如果被积函数是二元函数或一元函数，且积分区域为相应坐标面上的平面区域且取正侧，那么此时的对坐标的曲面积分与对应的平面区域上的二重积分一致. 例如，取 $\Sigma:x^2+y^2\leqslant 4$，$z=0$ 的上侧，则曲面积分 $\displaystyle\iint_{\Sigma}f(x,y)\mathrm{d}x\mathrm{d}y$ 与二重积分 $\displaystyle\iint_{D}f(x,y)\mathrm{d}x\mathrm{d}y$ 相同，其中 $D:x^2+y^2\leqslant 4$.

题 2　对坐标的曲面积分有没有积分中值定理？

解　与对坐标的曲线积分一样，对坐标的曲面积分不再有相应的"积分中值定理".

题 3　试总结计算对坐标的曲面积分的一般方法.

解　计算对坐标的曲面积分容易出错的地方是对侧向的判断，对于曲面所指定的侧，当曲面积分化为重积分时，必须注意由于侧向的不同所引起的二重积分在符号上的差别. 对于对坐标的曲面积分 $\displaystyle\iint_{\Sigma}P(x,y,z)\mathrm{d}y\mathrm{d}z+Q(x,y,z)\mathrm{d}z\mathrm{d}x+R(x,y,z)\mathrm{d}x\mathrm{d}y$ 一般有如下几种方法：

（1）三个积分 $\displaystyle\iint_{\Sigma}P(x,y,z)\mathrm{d}y\mathrm{d}z,\iint_{\Sigma}Q(x,y,z)\mathrm{d}z\mathrm{d}x,\iint_{\Sigma}R(x,y,z)\mathrm{d}x\mathrm{d}y$ 可分开计算，根据积分

元素中的变量名称确定曲面的具体投影方向,下面以 $\iint\limits_{\Sigma} R(x,y,z)\mathrm{d}x\mathrm{d}y$ 为例说明单个积分的计算步骤:

一投,积分元素为 $\mathrm{d}x\mathrm{d}y$,从而积分变量为 x,y,将曲面方程表示为 x,y 的显函数 Σ:$z = z(x,y)$,并将曲面 Σ 向 xOy 面投影得 D_{xy};

二代,将 $z = z(x,y)$ 代入 $R(x,y,z)$ 中,得

$$\iint\limits_{\Sigma} R(x,y,z)\mathrm{d}x\mathrm{d}y = \pm \iint\limits_{D_{xy}} R[x,y,z(x,y)]\mathrm{d}x\mathrm{d}y;$$

三定向,看 Σ 的法向量与 z 轴的夹角,若夹角为锐角,则为正;否则,为负.确定符号后计算上面的二重积分.

注 若曲面 Σ 的法向量与 z 轴的夹角既有锐角,又有钝角,则曲面 Σ 还必须先分块,使每一块的法向量与 z 轴的夹角或者只为锐角,或者只为钝角.分块后积分再由积分可加性求和.

(2) 三个积分可以统一为一项.若 $z = z(x,y)$,则

$$\iint\limits_{\Sigma} P(x,y,z)\mathrm{d}y\mathrm{d}z + Q(x,y,z)\mathrm{d}z\mathrm{d}x + R(x,y,z)\mathrm{d}x\mathrm{d}y = \iint\limits_{\Sigma}\left(R - P\frac{\partial z}{\partial x} - Q\frac{\partial z}{\partial y}\right)\mathrm{d}x\mathrm{d}y.$$

(3) 将对坐标的曲面积分化为对面积的曲面积分,即

$$\iint\limits_{\Sigma} P(x,y,z)\mathrm{d}y\mathrm{d}z + Q(x,y,z)\mathrm{d}z\mathrm{d}x + R(x,y,z)\mathrm{d}x\mathrm{d}y$$

$$= \iint\limits_{\Sigma}[P(x,y,z)\cos\alpha + Q(x,y,z)\cos\beta + R(x,y,z)\cos\gamma]\mathrm{d}S.$$

题 4 何谓轮换对称性?对坐标的曲面积分如何利用轮换对称性?

解 若积分曲面 Σ 关于 x,y,z 具有轮换对称性,即在 Σ 的方程表达式中,将 x 换为 y,y 换为 z,z 换为 x,方程的表达式不变,则有

$$\iint\limits_{\Sigma} P(x,y,z)\mathrm{d}y\mathrm{d}z = \iint\limits_{\Sigma} P(y,z,x)\mathrm{d}z\mathrm{d}x = \iint\limits_{\Sigma} P(z,x,y)\mathrm{d}x\mathrm{d}y$$

$$= \frac{1}{3}\iint\limits_{\Sigma} P(x,y,z)\mathrm{d}y\mathrm{d}z + P(y,z,x)\mathrm{d}z\mathrm{d}x + P(z,x,y)\mathrm{d}x\mathrm{d}y.$$

(三) 范例分析

例 1 计算曲面积分 $\iint\limits_{\Sigma} xyz\,\mathrm{d}x\mathrm{d}y$,其中 Σ 为 $x^2 + y^2 + z^2 = 1$ 在 $x \geqslant 0, y \geqslant 0$ 对应部分的球面,取外侧.

解 如图 10-12 所示,曲面 Σ 在第一和第五卦限部分的方程分别为

$$\Sigma_1 : z_1 = \sqrt{1-x^2-y^2}, \quad \Sigma_2 : z_2 = -\sqrt{1-x^2-y^2},$$

它们在 xOy 面上的投影区域都是单位圆在第一象限部分.因积分是沿 Σ_1 上侧和 Σ_2 下侧进行,故

$$原式 = \iint\limits_{\Sigma_1} xyz\,\mathrm{d}x\mathrm{d}y + \iint\limits_{\Sigma_2} xyz\,\mathrm{d}x\mathrm{d}y$$

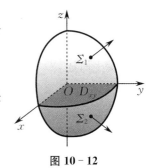

图 10-12

$$= \iint\limits_{D_{xy}} xy\sqrt{1-x^2-y^2}\,\mathrm{d}x\mathrm{d}y - \iint\limits_{D_{xy}} (-xy\sqrt{1-x^2-y^2}\,)\mathrm{d}x\mathrm{d}y$$

$$= 2\iint\limits_{D_{xy}} xy\sqrt{1-x^2-y^2}\,\mathrm{d}x\mathrm{d}y = 2\int_0^{\frac{\pi}{2}}\mathrm{d}\theta\int_0^1 \rho^3\cos\theta\sin\theta\,\sqrt{1-\rho^2}\,\mathrm{d}\rho = \frac{2}{15}.$$

例 2　计算曲面积分 $\oiint\limits_{\Sigma} y(x-z)\mathrm{d}y\mathrm{d}z + x^2\mathrm{d}z\mathrm{d}x + (y^2+xz)\mathrm{d}x\mathrm{d}y$，其中 Σ 是由 $x=$ $y=z=0,x=y=z=a$ 这六个平面所围成的立方体表面，取外侧.

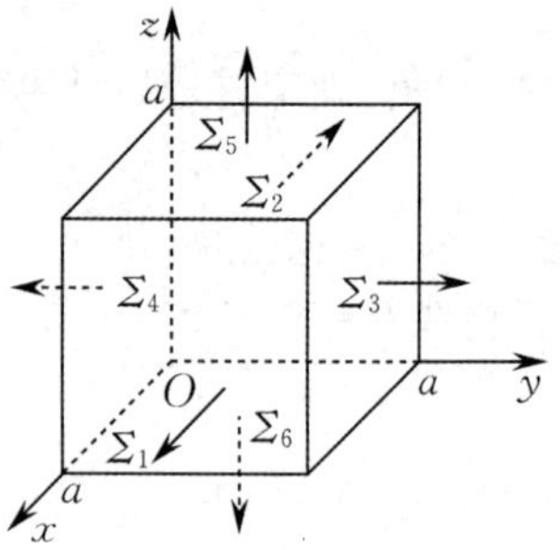

分析　Σ 是由多块曲面组成的闭曲面，则应分块进行计算. 本题共有六块曲面，且是三个积分的组合，应共计算十八个积分.

解　如图 $10-13$ 所示，

$$\Sigma = \Sigma_1 + \Sigma_2 + \Sigma_3 + \Sigma_4 + \Sigma_5 + \Sigma_6,$$

则

$$\oiint\limits_{\Sigma} = \iint\limits_{\Sigma_1} + \iint\limits_{\Sigma_2} + \iint\limits_{\Sigma_3} + \iint\limits_{\Sigma_4} + \iint\limits_{\Sigma_5} + \iint\limits_{\Sigma_6}.$$

图 $10-13$

$\Sigma_1 : x=a, \mathrm{d}x\mathrm{d}y = \mathrm{d}z\mathrm{d}x = 0, \Sigma_1$ 在 yOz 面上的投影区域为 $D_{yz}(\Sigma_1$ 方向与 x 轴正向相同)，

$$\iint\limits_{\Sigma_1} y(x-z)\mathrm{d}y\mathrm{d}z + x^2\mathrm{d}z\mathrm{d}x + (y^2+xz)\mathrm{d}x\mathrm{d}y = \iint\limits_{D_{yz}} y(a-z)\mathrm{d}y\mathrm{d}z;$$

$\Sigma_2 : x=0, \mathrm{d}x\mathrm{d}y = \mathrm{d}z\mathrm{d}x = 0, \Sigma_2$ 在 yOz 面上的投影为 $D_{yz}(\Sigma_2$ 方向与 x 轴正向成 π 角)，

$$\iint\limits_{\Sigma_2} y(x-z)\mathrm{d}y\mathrm{d}z = -\iint\limits_{D_{yz}} y(0-z)\mathrm{d}y\mathrm{d}z = \iint\limits_{D_{yz}} yz\mathrm{d}y\mathrm{d}z;$$

$\Sigma_3 : y=a, \mathrm{d}x\mathrm{d}y = \mathrm{d}y\mathrm{d}z = 0, \Sigma_3$ 在 zOx 面上的投影为 $D_{zx}(\Sigma_3$ 方向与 y 轴正向相同)，

$$\iint\limits_{\Sigma_3} y(x-z)\mathrm{d}y\mathrm{d}z + x^2\mathrm{d}z\mathrm{d}x + (y^2+xz)\mathrm{d}x\mathrm{d}y = \iint\limits_{D_{zx}} x^2\mathrm{d}z\mathrm{d}x;$$

$\Sigma_4 : y=0, \mathrm{d}x\mathrm{d}y = \mathrm{d}y\mathrm{d}z = 0, \Sigma_4$ 在 zOx 面上的投影为 $D_{zx}(\Sigma_4$ 方向与 y 轴正向成 π 角)，

$$\iint\limits_{\Sigma_4} y(x-z)\mathrm{d}y\mathrm{d}z + x^2\mathrm{d}z\mathrm{d}x + (y^2+xz)\mathrm{d}x\mathrm{d}y = -\iint\limits_{D_{zx}} x^2\mathrm{d}z\mathrm{d}x;$$

$\Sigma_5 : z=a, \mathrm{d}z\mathrm{d}x = \mathrm{d}y\mathrm{d}z = 0, \Sigma_5$ 在 xOy 面上的投影为 $D_{xy}(\Sigma_5$ 方向与 z 轴正向相同)，

$$\iint\limits_{\Sigma_5} y(x-z)\mathrm{d}y\mathrm{d}z + x^2\mathrm{d}z\mathrm{d}x + (y^2+xz)\mathrm{d}x\mathrm{d}y = \iint\limits_{D_{xy}} (y^2+xa)\mathrm{d}x\mathrm{d}y;$$

$\Sigma_6 : z=0, \mathrm{d}z\mathrm{d}x = \mathrm{d}y\mathrm{d}z = 0, \Sigma_6$ 在 xOy 面上的投影为 $D_{xy}(\Sigma_6$ 方向与 z 轴正向成 π 角)，

$$\iint\limits_{\Sigma_6} y(x-z)\mathrm{d}y\mathrm{d}z + x^2\mathrm{d}z\mathrm{d}x + (y^2+xz)\mathrm{d}x\mathrm{d}y = -\iint\limits_{D_{xy}} y^2\mathrm{d}x\mathrm{d}y.$$

综上所述，

$$原式 = a\iint\limits_{D_{yz}} y\mathrm{d}y\mathrm{d}z + a\iint\limits_{D_{xy}} x\mathrm{d}x\mathrm{d}y$$

$$= a\int_0^a y\mathrm{d}y\int_0^a \mathrm{d}z + a\int_0^a x\mathrm{d}x\int_0^a \mathrm{d}y = a^4.$$

注　(1) $\Sigma_1 : x=a$ 在 xOy 面，zOx 面上的投影为线段，面积为零，故 $\mathrm{d}x\mathrm{d}y = \mathrm{d}z\mathrm{d}x = 0$，其

他情况类似.

（2）此题用之后将学习的高斯公式计算更方便.

例 3 计算曲面积分 $\iint\limits_{\Sigma}(z^2+x)\mathrm{d}y\mathrm{d}z-z\mathrm{d}x\mathrm{d}y$，其中 Σ 为旋转抛物面 $z=\dfrac{1}{2}(x^2+y^2)$ 介于 $z=0,z=2$ 之间的部分，取下侧.

解 由两类曲面积分之间的联系，可得

$$\iint\limits_{\Sigma}(z^2+x)\mathrm{d}y\mathrm{d}z=\iint\limits_{\Sigma}(z^2+x)\cos\alpha\,\mathrm{d}S=\iint\limits_{\Sigma}(z^2+x)\frac{\cos\alpha}{\cos\gamma}\mathrm{d}x\mathrm{d}y.$$

在曲面 Σ 上，有

$$\cos\alpha=\frac{x}{\sqrt{1+x^2+y^2}},\quad \cos\gamma=\frac{-1}{\sqrt{1+x^2+y^2}},$$

于是

$$\iint\limits_{\Sigma}(z^2+x)\mathrm{d}y\mathrm{d}z-z\mathrm{d}x\mathrm{d}y=\iint\limits_{\Sigma}\left[(z^2+x)(-x)-z\right]\mathrm{d}x\mathrm{d}y.$$

由对坐标的曲面积分的计算方法，可得

$$\iint\limits_{\Sigma}(z^2+x)\mathrm{d}y\mathrm{d}z-z\mathrm{d}x\mathrm{d}y=-\iint\limits_{D_{xy}}\left\{\left[\frac{1}{4}(x^2+y^2)^2+x\right]\cdot(-x)-\frac{1}{2}(x^2+y^2)\right\}\mathrm{d}x\mathrm{d}y,$$

其中 D_{xy} 为 Σ 在 xOy 面上的投影区域. 注意到 $\iint\limits_{D_{xy}}\frac{1}{4}x(x^2+y^2)^2\mathrm{d}x\mathrm{d}y=0$，故

$$原式=\iint\limits_{D_{xy}}\left[x^2+\frac{1}{2}(x^2+y^2)\right]\mathrm{d}x\mathrm{d}y$$

$$=\int_0^{2\pi}\mathrm{d}\theta\int_0^2\left(\rho^2\cos^2\theta+\frac{1}{2}\rho^2\right)\rho\,\mathrm{d}\rho=8\pi.$$

例 4 计算曲面积分 $\oiint\limits_{\Sigma}xy\mathrm{d}y\mathrm{d}z+yz\mathrm{d}z\mathrm{d}x+zx\mathrm{d}x\mathrm{d}y$，其中 Σ 是由平面 $x=0,y=0$，$z=0,x+y+z=1$ 所围成的四面体的表面，取外侧.

解 如图 10-14 所示，因为闭曲面取外侧，即 Σ_1 为部分 xOy 面，取下侧；Σ_2 为部分 yOz 面，取后侧；Σ_3 为部分 zOx 面，取左侧；Σ_4 为平面 $x+y+z=1$，取上侧. 显然，Σ 关于 x,y,z 具有轮换对称性，于是

$$原式=\left(\iint\limits_{\Sigma_1}+\iint\limits_{\Sigma_2}+\iint\limits_{\Sigma_3}+\iint\limits_{\Sigma_4}\right)(xy\mathrm{d}y\mathrm{d}z+yz\mathrm{d}z\mathrm{d}x+zx\mathrm{d}x\mathrm{d}y)$$

$$=3\left(\iint\limits_{\Sigma_1}+\iint\limits_{\Sigma_2}+\iint\limits_{\Sigma_3}+\iint\limits_{\Sigma_4}\right)zx\mathrm{d}x\mathrm{d}y=3\iint\limits_{D_{xy}}x(1-x-y)\mathrm{d}x\mathrm{d}y$$

$$=3\int_0^1 x\mathrm{d}x\int_0^{1-x}(1-x-y)\mathrm{d}y=\frac{1}{8},$$

其中 D_{xy} 为 Σ 在 xOy 面上的投影区域.

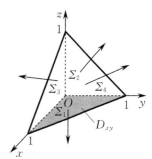

图 10-14

（四）同步练习

1. 计算 $\iint\limits_{\Sigma}x^2y^2z\mathrm{d}x\mathrm{d}y$，其中 Σ 是球面 $x^2+y^2+z^2=R^2$ 的下半部分的下侧.

2. 计算 $\iint\limits_{\Sigma} xz\mathrm{d}y\mathrm{d}z + z^2\mathrm{d}z\mathrm{d}x + xyz\mathrm{d}x\mathrm{d}y$,其中 Σ 是半柱面 $x^2 + z^2 = a^2(x \geqslant 0)$ 被 $y = 0$ 与 $y = h(h > 0)$ 所截部分的外侧.

同步练习简解

1. 解 Σ 为 $z = -\sqrt{R^2 - x^2 - y^2}$,取下侧,且 Σ 在 xOy 面上的投影区域 D_{xy} 为 $\{(x,y) \mid x^2 + y^2 \leqslant R^2\}$.
故

$$\text{原式} = -\iint\limits_{D_{xy}} x^2y^2(-\sqrt{R^2 - x^2 - y^2})\,\mathrm{d}x\mathrm{d}y = -\int_0^{2\pi}\mathrm{d}\theta\int_0^R \rho^4\cos^2\theta\sin^2\theta\,(-\sqrt{R^2 - \rho^2})\,\rho\,\mathrm{d}\rho$$

$$= -\frac{1}{8}\int_0^{2\pi}\sin^2 2\theta\,\mathrm{d}\theta\int_0^R \left[(\rho^2 - R^2) + R^2\right]^2 \cdot \sqrt{R^2 - \rho^2}\,\mathrm{d}(R^2 - \rho^2)$$

$$= -\frac{1}{16}\int_0^{2\pi}(1 - \cos 4\theta)\,\mathrm{d}\theta\int_0^R \left[R^4\sqrt{R^2 - \rho^2} - 2R^2\sqrt{(R^2 - \rho^2)^3} + \sqrt{(R^2 - \rho^2)^5}\right]\mathrm{d}(R^2 - \rho^2)$$

$$= -\frac{1}{16} \cdot 2\pi\left[\frac{2}{3}R^4(R^2 - \rho^2)^{\frac{3}{2}} - \frac{4}{5}R^2(R^2 - \rho^2)^{\frac{5}{2}} + \frac{2}{7}(R^2 - \rho^2)^{\frac{7}{2}}\right]\Big|_0^R = \frac{2}{105}\pi R^7.$$

2. 解 如图 10-15 所示,曲面 Σ 在第一和第五卦限的方程分别为

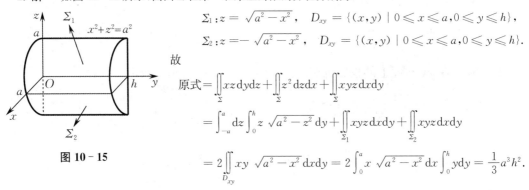

$$\Sigma_1 : z = \sqrt{a^2 - x^2}, \quad D_{xy} = \{(x,y) \mid 0 \leqslant x \leqslant a, 0 \leqslant y \leqslant h\},$$

$$\Sigma_2 : z = -\sqrt{a^2 - x^2}, \quad D_{xy} = \{(x,y) \mid 0 \leqslant x \leqslant a, 0 \leqslant y \leqslant h\}.$$

故

$$\text{原式} = \iint\limits_{\Sigma} xz\,\mathrm{d}y\mathrm{d}z + \iint\limits_{\Sigma} z^2\,\mathrm{d}z\mathrm{d}x + \iint\limits_{\Sigma} xyz\,\mathrm{d}x\mathrm{d}y$$

$$= \int_{-a}^a \mathrm{d}z \int_0^h z\sqrt{a^2 - z^2}\,\mathrm{d}y + \iint\limits_{\Sigma_1} xyz\,\mathrm{d}x\mathrm{d}y + \iint\limits_{\Sigma_2} xyz\,\mathrm{d}x\mathrm{d}y$$

$$= 2\iint\limits_{D_{xy}} xy\sqrt{a^2 - x^2}\,\mathrm{d}x\mathrm{d}y = 2\int_0^a x\sqrt{a^2 - x^2}\,\mathrm{d}x\int_0^h y\,\mathrm{d}y = \frac{1}{3}a^3h^2.$$

图 10-15

10.6 高斯公式 斯托克斯公式

(一)内容提要

高斯公式	设函数 $P(x,y,z), Q(x,y,z), R(x,y,z)$ 在闭区域 Ω 上具有一阶连续偏导数,则 $$\iiint\limits_{\Omega}\left(\frac{\partial P}{\partial x} + \frac{\partial Q}{\partial y} + \frac{\partial R}{\partial z}\right)\mathrm{d}x\mathrm{d}y\mathrm{d}z = \oiint\limits_{\Sigma} P\mathrm{d}y\mathrm{d}z + Q\mathrm{d}z\mathrm{d}x + R\mathrm{d}x\mathrm{d}y,$$ 其中 Σ 是闭区域 Ω 的边界曲面,且取外侧
斯托克斯公式	设函数 $P(x,y,z), Q(x,y,z), R(x,y,z)$ 在曲面 Σ 上具有一阶连续偏导数,则 $$\oint_L P\mathrm{d}x + Q\mathrm{d}y + R\mathrm{d}z = \iint\limits_{\Sigma}\begin{vmatrix}\mathrm{d}y\mathrm{d}z & \mathrm{d}z\mathrm{d}x & \mathrm{d}x\mathrm{d}y \\ \dfrac{\partial}{\partial x} & \dfrac{\partial}{\partial y} & \dfrac{\partial}{\partial z} \\ P & Q & R\end{vmatrix} = \iint\limits_{\Sigma}\begin{vmatrix}\cos\alpha & \cos\beta & \cos\gamma \\ \dfrac{\partial}{\partial x} & \dfrac{\partial}{\partial y} & \dfrac{\partial}{\partial z} \\ P & Q & R\end{vmatrix}\mathrm{d}S,$$ 其中 Σ 是以 L 为边界的分片光滑的有向曲面,L 的正向与 Σ 的侧符合右手规则

(二)析疑解惑

题1 格林公式、高斯公式和斯托克斯公式有何共性?

解 三个公式共同反映了函数在区域上的积分与在区域边界上的积分有密切的联系.

题 2 高斯公式中积分曲面 Σ 的外侧如何确定?

解 当所围的区域为单连通区域时,曲面的外侧为正侧,当所围的区域为多连通区域时,外边界面的外侧为正侧,内边界面的内侧为正侧.

题 3 在高斯公式中,被积函数 $P(x,y,z),Q(x,y,z),R(x,y,z)$ 的自变量的取值范围被限制在曲面 Σ 上,化为三重积分后,被积函数 $\dfrac{\partial P}{\partial x}+\dfrac{\partial Q}{\partial y}+\dfrac{\partial R}{\partial z}$ 的自变量是否也只能在 Σ 上取值?

解 这是一个初学者容易混淆的问题.应用高斯公式后,被积函数 $\dfrac{\partial P}{\partial x}+\dfrac{\partial Q}{\partial y}+\dfrac{\partial R}{\partial z}$ 定义于曲面 Σ 所围成的空间闭区域 Ω 上,其自变量不仅在 Σ 上取值,还要取遍 Ω 中的所有点.换句话说,化为三重积分后,曲面方程不能以任意方式代入被积函数.更详细的分析见范例分析例 2 的小结.

(三) 范例分析

例 1 计算曲面积分 $\oiint\limits_{\Sigma} yz\,\mathrm{d}x\mathrm{d}y+zx\,\mathrm{d}y\mathrm{d}z+xy\,\mathrm{d}z\mathrm{d}x$,其中 Σ 是曲面 $z=x^2+y^2$ ($x\geqslant 0,y\geqslant 0$),平面 $z=1$ 及坐标面所围成的闭曲面的外侧表面.

分析 闭曲面 Σ 由两个坐标面,平面 $z=1$ 及旋转抛物面 $z=x^2+y^2$ ($x\geqslant 0,y\geqslant 0$) 四块面围成.若直接计算,共需计算十二个曲面积分.对于闭曲面 Σ 上的对坐标的曲面积分可优先考虑应用高斯公式.

解 设 Ω 为 Σ 所围成的立体,Ω 在 xOy 面上投影区域为 $D_{xy}:x^2+y^2\leqslant 1,x\geqslant 0,y\geqslant 0,z=0$,用极坐标表示为 $D_{xy}:0\leqslant\theta\leqslant\dfrac{\pi}{2},0\leqslant\rho\leqslant 1$.利用高斯公式,得

$$
\begin{aligned}
\text{原式} &= \iiint\limits_{\Omega}(z+x+y)\mathrm{d}v = \iint\limits_{D_{xy}}\mathrm{d}x\mathrm{d}y\int_{x^2+y^2}^{1}(x+y+z)\mathrm{d}z \\
&= \iint\limits_{D_{xy}}(x+y)\mathrm{d}x\mathrm{d}y\int_{x^2+y^2}^{1}\mathrm{d}z + \iint\limits_{D_{xy}}(x+y)\mathrm{d}x\mathrm{d}y\int_{x^2+y^2}^{1}z\mathrm{d}z \\
&= \iint\limits_{D_{xy}}(x+y)[1-(x^2+y^2)]\mathrm{d}x\mathrm{d}y + \frac{1}{2}\iint\limits_{D_{xy}}(x+y)[1-(x^2+y^2)^2]\mathrm{d}x\mathrm{d}y \\
&= \int_{0}^{\frac{\pi}{2}}\mathrm{d}\theta\int_{0}^{1}(\rho\cos\theta+\rho\sin\theta)(1-\rho^2)\rho\mathrm{d}\rho + \frac{1}{2}\int_{0}^{\frac{\pi}{2}}\mathrm{d}\theta\int_{0}^{1}(\rho\cos\theta+\rho\sin\theta)(1-\rho^4)\rho\mathrm{d}\rho \\
&= \int_{0}^{\frac{\pi}{2}}(\cos\theta+\sin\theta)\mathrm{d}\theta\int_{0}^{1}(1-\rho^2)\rho^2\mathrm{d}\rho + \frac{1}{2}\int_{0}^{\frac{\pi}{2}}(\cos\theta+\sin\theta)\mathrm{d}\theta\int_{0}^{1}(1-\rho^4)\rho^2\mathrm{d}\rho = \frac{16}{35}.
\end{aligned}
$$

例 2 计算曲面积分 $\oiint\limits_{\Sigma} x^3\,\mathrm{d}y\mathrm{d}z+y^3\,\mathrm{d}z\mathrm{d}x+z^3\,\mathrm{d}x\mathrm{d}y$,其中 Σ 为球面 $x^2+y^2+z^2=a^2$ 的外侧.

分析 积分曲面为封闭曲面,利用高斯公式较为方便.另外,从被积表达式及积分曲面的形式可知,此积分具有轮换对称性,故亦可利用此性质简化计算.

解法一 利用高斯公式,得

$$原式 = \iiint\limits_{x^2+y^2+z^2 \leqslant a^2} 3(x^2+y^2+z^2)\mathrm{d}v \quad (再利用球面坐标变换)$$

$$= 3\int_0^{2\pi} \mathrm{d}\theta \int_0^\pi \mathrm{d}\varphi \int_0^a r^2 \cdot r^2 \sin\varphi \mathrm{d}r = \frac{12}{5}\pi a^5.$$

解法二 利用轮换对称性,得

$$原式 = 3\oiint\limits_\Sigma z^3 \mathrm{d}x\mathrm{d}y = 3\left(\iint\limits_{\Sigma_上} z^3 \mathrm{d}x\mathrm{d}y + \iint\limits_{\Sigma_下} z^3 \mathrm{d}x\mathrm{d}y\right)$$

$$= 3\left\{ \iint\limits_{D_{xy}} (a^2-x^2-y^2)^{\frac{3}{2}} \mathrm{d}x\mathrm{d}y - \iint\limits_{D_{xy}} \left[-(a^2-x^2-y^2)^{\frac{3}{2}}\right]\mathrm{d}x\mathrm{d}y \right\}$$

$$= 6\int_0^{2\pi} \mathrm{d}\theta \int_0^a (a^2-\rho^2)^{\frac{3}{2}} \rho \mathrm{d}\rho = \frac{12}{5}\pi a^5,$$

其中 D_{xy} 为 Σ 在 xOy 面上的投影区域.

小结 在利用高斯公式计算曲面积分时应注意:对曲面积分,被积函数中三个变量 x,y,z 沿积分曲面而变,三者之间的关系受积分曲面的制约,符合曲面的方程.而一旦化为三重积分,被积函数 $3(x^2+y^2+z^2)$ 中 x,y,z 的变化就成为相互独立的,它们之间并不完全符合积分曲面的方程,因此决不可把两种积分的计算方法混为一谈.例如,将 $x^2+y^2+z^2=a^2$ 代入三重积分的被积函数中,会得出以下错误的结果:

$$原式 = \iiint\limits_{x^2+y^2+z^2 \leqslant a^2} 3(x^2+y^2+z^2)\mathrm{d}x\mathrm{d}y\mathrm{d}z = 3a^2\iiint\limits_\Omega \mathrm{d}x\mathrm{d}y\mathrm{d}z = 4\pi a^5.$$

例 3 计算曲面积分 $\iint\limits_\Sigma 2(1-x^2)\mathrm{d}y\mathrm{d}z + 8xy\mathrm{d}z\mathrm{d}x - 4zx\mathrm{d}x\mathrm{d}y$,其中 Σ 是 yOz 面上的曲线 $z=y^2, 0 \leqslant y \leqslant a$,绕 z 轴旋转一周而成的旋转曲面的下侧.

分析 Σ 不是闭曲面,一般可直接化为二重积分计算,但计算较烦琐.因 $\frac{\partial P}{\partial x} + \frac{\partial Q}{\partial y} + \frac{\partial R}{\partial z} = 0$,故可设法利用高斯公式.为此增加辅助曲面构成闭曲面.

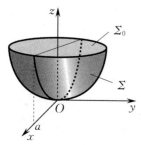

图 10-16

解 如图 10-16 所示,作辅助平面 $\Sigma_0: z=a^2, x^2+y^2 \leqslant a^2$,取上侧,则 Σ 和 Σ_0 构成一个方向为外侧的闭曲面.

设 Ω 为 $\Sigma + \Sigma_0$ 所围的立体,则 Ω 在 xOy 面上的投影区域为
$$D_{xy}: x^2+y^2 \leqslant a^2, z=0.$$

利用高斯公式,得

$$\oiint\limits_{\Sigma+\Sigma_0} 2(1-x^2)\mathrm{d}y\mathrm{d}z + 8xy\mathrm{d}z\mathrm{d}x - 4zx\mathrm{d}x\mathrm{d}y$$

$$= \iiint\limits_\Omega (-4x+8x-4x)\mathrm{d}x\mathrm{d}y\mathrm{d}z = 0.$$

因为 $\Sigma_0: x^2+y^2 \leqslant a^2, z=a^2$,所以
$$\mathrm{d}y\mathrm{d}z = \mathrm{d}x\mathrm{d}z = 0.$$

Σ_0 在 xOy 面上的投影区域为 $D_{xy}: x^2+y^2 \leqslant a^2, z=0$($\Sigma_0$ 方向与 z 轴正向相同),从而

$$\iint\limits_{\Sigma_0} 2(1-x^2)\mathrm{d}y\mathrm{d}z + 8xy\mathrm{d}x\mathrm{d}z - 4zx\mathrm{d}x\mathrm{d}y = \iint\limits_{D_{xy}} (-4a^2x)\mathrm{d}x\mathrm{d}y = 0.$$

故

$$\iint\limits_{\Sigma} = \oiint\limits_{\Sigma+\Sigma_0} - \iint\limits_{\Sigma_0} = 0 - 0 = 0.$$

例 4 计算曲线积分 $\oint_{\Gamma} 2y\mathrm{d}x + 3x\mathrm{d}y - z^2\mathrm{d}z$，其中 Γ 为圆周 $x^2 + y^2 + z^2 = 9, z = 0$，若从 z 轴正向看去，Γ 取逆时针方向.

分析 因为

$$\left(\frac{\partial R}{\partial y} - \frac{\partial Q}{\partial z}\right)\mathrm{d}y\mathrm{d}z + \left(\frac{\partial P}{\partial z} - \frac{\partial R}{\partial x}\right)\mathrm{d}z\mathrm{d}x + \left(\frac{\partial Q}{\partial x} - \frac{\partial P}{\partial y}\right)\mathrm{d}x\mathrm{d}y = \mathrm{d}x\mathrm{d}y(简单),$$

或因为平面 $z = 0$ 的法线向量 $\boldsymbol{n} = \{\cos\alpha, \cos\beta, \cos\gamma\} = \{0, 0, 1\}$（简单），所以用斯托克斯公式计算方便.

解 设 $P = 2y, Q = 3x, R = -z^2$，记 Σ 为平面 $z = 0$ 被 Γ 所围部分的上侧.

解法一 因为 Σ 在 xOy 面上的投影区域为 $D_{xy}: x^2 + y^2 \leqslant 9(z = 0)$，所以由斯托克斯公式，得

$$原式 = \iint\limits_{\Sigma} \begin{vmatrix} \mathrm{d}y\mathrm{d}z & \mathrm{d}z\mathrm{d}x & \mathrm{d}x\mathrm{d}y \\ \dfrac{\partial}{\partial x} & \dfrac{\partial}{\partial y} & \dfrac{\partial}{\partial z} \\ 2y & 3x & -z^2 \end{vmatrix} = \iint\limits_{\Sigma} (3-2)\mathrm{d}x\mathrm{d}y = \iint\limits_{D_{xy}} \mathrm{d}x\mathrm{d}y = \pi \cdot 3^2 = 9\pi.$$

解法二 因为平面 $z = 0$ 的法线向量 $\boldsymbol{n} = \{\cos\alpha, \cos\beta, \cos\gamma\} = \{0, 0, 1\}$，所以由斯托克斯公式，得

$$原式 = \iint\limits_{\Sigma} \begin{vmatrix} 0 & 0 & 1 \\ \dfrac{\partial}{\partial x} & \dfrac{\partial}{\partial y} & \dfrac{\partial}{\partial z} \\ 2y & 3x & -z^2 \end{vmatrix} \mathrm{d}S = \iint\limits_{\Sigma} (3-2)\mathrm{d}S = \iint\limits_{\Sigma} \mathrm{d}S = \pi \cdot 3^2 = 9\pi.$$

例 5 计算曲线积分 $\oint_L (z-y)\mathrm{d}x + (x-z)\mathrm{d}y + (y-x)\mathrm{d}z$，其中 L 为以 $A(a,0,0)$，$B(0,a,0), C(0,0,a)$ 三点为顶点的三角形沿 $ABCA$ 的方向.

分析 $\triangle ABC$ 所在平面方程为 $x + y + z = a$，其法线向量 $\boldsymbol{n} = \{\cos\alpha, \cos\beta, \cos\gamma\}$ $= \left\{\dfrac{1}{\sqrt{3}}, \dfrac{1}{\sqrt{3}}, \dfrac{1}{\sqrt{3}}\right\}$.

解法一 由斯托克斯公式，得

$$\oint_L (z-y)\mathrm{d}x + (x-z)\mathrm{d}y + (y-x)\mathrm{d}z = \iint\limits_{\Sigma} 2\mathrm{d}y\mathrm{d}z + 2\mathrm{d}z\mathrm{d}x + 2\mathrm{d}x\mathrm{d}y,$$

其中 Σ 是平面 $x + y + z = a(x \geqslant 0, y \geqslant 0, z \geqslant 0)$，取上侧. 由曲面积分的计算方法，得

$$\iint\limits_{\Sigma} 2\mathrm{d}y\mathrm{d}z = \iint\limits_{D_{yz}} 2\mathrm{d}y\mathrm{d}z = 2 \cdot \frac{1}{2}a^2 = a^2,$$

$$\iint\limits_{\Sigma} 2\mathrm{d}z\mathrm{d}x = \iint\limits_{D_{zx}} 2\mathrm{d}z\mathrm{d}x = 2 \cdot \frac{1}{2}a^2 = a^2,$$

$$\iint\limits_{\Sigma} 2\mathrm{d}x\mathrm{d}y = \iint\limits_{D_{xy}} 2\mathrm{d}x\mathrm{d}y = 2 \cdot \frac{1}{2}a^2 = a^2,$$

故

$$\oint_L (z-y)\mathrm{d}x + (x-z)\mathrm{d}y + (y-x)\mathrm{d}z = 3a^2.$$

解法二 记 Σ 为平面 $x + y + z = a$ 所围部分的上侧,则 Σ 的法线向量 $\boldsymbol{n} = \left\{ \dfrac{1}{\sqrt{3}}, \dfrac{1}{\sqrt{3}}, \dfrac{1}{\sqrt{3}} \right\}$.

设 $P = z - y, Q = x - z, R = y - x$,由斯托克斯公式,得

$$\text{原式} = \iint\limits_{\Sigma} \begin{vmatrix} \dfrac{1}{\sqrt{3}} & \dfrac{1}{\sqrt{3}} & \dfrac{1}{\sqrt{3}} \\ \dfrac{\partial}{\partial x} & \dfrac{\partial}{\partial y} & \dfrac{\partial}{\partial z} \\ z - y & x - z & y - x \end{vmatrix} \mathrm{d}S = \iint\limits_{\Sigma} 2\sqrt{3}\,\mathrm{d}S = 2\sqrt{3} \iint\limits_{\Sigma} \mathrm{d}S = 3a^2.$$

(四) 同步练习

1. 利用高斯公式计算下列曲面积分:

(1) $\oiint\limits_{\Sigma} x^2 \mathrm{d}y\mathrm{d}z + y^2 \mathrm{d}z\mathrm{d}x + z^2 \mathrm{d}x\mathrm{d}y$,其中 Σ 为平面 $x = 0, y = 0, z = 0, x = a, y = a, z = a$ 所围成的立体的表面的外侧;

(2) $\oiint\limits_{\Sigma} xz^2 \mathrm{d}y\mathrm{d}z + (x^2 y - z^3)\mathrm{d}z\mathrm{d}x + (2xy + y^2 z)\mathrm{d}x\mathrm{d}y$,其中 Σ 为上半球体 $x^2 + y^2 + z^2 = a^2, z \geqslant 0$ 的表面的外侧;

(3) $\iint\limits_{\Sigma} y\mathrm{d}y\mathrm{d}z - x\mathrm{d}z\mathrm{d}x + z^2 \mathrm{d}x\mathrm{d}y$,其中 Σ 是锥面 $z = \sqrt{x^2 + y^2}$ 被 $z = 1$ 与 $z = 2$ 所截部分的外侧;

(4) $\iint\limits_{\Sigma} 3x\mathrm{d}y\mathrm{d}z - 2(x - y)\mathrm{d}z\mathrm{d}x + (x + 2z)\mathrm{d}x\mathrm{d}y$,其中 Σ 为平面 $x + y + z = 1$ 在第一卦限的部分,取上侧.

2. 利用斯托克斯公式计算下列曲线积分:

(1) $\oint_{\Gamma} y\mathrm{d}x + z\mathrm{d}y + x\mathrm{d}z$,其中 Γ 为圆周 $x^2 + y^2 + z^2 = a^2, x + y + z = 0$,从 x 轴正向往负向看去,Γ 取逆时针方向;

(2) $\oint_{\Gamma} (y^2 - z^2)\mathrm{d}x + (z^2 - x^2)\mathrm{d}y + (x^2 - y^2)\mathrm{d}z$,其中 Γ 是用平面 $x + y + z = \dfrac{3}{2}$ 截立方体:$0 \leqslant x \leqslant 1$,$0 \leqslant y \leqslant 1, 0 \leqslant z \leqslant 1$ 的表面所得的截痕,从 x 轴正向往负向看去,Γ 取逆时针方向.

同步练习简解

1. 解 (1) 利用高斯公式,得

$$\text{原式} = \iiint\limits_{\Omega} (2x + 2y + 2z)\mathrm{d}v = 6\iiint\limits_{\Omega} x\mathrm{d}v \quad (\text{利用轮换对称性})$$

$$= 6 \int_0^a x\mathrm{d}x \int_0^a \mathrm{d}y \int_0^a \mathrm{d}z = 3a^4.$$

(2) 利用高斯公式,得

$$\text{原式} = \iiint\limits_{\Omega} (z^2 + x^2 + y^2)\mathrm{d}v = \int_0^{2\pi} \mathrm{d}\theta \int_0^{\frac{\pi}{2}} \mathrm{d}\varphi \int_0^a r^2 \cdot r^2 \sin\varphi\,\mathrm{d}r$$

$$= 2\pi \cdot 1 \cdot \frac{a^5}{5} = \frac{2}{5}\pi a^5.$$

(3) Σ 不是闭曲面,作辅助平面 $\Sigma_1 : z = 1, x^2 + y^2 \leqslant 1$,取下侧;$\Sigma_2 : z = 2, x^2 + y^2 \leqslant 4$,取上侧. 设 Ω 为 $\Sigma + \Sigma_1 + \Sigma_2$ 所围成的有界闭区域,利用高斯公式,得

$$\text{原式} = \iiint\limits_{\Omega} (0 - 0 + 2z)\mathrm{d}v - \iint\limits_{\Sigma_1} y\mathrm{d}y\mathrm{d}z - x\mathrm{d}z\mathrm{d}x + z^2\mathrm{d}x\mathrm{d}y - \iint\limits_{\Sigma_2} y\mathrm{d}y\mathrm{d}z - x\mathrm{d}z\mathrm{d}x + z^2\mathrm{d}x\mathrm{d}y$$

$$= 2\int_1^2 z\mathrm{d}z \iint\limits_{x^2+y^2\leqslant z^2}\mathrm{d}x\mathrm{d}y + \iint\limits_{x^2+y^2\leqslant 1}\mathrm{d}x\mathrm{d}y - \iint\limits_{x^2+y^2\leqslant 4}4\mathrm{d}x\mathrm{d}y$$

$$= 2\pi\int_1^2 z^3\mathrm{d}z + \pi - 16\pi = -\frac{15\pi}{2}.$$

(4) 平面 Σ 的一个法线向量为 $\boldsymbol{n} = \{1,1,1\}$, 方向余弦为

$$\cos\alpha = \frac{1}{\sqrt{3}}, \quad \cos\beta = \frac{1}{\sqrt{3}}, \quad \cos\gamma = \frac{1}{\sqrt{3}},$$

利用高斯公式, 得

$$I = \frac{1}{\sqrt{3}}\iint\limits_{\Sigma}[3x - 2(x-y) + (x+2z)]\mathrm{d}S = \frac{1}{\sqrt{3}}\iint\limits_{\Sigma}(2x+2y+2z)\mathrm{d}S$$

$$= \frac{2}{\sqrt{3}}\iint\limits_{\Sigma}\mathrm{d}S = \frac{2}{\sqrt{3}} \cdot \frac{1}{2} \cdot (\sqrt{2})^2 \cdot \frac{\sqrt{3}}{2} = 1.$$

2. 解　(1) 取 Σ 为平面 $x+y+z=0$ 的上侧被 Γ 所围成部分, Σ 的面积为 πa^2 (大圆面积), Σ 的单位法线向量为

$$\boldsymbol{n} = \langle\cos\alpha, \cos\beta, \cos\gamma\rangle = \left\{\frac{1}{\sqrt{3}}, \frac{1}{\sqrt{3}}, \frac{1}{\sqrt{3}}\right\}.$$

利用斯托克斯公式, 得

$$原式 = \iint\limits_{\Sigma}\left[\left(\frac{\partial R}{\partial y} - \frac{\partial Q}{\partial z}\right)\cos\alpha + \left(\frac{\partial P}{\partial z} - \frac{\partial R}{\partial x}\right)\cos\beta + \left(\frac{\partial Q}{\partial x} - \frac{\partial P}{\partial y}\right)\cos\gamma\right]\mathrm{d}S$$

$$= \iint\limits_{\Sigma}\left(-\frac{3}{\sqrt{3}}\right)\mathrm{d}S = -\sqrt{3}\pi a^2.$$

(2) 取 Σ 为平面 $x+y+z=\frac{3}{2}$ 的上侧被 Γ 所围成部分, 可求得 Σ 的面积为 $\frac{3\sqrt{3}}{4}$ (是一个边长为 $\frac{\sqrt{2}}{2}$ 的正六边形), Σ 的单位法线向量为

$$\boldsymbol{n} = \langle\cos\alpha, \cos\beta, \cos\gamma\rangle = \left\{\frac{1}{\sqrt{3}}, \frac{1}{\sqrt{3}}, \frac{1}{\sqrt{3}}\right\}.$$

利用斯托克斯公式, 得

$$原式 = \iint\limits_{\Sigma}\left[(-2y-2z)\frac{1}{\sqrt{3}} + (-2z-2x)\frac{1}{\sqrt{3}} + (-2x-2y)\frac{1}{\sqrt{3}}\right]\mathrm{d}S$$

$$= -\frac{4}{\sqrt{3}}\iint\limits_{\Sigma}(x+y+z)\mathrm{d}S = -\frac{4}{\sqrt{3}} \cdot \frac{3}{2}\iint\limits_{\Sigma}\mathrm{d}S$$

$$= -\frac{4}{\sqrt{3}} \cdot \frac{3}{2} \cdot \frac{3\sqrt{3}}{4} = -\frac{9}{2}.$$

复习题

一、选择题

1. 设 L 是从坐标原点 $O(0,0)$ 沿折线 $y = |x-1| - 1$ 至点 $A(2,0)$ 的折线段, 则曲线积分 $\int_L -y\mathrm{d}x + x\mathrm{d}y$ 等于 (　　).

　　A. 0　　　　　　　　B. -1　　　　　　　　C. 2　　　　　　　　D. -2

2. 若 $(2\,020x^{2\,020} + 4xy^3)\mathrm{d}x + (cx^2y^2 - 2\,021y^{2\,021})\mathrm{d}y$ 为某一函数的全微分, 则 c 等于 (　　).

　　A. 0　　　　　　　　B. 6　　　　　　　　C. -6　　　　　　　　D. -2

3. 空间曲线 $L: x = e^t\cos t, y = e^t\sin t, z = e^t (0\leqslant t\leqslant 1)$ 的弧长等于 (　　).

　　A. 1　　　　　　　　B. $\sqrt{2}$　　　　　　　　C. $\sqrt{3}$　　　　　　　　D. $\sqrt{3}(e-1)$

4. 设 Σ 为上半球面 $z = \sqrt{2 - x^2 - y^2}$，Σ_1 为 Σ 在第一卦限的部分，则下列等式正确的是（　　）.

A. $\iint\limits_{\Sigma} \mathrm{d}S = \iint\limits_{\Sigma_1} \mathrm{d}S$ 　　　　　　　　　B. $\iint\limits_{\Sigma} \mathrm{d}S = 2\iint\limits_{\Sigma_1} \mathrm{d}S$

C. $\iint\limits_{\Sigma} \mathrm{d}S = 3\iint\limits_{\Sigma_1} \mathrm{d}S$ 　　　　　　　　　D. $\iint\limits_{\Sigma} \mathrm{d}S = 4\iint\limits_{\Sigma_1} \mathrm{d}S$

5. 设 Σ 为球面 $x^2 + y^2 + z^2 = a^2$ 的外侧，则曲面积分 $\iint\limits_{\Sigma} z \mathrm{d}x\mathrm{d}y$ 等于（　　）.

A. $2 \iint\limits_{x^2+y^2 \leqslant a^2} \sqrt{a^2 - x^2 - y^2}\,\mathrm{d}x\mathrm{d}y$ 　　　　B. $-2 \iint\limits_{x^2+y^2 \leqslant a^2} \sqrt{a^2 - x^2 - y^2}\,\mathrm{d}x\mathrm{d}y$

C. 1 　　　　　　　　　　　　　　　　D. 0

二、填空题

1. 设曲线 L 为圆周 $x = a\cos t, y = a\sin t (0 \leqslant t \leqslant 2\pi)$，则 $\oint_L (x^2 + y^2)^{2\,021} \mathrm{d}s =$ _____.

2. 设 L 为一条分段光滑的闭曲线，则 $\oint_L (2xy - 2x)\mathrm{d}x + (x^2 - 4y)\mathrm{d}y =$ _____.

3. 设 Σ 是以坐标原点为球心，R 为半径的球面，则 $\oiint\limits_{\Sigma} \dfrac{1}{x^2 + y^2 + z^2} \mathrm{d}S =$ _____.

4. 设 Σ 为球面 $x^2 + y^2 + z^2 = a^2$ 的下半部分的下侧，则 $\iint\limits_{\Sigma} z \mathrm{d}x\mathrm{d}y =$ _____.

5. 向量场 $\boldsymbol{A} = (y^2 + z^2)\boldsymbol{i} + (z^2 + x^2)\boldsymbol{j} + (x^2 + y^2)\boldsymbol{k}$ 的旋度 $\mathbf{rot}\,\boldsymbol{A} =$ _____.

三、解答题

1. 计算曲线积分 $\oint_L (x+y)\mathrm{e}^{x^2+y^2}\mathrm{d}s$，其中 L 为圆弧 $y = \sqrt{a^2 - x^2}$ 和直线 $y = x$ 与 $y = -x$ 所围成的扇形区域的边界.

2. 计算曲线积分 $\int_L xy^2\mathrm{d}y - x^2 y\mathrm{d}x$，其中 L 为右半圆 $x^2 + y^2 = a^2$ 以点 $A(0, a)$ 为起点，点 $B(0, -a)$ 为终点的一段有向弧.

3. 计算曲面积分 $\iint\limits_{\Sigma} xyz\mathrm{d}S$，其中 Σ 为平面 $x + y + z = 1$ 在第一卦限的部分.

4. 计算曲面积分 $\iint\limits_{\Sigma} yz\mathrm{d}z\mathrm{d}x$，其中 Σ 是球面 $x^2 + y^2 + z^2 = 1$ 的上半部分并取外侧.

5. 计算曲线积分 $I = \oint_\Gamma y\mathrm{d}x + z\mathrm{d}y + x\mathrm{d}z$，其中 Γ 为闭曲线 $\begin{cases} x^2 + y^2 + z^2 = 1, \\ y = z, \end{cases}$ 从 z 轴正向往负向看去，Γ 取逆时针方向.

6. 计算曲面积分 $\iint\limits_{\Sigma} (x^2 + y^2)\mathrm{d}S$，其中 Σ 是线段 $\begin{cases} z = x, \\ y = 0 \end{cases} (0 \leqslant z \leqslant 2)$ 绕 z 轴旋转一周所成的旋转曲面.

7. 计算曲面积分 $\iint\limits_{\Sigma} (z^2 + x)\mathrm{d}y\mathrm{d}z - z\mathrm{d}x\mathrm{d}y$，其中 Σ 为 zOx 面上的抛物线 $\begin{cases} z = \dfrac{1}{2}x^2, \\ y = 0 \end{cases}$ 绕 z 轴旋转一周所成的旋转曲面介于 $z = 0$ 和 $z = 2$ 之间的部分的外侧.

8. 设一段锥面螺线 $x = \mathrm{e}^\theta\cos\theta, y = \mathrm{e}^\theta\sin\theta, z = \mathrm{e}^\theta (0 \leqslant \theta \leqslant \pi)$ 上任一点 (x, y, z) 处的线密度函数为 $\rho(x, y, z) = \dfrac{1}{x^2 + y^2 + z^2}$，求它的质量.

9. 设函数 $f(x)$ 具有一阶连续导数，积分 $\int_L f(x)(y\mathrm{d}x + \mathrm{d}y)$ 在右半平面 $x > 0$ 内与路径无关，试求满足条件 $f(0) = 1$ 的 $f(x)$.

10. 验证：在整个 xOy 面内，$(x^2 + 3y)\mathrm{d}x + (3x + y^2)\mathrm{d}y$ 是某一函数 $u(x, y)$ 的全微分，并求出一个这样的

函数.

四、证明题

设空间闭区域 Ω 由曲面 $z=a^2-x^2-y^2$ 与平面 $z=0$ 围成,其中 a 为正常数,记 Ω 表面的外侧为 Σ,Ω 的体积为 V,证明:

$$\oiint_{\Sigma} x^2 yz^2 \mathrm{d}y\mathrm{d}z - xy^2 z^2 \mathrm{d}z\mathrm{d}x + (1+xyz)z\mathrm{d}x\mathrm{d}y = V.$$

历年考研真题

1. 设 L 为球面 $x^2+y^2+z^2=1$ 与平面 $x+y+z=0$ 的交线,则 $\oint_L xy\mathrm{d}s = $ _____. (2018)

2. 设 Σ 是曲面 $x=\sqrt{1-3y^2-3z^2}$ 的前侧,计算曲面积分

$$I = \iint_{\Sigma} x\mathrm{d}y\mathrm{d}z + (y^3+2)\mathrm{d}z\mathrm{d}x + z^3\mathrm{d}x\mathrm{d}y. \ (2018)$$

3. 若曲线积分 $\int_L \dfrac{x\mathrm{d}x - ay\mathrm{d}y}{x^2+y^2-1}$ 在区域 $D=\{(x,y)\mid x^2+y^2<1\}$ 内与路径无关,则 $a=$ _____. (2017)

4. 设函数 $f(x,y)$ 满足 $\dfrac{\partial f(x,y)}{\partial x}=(2x+1)\mathrm{e}^{2x-y}$,且 $f(0,y)=y+1$,L_t 是从点 $(0,0)$ 到点 $(1,t)$ 的光滑曲线,计算曲线积分 $I(t)=\displaystyle\int_{L_t} \dfrac{\partial f(x,y)}{\partial x}\mathrm{d}x + \dfrac{\partial f(x,y)}{\partial y}\mathrm{d}y$,并求 $I(t)$ 的最小值. (2016)

5. 已知曲线 L 的方程为 $\begin{cases} z=\sqrt{2-x^2-y^2}, \\ z=x, \end{cases}$ 起点为 $A(0,\sqrt{2},0)$,终点为 $B(0,-\sqrt{2},0)$,计算曲线积分 $I=\displaystyle\int_L (y+z)\mathrm{d}x + (z^2-x^2+y)\mathrm{d}y + (x^2+y^2)\mathrm{d}z$. (2015)

6. 设 L 为柱面 $x^2+y^2=1$ 与平面 $y+z=0$ 的交线,从 z 轴正向往负向看去为逆时针方向,则曲线积分 $\oint_L z\mathrm{d}x + y\mathrm{d}z = $ _____. (2014)

7. 设 Σ 是曲面 $z=x^2+y^2 (z\leqslant 1)$ 的上侧,计算曲面积分

$$I = \iint_{\Sigma} (x-1)^3 \mathrm{d}y\mathrm{d}z + (y-1)^3 \mathrm{d}z\mathrm{d}x + (z-1)\mathrm{d}x\mathrm{d}y. \ (2014)$$

8. 设 $\Sigma = \{(x,y,z)\mid x+y+z=1, x\geqslant 0, y\geqslant 0, z\geqslant 0\}$,则 $\displaystyle\iint_{\Sigma} y^2 \mathrm{d}S = $ _____. (2012)

9. 已知 L 为第一象限中从点 $(0,0)$ 沿圆周 $x^2+y^2=2x$ 到点 $(2,0)$,再沿圆周 $x^2+y^2=4$ 到点 $(0,2)$ 的曲线段,计算曲线积分 $I=\displaystyle\int_L 3x^2 y\mathrm{d}x + (x^3+x-2y)\mathrm{d}y$. (2012)

10. 已知曲线 L 的方程为 $y=1-|x| (x\in[-1,1])$,起点为 $(-1,0)$,终点为 $(1,0)$,则曲线积分 $\displaystyle\int_L xy\mathrm{d}x + x^2\mathrm{d}y = $ _____. (2010)

11. 计算曲面积分 $I=\displaystyle\oiint_{\Sigma} \dfrac{x\mathrm{d}y\mathrm{d}z + y\mathrm{d}z\mathrm{d}x + z\mathrm{d}x\mathrm{d}y}{(x^2+y^2+z^2)^{\frac{3}{2}}}$,其中 Σ 是曲面 $2x^2+2y^2+z^2=4$ 的外侧. (2009)

12. 设曲面 $\Sigma:|x|+|y|+|z|=1$，则 $\oiint\limits_{\Sigma}(x+|y|)\mathrm{d}S=$ _____.（2007）

考研真题答案

1. 解 利用对弧长的曲线积分的轮换对称性，得

$$\oint_{L}xy\mathrm{d}s=\frac{1}{3}\oint_{L}(xy+yz+zx)\mathrm{d}s=\frac{1}{6}\oint_{L}[(x+y+z)^2-(x^2+y^2+z^2)]\mathrm{d}s$$

$$=-\frac{1}{6}\oint_{L}\mathrm{d}s=-\frac{\pi}{3}.$$

2. 解 补充曲面 $\Sigma_1:\begin{cases}x=0,\\3y^2+3z^2\leqslant1,\end{cases}$ 取后侧，则

$$I=\oiint\limits_{\Sigma+\Sigma_1}x\mathrm{d}y\mathrm{d}z+(y^3+2)\mathrm{d}z\mathrm{d}x+z^3\mathrm{d}x\mathrm{d}y-\iint\limits_{\Sigma_1}x\mathrm{d}y\mathrm{d}z+(y^3+2)\mathrm{d}z\mathrm{d}x+z^3\mathrm{d}x\mathrm{d}y.$$

记 Σ 与 Σ_1 围成的立体区域为 Ω，则由高斯公式，得

$$\oiint\limits_{\Sigma+\Sigma_1}x\mathrm{d}y\mathrm{d}z+(y^3+2)\mathrm{d}z\mathrm{d}x+z^3\mathrm{d}x\mathrm{d}y=\iiint\limits_{\Omega}(1+3y^2+3z^2)\mathrm{d}x\mathrm{d}y\mathrm{d}z$$

$$=\iint\limits_{3y^2+3z^2\leqslant1}\mathrm{d}y\mathrm{d}z\int_{0}^{\sqrt{1-3y^2-3z^2}}(1+3y^2+3z^2)\mathrm{d}x$$

$$=\iint\limits_{3y^2+3z^2\leqslant1}(1+3y^2+3z^2)\sqrt{1-3y^2-3z^2}\,\mathrm{d}y\mathrm{d}z$$

$$=\int_{0}^{2\pi}\mathrm{d}\theta\int_{0}^{\frac{\sqrt{3}}{3}}\sqrt{1-3\rho^2}\,(1+3\rho^2)\rho\mathrm{d}\rho$$

$$=\frac{\pi}{3}\int_{0}^{\frac{\sqrt{3}}{3}}\sqrt{1-3\rho^2}\,(1-3\rho^2-2)\mathrm{d}(1-3\rho^2)$$

$$=\frac{\pi}{3}\left[\frac{2}{5}(1-3\rho^2)^{\frac{5}{2}}-\frac{4}{3}(1-3\rho^2)^{\frac{1}{2}}\right]\Big|_{0}^{\frac{\sqrt{3}}{3}}=\frac{14\pi}{45}.$$

将 $x=0$ 代入得 $\iint\limits_{\Sigma_1}x\mathrm{d}y\mathrm{d}z+(y^2+2)\mathrm{d}z\mathrm{d}x+z^3\mathrm{d}x\mathrm{d}y=0$，则 $I=\dfrac{14\pi}{45}$.

3. 解 记 $P=\dfrac{x}{x^2+y^2-1}$，$Q=\dfrac{-ay}{x^2+y^2-1}$，则

$$\frac{\partial P}{\partial y}=-\frac{2xy}{(x^2+y^2-1)^2},\qquad\frac{\partial Q}{\partial x}=\frac{2axy}{(x^2+y^2-1)^2}.$$

由曲线积分与路径无关的条件 $\dfrac{\partial P}{\partial y}=\dfrac{\partial Q}{\partial x}$，得 $a=-1$.

4. 解 方程 $\dfrac{\partial f(x,y)}{\partial x}=(2x+1)\mathrm{e}^{2x-y}$ 两端同时对 x 积分，得 $f(x,y)=x\mathrm{e}^{2x-y}+\varphi(y)$，其中 $\varphi(y)$ 是待定函数. 又 $f(0,y)=y+1$，得 $\varphi(y)=y+1$，从而 $f(x,y)=x\mathrm{e}^{2x-y}+y+1$. 于是，有

$$\frac{\partial f(x,y)}{\partial y}=-x\mathrm{e}^{2x-y}+1.$$

故

$$I(t) = \int_{L_t} (2x+1)\mathrm{e}^{2x-y}\mathrm{d}x + (1 - x\mathrm{e}^{2x-y})\mathrm{d}y = \int_{L_t} P(x,y)\mathrm{d}x + Q(x,y)\mathrm{d}y.$$

又由于 $\dfrac{\partial P(x,y)}{\partial y} = \dfrac{\partial Q(x,y)}{\partial x} = -(2x+1)\mathrm{e}^{2x-y}$，从而该曲线积分与积分路径无关，因此

$$I(t) = \int_{L_t} (2x+1)\mathrm{e}^{2x-y}\mathrm{d}x + (1 - x\mathrm{e}^{2x-y})\mathrm{d}y$$

$$= \int_0^1 (2x+1)\mathrm{e}^{2x}\mathrm{d}x + \int_0^t (1 - \mathrm{e}^{2-y})\mathrm{d}y = t + \mathrm{e}^{2-t}.$$

于是，有 $I'(t) = 1 - \mathrm{e}^{2-t}$，$I''(t) = \mathrm{e}^{2-t}$. 令 $I'(t) = 1 - \mathrm{e}^{2-t} = 0$ 得 $t = 2$，即 $I(t)$ 有唯一驻点. 又因为 $I''(2) = 1 > 0$，所以当 $t = 2$ 时 $I(t)$ 取极小值即最小值，最小值为 $I(2) = 3$.

5. 解 曲线在 xOy 面的投影曲线为 $\begin{cases} x^2 + \dfrac{1}{2}y^2 = 1, \\ z = 0 \end{cases} (-\sqrt{2} \leqslant y \leqslant \sqrt{2})$，从而可得空间曲线的参数方程为 $\begin{cases} x = \cos\theta, \\ y = \sqrt{2}\sin\theta, \\ z = \cos\theta \end{cases} \left(\theta \text{ 从 } \dfrac{\pi}{2} \text{ 变到 } -\dfrac{\pi}{2}\right)$. 于是

$$I = \int_L (y+z)\mathrm{d}x + (z^2 - x^2 + y)\mathrm{d}y + (x^2 + y^2)\mathrm{d}z$$

$$= \int_{\frac{\pi}{2}}^{-\frac{\pi}{2}} \left[-(\sqrt{2}\sin\theta + \cos\theta)\sin\theta + \sqrt{2}\sin\theta\sqrt{2}\cos\theta + (\cos^2\theta + 2\sin^2\theta)(-\sin\theta) \right]\mathrm{d}\theta$$

$$= -\sqrt{2}\int_{\frac{\pi}{2}}^{-\frac{\pi}{2}} \sin^2\theta\mathrm{d}\theta = \frac{\sqrt{2}}{2}\pi.$$

注 此题也可补上一段直线段成为封闭曲线后用斯托克斯公式计算.

6. 解法一 由斯托克斯公式得

$$\oint_L z\mathrm{d}x + y\mathrm{d}z = \iint_\Sigma \begin{vmatrix} \mathrm{d}y\mathrm{d}z & \mathrm{d}z\mathrm{d}x & \mathrm{d}x\mathrm{d}y \\ \dfrac{\partial}{\partial x} & \dfrac{\partial}{\partial y} & \dfrac{\partial}{\partial z} \\ z & 0 & y \end{vmatrix} = \iint_\Sigma \mathrm{d}y\mathrm{d}z + \mathrm{d}z\mathrm{d}x = \iint_{D_{zx}} \mathrm{d}z\mathrm{d}x = \pi,$$

其中 $D_{zx}: x^2 + z^2 \leqslant 1$.

解法二 令 L 的参数方程为 $\begin{cases} x = \cos\theta, \\ y = \sin\theta, \\ z = -\sin\theta \end{cases} (0 \leqslant \theta \leqslant 2\pi)$，则

$$\oint_L z\mathrm{d}x + y\mathrm{d}z = \int_0^{2\pi} (\sin^2\theta - \sin\theta\cos\theta)\mathrm{d}\theta = \pi.$$

7. 解法一 Σ 不是封闭曲面，可补平面 $\Sigma_1: z = 1 (x^2 + y^2 \leqslant 1)$，取下侧，则 Σ 与 Σ_1 围成立体为 Ω. 于是，由高斯公式，得

$$I = \oiint_{\Sigma+\Sigma_1} (x-1)^3\mathrm{d}y\mathrm{d}z + (y-1)^3\mathrm{d}z\mathrm{d}x + (z-1)\mathrm{d}x\mathrm{d}y$$

$$- \iint_{\Sigma_1} (x-1)^3\mathrm{d}y\mathrm{d}z + (y-1)^3\mathrm{d}z\mathrm{d}x + (z-1)\mathrm{d}x\mathrm{d}y$$

$$= -\iiint_\Omega [3(x-1)^2 + 3(y-1)^2 + 1]\mathrm{d}x\mathrm{d}y\mathrm{d}z - \iint_{\Sigma_1} (z-1)\mathrm{d}x\mathrm{d}y$$

$$=-3\iiint\limits_{\Omega}(x^2+y^2)\mathrm{d}x\mathrm{d}y\mathrm{d}z+6\iiint\limits_{\Omega}x\mathrm{d}x\mathrm{d}y\mathrm{d}z+6\iiint\limits_{\Omega}y\mathrm{d}x\mathrm{d}y\mathrm{d}z-7\iiint\limits_{\Omega}\mathrm{d}x\mathrm{d}y\mathrm{d}z-\iint\limits_{\Sigma_1}0\mathrm{d}x\mathrm{d}y.$$

因为 Σ 和 Σ_1 所围区域关于 yOz 面和 zOx 面对称,所以 $\iiint\limits_{\Omega}x\mathrm{d}x\mathrm{d}y\mathrm{d}z=\iiint\limits_{\Omega}y\mathrm{d}x\mathrm{d}y\mathrm{d}z=0$,且

$$\iiint\limits_{\Omega}(x^2+y^2)\mathrm{d}x\mathrm{d}y\mathrm{d}z=\int_0^{2\pi}\mathrm{d}\theta\int_0^1\rho^3\mathrm{d}\rho\int_{\rho^2}^1\mathrm{d}z=\frac{\pi}{6},$$

$$\iiint\limits_{\Omega}\mathrm{d}x\mathrm{d}y\mathrm{d}z=\int_0^{2\pi}\mathrm{d}\theta\int_0^1\rho\mathrm{d}\rho\int_{\rho^2}^1\mathrm{d}z=\frac{\pi}{2}.$$

故

$$I=\iint\limits_{\Sigma}(x-1)\mathrm{d}y\mathrm{d}z+(y-1)^3\mathrm{d}z\mathrm{d}x+(z-1)\mathrm{d}x\mathrm{d}y=-4\pi.$$

解法二　直接投影法.

$$I=\iint\limits_{\Sigma}(x-1)^3\mathrm{d}y\mathrm{d}z+(y-1)^3\mathrm{d}z\mathrm{d}x+(z-1)\mathrm{d}x\mathrm{d}y$$

$$=\iint\limits_{\Sigma}[-2x(x-1)^3-2y(y-1)^3+(z-1)]\mathrm{d}x\mathrm{d}y$$

$$=\iint\limits_{D_{xy}}[-2x(x-1)^3-2y(y-1)^3+(x^2+y^2-1)]\mathrm{d}x\mathrm{d}y$$

$$=\iint\limits_{D_{xy}}[-2(x^4+y^4)+6(x^3+y^3)-6(x^2+y^2)+2(x+y)+(x^2+y^2-1)]\mathrm{d}x\mathrm{d}y,$$

其中 $D_{xy}:x^2+y^2\leqslant1$. 由对称性得 $\iint\limits_{D_{xy}}(x^3+y^3)\mathrm{d}x\mathrm{d}y=\iint\limits_{D_{xy}}(x+y)\mathrm{d}x\mathrm{d}y=0$,于是

$$I=\iint\limits_{\Sigma}(x-1)^3\mathrm{d}y\mathrm{d}z+(y-1)^3\mathrm{d}z\mathrm{d}x+(z-1)\mathrm{d}x\mathrm{d}y$$

$$=\iint\limits_{D_{xy}}[-2(x^4+y^4)-5(x^2+y^2)-1]\mathrm{d}x\mathrm{d}y$$

$$=-2\int_0^{2\pi}(1-2\sin^2\theta\cos^2\theta)\mathrm{d}\theta\int_0^1\rho^5\mathrm{d}\rho-5\int_0^{2\pi}\mathrm{d}\theta\int_0^1\rho^3\mathrm{d}\rho-\pi=-4\pi.$$

8. 解　应用对面积的曲面积分公式. 由题意有 $z=1-x-y$,Σ 在 xOy 面的投影区域为

$$D_{xy}=\{(x,y)\mid0\leqslant y\leqslant1,0\leqslant x\leqslant1-y\}.$$

于是

$$\mathrm{d}S=\sqrt{1+\left(\frac{\partial z}{\partial x}\right)^2+\left(\frac{\partial z}{\partial y}\right)^2}\mathrm{d}x\mathrm{d}y=\sqrt{3}\mathrm{d}x\mathrm{d}y,$$

从而

$$\iint\limits_{\Sigma}y^2\mathrm{d}S=\sqrt{3}\iint\limits_{D_{xy}}y^2\mathrm{d}x\mathrm{d}y=\sqrt{3}\int_0^1\mathrm{d}y\int_0^{1-y}y^2\mathrm{d}x=\frac{\sqrt{3}}{12}.$$

9. 解　所得到的曲线不是闭曲线,可通过补曲线后成为闭曲线而利用格林公式.

设 $O(0,0)$,$A(2,0)$,$B(0,2)$,补充线段 BO,且由曲线弧 $\overset{\frown}{OA}$,$\overset{\frown}{AB}$,BO 围成平面区域 D,则由格林公式得

$$I=\oint_{L+BO}3x^2y\mathrm{d}x+(x^3+x-2y)\mathrm{d}y-\int_{BO}3x^2y\mathrm{d}x+(x^3+x-2y)\mathrm{d}y$$

$$= \iint\limits_{D}(3x^2 - 3x^2 + 1)\mathrm{d}x\mathrm{d}y - \int_2^0(-2y)\mathrm{d}y$$

$$= \frac{1}{4}\cdot\pi\cdot2^2 - \frac{1}{2}\cdot\pi\cdot1^2 + y^2\Big|_2^0 = \frac{\pi-8}{2}.$$

10. 解 如图 10-17 所示，$L = L_1 + L_2$，其中 $L_1 : y = 1 + x(-1 \leqslant x \leqslant 0)$，$L_2 : y = 1 - x$ $(0 \leqslant x \leqslant 1)$，于是

$$\int_L xy\mathrm{d}x + x^2\mathrm{d}y$$

$$= \int_{L_1}xy\mathrm{d}x + x^2\mathrm{d}y + \int_{L_2}xy\mathrm{d}x + x^2\mathrm{d}y$$

$$= \int_{-1}^0[x(1+x)+x^2]\mathrm{d}x + \int_0^1[x(1-x)-x^2]\mathrm{d}x$$

$$= \int_{-1}^0(2x^2+x)\mathrm{d}x + \int_0^1(x-2x^2)\mathrm{d}x = 0.$$

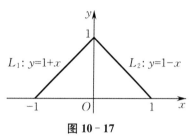

图 10-17

注 本题也可通过补曲线成为封闭曲线后利用格林公式.

11. 解 被积函数在坐标原点处无意义，可在坐标原点处挖掉一小球体，球面 $S : x^2 + y^2 + z^2 = \varepsilon^2$，取内侧. 应用高斯公式，得

$$I = \oiint\limits_{\Sigma+S}\frac{x\mathrm{d}y\mathrm{d}z + y\mathrm{d}z\mathrm{d}x + z\mathrm{d}x\mathrm{d}y}{(x^2+y^2+z^2)^{\frac{3}{2}}} - \oiint\limits_{S}\frac{x\mathrm{d}y\mathrm{d}z + y\mathrm{d}z\mathrm{d}x + z\mathrm{d}x\mathrm{d}y}{(x^2+y^2+z^2)^{\frac{3}{2}}},$$

因为

$$\frac{\partial P}{\partial x} = \frac{\partial}{\partial x}\left[\frac{x}{(x^2+y^2+z^2)^{\frac{3}{2}}}\right] = \frac{y^2+z^2-2x^2}{(x^2+y^2+z^2)^{\frac{5}{2}}},$$

$$\frac{\partial Q}{\partial y} = \frac{\partial}{\partial y}\left[\frac{y}{(x^2+y^2+z^2)^{\frac{3}{2}}}\right] = \frac{x^2+z^2-2y^2}{(x^2+y^2+z^2)^{\frac{5}{2}}},$$

$$\frac{\partial R}{\partial z} = \frac{\partial}{\partial z}\left[\frac{z}{(x^2+y^2+z^2)^{\frac{3}{2}}}\right] = \frac{x^2+y^2-2z^2}{(x^2+y^2+z^2)^{\frac{5}{2}}},$$

所以

$$\frac{\partial P}{\partial x} + \frac{\partial Q}{\partial y} + \frac{\partial R}{\partial z} = 0.$$

于是

$$I = -\oiint\limits_{S}\frac{x\mathrm{d}y\mathrm{d}z + y\mathrm{d}z\mathrm{d}x + z\mathrm{d}x\mathrm{d}y}{\varepsilon^3} = \frac{1}{\varepsilon^3}\iiint\limits_{x^2+y^2+z^2\leqslant\varepsilon^2}3\mathrm{d}v$$

$$= \frac{1}{\varepsilon^3}\times3\times\frac{4\pi\varepsilon^3}{3} = 4\pi.$$

12. 解 利用被积函数与积分区域的对称性，得

$$\oiint\limits_{\Sigma}x\mathrm{d}S = 0, \quad \oiint\limits_{\Sigma}|y|\mathrm{d}S = \oiint\limits_{\Sigma}|x|\mathrm{d}S = \oiint\limits_{\Sigma}|z|\mathrm{d}S(轮换对称性),$$

从而

$$\oiint\limits_{\Sigma}(x+|y|)\mathrm{d}S = \oiint\limits_{\Sigma}|y|\mathrm{d}S = \frac{1}{3}\oiint\limits_{\Sigma}(|x|+|y|+|z|)\mathrm{d}S$$

$$= \frac{1}{3}\oiint\limits_{\Sigma}\mathrm{d}S = \frac{1}{3}\times8\times\frac{\sqrt{3}}{2} = \frac{4\sqrt{3}}{3}.$$

第11章 无穷级数

一、知识结构

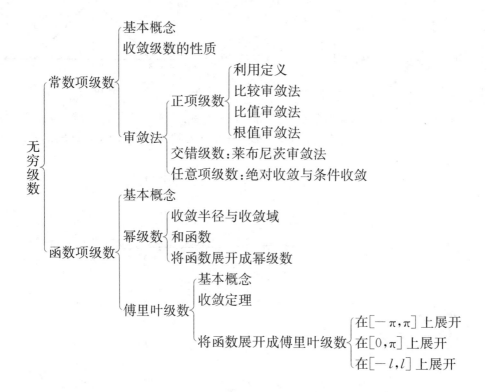

二、学习要求

（1）理解级数的收敛、发散及收敛级数的和的概念；掌握级数收敛的必要条件和收敛级数的基本性质.

（2）掌握等比级数和 p-级数的敛散性.

（3）掌握正项级数的比较审敛法和根值审敛法；熟练掌握正项级数的比值审敛法.

（4）掌握交错级数的莱布尼茨审敛法；会估计一般项单调减少的收敛交错级数的截断误差.

（5）理解任意项级数的绝对收敛和条件收敛的概念；了解任意项级数的审敛步骤.

（6）理解函数项级数收敛域及和函数的概念.

（7）熟练掌握幂级数的收敛半径、收敛区间及收敛域的求法；了解幂级数的和函数在其收敛区间内的基本性质；会求一些幂级数的和函数，并会由此求出某些数项级数的和.

（8）了解函数展开成泰勒级数的充要条件.

（9）熟练掌握 e^x，$\sin x$，$\cos x$，$(1+x)^a$，$\ln(1+x)$ 的麦克劳林展开式；会用间接法将一些简单函数展开成幂级数；会用幂级数进行一些近似计算.

（10）理解傅里叶级数的概念；了解函数展开成傅里叶级数的狄利克雷定理；会将定义在区间 $[-\pi,\pi]$ 上的函数展开成傅里叶级数；会将定义在区间 $[0,\pi]$ 上的函数展开成正弦级数或余弦级数；知道傅里叶级数的复数形式.

三、同步学习指导

11.1　常数项级数的概念与性质

（一）内容提要

常数项级数	$\displaystyle\sum_{n=1}^{\infty} u_n$（$u_n$ 为常数）
收敛性	若 $s_n \xrightarrow{n\to\infty} s$，则 $\displaystyle\sum_{n=1}^{\infty} u_n$ 收敛于 s（s_n 为前 n 项部分和）
常用性质	若 $k\neq 0$，则 $\displaystyle\sum_{n=1}^{\infty} ku_n$ 与 $\displaystyle\sum_{n=1}^{\infty} u_n$ 敛散性相同
	若 $\displaystyle\sum_{n=1}^{\infty} u_n$ 和 $\displaystyle\sum_{n=1}^{\infty} v_n$ 都收敛，则 $\displaystyle\sum_{n=1}^{\infty}(u_n\pm v_n)$ 收敛，且 $\displaystyle\sum_{n=1}^{\infty}(u_n\pm v_n)=\sum_{n=1}^{\infty} u_n\pm\sum_{n=1}^{\infty} v_n$
	$\displaystyle\sum_{n=1}^{\infty} u_n$ 的前面去掉、添加或改变有限项，不改变级数的敛散性
	若 $\displaystyle\sum_{n=1}^{\infty} u_n$ 收敛，则 $\displaystyle\lim_{n\to\infty} u_n=0$（级数收敛的必要条件）

（二）析疑解惑

题 1　由收敛级数的性质可知，若级数 $\displaystyle\sum_{n=1}^{\infty} u_n$ 与 $\displaystyle\sum_{n=1}^{\infty} v_n$ 均收敛，则级数 $\displaystyle\sum_{n=1}^{\infty}(u_n\pm v_n)$ 也收敛. 问：级数 $\displaystyle\sum_{n=1}^{\infty} u_n v_n$ 是否收敛？

解　不一定. 例如，级数 $\displaystyle\sum_{n=1}^{\infty}\frac{(-1)^n}{\sqrt{n}}$ 是收敛的，但级数 $\displaystyle\sum_{n=1}^{\infty}\frac{(-1)^n}{\sqrt{n}}\cdot\frac{(-1)^n}{\sqrt{n}}=\sum_{n=1}^{\infty}\frac{1}{n}$ 是发散的.

题 2　已知数项级数 $\displaystyle\sum_{n=1}^{\infty} u_n$ 与 $\displaystyle\sum_{n=1}^{\infty} v_n$ 均发散，则级数 $\displaystyle\sum_{n=1}^{\infty}(u_n\pm v_n)$ 是否一定发散？

解　$\displaystyle\sum_{n=1}^{\infty}(u_n\pm v_n)$ 可能收敛，也可能发散. 例如，级数 $\displaystyle\sum_{n=1}^{\infty}\frac{1}{2n}$，$\displaystyle\sum_{n=1}^{\infty}\frac{1}{2n}$ 发散，$\displaystyle\sum_{n=1}^{\infty}\left(\frac{1}{2n}+\frac{1}{2n}\right)=$

$\displaystyle\sum_{n=1}^{\infty}\frac{1}{n}$ 发散；而级数 $\displaystyle\sum_{n=1}^{\infty}\frac{1}{2n}$，$\displaystyle\sum_{n=1}^{\infty}\frac{-1}{2n}$ 发散，$\displaystyle\sum_{n=1}^{\infty}\left(\frac{1}{2n}+\frac{-1}{2n}\right)=0$ 收敛.

题 3 已知级数 $\displaystyle\sum_{n=1}^{\infty}u_n$ 满足 $\displaystyle\lim_{n\to\infty}u_n=0$，则 $\displaystyle\sum_{n=1}^{\infty}u_n$ 是否一定收敛？

解 不一定. 例如级数 $\displaystyle\sum_{n=1}^{\infty}\frac{1}{n}$，显然 $u_n=\dfrac{1}{n}\to 0(n\to\infty)$，但 $\displaystyle\sum_{n=1}^{\infty}\frac{1}{n}$ 发散. 初学者一定要记住，$\displaystyle\lim_{n\to\infty}u_n=0$ 只是级数 $\displaystyle\sum_{n=1}^{\infty}u_n$ 收敛的必要条件.

题 4 去掉、添加或改变级数 $\displaystyle\sum_{n=1}^{\infty}u_n$ 有限项的值，不改变级数的敛散性，是否意味着去掉、添加或改变级数 $\displaystyle\sum_{n=1}^{\infty}u_n$ 有限项的值，对 $\displaystyle\sum_{n=1}^{\infty}u_n$ 没有任何影响？

解 去掉、添加或改变级数 $\displaystyle\sum_{n=1}^{\infty}u_n$ 有限项的值，只是不改变级数的敛散性，但在收敛的情况下，去掉、添加或改变级数 $\displaystyle\sum_{n=1}^{\infty}u_n$ 有限项的值一般会改变级数的和.

（三）范例分析

例 1 设级数 $\displaystyle\sum_{n=1}^{\infty}\frac{1}{(3n-1)(3n+2)}$，

(1) 写出此级数的前两项 u_1,u_2；
(2) 计算前 n 项部分和 s_n；
(3) 用级数收敛性定义验证这个级数是收敛的，并求其和.

解 (1) $u_1=\dfrac{1}{(3-1)(3+2)}=\dfrac{1}{2\cdot 5}$，$u_2=\dfrac{1}{(6-1)(6+2)}=\dfrac{1}{5\cdot 8}$.

(2) 因为 $u_n=\dfrac{1}{(3n-1)(3n+2)}=\dfrac{1}{3}\left(\dfrac{1}{3n-1}-\dfrac{1}{3n+2}\right)$，所以

$$s_n=u_1+u_2+\cdots+u_n$$
$$=\frac{1}{3}\left(\frac{1}{2}-\frac{1}{5}\right)+\frac{1}{3}\left(\frac{1}{5}-\frac{1}{8}\right)+\cdots+\frac{1}{3}\left(\frac{1}{3n-1}-\frac{1}{3n+2}\right)$$
$$=\frac{1}{3}\left(\frac{1}{2}-\frac{1}{3n+2}\right).$$

(3) 因为 $\displaystyle\lim_{n\to\infty}s_n=\lim_{n\to\infty}\frac{1}{3}\left(\frac{1}{2}-\frac{1}{3n+2}\right)=\frac{1}{6}$，所以原级数收敛，其和为 $\dfrac{1}{6}$.

例 2 判别级数 $\displaystyle\sum_{n=1}^{\infty}\frac{1}{n^3+3n^2+2n}$ 的敛散性. 若收敛，则求其和.

解 因为

$$\frac{1}{n^3+3n^2+2n}=\frac{1}{n(n+1)(n+2)}=\frac{1}{2}\cdot\frac{(n+2)-n}{n(n+1)(n+2)}$$
$$=\frac{1}{2}\left[\frac{1}{n(n+1)}-\frac{1}{(n+1)(n+2)}\right],$$

所以该级数的前 n 项部分和为

$$s_n = \sum_{k=1}^{n} \frac{1}{k^3 + 3k^2 + 2k} = \frac{1}{2} \sum_{k=1}^{n} \left[\frac{1}{k(k+1)} - \frac{1}{(k+1)(k+2)} \right]$$

$$= \frac{1}{2} \left[\frac{1}{1 \cdot 2} - \frac{1}{(n+1)(n+2)} \right].$$

又 $\lim\limits_{n \to \infty} s_n = \frac{1}{4}$，故原级数收敛，其和为 $\frac{1}{4}$.

注 例 1 和例 2 采用了裂项相消法求前 n 项部分和 s_n.

例 3 求数项级数 $\sum\limits_{n=1}^{\infty} \frac{n}{3^n}$ 之和.

解 因为

$$s_n = \frac{1}{3} + \frac{2}{3^2} + \cdots + \frac{n}{3^n}, \quad 3s_n = 1 + \frac{2}{3} + \frac{3}{3^2} + \cdots + \frac{n}{3^{n-1}},$$

所以

$$2s_n = 1 + \frac{1}{3} + \frac{1}{3^2} + \cdots + \frac{1}{3^{n-1}} - \frac{n}{3^n} = \frac{1 - \frac{1}{3^n}}{1 - \frac{1}{3}} - \frac{n}{3^n} (\text{上两式相减}).$$

于是

$$\sum_{n=1}^{\infty} \frac{n}{3^n} = \lim_{n \to \infty} s_n = \frac{1}{2} \lim_{n \to \infty} \left(\frac{1 - \frac{1}{3^n}}{1 - \frac{1}{3}} - \frac{n}{3^n} \right) = \frac{3}{4}.$$

注 （1）利用等比级数 $\sum\limits_{n=0}^{\infty} ar^n = \frac{a}{1-r} (|r| < 1)$ 判别级数的敛散性及求 $\sum\limits_{n=1}^{\infty} u_n$ 的和是常见的题型.

（2）本题也可用之后将学习的幂级数的知识解决.

例 4 设级数 $\sum\limits_{n=1}^{\infty} u_n$ 收敛，讨论下列级数的敛散性：

（1）$\sum\limits_{n=1}^{\infty} \left(u_n + n\sin\frac{1}{n} \right)$；　　　　（2）$\sum\limits_{n=1}^{\infty} u_{n+5}$；　　　　（3）$\sum\limits_{n=1}^{\infty} \frac{1}{u_n}$.

解 （1）因为

$$\lim_{n \to \infty} \left(u_n + n\sin\frac{1}{n} \right) = \lim_{n \to \infty} u_n + \lim_{n \to \infty} \frac{\sin\frac{1}{n}}{\frac{1}{n}} = 1,$$

所以 $\sum\limits_{n=1}^{\infty} \left(u_n + n\sin\frac{1}{n} \right)$ 发散.

注 若 $\lim\limits_{n \to \infty} u_n \neq 0$，则 $\sum\limits_{n=1}^{\infty} u_n$ 发散. 这是判别级数发散常用的方法.

（2）因为数项级数的性质：$\sum\limits_{n=1}^{\infty} u_n$ 添加或去掉有限项，不改变级数的敛散性，所以去掉 $\sum\limits_{n=1}^{\infty} u_n$ 前五项得到的级数 $\sum\limits_{n=1}^{\infty} u_{n+5}$ 仍收敛.

(3) 因为 $\lim\limits_{n\to\infty}\dfrac{1}{u_n}=\infty\neq 0$,所以 $\sum\limits_{n=1}^{\infty}\dfrac{1}{u_n}$ 发散.

例 5 设数列 $\{na_n\}$ 的极限存在,级数 $\sum\limits_{n=1}^{\infty}n(a_n-a_{n-1})$ 收敛,证明:级数 $\sum\limits_{n=0}^{\infty}a_n$ 收敛.

证 设 $\lim\limits_{n\to\infty}na_n=A$,级数 $\sum\limits_{n=1}^{\infty}n(a_n-a_{n-1})$ 的部分和数列为 $\{s_n\}$,且 $\lim\limits_{n\to\infty}s_n=S$,级数 $\sum\limits_{n=0}^{\infty}a_n$ 的部分和数列为 $\{\sigma_n\}$. 因为

$$s_n=a_1-a_0+2(a_2-a_1)+\cdots+n(a_n-a_{n-1})=na_n-\sigma_n,$$

所以

$$\lim_{n\to\infty}\sigma_n=\lim_{n\to\infty}na_n-\lim_{n\to\infty}s_n=A-S.$$

故由级数收敛的定义可知,级数 $\sum\limits_{n=0}^{\infty}a_n$ 收敛.

(四) 同步练习

1. 写出下列级数的一般项:

(1) $1+\dfrac{1}{3}+\dfrac{1}{5}+\dfrac{1}{7}+\cdots$;

(2) $\dfrac{a^3}{3}-\dfrac{a^5}{5}+\dfrac{a^7}{7}-\dfrac{a^9}{9}+\cdots$.

2. 根据级数收敛与发散的定义,判别下列级数的敛散性:

(1) $\sum\limits_{n=1}^{\infty}\dfrac{1}{(5n-4)(5n+1)}$;

(2) $\sum\limits_{n=1}^{\infty}(\sqrt{n+2}-2\sqrt{n+1}+\sqrt{n})$.

3. 判别下列级数的敛散性:

(1) $\sum\limits_{n=1}^{\infty}(-1)^n\dfrac{3^n}{4^n}$;

(2) $\sum\limits_{n=1}^{\infty}\dfrac{5^n}{2^n}$;

(3) $\sum\limits_{n=1}^{\infty}\left(\dfrac{1}{2^n}-\dfrac{1}{3^n}\right)$;

(4) $\sum\limits_{n=1}^{\infty}\left(\dfrac{1}{2^n}+\dfrac{1}{10n}\right)$;

(5) $\sum\limits_{n=1}^{\infty}\sqrt[n]{\dfrac{n+1}{n}}$;

(6) $\sum\limits_{n=1}^{\infty}\dfrac{1}{2n}$.

同步练习简解

1. 解 (1) $u_n=\dfrac{1}{2n-1}$.

(2) $u_n=(-1)^{n+1}\dfrac{a^{2n+1}}{2n+1}$.

2. 解 (1) 因

$$s_n=\sum_{k=1}^{n}\dfrac{1}{5}\left(\dfrac{1}{5k-4}-\dfrac{1}{5k+1}\right)=\dfrac{1}{5}\left(1-\dfrac{1}{5n+1}\right),$$

且 $\lim\limits_{n\to\infty}s_n=\dfrac{1}{5}$,故原级数收敛.

(2) 因

$$s_n=\sum_{k=1}^{n}(\sqrt{k+2}-2\sqrt{k+1}+\sqrt{k})=\sqrt{n+2}-\sqrt{n+1}-\sqrt{2}+1,$$

且 $\lim\limits_{n\to\infty}s_n=-\sqrt{2}+1$,故原级数收敛.

3. 解 (1) 该级数为等比级数,公比 $q=-\dfrac{3}{4}$,$|q|<1$,故该级数收敛.

(2) 该级数为等比级数,公比 $q = \dfrac{5}{2} > 1$,故该级数发散.

(3) 该级数可分解为级数 $\displaystyle\sum_{n=1}^{\infty} \left(\dfrac{1}{2}\right)^n$ 和 $\displaystyle\sum_{n=1}^{\infty} \left(\dfrac{1}{3}\right)^n$ 的差,因级数 $\displaystyle\sum_{n=1}^{\infty} \left(\dfrac{1}{2}\right)^n$ 和 $\displaystyle\sum_{n=1}^{\infty} \left(\dfrac{1}{3}\right)^n$ 均收敛,故该级数收敛.

(4) 该级数可分解为级数 $\displaystyle\sum_{n=1}^{\infty} \left(\dfrac{1}{2}\right)^n$ 和 $\displaystyle\sum_{n=1}^{\infty} \dfrac{1}{10n}$ 的和,因级数 $\displaystyle\sum_{n=1}^{\infty} \left(\dfrac{1}{2}\right)^n$ 收敛,级数 $\displaystyle\sum_{n=1}^{\infty} \dfrac{1}{10n}$ 发散,故该级数发散.

(5) 因 $\displaystyle\lim_{n\to\infty} \sqrt{\dfrac{n+1}{n}} = 1$,不满足级数收敛的必要条件,故原级数发散.

(6) 因级数 $\displaystyle\sum_{n=1}^{\infty} \dfrac{1}{n}$ 发散,$\displaystyle\sum_{n=1}^{\infty} \dfrac{1}{2n} = \dfrac{1}{2}\sum_{n=1}^{\infty} \dfrac{1}{n}$,故原级数发散.

11.2　正项级数的审敛法

(一) 内容提要

正项级数			$\displaystyle\sum_{n=1}^{\infty} u_n$ （u_n 为常数,$u_n \geqslant 0$）
审敛法	比较审敛法	一般形式	设 $0 \leqslant u_n \leqslant v_n (n=1,2,\cdots)$. (1) 若 $\displaystyle\sum_{n=1}^{\infty} v_n$ 收敛,则 $\displaystyle\sum_{n=1}^{\infty} u_n$ 收敛;　(2) 若 $\displaystyle\sum_{n=1}^{\infty} u_n$ 发散,则 $\displaystyle\sum_{n=1}^{\infty} v_n$ 发散
		极限形式	设 $\displaystyle\lim_{n\to\infty} \dfrac{u_n}{v_n} = l$,则 (1) $0 < l < +\infty$,级数 $\displaystyle\sum_{n=1}^{\infty} u_n$ 和 $\displaystyle\sum_{n=1}^{\infty} v_n$ 同时收敛或同时发散; (2) $l = 0$,若 $\displaystyle\sum_{n=1}^{\infty} v_n$ 收敛,则 $\displaystyle\sum_{n=1}^{\infty} u_n$ 收敛; (3) $l = +\infty$,若 $\displaystyle\sum_{n=1}^{\infty} v_n$ 发散,则 $\displaystyle\sum_{n=1}^{\infty} u_n$ 发散
	比值审敛法		设 $\displaystyle\lim_{n\to\infty} \dfrac{u_{n+1}}{u_n} = \rho$,则 (1) $\rho < 1$,级数 $\displaystyle\sum_{n=1}^{\infty} u_n$ 收敛;(2) $\rho > 1$,级数 $\displaystyle\sum_{n=1}^{\infty} u_n$ 发散;(3) $\rho = 1$,本法失效
	根值审敛法		设 $\displaystyle\lim_{n\to\infty} \sqrt[n]{u_n} = \rho$,则 (1) $\rho < 1$,级数 $\displaystyle\sum_{n=1}^{\infty} u_n$ 收敛;(2) $\rho > 1$,级数 $\displaystyle\sum_{n=1}^{\infty} u_n$ 发散;(3) $\rho = 1$,本法失效
	常用结论		等比级数:$\displaystyle\sum_{n=0}^{\infty} ar^n$ 当 $|r| < 1$ 时收敛,其和为 $\dfrac{a}{1-r}$;当 $|r| \geqslant 1$ 时发散
			p-级数:$\displaystyle\sum_{n=1}^{\infty} \dfrac{1}{n^p}$ 当 $p > 1$ 时收敛;当 $0 < p \leqslant 1$ 时发散

(二) 析疑解惑

题 1　使用比较审敛法、比值审敛法、根值审敛法时应注意什么?

解 比较审敛法、比值审敛法、根值审敛法都只适用于正项级数,不能随意扩大适用范围.

例如,级数 $\sum\limits_{n=1}^{\infty}\left(\dfrac{(-1)^n}{\sqrt{n}}+\dfrac{1}{n}\right)$ 是发散的,级数 $\sum\limits_{n=1}^{\infty}\dfrac{(-1)^n}{\sqrt{n}}$ 是收敛的,但 $\lim\limits_{n\to\infty}\dfrac{\dfrac{(-1)^n}{\sqrt{n}}+\dfrac{1}{n}}{\dfrac{(-1)^n}{\sqrt{n}}}=1$,比

较审敛法不适用了. 利用比值审敛法(或根值审敛法)时,若 $\lim\limits_{n\to\infty}\dfrac{u_{n+1}}{u_n}=1$(或 $\lim\limits_{n\to\infty}\sqrt[n]{u_n}=1$),则比

值审敛法(或根值审敛法)无法判别级数 $\sum\limits_{n=1}^{\infty}u_n$ 的敛散性. 例如,级数 $\sum\limits_{n=1}^{\infty}\dfrac{1}{n^2}$ 收敛,级数 $\sum\limits_{n=1}^{\infty}\dfrac{1}{n}$ 发

散,两者均满足 $\lim\limits_{n\to\infty}\dfrac{u_{n+1}}{u_n}=1$(或 $\lim\limits_{n\to\infty}\sqrt[n]{u_n}=1$),从而无法利用比值审敛法(或根值审敛法)判别
它们的敛散性.

题 2 已知正项级数 $\sum\limits_{n=1}^{\infty}u_n$ 收敛且 u_n 单调减少,是否一定有 $\lim\limits_{n\to\infty}\dfrac{u_{n+1}}{u_n}=q<1$ 或 $\dfrac{u_{n+1}}{u_n}\leqslant$

$q<1$?

解 不一定. 例如级数 $\sum\limits_{n=1}^{\infty}\dfrac{1}{n^2}$,显然 $u_n=\dfrac{1}{n^2}$ 单调减少,但 $\lim\limits_{n\to\infty}\dfrac{u_{n+1}}{u_n}=1$. 比值审敛法(或根值

审敛法)的条件只是正项级数收敛的一个充分条件,不是必要条件.

题 3 若正项级数 $\sum\limits_{n=1}^{\infty}u_n$ 收敛,则其一般项 u_n 是否一定单调减少?

解 不一定. 例如,级数 $\sum\limits_{n=1}^{\infty}\dfrac{1-(-1)^n}{n^2}$ 收敛,但 $u_n=\dfrac{1-(-1)^n}{n^2}$ 不单调.

题 4 若正项级数 $\sum\limits_{n=1}^{\infty}u_n$ 收敛,而正项级数 $\sum\limits_{n=1}^{\infty}v_n$ 发散,则是否意味着从某一项开始
就有 $u_n<v_n$?

解 不一定. 例如,级数 $\sum\limits_{n=1}^{\infty}u_n=\sum\limits_{n=1}^{\infty}\dfrac{1}{n^2}$ 收敛,令 $v_n=\begin{cases}\dfrac{1}{n^2}, & n\text{ 为奇数},\\ n, & n\text{ 为偶数},\end{cases}$ 则级数 $\sum\limits_{n=1}^{\infty}v_n$ 发散,

但无法使 $u_n<v_n$ 从某一项开始总成立.

(三) 范例分析

例 1 用比较审敛法判别下列级数的敛散性:

(1) $\sum\limits_{n=2}^{\infty}\dfrac{n^2+1}{n^3+1}$;

(2) $\sum\limits_{n=1}^{\infty}\dfrac{2+(-1)^n}{2^n}$;

(3) $\sum\limits_{n=2}^{\infty}\sin\dfrac{\pi}{2^n}$.

分析 比较审敛法的特点:先要初步估计一下被判级数的敛散性,然后找一个已知敛散性
的级数与之对比. 这就要求我们初步判断正确,同时要掌握一些已知其敛散性的级数. 常用的
级数有两个:

等比级数 $\sum\limits_{n=1}^{\infty}ar^{n-1}$,当 $|r|<1$ 时收敛,当 $|r|\geqslant 1$ 时发散;

p-级数 $\displaystyle\sum_{n=1}^{\infty} \frac{1}{n^p}$,当 $p > 1$ 时收敛,当 $0 < p \leqslant 1$ 时发散.

解 (1) $\dfrac{n^2+1}{n^3+1}$ 与 $\dfrac{1}{n}$ 当 $n \to \infty$ 时是同阶无穷小,从而估计 $\displaystyle\sum_{n=2}^{\infty} \frac{n^2+1}{n^3+1}$ 是发散的. 因为

$$\lim_{n \to \infty} \frac{\dfrac{n^2+1}{n^3+1}}{\dfrac{1}{n}} = \lim_{n \to \infty} \frac{n^3+n}{n^3+1} = 1,$$

而 $\displaystyle\sum_{n=2}^{\infty} \frac{1}{n}$ 发散,所以由比较审敛法知原级数发散.

(2) 因为分子 $2+(-1)^n$ 随 n 的增加而变化,当 n 为奇数时等于 1,当 n 为偶数时等于 3,即分子不超过 3,所以有 $\dfrac{2+(-1)^n}{2^n} \leqslant \dfrac{3}{2^n}$. 又因为级数 $\displaystyle\sum_{n=1}^{\infty} \frac{3}{2^n}$ 收敛,所以由比较审敛法知原级数收敛.

(3) $\sin \dfrac{\pi}{2^n} \sim \dfrac{\pi}{2^n} (n \to \infty)$,从而估计 $\displaystyle\sum_{n=2}^{\infty} \sin \frac{\pi}{2^n}$ 是收敛的. 因为 $\displaystyle\lim_{n \to \infty} \frac{\sin \dfrac{\pi}{2^n}}{\dfrac{\pi}{2^n}} = 1$,而级数 $\displaystyle\sum_{n=2}^{\infty} \frac{\pi}{2^n}$ 收敛,所以原级数收敛.

小结 比较审敛法判别级数的敛散性,一般可从等价无穷小出发,找一个已知敛散性的级数与之比较.

例 2 用比值审敛法判别下列级数的敛散性:

(1) $\displaystyle\sum_{n=1}^{\infty} \frac{3^n n!}{n^n}$;

(2) $\displaystyle\sum_{n=1}^{\infty} \frac{1 \cdot 3 \cdot 5 \cdot \cdots \cdot (2n-1)}{3^n n!}$;

(3) $\displaystyle\sum_{n=1}^{\infty} \frac{n^n}{4^n n!}$.

解 (1) 因为

$$\lim_{n \to \infty} \frac{u_{n+1}}{u_n} = \lim_{n \to \infty} \frac{\dfrac{3^{n+1}(n+1)!}{(n+1)^{n+1}}}{\dfrac{3^n n!}{n^n}} = \lim_{n \to \infty} \frac{3n^n}{(n+1)^n}$$

$$= \lim_{n \to \infty} \frac{3}{\left(1+\dfrac{1}{n}\right)^n} = \frac{3}{\mathrm{e}} > 1,$$

所以由比值审敛法知原级数发散.

注 本类型题初学者的出错率比较高,部分初学者会错误地认为 $\displaystyle\lim_{n \to \infty} \frac{n^n}{(n+1)^n} = 1$,其实这不是求有理函数的极限,而是一个涉及幂指函数的极限.

(2) 因为

$$\lim_{n \to \infty} \frac{u_{n+1}}{u_n} = \lim_{n \to \infty} \frac{\dfrac{1 \cdot 3 \cdot 5 \cdot \cdots \cdot (2n+1)}{3^{n+1}(n+1)!}}{\dfrac{1 \cdot 3 \cdot 5 \cdot \cdots \cdot (2n-1)}{3^n n!}} = \lim_{n \to \infty} \left(\frac{2n+1}{n+1} \cdot \frac{1}{3}\right) = \frac{2}{3} < 1,$$

所以由比值审敛法知原级数收敛.

(3) 因为

$$\lim_{n\to\infty}\frac{u_{n+1}}{u_n}=\lim_{n\to\infty}\frac{\dfrac{(n+1)^{n+1}}{4^{n+1}(n+1)!}}{\dfrac{n^n}{4^n n!}}=\lim_{n\to\infty}\frac{(n+1)^n}{4n^n}=\lim_{n\to\infty}\frac{1}{4}\left(1+\frac{1}{n}\right)^n=\frac{e}{4}<1,$$

所以由比值审敛法知原级数收敛.

小结 当一般项 u_n 中含有 a^n, $n!$ 等,或 u_{n+1} 与 u_n 有公因子时,常用比值审敛法.

例 3 用根值审敛法判别下列级数的敛散性:

(1) $\displaystyle\sum_{n=1}^{\infty}\left(\sqrt{\frac{3n-1}{4n+1}}\right)^n$;

(2) $\displaystyle\sum_{n=1}^{\infty}\frac{3^n}{\left(1+\dfrac{1}{n}\right)^{n^2}}$.

解 (1) 因为

$$\lim_{n\to\infty}\sqrt[n]{u_n}=\lim_{n\to\infty}\sqrt[n]{\left(\sqrt{\frac{3n-1}{4n+1}}\right)^n}=\lim_{n\to\infty}\sqrt{\frac{3n-1}{4n+1}}=\frac{\sqrt{3}}{2}<1,$$

所以由根值审敛法知原级数收敛.

(2) 因为

$$\lim_{n\to\infty}\sqrt[n]{u_n}=\lim_{n\to\infty}\sqrt[n]{\frac{3^n}{\left(1+\dfrac{1}{n}\right)^{n^2}}}=\lim_{n\to\infty}\frac{3}{\left(1+\dfrac{1}{n}\right)^n}=\frac{3}{e}>1,$$

所以由根值审敛法知原级数发散.

小结 当一般项 u_n 中含有 a^n, n^n 等时,常用根值审敛法.

(四) 同步练习

1. 用比较审敛法或其极限形式判别下列级数的敛散性:

(1) $\displaystyle\sum_{n=0}^{\infty}\frac{1+n}{1+n^2}$;

(2) $\displaystyle\sum_{n=1}^{\infty}\frac{1}{(3n-2)(3n+1)}$;

(3) $\displaystyle\sum_{n=1}^{\infty}\frac{1}{n\sqrt{n+1}}$;

(4) $\displaystyle\sum_{n=1}^{\infty}\left(1-\cos\frac{1}{n}\right)$.

2. 用比值审敛法判别下列级数的敛散性:

(1) $\displaystyle\sum_{n=1}^{\infty}\frac{3^n}{n\cdot 2^n}$;

(2) $\displaystyle\sum_{n=1}^{\infty}n\tan\frac{\pi}{3^{n+1}}$;

(3) $\displaystyle\sum_{n=1}^{\infty}\frac{n!}{3^n}$.

3. 用根值审敛法判别下列级数的敛散性:

(1) $\displaystyle\sum_{n=1}^{\infty}\left(\frac{3n}{2n+1}\right)^n$;

(2) $\displaystyle\sum_{n=1}^{\infty}\frac{1}{[\ln(n+1)]^n}$;

(3) $\displaystyle\sum_{n=1}^{\infty}\left(\frac{n}{3n+1}\right)^{2n+1}$.

同步练习简解

1. 解 (1) 因 $\dfrac{1+n}{1+n^2}>\dfrac{1+n}{1+2n+n^2}=\dfrac{1}{1+n}>0$,而级数 $\displaystyle\sum_{n=0}^{\infty}\frac{1}{n+1}$ 发散,故原级数发散.

(2) 因 $\lim\limits_{n\to\infty}\dfrac{\dfrac{1}{(3n-2)(3n+1)}}{\dfrac{1}{n^2}}=\lim\limits_{n\to\infty}\dfrac{n^2}{(3n-2)(3n+1)}=\dfrac{1}{9}$，而级数 $\sum\limits_{n=1}^{\infty}\dfrac{1}{n^2}$ 收敛，故原级数收敛.

(3) 因 $0<\dfrac{1}{n\sqrt{n+1}}<\dfrac{1}{n^{\frac{3}{2}}}$，而级数 $\sum\limits_{n=1}^{\infty}\dfrac{1}{n^{\frac{3}{2}}}$ 收敛，故原级数收敛.

(4) 因 $1-\cos\dfrac{1}{n}\sim\dfrac{1}{2n^2}(n\to\infty)$，而级数 $\sum\limits_{n=1}^{\infty}\dfrac{1}{2n^2}$ 收敛，故原级数收敛.

2. 解　(1) 记 $u_n=\dfrac{3^n}{n\cdot 2^n}$. 因 $\lim\limits_{n\to\infty}\dfrac{u_{n+1}}{u_n}=\lim\limits_{n\to\infty}\dfrac{\dfrac{3^{n+1}}{(n+1)\cdot 2^{n+1}}}{\dfrac{3^n}{n\cdot 2^n}}=\lim\limits_{n\to\infty}\dfrac{3n}{2(n+1)}=\dfrac{3}{2}>1$，故原级数发散.

(2) 记 $u_n=n\tan\dfrac{\pi}{3^{n+1}}$. 因 $\lim\limits_{n\to\infty}\dfrac{u_{n+1}}{u_n}=\lim\limits_{n\to\infty}\dfrac{(n+1)\tan\dfrac{\pi}{3^{n+2}}}{n\tan\dfrac{\pi}{3^{n+1}}}=\dfrac{1}{3}<1$，故原级数收敛.

(3) 记 $u_n=\dfrac{n!}{3^n}$. 因 $\lim\limits_{n\to\infty}\dfrac{u_{n+1}}{u_n}=\lim\limits_{n\to\infty}\dfrac{\dfrac{(n+1)!}{3^{n+1}}}{\dfrac{n!}{3^n}}=\lim\limits_{n\to\infty}\dfrac{n+1}{3}=+\infty$，故原级数发散.

3. 解　(1) 记 $u_n=\left(\dfrac{3n}{2n+1}\right)^n$. 因 $\lim\limits_{n\to\infty}\sqrt[n]{u_n}=\lim\limits_{n\to\infty}\dfrac{3n}{2n+1}=\dfrac{3}{2}>1$，故原级数发散.

(2) 记 $u_n=\dfrac{1}{[\ln(n+1)]^n}$. 因 $\lim\limits_{n\to\infty}\sqrt[n]{u_n}=\lim\limits_{n\to\infty}\dfrac{1}{\ln(n+1)}=0<1$，故原级数收敛.

(3) 记 $u_n=\left(\dfrac{n}{3n+1}\right)^{2n+1}$. 因 $\lim\limits_{n\to\infty}\sqrt[n]{u_n}=\lim\limits_{n\to\infty}\left[\left(\dfrac{n}{3n+1}\right)^2\cdot\left(\dfrac{n}{3n+1}\right)^{\frac{1}{n}}\right]=\dfrac{1}{9}<1$，故原级数收敛.

11.3　任意项级数的审敛法

（一）内容提要

绝对收敛	级数 $\sum\limits_{n=1}^{\infty}\mid u_n\mid$ 收敛
条件收敛	级数 $\sum\limits_{n=1}^{\infty}\mid u_n\mid$ 发散，而 $\sum\limits_{n=1}^{\infty}u_n$ 收敛
莱布尼茨审敛法	若交错级数 $\sum\limits_{n=1}^{\infty}(-1)^{n-1}u_n$ 满足下列条件： (1) $u_{n+1}\leqslant u_n,n=1,2,\cdots;$　(2) $\lim\limits_{n\to\infty}u_n=0,$ 则级数 $\sum\limits_{n=1}^{\infty}(-1)^{n-1}u_n$ 收敛，且其和小于等于首项 u_1

（二）析疑解惑

题1　对于任意项级数 $\sum\limits_{n=1}^{\infty}u_n$ 与 $\sum\limits_{n=1}^{\infty}v_n$，如果 $\lim\limits_{n\to\infty}\dfrac{u_n}{v_n}=l\neq 0$，那么能否得出 $\sum\limits_{n=1}^{\infty}u_n$ 与 $\sum\limits_{n=1}^{\infty}v_n$ 有相同的敛散性？

解 不能. 例如级数 $\sum\limits_{n=1}^{\infty} \dfrac{(-1)^n}{\sqrt{n}}$ 与级数 $\sum\limits_{n=1}^{\infty}\left(\dfrac{(-1)^n}{\sqrt{n}}+\dfrac{1}{n}\right)$, 前者收敛后者发散, 但却有

$$\lim_{n\to\infty}\dfrac{\dfrac{(-1)^n}{\sqrt{n}}+\dfrac{1}{n}}{\dfrac{(-1)^n}{\sqrt{n}}}=1.$$ 这说明正项级数与任意项级数的性质有很大的差异, 对于正项级数成

立的结论对任意项级数不一定成立, 读者一定要分清哪些结论是关于正项级数的结论, 哪些结论是关于任意项级数的结论, 注意不要把正项级数的结论随意套用到任意项级数上.

题 2 若级数 $\sum\limits_{n=1}^{\infty} u_n$ 条件收敛, 而 $\sum\limits_{n=1}^{\infty} v_n$ 绝对收敛, 则级数 $\sum\limits_{n=1}^{\infty}(u_n+v_n)$ 是条件收敛还是绝对收敛?

解 条件收敛. 假设 $\sum\limits_{n=1}^{\infty}|u_n+v_n|$ 收敛, 则因为级数 $\sum\limits_{n=1}^{\infty}|v_n|$ 收敛, 有 $|u_n|\leqslant|u_n+v_n|+|v_n|$, 从而级数 $\sum\limits_{n=1}^{\infty}u_n$ 绝对收敛, 而这与级数 $\sum\limits_{n=1}^{\infty}u_n$ 条件收敛矛盾. 因此, $\sum\limits_{n=1}^{\infty}(u_n+v_n)$ 只可能条件收敛.

题 3 若任意项级数 $\sum\limits_{n=1}^{\infty}u_n$ 与 $\sum\limits_{n=1}^{\infty}v_n$ 均条件收敛, 则级数 $\sum\limits_{n=1}^{\infty}(u_n\pm v_n)$ 是否一定条件收敛?

解 不一定. 例如, 级数 $\sum\limits_{n=1}^{\infty}\dfrac{(-1)^n}{n}$ 与 $\sum\limits_{n=1}^{\infty}\dfrac{(-1)^{n-1}}{n}$ 均条件收敛, 但 $\sum\limits_{n=1}^{\infty}\left[\dfrac{(-1)^n}{n}+\dfrac{(-1)^{n-1}}{n}\right]=\sum\limits_{n=1}^{\infty}0=0$ 绝对收敛.

题 4 如何说明一给定级数是条件收敛还是绝对收敛?

解 首先考察级数 $\sum\limits_{n=1}^{\infty}|u_n|$ 是否收敛, 若收敛则 $\sum\limits_{n=1}^{\infty}u_n$ 绝对收敛, 否则继续考察级数 $\sum\limits_{n=1}^{\infty}u_n$ 是否收敛, 若收敛则 $\sum\limits_{n=1}^{\infty}u_n$ 条件收敛, 否则 $\sum\limits_{n=1}^{\infty}u_n$ 发散. 以上步骤缺一不可.

题 5 一般情况下, 级数 $\sum\limits_{n=1}^{\infty}|u_n|$ 发散不能推出 $\sum\limits_{n=1}^{\infty}u_n$ 发散, 问: 什么情况下 $\sum\limits_{n=1}^{\infty}|u_n|$ 发散可得出 $\sum\limits_{n=1}^{\infty}u_n$ 发散? 为什么?

解 若 $\sum\limits_{n=1}^{\infty}|u_n|$ 发散是由比值审敛法或根值审敛法推出的, 则此时可得出 $\sum\limits_{n=1}^{\infty}u_n$ 也是发散的. 因为若 $\lim\limits_{n\to\infty}\dfrac{|u_{n+1}|}{|u_n|}=\rho>1$ 或 $\lim\limits_{n\to\infty}\sqrt[n]{|u_n|}=\rho>1$, 则 $\lim\limits_{n\to\infty}u_n\neq 0$, 所以 $\sum\limits_{n=1}^{\infty}u_n$ 是发散的.

(三) 范例分析

例 1 判别下列级数的敛散性. 若收敛, 是条件收敛还是绝对收敛?

(1) $\sum\limits_{n=1}^{\infty}(-1)^{n-1}\dfrac{n}{2^{n-1}}$;　　　　　　　　(2) $\sum\limits_{n=1}^{\infty}(-1)^n(\sqrt{n+1}-\sqrt{n})$;

(3) $\displaystyle\sum_{n=1}^{\infty}(-1)^{n-1}\frac{(2n)!!}{(2n-1)!!}$.

分析 先要判别级数的绝对敛散性,若不绝对收敛,再判别级数的条件敛散性.

解 (1) $\displaystyle\sum_{n=1}^{\infty}\left|(-1)^{n-1}\frac{n}{2^{n-1}}\right|=\sum_{n=1}^{\infty}\frac{n}{2^{n-1}}$. 因为

$$\lim_{n\to\infty}\frac{u_{n+1}}{u_n}=\lim_{n\to\infty}\frac{\dfrac{n+1}{2^n}}{\dfrac{n}{2^{n-1}}}=\lim_{n\to\infty}\frac{n+1}{2n}=\frac{1}{2}<1,$$

所以级数 $\displaystyle\sum_{n=1}^{\infty}\frac{n}{2^{n-1}}$ 收敛,故原级数绝对收敛.

(2) $\displaystyle\sum_{n=1}^{\infty}\left|(-1)^n(\sqrt{n+1}-\sqrt{n})\right|=\sum_{n=1}^{\infty}(\sqrt{n+1}-\sqrt{n})$. 因为

$$u_n=\sqrt{n+1}-\sqrt{n}=\frac{1}{\sqrt{n+1}+\sqrt{n}}\sim\frac{1}{2\sqrt{n}}\quad(n\to\infty),$$

$$\lim_{n\to\infty}\frac{\sqrt{n+1}-\sqrt{n}}{\dfrac{1}{\sqrt{n}}}=\lim_{n\to\infty}\frac{\sqrt{n}}{\sqrt{n+1}+\sqrt{n}}=\frac{1}{2},$$

而 $\displaystyle\sum_{n=1}^{\infty}\frac{1}{\sqrt{n}}$ 发散,所以由比较审敛法知 $\displaystyle\sum_{n=1}^{\infty}(\sqrt{n+1}-\sqrt{n})$ 发散. 但

$$\lim_{n\to\infty}u_n=\lim_{n\to\infty}(\sqrt{n+1}-\sqrt{n})=\lim_{n\to\infty}\frac{1}{\sqrt{n+1}+\sqrt{n}}=0,$$

且

$$u_n-u_{n+1}=(\sqrt{n+1}-\sqrt{n})-(\sqrt{n+2}-\sqrt{n+1})$$

$$=\frac{1}{\sqrt{n+1}+\sqrt{n}}-\frac{1}{\sqrt{n+2}+\sqrt{n+1}}$$

$$=\frac{\sqrt{n+2}-\sqrt{n}}{(\sqrt{n+1}+\sqrt{n})(\sqrt{n+2}+\sqrt{n+1})}>0,$$

所以 $u_n-u_{n+1}>0$,即 $u_n>u_{n+1}$.

因此,由莱布尼茨审敛法知原级数条件收敛.

(3) 因为 $u_n=\dfrac{2\cdot4\cdot6\cdot\cdots\cdot(2n)}{1\cdot3\cdot5\cdot\cdots\cdot(2n-1)}\geqslant2$,且 $u_{n+1}>u_n$,所以 $\displaystyle\lim_{n\to\infty}\frac{2\cdot4\cdot6\cdot\cdots\cdot(2n)}{1\cdot3\cdot5\cdot\cdots\cdot(2n-1)}\neq0$,故原级数发散.

注 考察 u_{n+1} 与 u_n 的大小,常用的方法有以下三种:

(1) 看 $\dfrac{u_{n+1}}{u_n}$ 是否小于 1;

(2) 看 u_n-u_{n+1} 是否大于 0;

(3) 看 u_n 对 n 的导数是否小于 0(此时将 n 看成连续自变量).

▌ 例 2 若级数 $\displaystyle\sum_{n=1}^{\infty}a_n$ 绝对收敛,试证:级数 $\displaystyle\sum_{n=1}^{\infty}a_n^2$,$\displaystyle\sum_{n=1}^{\infty}\frac{a_n}{1+a_n}$,$\displaystyle\sum_{n=1}^{\infty}\frac{a_n^2}{1+a_n^2}$ 绝对收敛.

证 因为 $\displaystyle\sum_{n=1}^{\infty}a_n$ 绝对收敛,所以 $\displaystyle\lim_{n\to\infty}a_n=0$.

当 n 充分大时，$|a_n|<1$，此时 $a_n^2 \leqslant |a_n|$，从而级数 $\sum\limits_{n=1}^{\infty} a_n^2$ 绝对收敛.

又 $\lim\limits_{n\to\infty} \dfrac{\left|\dfrac{a_n}{1+a_n}\right|}{|a_n|} = \lim\limits_{n\to\infty} \dfrac{1}{|1+a_n|} = 1$，所以由比较审敛法可知，级数 $\sum\limits_{n=1}^{\infty} \dfrac{a_n}{1+a_n}$ 绝对收敛.

因为 $\dfrac{a_n^2}{1+a_n^2} \leqslant a_n^2$，所以 $\sum\limits_{n=1}^{\infty} \dfrac{a_n^2}{1+a_n^2}$ 收敛，即绝对收敛.

（四）同步练习

1. 判别下列级数的敛散性. 若收敛，是条件收敛还是绝对收敛？

(1) $\sum\limits_{n=1}^{\infty} (-1)^n \dfrac{n}{3^{n+1}}$；

(2) $\sum\limits_{n=2}^{\infty} \dfrac{(-1)^n}{n-\ln n}$；

(3) $\sum\limits_{n=1}^{\infty} (-1)^{n+1} \dfrac{2^n}{n!}$；

(4) $\sum\limits_{n=1}^{\infty} (-1)^{n-1} \dfrac{\ln n}{n}$.

2. 证明：若级数 $\sum\limits_{n=1}^{\infty} u_n^2$ 收敛，则级数 $\sum\limits_{n=1}^{\infty} \dfrac{u_n}{n}$ 绝对收敛.

3. 求使级数 $\sum\limits_{n=0}^{\infty} \dfrac{x^n}{n!}$ 收敛的 x 的取值范围，并按柯西乘积求 $\left(\sum\limits_{n=0}^{\infty} \dfrac{x^n}{n!}\right)^2$ 的表达式.

同步练习简解

1. 解 (1) 记 $u_n = \dfrac{n}{3^{n+1}}$. 因 $\lim\limits_{n\to\infty} \sqrt[n]{u_n} = \lim\limits_{n\to\infty} \sqrt[n]{\dfrac{n}{3^{n+1}}} = \dfrac{1}{3} < 1$，故级数 $\sum\limits_{n=1}^{\infty} \dfrac{n}{3^{n+1}}$ 收敛，从而原级数绝对收敛.

(2) 令函数 $f(x) = \dfrac{1}{x-\ln x}\,(x\geqslant 2)$，则 $f'(x) < 0$，即 $f(x)$ 单调减少. 因 $\lim\limits_{x\to+\infty} f(x) = \lim\limits_{x\to+\infty} \dfrac{\dfrac{1}{x}}{1-\dfrac{1}{x}\ln x} = 0$，故数列 $\left\{\dfrac{1}{n-\ln n}\right\}$ 单调减少且 $\lim\limits_{n\to\infty} \dfrac{1}{n-\ln n} = 0$，从而原级数收敛. 又

$$\lim_{n\to\infty} \dfrac{\dfrac{1}{n-\ln n}}{\dfrac{1}{n}} = \lim_{n\to\infty} \dfrac{1}{1-\dfrac{1}{n}\ln n} = \lim_{x\to+\infty} \dfrac{1}{1-\dfrac{1}{x}\ln x} = 1,$$

而级数 $\sum\limits_{n=1}^{\infty} \dfrac{1}{n}$ 发散，故级数 $\sum\limits_{n=1}^{\infty} \dfrac{1}{n-\ln n}$ 发散. 因此，原级数条件收敛.

(3) 记 $u_n = \dfrac{2^n}{n!}$. 因为 $\lim\limits_{n\to\infty} \dfrac{u_{n+1}}{u_n} = \lim\limits_{n\to\infty} \dfrac{2}{n+1} = 0$，所以级数 $\sum\limits_{n=1}^{\infty} \dfrac{2^n}{n!}$ 收敛，从而原级数绝对收敛.

(4) 令函数 $f(x) = \dfrac{\ln x}{x}\,(x\geqslant 3)$，则 $f'(x) = \dfrac{1-\ln x}{x^2} < 0$，即 $f(x)$ 单调减少. 因 $\lim\limits_{x\to+\infty} f(x) = \lim\limits_{x\to+\infty} \dfrac{1}{x} = 0$，故数列 $\left\{\dfrac{\ln n}{n}\right\}$ 单调减少且 $\lim\limits_{n\to\infty} \dfrac{\ln n}{n} = 0$，从而原级数收敛. 又

$$\lim_{n\to\infty} \dfrac{\dfrac{\ln n}{n}}{\dfrac{1}{n}} = \lim_{n\to\infty} \ln n = +\infty,$$

而级数 $\sum\limits_{n=1}^{\infty} \dfrac{1}{n}$ 发散，故级数 $\sum\limits_{n=1}^{\infty} \dfrac{\ln n}{n}$ 发散. 因此，原级数条件收敛.

2. 证 因 $\left|\dfrac{u_n}{n}\right| \leqslant \dfrac{1}{2}\left(u_n^2 + \dfrac{1}{n^2}\right)$，而级数 $\sum\limits_{n=1}^{\infty} u_n^2$ 与级数 $\sum\limits_{n=1}^{\infty} \dfrac{1}{n^2}$ 均收敛，故由比较审敛法知级数

$\displaystyle\sum_{n=1}^{\infty}\left|\dfrac{u_n}{n}\right|$ 收敛,从而 $\displaystyle\sum_{n=1}^{\infty}\dfrac{u_n}{n}$ 绝对收敛.

3. 解 令 $u_n(x)=\dfrac{x^n}{n!}$,对于任意 $x\in(-\infty,+\infty)$,有 $\displaystyle\lim_{n\to\infty}\dfrac{|u_{n+1}(x)|}{|u_n(x)|}=\lim_{n\to\infty}\dfrac{|x|}{n}=0<1$,由比值审敛

法知级数 $\displaystyle\sum_{n=0}^{\infty}\dfrac{x^n}{n!}$ 绝对收敛,从而使级数 $\displaystyle\sum_{n=0}^{\infty}\dfrac{x^n}{n!}$ 收敛的 x 的取值范围为 $(-\infty,+\infty)$.

因为 $\left(\displaystyle\sum_{n=0}^{\infty}\dfrac{x^n}{n!}\right)^2=\left(\displaystyle\sum_{n=0}^{\infty}\dfrac{x^n}{n!}\right)\left(\displaystyle\sum_{n=0}^{\infty}\dfrac{x^n}{n!}\right)$,所以按柯西乘积有

$$w_n(x)=u_0(x)u_n(x)+u_1(x)u_{n-1}(x)+\cdots+u_n(x)u_0(x)$$
$$=\dfrac{x^0}{0!}\cdot\dfrac{x^n}{n!}+\dfrac{x^1}{1!}\cdot\dfrac{x^{n-1}}{(n-1)!}+\cdots+\dfrac{x^n}{n!}\cdot\dfrac{x^0}{0!}=\left(\dfrac{1}{n!}+\dfrac{1}{1!(n-1)!}+\cdots+\dfrac{1}{n!}\right)x^n$$
$$=\dfrac{1+n+\dfrac{n(n-1)}{2!}+\cdots+n+1}{n!}x^n=\dfrac{(1+1)^n}{n!}x^n=\dfrac{(2x)^n}{n!},$$

故 $\left(\displaystyle\sum_{n=0}^{\infty}\dfrac{x^n}{n!}\right)^2=\left(\displaystyle\sum_{n=0}^{\infty}\dfrac{x^n}{n!}\right)\left(\displaystyle\sum_{n=0}^{\infty}\dfrac{x^n}{n!}\right)=\displaystyle\sum_{n=0}^{\infty}\dfrac{(2x)^n}{n!}$.

11.4 幂 级 数

(一)内容提要

幂级数	形如 $\displaystyle\sum_{n=0}^{\infty}a_nx^n$ 的级数
收敛半径	设 a_n 与 a_{n+1} 是幂级数 $\displaystyle\sum_{n=0}^{\infty}a_nx^n$ 的相邻两项的系数,且 $\displaystyle\lim_{n\to\infty}\left|\dfrac{a_{n+1}}{a_n}\right|=\rho$,则 (1) 当 $\rho\neq0$ 时,该幂级数的收敛半径 $R=\dfrac{1}{\rho}$; (2) 当 $\rho=0$ 时,该幂级数的收敛半径 $R=+\infty$; (3) 当 $\rho=+\infty$ 时,该幂级数的收敛半径 $R=0$ (当 a_n 与 a_{n+1} 不是相邻两项的系数时,不能直接应用此结论)
和函数的性质	幂级数 $\displaystyle\sum_{n=0}^{\infty}a_nx^n$ 的和函数 $s(x)$ 在其收敛域 I 上连续
	幂级数 $\displaystyle\sum_{n=0}^{\infty}a_nx^n$ 的和函数 $s(x)$ 在其收敛区间 $(-R,R)$ 内可积,并且有逐项积分公式 $$\int_0^x s(t)\mathrm{d}t=\int_0^x\left(\sum_{n=0}^{\infty}a_nt^n\right)\mathrm{d}t=\sum_{n=0}^{\infty}\int_0^x a_nt^n\mathrm{d}t=\sum_{n=0}^{\infty}\dfrac{a_n}{n+1}x^{n+1},$$ 逐项积分后得到的幂级数和原幂级数有相同的收敛半径
	幂级数 $\displaystyle\sum_{n=0}^{\infty}a_nx^n$ 的和函数 $s(x)$ 在其收敛区间 $(-R,R)$ 内可导,并且有逐项求导公式 $$s'(x)=\left(\sum_{n=0}^{\infty}a_nx^n\right)'=\sum_{n=0}^{\infty}(a_nx^n)'=\sum_{n=1}^{\infty}na_nx^{n-1},$$ 逐项求导后得到的幂级数和原幂级数有相同的收敛半径

(二)析疑解惑

题 1 为什么求缺项幂级数的收敛半径不能直接应用公式 $\rho=\displaystyle\lim_{n\to\infty}\left|\dfrac{a_{n+1}}{a_n}\right|$ 或 $\rho=$

$$\lim_{n\to\infty}\sqrt[n]{a_n}, R=\frac{1}{\rho}?$$

解 收敛半径的公式 $\rho=\lim_{n\to\infty}\left|\dfrac{a_{n+1}}{a_n}\right|$ 或 $\rho=\lim_{n\to\infty}\sqrt[n]{a_n}, R=\dfrac{1}{\rho}$ 分别是从正项级数的比值审敛法和根值审敛法推导而来的. 当幂级数有缺项时,公式 $\rho=\lim_{n\to\infty}\left|\dfrac{a_{n+1}}{a_n}\right|$ 或 $\rho=\lim_{n\to\infty}\sqrt[n]{a_n}$ 不再符合比值审敛法或根值审敛法,而必须对整个一般项使用比值审敛法或根值审敛法.

题 2 如何求幂级数的收敛域?

解 以形如 $\sum\limits_{n=0}^{\infty}a_n x^n$ 的幂级数为例,求该幂级数的收敛半径 R. 若 $R=+\infty$,则收敛域为 $(-\infty,+\infty)$;若 $R=0$,则收敛域只有 $x=0$;若 $R\neq 0, R\neq +\infty$,则需讨论边界点 $x=\pm R$ 处的敛散性,并将收敛的边界点并入收敛区间 $(-R,R)$,即得收敛域,亦即 $(-R,R)$,$[-R,R)$,$(-R,R]$ 或 $[-R,R]$ 中之一.

题 3 如何求幂级数的和函数?

解 首先求幂级数的收敛半径和收敛域,再通过以下方法求和函数:

（1）变量替换法. 通过变量替换化为简单的幂级数.

（2）拆项法. 将幂级数拆为几个简单幂级数的和.

（3）逐项求导（或逐项积分）法. 首先通过逐项求导（或逐项积分）将级数化为易于求和的幂级数,然后通过积分（或求导）得到原幂级数的和函数.

有时需要多种方法结合应用.

题 4 如何利用幂级数求数项级数的和?

解 首先选取合适的幂级数使该数项级数是所选幂级数在某收敛点 x_0 处的值,然后求出幂级数的和函数 $s(x)$,则 $s(x_0)$ 即为数项级数的和.

（三）范例分析

例 1 求下列幂级数的收敛域:

（1）$\sum\limits_{n=1}^{\infty}(-1)^n 4^{n+1}x^n$; （2）$\sum\limits_{n=1}^{\infty}\dfrac{(-1)^n 2^{2n}x^{2n}}{2n}$; （3）$\sum\limits_{n=1}^{\infty}\dfrac{(x-1)^n}{n\cdot 9^n}$.

分析 先求出幂级数的收敛半径 R,再判别幂级数在收敛区间端点处的敛散性,得出幂级数的收敛域.

解 （1）因为 $\rho=\lim_{n\to\infty}\sqrt[n]{|a_n|}=\lim_{n\to\infty}\sqrt[n]{4^{n+1}}=\lim_{n\to\infty}4^{\frac{n+1}{n}}=4$,所以收敛半径 $R=\dfrac{1}{4}$.

当 $x=\dfrac{1}{4}$ 时,数项级数 $\sum\limits_{n=1}^{\infty}(-1)^n 4$ 发散;当 $x=-\dfrac{1}{4}$ 时,数项级数 $\sum\limits_{n=1}^{\infty}4$ 发散,从而原幂级数的收敛域为 $\left(-\dfrac{1}{4},\dfrac{1}{4}\right)$.

（2）**解法一**

$$\lim_{n\to\infty}\frac{|u_{n+1}(x)|}{|u_n(x)|}=\lim_{n\to\infty}\left|\frac{\dfrac{2^{2(n+1)}x^{2(n+1)}}{2(n+1)}}{\dfrac{2^{2n}x^{2n}}{2n}}\right|=\lim_{n\to\infty}\frac{4n}{n+1}x^2=4x^2.$$

当 $4x^2 < 1$，即 $-\dfrac{1}{2} < x < \dfrac{1}{2}$ 时，级数绝对收敛；

当 $4x^2 > 1$，即 $|x| > \dfrac{1}{2}$ 时，级数发散；

当 $x^2 = \dfrac{1}{4}$ 时，交错级数 $\displaystyle\sum_{n=1}^{\infty} \dfrac{(-1)^n}{2n}$ 收敛.

综上所述，原幂级数的收敛域为 $\left[-\dfrac{1}{2}, \dfrac{1}{2}\right]$.

注 此幂级数中，x 的幂缺奇次幂，故不能直接用公式求收敛半径，可直接用比值审敛法.

解法二 令 $t = x^2$，则原幂级数变为 $\displaystyle\sum_{n=1}^{\infty} \dfrac{(-1)^n 2^{2n}}{2n} t^n$，其收敛半径为

$$R = \lim_{n\to\infty}\left|\dfrac{a_n}{a_{n+1}}\right| = \lim_{n\to\infty} \dfrac{\dfrac{2^{2n}}{2n}}{\dfrac{2^{2(n+1)}}{2(n+1)}} = \lim_{n\to\infty} \dfrac{n+1}{4n} = \dfrac{1}{4},$$

所以 $-\dfrac{1}{4} < t < \dfrac{1}{4}$，即 $0 \leqslant x^2 < \dfrac{1}{4}$，亦即 $-\dfrac{1}{2} < x < \dfrac{1}{2}$.

当 $x = \pm\dfrac{1}{2}$ 时，交错级数 $\displaystyle\sum_{n=1}^{\infty} \dfrac{(-1)^n}{2n}$ 收敛，故原幂级数的收敛域为 $\left[-\dfrac{1}{2}, \dfrac{1}{2}\right]$.

（3）**解法一** 令 $y = x - 1$，原幂级数变为 $\displaystyle\sum_{n=1}^{\infty} \dfrac{y^n}{n \cdot 9^n}$，其收敛半径为

$$R = \lim_{n\to\infty}\left|\dfrac{a_n}{a_{n+1}}\right| = \lim_{n\to\infty} \dfrac{(n+1) \cdot 9^{n+1}}{n \cdot 9^n} = 9,$$

且当 $y = 9$ 时，数项级数 $\displaystyle\sum_{n=1}^{\infty} \dfrac{1}{n}$ 发散；当 $y = -9$ 时，数项级数 $\displaystyle\sum_{n=1}^{\infty} \dfrac{(-1)^n}{n}$ 收敛，于是幂级数 $\displaystyle\sum_{n=1}^{\infty} \dfrac{y^n}{n \cdot 9^n}$ 的收敛域为 $-9 \leqslant y < 9$.

故原幂级数 $\displaystyle\sum_{n=1}^{\infty} \dfrac{(x-1)^n}{n \cdot 9^n}$ 的收敛域为 $-9 \leqslant x - 1 < 9$，即 $[-8, 10)$.

解法二 $\qquad R = \lim_{n\to\infty}\left|\dfrac{a_n}{a_{n+1}}\right| = \lim_{n\to\infty} \dfrac{(n+1) \cdot 9^{n+1}}{n \cdot 9^n} = 9.$

当 $|x - 1| < 9$，即 $-8 < x < 10$ 时，原级数绝对收敛.

当 $x = 10$ 时，数项级数 $\displaystyle\sum_{n=1}^{\infty} \dfrac{1}{n}$ 发散；当 $x = -8$ 时，数项级数 $\displaystyle\sum_{n=1}^{\infty} \dfrac{(-1)^n}{n}$ 收敛，故原幂级数的收敛域为 $[-8, 10)$.

例2 求幂级数 $\displaystyle\sum_{n=0}^{\infty}(n+1)x^n$ 的收敛域及和函数，并求级数 $\displaystyle\sum_{n=0}^{\infty} \dfrac{n+1}{2^{n+1}}$ 的和.

分析 先求收敛域，再用幂级数和函数的性质及 $\displaystyle\sum_{n=0}^{\infty} x^n = \dfrac{1}{1-x}(-1 < x < 1)$ 求和函数 $s(x)$，最后利用 $s(x) = \displaystyle\sum_{n=0}^{\infty}(n+1)x^n$，选取适当的 x 值计算 $\displaystyle\sum_{n=0}^{\infty} \dfrac{n+1}{2^{n+1}}$ 的和.

解 首先求 $\displaystyle\sum_{n=0}^{\infty}(n+1)x^n$ 的收敛域.

因为 $R = \lim\limits_{n\to\infty}\left|\dfrac{a_n}{a_{n+1}}\right| = \lim\limits_{n\to\infty}\dfrac{n+1}{n+2} = 1$，且当 $x = \pm 1$ 时，$\sum\limits_{n=0}^{\infty}(\pm 1)^n(n+1)$ 发散，所以原幂级数的收敛域为 $(-1,1)$.

然后求 $\sum\limits_{n=0}^{\infty}(n+1)x^n$ 的和函数 $s(x)$.

设 $s(x) = \sum\limits_{n=0}^{\infty}(n+1)x^n, x \in (-1,1)$，则

$$s(x) = \sum_{n=0}^{\infty}(n+1)x^n = \left(\sum_{n=0}^{\infty}x^{n+1}\right)' = \left(\frac{x}{1-x}\right)' = \frac{1}{(1-x)^2}.$$

也可如下计算：因为

$$\int_0^x s(t)\,\mathrm{d}t = \int_0^x \sum_{n=0}^{\infty}(n+1)t^n\,\mathrm{d}t = \sum_{n=0}^{\infty}\int_0^x (n+1)t^n\,\mathrm{d}t = \sum_{n=0}^{\infty}x^{n+1} = \frac{x}{1-x},$$

所以

$$\frac{\mathrm{d}}{\mathrm{d}x}\left[\int_0^x s(t)\,\mathrm{d}t\right] = \left(\frac{x}{1-x}\right)' = \frac{1}{(1-x)^2}.$$

于是

$$s(x) = \frac{1}{(1-x)^2}, \quad x \in (-1,1).$$

最后求级数 $\sum\limits_{n=0}^{\infty}\dfrac{n+1}{2^{n+1}}$ 的和.

取 $x = \dfrac{1}{2}$，则

$$s\left(\frac{1}{2}\right) = \sum_{n=0}^{\infty}(n+1)\left(\frac{1}{2}\right)^n = \frac{1}{\left(1-\frac{1}{2}\right)^2} = 4.$$

故

$$\sum_{n=0}^{\infty}\frac{n+1}{2^{n+1}} = \frac{1}{2}s\left(\frac{1}{2}\right) = 2.$$

┃ 例 3 求幂级数 $\sum\limits_{n=0}^{\infty}\dfrac{x^n}{n+1}$ 的和函数 $s(x)$.

解 首先求 $\sum\limits_{n=0}^{\infty}\dfrac{x^n}{n+1}$ 的收敛域.

因为 $R = \lim\limits_{n\to\infty}\left|\dfrac{a_n}{a_{n+1}}\right| = \lim\limits_{n\to\infty}\dfrac{n+2}{n+1} = 1$，且当 $x = -1$ 时，交错级数 $\sum\limits_{n=0}^{\infty}\dfrac{(-1)^n}{n+1}$ 收敛；当 $x = 1$ 时，数项级数 $\sum\limits_{n=0}^{\infty}\dfrac{1}{n+1}$ 发散，故原幂级数的收敛域为 $[-1,1)$.

然后求 $\sum\limits_{n=0}^{\infty}\dfrac{x^n}{n+1}$ 的和函数 $s(x)$.

设 $s(x) = \sum\limits_{n=0}^{\infty}\dfrac{x^n}{n+1}, x \in [-1,1)$，从而

$$xs(x) = \sum_{n=0}^{\infty}\frac{x^{n+1}}{n+1},$$

$$\left[xs(x)\right]' = \sum_{n=0}^{\infty}\left(\frac{x^{n+1}}{n+1}\right)' = \sum_{n=0}^{\infty}x^n = \frac{1}{1-x}.$$

所以

$$xs(x)-0s(0) = \int_0^x \left[ts(t)\right]' \mathrm{d}t = \int_0^x \frac{\mathrm{d}t}{1-t} = -\ln(1-x), \quad -1 \leqslant x < 1.$$

于是,当 $x \neq 0$ 时,有 $s(x) = -\dfrac{1}{x}\ln(1-x)$;当 $x = 0$ 时,有

$$s(0) = \lim_{x \to 0} s(x) = \lim_{x \to 0}\left[-\frac{1}{x}\ln(1-x)\right] = 1 \quad (\text{也可由 } s(0)=a_0=1 \text{ 得出}),$$

故

$$s(x) = \begin{cases} -\dfrac{1}{x}\ln(1-x), & x \in [-1,0) \bigcup (0,1), \\ 1, & x = 0. \end{cases}$$

(四)同步练习

1. 求下列幂级数的收敛域:

(1) $\displaystyle\sum_{n=1}^{\infty} \frac{(n+1)!}{n^2}x^n$;

(2) $\displaystyle\sum_{n=1}^{\infty} \frac{x^n}{3^n \cdot \sqrt{n}}$;

(3) $\displaystyle\sum_{n=1}^{\infty} \frac{(-1)^{n-1}x^{2n+1}}{n(2n-1)}$;

(4) $\displaystyle\sum_{n=1}^{\infty} 2^n (x-1)^{2n+1}$.

2. 求下列幂级数的和函数:

(1) $\displaystyle\sum_{n=1}^{\infty} n^2 x^{n-1}$;

(2) $\displaystyle\sum_{n=1}^{\infty} \frac{x^{4n+1}}{4n+1}$;

(3) $\displaystyle\sum_{n=1}^{\infty} \frac{nx^n}{2^n}$;

(4) $\displaystyle\sum_{n=1}^{\infty} \frac{n^2+1}{n}x^n$.

3. 求幂级数 $\displaystyle\sum_{n=1}^{\infty}(-1)^{n-1}\frac{x^{2n}}{2n}(-1 \leqslant x \leqslant 1)$ 的和函数,以及 $\displaystyle\sum_{n=1}^{\infty}\frac{(-1)^{n-1}}{2n}\left(\frac{3}{4}\right)^n$ 的和.

同步练习简解

1. 解 (1) 令 $a_n = \dfrac{(n+1)!}{n^2}$,则 $\rho = \lim\limits_{n \to \infty}\left|\dfrac{a_{n+1}}{a_n}\right| = +\infty$,从而收敛半径 $R = 0$. 故原幂级数的收敛域为 $\{0\}$.

(2) 令 $a_n = \dfrac{1}{3^n \cdot \sqrt{n}}$,则 $\rho = \lim\limits_{n \to \infty}\left|\dfrac{a_{n+1}}{a_n}\right| = \dfrac{1}{3}$,从而收敛半径 $R = 3$. 又 $\displaystyle\sum_{n=1}^{\infty}(-1)^n\frac{1}{\sqrt{n}}$ 收敛,$\displaystyle\sum_{n=1}^{\infty}\frac{1}{\sqrt{n}}$ 发散,故原幂级数的收敛域为 $[-3,3)$.

(3) 该幂级数为缺项级数. 令 $u_n(x) = \dfrac{(-1)^{n-1}x^{2n+1}}{n(2n-1)}$,则 $\rho(x) = \lim\limits_{n \to \infty}\left|\dfrac{u_{n+1}(x)}{u_n(x)}\right| = x^2$. 令 $\rho(x) = 1$,得 $x = \pm 1$. 当 $x = \pm 1$ 时,级数 $\displaystyle\sum_{n=1}^{\infty}\frac{(-1)^{n-1}}{n(2n-1)}$ 和 $\displaystyle\sum_{n=1}^{\infty}\frac{(-1)^n}{n(2n-1)}$ 均收敛,故原幂级数的收敛域为 $[-1,1]$.

(4) 该幂级数为缺项级数. 令 $u_n(x) = 2^n(x-1)^{2n+1}$,则 $\rho(x) = \lim\limits_{n \to \infty}\left|\dfrac{u_{n+1}(x)}{u_n(x)}\right| = 2(x-1)^2$. 令 $\rho(x) = 1$,得 $x = 1 \pm \dfrac{1}{\sqrt{2}}$. 当 $x = 1 \pm \dfrac{1}{\sqrt{2}}$ 时,级数 $\displaystyle\sum_{n=1}^{\infty}\left(-\frac{1}{\sqrt{2}}\right)$ 和 $\displaystyle\sum_{n=1}^{\infty}\frac{1}{\sqrt{2}}$ 均发散,故原幂级数的收敛域为 $\left(1 - \dfrac{1}{\sqrt{2}}, 1 + \dfrac{1}{\sqrt{2}}\right)$.

2. 解 (1) 令 $a_n = n^2$,则 $\rho = \lim\limits_{n \to \infty}\left|\dfrac{a_{n+1}}{a_n}\right| = 1$,从而收敛半径 $R = 1$. 当 $x = \pm 1$ 时,级数 $\displaystyle\sum_{n=1}^{\infty}n^2$ 和

$\sum\limits_{n=1}^{\infty}(-1)^{n-1}n^2$ 均发散,故原幂级数的收敛域为$(-1,1)$. 令 $s(x)=\sum\limits_{n=1}^{\infty}n^2x^{n-1}$, $x\in(-1,1)$, 则

$$s(x)=\left(\sum_{n=1}^{\infty}nx^n\right)'=\left[x\left(\sum_{n=1}^{\infty}x^n\right)'\right]'=\left[x(x-1)^{-2}\right]'=-(x-1)^{-3}(x+1).$$

(2) 令 $u_n(x)=\dfrac{x^{4n+1}}{4n+1}$, 则 $\rho(x)=\lim\limits_{n\to\infty}\left|\dfrac{u_{n+1}(x)}{u_n(x)}\right|=x^4$. 令 $\rho(x)=1$, 得 $x=\pm1$. 当 $x=\pm1$ 时, 级数

$\sum\limits_{n=1}^{\infty}\dfrac{1}{4n+1}$ 和 $\sum\limits_{n=1}^{\infty}\dfrac{-1}{4n+1}$ 均发散,故原幂级数的收敛域为$(-1,1)$. 令 $s(x)=\sum\limits_{n=1}^{\infty}\dfrac{x^{4n+1}}{4n+1}$, $x\in(-1,1)$, 则

$$s'(x)=\sum_{n=1}^{\infty}x^{4n}=\frac{x^4}{1-x^4}=-1-\frac{1}{2}\left(\frac{1}{x^2-1}-\frac{1}{x^2+1}\right).$$

又 $s(0)=0$, 于是 $s(x)=\displaystyle\int_0^x s'(t)\mathrm{d}t+s(0)=-x-\frac{1}{4}\ln\left|\frac{x-1}{x+1}\right|+\arctan x$.

(3) 令 $a_n=\dfrac{n}{2^n}$, 则 $\rho=\lim\limits_{n\to\infty}\left|\dfrac{a_{n+1}}{a_n}\right|=\dfrac{1}{2}$, 从而收敛半径 $R=2$. 当 $x=\pm2$ 时, 级数 $\sum\limits_{n=1}^{\infty}n$ 和 $\sum\limits_{n=1}^{\infty}(-1)^n n$ 均

发散,故原幂级数的收敛域为$(-2,2)$. 令 $s(y)=\sum\limits_{n=1}^{\infty}ny^n$, $|y|<1$, 则 $s(y)=y\sum\limits_{n=1}^{\infty}ny^{n-1}=y\left(\sum\limits_{n=1}^{\infty}y^n\right)'=$

$y\left(\dfrac{y}{1-y}\right)'=\dfrac{y}{(y-1)^2}$. 故

$$\sum_{n=1}^{\infty}\frac{nx^n}{2^n}=\frac{\frac{x}{2}}{\left(\frac{x}{2}-1\right)^2}=\frac{2x}{(x-2)^2},\quad x\in(-2,2).$$

(4) 令 $a_n=\dfrac{n^2+1}{n}$, 则 $\rho=\lim\limits_{n\to\infty}\left|\dfrac{a_{n+1}}{a_n}\right|=1$, 从而收敛半径 $R=1$. 当 $x=\pm1$ 时, 级数 $\sum\limits_{n=1}^{\infty}\dfrac{n^2+1}{n}$ 和

$\sum\limits_{n=1}^{\infty}(-1)^n\dfrac{n^2+1}{n}$ 均发散,故原幂级数的收敛域为$(-1,1)$. 令 $s_1(x)=\sum\limits_{n=1}^{\infty}nx^n$, $s_2(x)=\sum\limits_{n=1}^{\infty}\dfrac{1}{n}x^n$, $|x|<$

1, 则

$$s_1(x)=x\left(\sum_{n=1}^{\infty}x^n\right)'=x\left(\frac{x}{1-x}\right)'=\frac{x}{(x-1)^2},$$

$$s_2'(x)=\sum_{n=1}^{\infty}x^{n-1}=\frac{1}{1-x},\quad s_2(0)=0,$$

$$s_2(x)=\int_0^x s_2'(t)\mathrm{d}t+s(0)=-\ln(1-x).$$

故

$$s(x)=s_1(x)+s_2(x)=\frac{x}{(x-1)^2}-\ln(1-x),\quad |x|<1.$$

3. 解 令 $s(x)=\sum\limits_{n=1}^{\infty}(-1)^{n-1}\dfrac{x^{2n}}{2n}$, $|x|\leqslant1$, 则

$$s(0)=0,\quad 且\quad s'(x)=\sum_{n=1}^{\infty}(-1)^{n-1}x^{2n-1}=\frac{x}{1+x^2}.$$

故

$$s(x)=\int_0^x s'(t)\mathrm{d}t+s(0)=\frac{1}{2}\ln(1+x^2).$$

取 $x=\dfrac{\sqrt{3}}{2}$, 则

$$\sum_{n=1}^{\infty}\frac{(-1)^{n-1}}{2n}\left(\frac{3}{4}\right)^n=s\left(\frac{\sqrt{3}}{2}\right)=\frac{1}{2}\ln\left(1+\frac{3}{4}\right)=\frac{1}{2}\ln\frac{7}{4}.$$

11.5　函数展开成幂级数及其应用

（一）内容提要

泰勒级数	$\displaystyle\sum_{n=0}^{\infty}\frac{f^{(n)}(x_0)}{n!}(x-x_0)^n$
麦克劳林级数	$\displaystyle\sum_{n=0}^{\infty}\frac{f^{(n)}(0)}{n!}x^n$
常用的幂级数展开式	(1) $\displaystyle e^x=\sum_{n=0}^{\infty}\frac{x^n}{n!}=1+\frac{x}{1!}+\frac{x^2}{2!}+\cdots+\frac{x^n}{n!}+\cdots,\ x\in(-\infty,+\infty)$； (2) $\displaystyle \sin x=\sum_{n=0}^{\infty}\frac{(-1)^n x^{2n+1}}{(2n+1)!}=x-\frac{x^3}{3!}+\frac{x^5}{5!}-\cdots+\frac{(-1)^n x^{2n+1}}{(2n+1)!}+\cdots,\ x\in(-\infty,+\infty)$； (3) $\displaystyle \cos x=\sum_{n=0}^{\infty}\frac{(-1)^n x^{2n}}{(2n)!}=1-\frac{x^2}{2!}+\frac{x^4}{4!}-\cdots+\frac{(-1)^n x^{2n}}{(2n)!}+\cdots,\ x\in(-\infty,+\infty)$； (4) $\displaystyle \ln(1+x)=\sum_{n=0}^{\infty}\frac{(-1)^n x^{n+1}}{n+1}=x-\frac{x^2}{2}+\frac{x^3}{3}-\cdots+\frac{(-1)^n x^{n+1}}{n+1}+\cdots,\ x\in(-1,1]$； (5) $\displaystyle (1+x)^a=1+\alpha x+\frac{\alpha(\alpha-1)}{2!}x^2+\cdots+\frac{\alpha(\alpha-1)\cdots(\alpha-n+1)}{n!}x^n+\cdots,\ x\in(-1,1)$； (6) $\displaystyle \frac{1}{1-x}=\sum_{n=0}^{\infty}x^n=1+x+x^2+\cdots+x^n+\cdots,\ x\in(-1,1)$； (7) $\displaystyle \frac{1}{1+x}=\sum_{n=0}^{\infty}(-1)^n x^n=1-x+x^2-\cdots+(-1)^n x^n+\cdots,\ x\in(-1,1)$
余项	$R_n(x)=f(x)-s_{n+1}(x)$，其中 $s_{n+1}(x)$ 为 $f(x)$ 的泰勒级数的前 $n+1$ 项和
结论	$f(x)$ 能展开成泰勒级数的充要条件是 $\lim\limits_{n\to\infty}R_n(x)=0$

（二）析疑解惑

题 1　如何求函数 $f(x)$ 在点 x_0 处的泰勒展开式?

解　主要有两种方法：

（1）直接法. 计算函数 $f(x)$ 在点 x_0 处的各阶导数，写出其泰勒级数，并求其收敛域，最后由泰勒公式的余项的极限是否为零来确定 $f(x)$ 能否展开成泰勒级数. 此方法较繁杂，除少数比较简单的函数外，一般不采用.

（2）间接法. 借助某些基本函数的展开式，通过适当的变量代换、四则运算、逐项求导或逐项积分等方法，导出所求函数的幂级数展开式. 此方法较常用.

题 2　函数 $f(x)$ 在点 $x_0=0$ 处的幂级数展开式为 $\displaystyle\sum_{n=0}^{\infty}a_n x^n$，幂级数 $\displaystyle\sum_{n=0}^{\infty}a_n x^n$ 的收敛域是不是一定等于函数 $f(x)$ 的定义域?

解　不一定. 例如，函数 $\sin x$ 的幂级数展开式的收敛域与其定义域是相等的，但函数

$\dfrac{1}{1-x}$ 的幂级数展开式的收敛域为 $(-1,1)$，而其定义域为 $(-\infty,1) \bigcup (1,+\infty)$，两者显然不同．

题 3 设幂级数 $\sum\limits_{n=0}^{\infty} a_n x^n$ 在 $(-R,R)$ 内的和函数为 $s(x)$，$s(x)$ 在点 $x_0=0$ 处的麦克劳林展开式是否就是原来的幂级数 $\sum\limits_{n=0}^{\infty} a_n x^n$？

解 两者是相同的，这是因为函数 $f(x)$ 在点 x_0 处的幂级数展开式是唯一的．

（三）范例分析

例 1 将下列函数展开成 x 的幂级数：

(1) $f(x)=(1+x)\ln(1+x)$；   (2) $f(x)=\dfrac{x}{2+x-x^2}$；

(3) $f(x)=\dfrac{1}{(1+x)^2}$.

分析 以函数幂级数展开式的唯一性作为依据，利用七个常用的幂级数展开式，通过四则运算、变量代换、逐项积分、逐项求导等方法将级数化为常用的幂级数展开式的形式，从而求得所给函数的幂级数展开式．

解 (1) 因为 $\ln(1+x)=\sum\limits_{n=0}^{\infty} \dfrac{(-1)^n}{n+1} x^{n+1}$，$x \in (-1,1]$，所以

$$(1+x)\ln(1+x)=(1+x)\sum_{n=0}^{\infty} \dfrac{(-1)^n}{n+1} x^{n+1}=\sum_{n=0}^{\infty} \dfrac{(-1)^n}{n+1} x^{n+1}+x\sum_{n=0}^{\infty} \dfrac{(-1)^n}{n+1} x^{n+1}$$

$$=\sum_{n=0}^{\infty} \dfrac{(-1)^n}{n+1} x^{n+1}+\sum_{n=0}^{\infty} \dfrac{(-1)^n}{n+1} x^{n+2}.$$

又 $\sum\limits_{n=0}^{\infty} \dfrac{(-1)^n}{n+1} x^{n+1}=x+\sum\limits_{n=1}^{\infty} \dfrac{(-1)^n}{n+1} x^{n+1}$，令 $n=m+1$，则

$$\sum_{n=0}^{\infty} \dfrac{(-1)^n}{n+1} x^{n+1}=x+\sum_{m=0}^{\infty} \dfrac{(-1)^{m+1}}{m+2} x^{m+2}=x+\sum_{n=0}^{\infty} \dfrac{(-1)^{n+1}}{n+2} x^{n+2},$$

所以

$$(1+x)\ln(1+x)=x+\sum_{n=0}^{\infty} \dfrac{(-1)^{n+1}}{n+2} x^{n+2}+\sum_{n=0}^{\infty} \dfrac{(-1)^n}{n+1} x^{n+2}$$

$$=x+\sum_{n=0}^{\infty} \dfrac{(-1)^n}{(n+1)(n+2)} x^{n+2}, \quad x \in (-1,1].$$

(2) **解法一**

$$\dfrac{x}{2+x-x^2}=\dfrac{x}{(1+x)(2-x)}=-\dfrac{1}{3} \cdot \dfrac{1}{1+x}+\dfrac{1}{3} \cdot \dfrac{2}{2-x}$$

$$=-\dfrac{1}{3} \cdot \dfrac{1}{1+x}+\dfrac{1}{3} \cdot \dfrac{1}{1-\dfrac{x}{2}}.$$

因为

$$\frac{1}{1+x} = \sum_{n=0}^{\infty} (-1)^n x^n, \quad x \in (-1,1),$$

$$\frac{1}{1-\frac{x}{2}} = \sum_{n=0}^{\infty} \frac{x^n}{2^n}, \quad x \in (-2,2),$$

所以

$$f(x) = -\frac{1}{3} \cdot \frac{1}{1+x} + \frac{1}{3} \cdot \frac{1}{1-\frac{x}{2}} = -\frac{1}{3} \sum_{n=0}^{\infty} (-1)^n x^n + \frac{1}{3} \sum_{n=0}^{\infty} \frac{x^n}{2^n}$$

$$= \frac{1}{3} \sum_{n=0}^{\infty} \left[(-1)^{n+1} + \frac{1}{2^n} \right] x^n,$$

其中 $x \in (-1,1) \bigcap (-2,2)$, 即 $x \in (-1,1)$.

解法二 $f(x) = \frac{x}{3} \left(\frac{1}{1+x} + \frac{1}{2-x} \right) = \frac{x}{3} \left[\frac{1}{1+x} + \frac{1}{2} \cdot \frac{1}{1-\frac{x}{2}} \right]$

$$= \frac{x}{3} \left[\sum_{n=0}^{\infty} (-1)^n x^n + \frac{1}{2} \sum_{n=0}^{\infty} \frac{x^n}{2^n} \right] = \frac{x}{3} \left\{ \sum_{n=0}^{\infty} \left[(-1)^n + \frac{1}{2^{n+1}} \right] x^n \right\}$$

$$= \frac{1}{3} \sum_{n=0}^{\infty} \left[(-1)^n + \frac{1}{2^{n+1}} \right] x^{n+1}, \quad x \in (-1,1).$$

注 展开时分子上的 x 可以放在括号外面,暂不考虑,且两种做法结果是一样的(读者自己思考一下变换).

(3) **解法一** 因为 $\left(\frac{-1}{1+x} \right)' = \frac{1}{(1+x)^2}$, 而 $\frac{-1}{1+x} = \sum_{n=0}^{\infty} (-1)^{n+1} x^n, x \in (-1,1)$, 所以

$$\frac{1}{(1+x)^2} = \left(\frac{-1}{1+x} \right)' = \left[\sum_{n=0}^{\infty} (-1)^{n+1} x^n \right]' = \sum_{n=0}^{\infty} (-1)^{n+1} (x^n)'$$

$$= \sum_{n=1}^{\infty} (-1)^{n+1} n x^{n-1}, \quad x \in (-1,1).$$

解法二 利用幂级数的乘法.

$$\frac{1}{(1+x)^2} = \frac{1}{1+x} \cdot \frac{1}{1+x} = \sum_{n=0}^{\infty} (-1)^n x^n \cdot \sum_{n=0}^{\infty} (-1)^n x^n$$

$$= (1 - x + x^2 - x^3 + x^4 - x^5 + x^6 - \cdots) \cdot (1 - x + x^2 - x^3 + x^4 - x^5 + x^6 - \cdots)$$

$$= 1 - 2x + 3x^2 - 4x^3 + \cdots = \sum_{n=1}^{\infty} (-1)^{n+1} n x^{n-1}, \quad x \in (-1,1).$$

例 2 将函数 $\ln x$ 展开成 $(x-2)$ 的幂级数.

分析 将 $x-2$ 看作一整体,利用 $\ln(1+x) = \sum_{n=0}^{\infty} \frac{(-1)^n}{n+1} x^{n+1}, x \in (-1,1]$, 将 $\ln x$ 写成

$\ln[2 + (x-2)] = \ln\left[2\left(1 + \frac{x-2}{2} \right) \right] = \ln 2 + \ln\left(1 + \frac{x-2}{2} \right)$.

解 $\ln x = \ln 2 + \ln\left(1 + \frac{x-2}{2} \right) = \ln 2 + \sum_{n=0}^{\infty} \frac{(-1)^n}{(n+1)2^{n+1}} (x-2)^{n+1}, \quad x \in (0,4]$.

例 3 将函数 $\sin x$ 展开成 $\left(x - \frac{\pi}{4} \right)$ 的幂级数.

分析 将 $x-\dfrac{\pi}{4}$ 看作一整体, $\sin x = \sin\left[\dfrac{\pi}{4}+\left(x-\dfrac{\pi}{4}\right)\right]$,利用 $\sin x, \cos x$ 的展开式.

解 $\sin x = \sin\left[\dfrac{\pi}{4}+\left(x-\dfrac{\pi}{4}\right)\right] = \sin\dfrac{\pi}{4}\cos\left(x-\dfrac{\pi}{4}\right)+\cos\dfrac{\pi}{4}\sin\left(x-\dfrac{\pi}{4}\right)$

$$= \dfrac{1}{\sqrt{2}}\left[\cos\left(x-\dfrac{\pi}{4}\right)+\sin\left(x-\dfrac{\pi}{4}\right)\right].$$

又

$$\cos\left(x-\dfrac{\pi}{4}\right) = \sum_{n=0}^{\infty}\dfrac{(-1)^n}{(2n)!}\left(x-\dfrac{\pi}{4}\right)^{2n} = 1-\dfrac{\left(x-\dfrac{\pi}{4}\right)^2}{2!}+\dfrac{\left(x-\dfrac{\pi}{4}\right)^4}{4!}$$

$$-\cdots+\dfrac{(-1)^n}{(2n)!}\left(x-\dfrac{\pi}{4}\right)^{2n}+\cdots,\quad x\in(-\infty,+\infty),$$

$$\sin\left(x-\dfrac{\pi}{4}\right) = \sum_{n=0}^{\infty}\dfrac{(-1)^n}{(2n+1)!}\left(x-\dfrac{\pi}{4}\right)^{2n+1} = \left(x-\dfrac{\pi}{4}\right)-\dfrac{\left(x-\dfrac{\pi}{4}\right)^3}{3!}+\dfrac{\left(x-\dfrac{\pi}{4}\right)^5}{5!}$$

$$-\cdots+\dfrac{(-1)^n}{(2n+1)!}\left(x-\dfrac{\pi}{4}\right)^{2n+1}+\cdots,\quad x\in(-\infty,+\infty),$$

所以

$$\sin x = \dfrac{1}{\sqrt{2}}\left[1+\left(x-\dfrac{\pi}{4}\right)-\dfrac{\left(x-\dfrac{\pi}{4}\right)^2}{2!}-\dfrac{\left(x-\dfrac{\pi}{4}\right)^3}{3!}+\cdots\right],\quad x\in(-\infty,+\infty).$$

▌ 例 4 将函数 $\dfrac{1}{1+x}$ 展开成 $(x-3)$ 的幂级数.

解 $\dfrac{1}{1+x} = \dfrac{1}{4+x-3} = \dfrac{1}{4}\cdot\dfrac{1}{1+\dfrac{x-3}{4}} = \dfrac{1}{4}\sum_{n=0}^{\infty}\left(-\dfrac{x-3}{4}\right)^n$

$$= \sum_{n=0}^{\infty}\dfrac{(-1)^n}{4^{n+1}}(x-3)^n,\quad \dfrac{x-3}{4}\in(-1,1),\quad 即\quad x\in(-1,7).$$

▌ 例 5 将函数 $f(x) = \arctan\dfrac{1-2x}{1+2x}$ 展开成 x 的幂级数,并求 $\sum_{n=1}^{\infty}\dfrac{(-1)^n}{2n+1}$ 的和.

解 因为 $f'(x) = -\dfrac{2}{1+4x^2} = -2\sum_{n=0}^{\infty}(-1)^n 4^n x^{2n}, x\in\left(-\dfrac{1}{2},\dfrac{1}{2}\right)$,且 $f(0)=\dfrac{\pi}{4}$,所以

$$f(x) = f(0)+\int_0^x f'(t)\mathrm{d}t = \dfrac{\pi}{4}-2\int_0^x\sum_{n=0}^{\infty}(-1)^n 4^n t^{2n}\mathrm{d}t$$

$$= \dfrac{\pi}{4}-2\sum_{n=0}^{\infty}\dfrac{(-1)^n 4^n}{2n+1}x^{2n+1},\quad x\in\left(-\dfrac{1}{2},\dfrac{1}{2}\right).$$

又因为当 $x=\dfrac{1}{2}$ 时,级数 $\sum_{n=0}^{\infty}\dfrac{(-1)^n}{2n+1}$ 收敛,所以

$$f(x) = \dfrac{\pi}{4}-2\sum_{n=0}^{\infty}\dfrac{(-1)^n 4^n}{2n+1}x^{2n+1},\quad x\in\left(-\dfrac{1}{2},\dfrac{1}{2}\right].$$

令 $x=\dfrac{1}{2}$,得 $f\left(\dfrac{1}{2}\right) = \dfrac{\pi}{4}-\sum_{n=0}^{\infty}\dfrac{(-1)^n}{2n+1} = 0$,从而

$$\sum_{n=0}^{\infty} \frac{(-1)^n}{2n+1} = \frac{\pi}{4}.$$

例 6 求 $\int_0^1 e^{-x^2} dx$ 的近似值,使误差小于 0.01.

分析 因为 e^{-x^2} 的原函数不能用初等函数表达,所以先求 e^{-x^2} 的关于 x 的幂级数展开式,再逐项积分求 $\int_0^1 e^{-x^2} dx$ 的关于 x 的幂级数展开式,算出其近似值.

解 首先将 e^{-x^2} 展开成 x 的幂级数:

$$e^{-x^2} = \sum_{n=0}^{\infty} \frac{(-1)^n}{n!} x^{2n}, \quad x \in (-\infty, +\infty).$$

然后求 $\int_0^1 e^{-x^2} dx$ 的关于 x 的幂级数展开式:

$$\int_0^1 e^{-x^2} dx = \int_0^1 \sum_{n=0}^{\infty} \frac{(-1)^n}{n!} x^{2n} dx = \sum_{n=0}^{\infty} \frac{(-1)^n}{n!} \int_0^1 x^{2n} dx = \sum_{n=0}^{\infty} \frac{(-1)^n}{n!} \cdot \frac{1}{2n+1}$$

$$= 1 - \frac{1}{3} + \frac{1}{2!} \times \frac{1}{5} - \cdots + \frac{(-1)^n}{n!} \cdot \frac{1}{2n+1}.$$

最后算出其近似值. 此为交错级数,误差满足 $|r_n| < u_{n+1}$,逐项计算 u_{n+1},直到 $|u_{n+1}| < 0.01$ 即可. 取前四项的和作为近似值,其误差 $|r_4| < \frac{1}{4!} \times \frac{1}{9} \approx 0.004\,6 < 0.01$,所以

$$\int_0^1 e^{-x^2} dx \approx 1 - \frac{1}{3} + \frac{1}{10} - \frac{1}{42} \approx 0.742\,9.$$

例 7 求 $\sqrt[9]{522}$ 的近似值,使误差小于 $0.000\,01$.

分析 利用

$$(1+x)^\alpha = 1 + \alpha x + \frac{\alpha(\alpha-1)}{2!} x^2 + \cdots$$

$$+ \frac{\alpha(\alpha-1)\cdots(\alpha-n+1)}{n!} x^n + \cdots, \quad x \in (-1,1).$$

解 $\sqrt[9]{522} = \sqrt[9]{2^9 + 10} = 2\left(1 + \frac{10}{2^9}\right)^{\frac{1}{9}} = 2\left[1 + \frac{1}{9} \times \frac{10}{2^9} + \frac{\frac{1}{9}\left(\frac{1}{9}-1\right)}{2!}\left(\frac{10}{2^9}\right)^2\right.$

$$\left. + \cdots + \frac{\frac{1}{9}\left(\frac{1}{9}-1\right)\cdots\left(\frac{1}{9}-n+1\right)}{n!}\left(\frac{10}{2^9}\right)^n\right].$$

此为交错级数,取前三项的和作为近似值,其误差

$$|r_3| < 2 \times \frac{1}{3!} \times \frac{1}{9}\left(\frac{8}{9}\right)\left(\frac{17}{9}\right) \times \left(\frac{10}{2^9}\right)^3 \approx 4.63 \times 10^{-7} < 10^{-5},$$

所以

$$\sqrt[9]{522} \approx 2\left(1 + \frac{10}{9 \times 2^9} - \frac{4 \times 10^2}{9 \times 9 \times 2^{18}}\right) \approx 2.004\,30.$$

(四) 同步练习

1. 将下列函数展开成 x 的幂级数,并求展开式成立的区间:

(1) $f(x) = \ln(2+x)$；   (2) $f(x) = \cos^2 x$；

(3) $f(x) = \dfrac{x^2}{\sqrt{1+x^2}}$；   (4) $f(x) = \dfrac{x}{3+x^2}$.

2. 将函数 2^x 展开成 $(x-1)$ 的幂级数，并求展开式成立的区间.

3. 将函数 $f(x) = \dfrac{1}{x^2+3x+2}$ 在点 $x = -4$ 处展开成泰勒级数.

4. 将函数 $F(x) = \displaystyle\int_0^x \dfrac{\arctan t}{t} \mathrm{d}t$ 展开成 x 的幂级数.

同步练习简解

1. 解 (1) $f(x) = \ln(2+x) = \ln 2\left(1+\dfrac{x}{2}\right) = \ln 2 + \ln\left(1+\dfrac{x}{2}\right)$，由 $\ln(1+x) = \displaystyle\sum_{n=0}^{\infty} (-1)^n \dfrac{x^{n+1}}{n+1} (-1 < x \leqslant 1)$，得

$$\ln\left(1+\dfrac{x}{2}\right) = \sum_{n=0}^{\infty} (-1)^n \dfrac{x^{n+1}}{(n+1)2^{n+1}} \quad (-2 < x \leqslant 2),$$

故

$$f(x) = \ln(2+x) = \ln 2 + \sum_{n=0}^{\infty} (-1)^n \dfrac{x^{n+1}}{(n+1)2^{n+1}} \quad (-2 < x \leqslant 2).$$

(2) $f(x) = \cos^2 x = \dfrac{1+\cos 2x}{2}$，由 $\cos x = \displaystyle\sum_{n=0}^{\infty} (-1)^n \dfrac{x^{2n}}{(2n)!} (-\infty < x < +\infty)$，得

$$\cos 2x = \sum_{n=0}^{\infty} (-1)^n \dfrac{(2x)^{2n}}{(2n)!} = \sum_{n=0}^{\infty} (-1)^n \dfrac{4^n x^{2n}}{(2n)!} \quad (-\infty < x < +\infty),$$

故

$$f(x) = \cos^2 x = \dfrac{1}{2} + \dfrac{1}{2} \sum_{n=0}^{\infty} (-1)^n \dfrac{4^n x^{2n}}{(2n)!} \quad (-\infty < x < +\infty).$$

(3) $f(x) = \dfrac{x^2}{\sqrt{1+x^2}} = x^2 \cdot \dfrac{1}{\sqrt{1+x^2}}$，由 $\dfrac{1}{\sqrt{1+x^2}} = 1 + \displaystyle\sum_{n=1}^{\infty} (-1)^n \dfrac{(2n-1)!!}{(2n)!!} x^{2n} (-1 \leqslant x \leqslant 1)$，得

$$f(x) = x^2 \left(1 + \sum_{n=1}^{\infty} (-1)^n \dfrac{(2n-1)!!}{(2n)!!} x^{2n}\right)$$

$$= x^2 + \sum_{n=1}^{\infty} (-1)^n \dfrac{(2n-1)!!}{(2n)!!} x^{2(n+1)} \quad (-1 \leqslant x \leqslant 1).$$

(4) $f(x) = \dfrac{x}{3} \cdot \dfrac{1}{1+\frac{x^2}{3}} = \dfrac{x}{3} \cdot \sum_{n=0}^{\infty} (-1)^n \left(\dfrac{x^2}{3}\right)^n = \sum_{n=0}^{\infty} (-1)^n \dfrac{x^{2n+1}}{3^{n+1}} \quad (|x| < \sqrt{3}).$

2. 解 因为 $2^x = 2 \cdot 2^{x-1} = 2\mathrm{e}^{(x-1)\ln 2}$，$\mathrm{e}^x = \displaystyle\sum_{n=0}^{\infty} \dfrac{x^n}{n!}$，$x \in (-\infty, +\infty)$，所以

$$2^x = \sum_{n=0}^{\infty} \dfrac{2\ln^n 2}{n!} (x-1)^n, \quad x \in (-\infty, +\infty).$$

3. 解 $f(x) = \dfrac{1}{1+x} - \dfrac{1}{x+2} = \dfrac{1}{-3+(x+4)} - \dfrac{1}{-2+(x+4)}$

$$= -\dfrac{1}{3} \cdot \dfrac{1}{1-\frac{x+4}{3}} + \dfrac{1}{2} \cdot \dfrac{1}{1-\frac{x+4}{2}} = \dfrac{1}{2} \sum_{n=0}^{\infty} \left(\dfrac{x+4}{2}\right)^n - \dfrac{1}{3} \sum_{n=0}^{\infty} \left(\dfrac{x+4}{3}\right)^n$$

$$= \sum_{n=0}^{\infty} \left(\dfrac{1}{2^{n+1}} - \dfrac{1}{3^{n+1}}\right)(x+4)^n, \quad (-5 < x < -3).$$

4. 解 因为 $\arctan t = \displaystyle\sum_{n=0}^{\infty} (-1)^n \dfrac{t^{2n+1}}{2n+1}$，$|x| < 1$，所以

$$F(x) = \int_0^x \frac{\arctan t}{t} \mathrm{d}t = \int_0^x \sum_{n=0}^{\infty} (-1)^n \frac{t^{2n}}{2n+1} \mathrm{d}t$$

$$= \sum_{n=0}^{\infty} \int_0^x (-1)^n \frac{t^{2n}}{2n+1} \mathrm{d}t = \sum_{n=0}^{\infty} (-1)^n \frac{x^{2n+1}}{(2n+1)^2} \quad (\,|\,x\,| \leqslant 1).$$

11.6 傅里叶级数

(一) 内容提要

<table>
<tr><td rowspan="8">傅里叶级数</td><td rowspan="4">以 2π 为周期的周期函数的傅里叶级数</td><td colspan="2">$\dfrac{a_0}{2} + \sum\limits_{n=1}^{\infty} (a_n \cos nx + b_n \sin nx)$</td></tr>
<tr><td>傅里叶系数</td><td>$a_n = \dfrac{1}{\pi} \int_{-\pi}^{\pi} f(x) \cos nx \, \mathrm{d}x \quad (n=0,1,2,\cdots),$

$b_n = \dfrac{1}{\pi} \int_{-\pi}^{\pi} f(x) \sin nx \, \mathrm{d}x \quad (n=1,2,\cdots)$</td></tr>
<tr><td>$f(x)$ 为奇函数</td><td>$a_n = 0, b_n = \dfrac{2}{\pi} \int_0^{\pi} f(x) \sin nx \, \mathrm{d}x$</td></tr>
<tr><td>$f(x)$ 为偶函数</td><td>$b_n = 0, a_n = \int_0^{\pi} f(x) \cos nx \, \mathrm{d}x$</td></tr>
<tr><td>狄利克雷定理</td><td>$\dfrac{a_0}{2} + \sum\limits_{n=1}^{\infty} (a_n \cos nx + b_n \sin nx) = \begin{cases} f(x), & x \text{ 为连续点,} \\ \dfrac{f(x^+) + f(x^-)}{2}, & x \text{ 为间断点} \end{cases}$</td></tr>
<tr><td rowspan="3">以 $2l$ 为周期的周期函数的傅里叶级数</td><td colspan="2">$\dfrac{a_0}{2} + \sum\limits_{n=1}^{\infty} \left(a_n \cos \dfrac{n\pi x}{l} + b_n \sin \dfrac{n\pi x}{l} \right)$</td></tr>
<tr><td>傅里叶系数</td><td>$a_n = \dfrac{1}{l} \int_{-l}^{l} f(x) \cos \dfrac{n\pi x}{l} \, \mathrm{d}x \quad (n=0,1,2,\cdots),$

$b_n = \dfrac{1}{l} \int_{-l}^{l} f(x) \sin \dfrac{n\pi x}{l} \, \mathrm{d}x \quad (n=1,2,\cdots)$</td></tr>
<tr><td>$f(x)$ 为奇函数</td><td>$a_n = 0, b_n = \dfrac{2}{l} \int_0^{l} f(x) \sin \dfrac{n\pi x}{l} \, \mathrm{d}x$</td></tr>
<tr><td colspan="1"></td><td>$f(x)$ 为偶函数</td><td>$b_n = 0, a_n = \dfrac{2}{l} \int_0^{l} f(x) \cos \dfrac{n\pi x}{l} \, \mathrm{d}x$</td></tr>
</table>

(二) 析疑解惑

题 1 如何求周期函数 $f(x)$ 的傅里叶级数?

解 一般步骤如下:

(1) 确定函数的奇偶性、连续点与间断点,必要时画出函数的图形(至少一个周期);

(2) 根据周期为 2π 或 $2l$ 以及函数的奇偶性,计算相应的傅里叶系数 a_n, b_n;

(3) 写出相应的傅里叶级数;

(4) 验证收敛条件并按狄利克雷定理的要求指出傅里叶级数的敛散性,特别要正确处理在间断点处的敛散性.

题 2 如何将定义在 $[0,\pi]$ 上的函数 $f(x)$ 延拓为周期为 2π 的周期函数?

解 一般有以下三种方法:

(1) 任意定义函数在 $(-\pi,0)$ 上的函数值,再进行周期为 2π 的周期延拓.

(2) 进行偶延拓,即定义 $f(x) = f(-x)$, $x \in (-\pi,0)$,再进行周期为 2π 的周期延拓,由此得到的傅里叶级数为余弦级数.

(3) 进行奇延拓,即定义 $f(x) = -f(-x)$, $x \in (-\pi,0)$,如 $f(0) \neq 0$,则定义 $f(0) = 0$,再进行周期为 2π 的周期延拓,由此得到的傅里叶级数为正弦级数.

(三) 范例分析

例 1 将下列周期为 2π 的周期函数展开成傅里叶级数,讨论其敛散性,并求 $\sum\limits_{n=1}^{\infty} \dfrac{1}{n^2}$:

(1) $f(x) = x^2$, $x \in [-\pi,\pi]$;

(2) $f(x) = x^2$, $x \in (0,2\pi)$.

分析 先求傅里叶系数,再由狄利克雷定理求傅里叶级数的和函数.

解 (1) 首先求傅里叶系数.

因为 $f(x)$ 为偶函数,所以 $b_n = 0 (n = 1, 2, \cdots)$.

$$\begin{aligned}
a_n &= \frac{2}{\pi} \int_0^\pi x^2 \cos nx \, \mathrm{d}x = \frac{2}{\pi} \int_0^\pi \frac{x^2}{n} \mathrm{d}(\sin nx) \\
&= \frac{2}{\pi} \left(\frac{x^2}{n} \sin nx \Big|_0^\pi - 2 \cdot \frac{1}{n} \int_0^\pi x \sin nx \, \mathrm{d}x \right) \\
&= -\frac{4}{n\pi} \int_0^\pi x \mathrm{d}\left(\frac{-\cos nx}{n} \right) = \frac{4}{n^2\pi} \left(x \cos nx \Big|_0^\pi - \frac{1}{n} \sin nx \Big|_0^\pi \right) \\
&= \frac{4}{n^2\pi} \left[(-1)^n \pi \right] = (-1)^n \frac{4}{n^2} \quad (n = 1, 2, \cdots), \\
a_0 &= \frac{2}{\pi} \int_0^\pi x^2 \mathrm{d}x = \frac{2}{\pi} \cdot \frac{1}{3} x^3 \Big|_0^\pi = \frac{2}{3} \pi^2.
\end{aligned}$$

然后求傅里叶级数的和函数.

因为 $f(x)$ 为连续函数,所以由狄利克雷定理,有

$$x^2 = \frac{1}{3}\pi^2 + 4 \sum_{n=1}^{\infty} \frac{(-1)^n}{n^2} \cos nx, \quad -\infty < x < +\infty.$$

最后求 $\sum\limits_{n=1}^{\infty} \dfrac{1}{n^2}$.

令 $x = \pi$,则有

$$\pi^2 = \frac{1}{3}\pi^2 + 4 \sum_{n=1}^{\infty} \frac{(-1)^n}{n^2} \cos n\pi = \frac{1}{3}\pi^2 + 4 \sum_{n=1}^{\infty} \frac{(-1)^n}{n^2} (-1)^n,$$

即 $\pi^2 = \dfrac{1}{3}\pi^2 + 4 \sum\limits_{n=1}^{\infty} \dfrac{1}{n^2}$,得 $\sum\limits_{n=1}^{\infty} \dfrac{1}{n^2} = \dfrac{1}{6}\pi^2$.

(2) 首先求傅里叶系数.

$$a_n = \frac{1}{\pi} \int_{-\pi}^{\pi} x^2 \cos nx \, \mathrm{d}x = \frac{1}{\pi} \int_0^{2\pi} x^2 \cos nx \, \mathrm{d}x$$

$$= \frac{1}{\pi}\left(\frac{x^2}{n}\sin nx\Big|_0^{2\pi} - 2\cdot\frac{1}{n}\int_0^{2\pi}x\sin nx\,\mathrm{d}x \right) = \frac{1}{\pi}\left(-\frac{2}{n}\int_0^{2\pi}x\sin nx\,\mathrm{d}x \right)$$

$$= \frac{2}{n^2\pi}\left(x\cos nx\Big|_0^{2\pi} - \frac{1}{n}\sin nx\Big|_0^{2\pi} \right) = \frac{2}{n^2\pi}\cdot 2\pi = \frac{4}{n^2}\quad(n=1,2,\cdots),$$

$$a_0 = \frac{1}{\pi}\int_0^{2\pi}x^2\,\mathrm{d}x = \frac{1}{\pi}\cdot\frac{1}{3}x^3\Big|_0^{2\pi} = \frac{8}{3}\pi^2,$$

$$b_n = \frac{1}{\pi}\int_0^{2\pi}x^2\sin nx\,\mathrm{d}x = -\frac{1}{\pi}\int_0^{2\pi}\frac{x^2}{n}\mathrm{d}(\cos nx)$$

$$= -\frac{1}{\pi}\left(\frac{x^2}{n}\cos nx\Big|_0^{2\pi} - 2\cdot\frac{1}{n}\int_0^{2\pi}x\cos nx\,\mathrm{d}x \right)$$

$$= -\frac{4\pi}{n} + \frac{2}{n^2\pi}\left(x\sin nx\Big|_0^{2\pi} + \frac{1}{n}\cos nx\Big|_0^{2\pi} \right) = -\frac{4\pi}{n}\quad(n=1,2,\cdots).$$

然后求傅里叶级数的和函数.

因为 $f(x)$ 在 $(0,2\pi)$ 内连续且 $\dfrac{f(0^+)+f(0^-)}{2}=2\pi^2$,所以

$$\frac{4}{3}\pi^2 + \sum_{n=1}^{\infty}\left(\frac{4}{n^2}\cos nx - \frac{4\pi}{n}\sin nx \right) = \begin{cases} x^2, & x\neq 2k\pi, \\ 2\pi^2, & x=2k\pi, \end{cases}\quad k=0,\pm1,\pm2,\cdots.$$

最后求 $\displaystyle\sum_{n=1}^{\infty}\frac{1}{n^2}$.

令 $x=0$,则有 $2\pi^2 = \dfrac{4}{3}\pi^2 + \displaystyle\sum_{n=1}^{\infty}\frac{4}{n^2}$,即 $\displaystyle\sum_{n=1}^{\infty}\frac{1}{n^2} = \frac{1}{6}\pi^2$.

注 例 1(1),(2) 有区别,它们拓展的周期函数不同,但 $\displaystyle\sum_{n=1}^{\infty}\frac{1}{n^2}$ 的结果是相同的.

┃┃ 例 2 将函数 $f(x)=1-\dfrac{x}{\pi}(0\leqslant x\leqslant\pi)$ 展开成以 2π 为周期的余弦级数,设此级数的和函数为 $s(x)$,求 $s(-3)$ 和 $s(12)$.

分析 先求傅里叶系数,再由狄利克雷定理求傅里叶级数的和函数.

解 将函数 $f(x)$ 进行偶延拓,记为 $s(x)$,则

$$s(x) = \begin{cases} 1-\dfrac{x}{\pi}, & 0\leqslant x\leqslant\pi, \\[2mm] 1+\dfrac{x}{\pi}, & -\pi\leqslant x<0, \end{cases}$$

并定义 $s(x+2n\pi)=s(x)$,$-\pi\leqslant x\leqslant\pi(n=0,\pm1,\pm2,\cdots)$,$s(x)$ 为 $(-\infty,+\infty)$ 上的连续函数.

将 $s(x)$ 展开成余弦级数,有 $b_n=0(n=1,2,\cdots)$.

$$a_n = \frac{2}{\pi}\int_0^{\pi}\left(1-\frac{x}{\pi} \right)\cos nx\,\mathrm{d}x = \frac{2}{n\pi}\int_0^{\pi}\left(1-\frac{x}{\pi} \right)\mathrm{d}(\sin nx)$$

$$= \frac{2}{n\pi}\left[\left(1-\frac{x}{\pi} \right)\sin nx\Big|_0^{\pi} + \frac{1}{\pi}\int_0^{\pi}\sin nx\,\mathrm{d}x \right]$$

$$= \frac{2}{n\pi^2}\int_0^{\pi}\sin nx\,\mathrm{d}x = -\frac{2}{n^2\pi^2}\cos nx\Big|_0^{\pi} = \frac{2}{n^2\pi^2}[1-(-1)^n]\quad(n=1,2,\cdots),$$

$$a_0 = \frac{2}{\pi}\int_0^{\pi}\left(1-\frac{x}{\pi} \right)\mathrm{d}x = \frac{2}{\pi}\left(x-\frac{x^2}{2\pi} \right)\Big|_0^{\pi} = 1.$$

因 $s(x)$ 为 $(-\infty, +\infty)$ 上的连续函数,故

$$s(x) = \frac{1}{2} + \sum_{n=1}^{\infty} \frac{2}{n^2 \pi^2} [1 - (-1)^n] \cos nx, \quad x \in (-\infty, +\infty).$$

当 $x \in [0, \pi]$ 时,$s(x) = f(x)$,并且

$$s(-3) = 1 - \frac{3}{\pi},$$

$$s(12) = s[4\pi + (12 - 4\pi)] = s(12 - 4\pi) = 1 + \frac{12 - 4\pi}{\pi} = \frac{12}{\pi} - 3.$$

例 3 将函数 $f(x) = |x|$,$x \in [-l, l]$ 展开成以 $2l$ 为周期的傅里叶级数.

分析 先求傅里叶系数,再由狄利克雷定理求傅里叶级数的和函数.

解 先求傅里叶系数.

因为 $f(x)$ 为偶函数,所以 $b_n = 0(n = 1, 2, \cdots)$.

$$a_n = \frac{2}{l} \int_0^l f(x) \cos \frac{n\pi x}{l} dx = \frac{2}{l} \int_0^l x \cos \frac{n\pi x}{l} dx = \frac{2}{n\pi} \int_0^l x d\left(\sin \frac{n\pi x}{l}\right)$$

$$= \frac{2}{n\pi} \left(x \sin \frac{n\pi x}{l} \Big|_0^l - \int_0^l \sin \frac{n\pi x}{l} dx\right) = -\frac{2}{n\pi} \int_0^l \sin \frac{n\pi x}{l} dx$$

$$= \frac{2l}{n^2 \pi^2} \cos \frac{n\pi x}{l} \Big|_0^l = \frac{2l}{n^2 \pi^2} (\cos n\pi - 1)$$

$$= \frac{2l}{n^2 \pi^2} [(-1)^n - 1] = \begin{cases} 0, & n = 2k, \\ \dfrac{-4l}{(2k-1)^2 \pi^2}, & n = 2k-1, \end{cases} \quad k = 1, 2, \cdots,$$

$$a_0 = \frac{2}{l} \int_0^l x dx = \frac{1}{l} x^2 \Big|_0^l = l.$$

再求傅里叶级数的和函数.

因为 $f(x)$ 为连续函数,所以由狄利克雷定理,得

$$|x| = \frac{a_0}{2} + \sum_{n=1}^{\infty} a_n \cos \frac{n\pi x}{l} = \frac{l}{2} - \sum_{n=1}^{\infty} \frac{4l}{(2n-1)^2 \pi^2} \cos \frac{(2n-1)\pi}{l} x \quad (-l \leqslant x \leqslant l).$$

例 4 将周期函数 $f(x)$ 展开成傅里叶级数,其中 $f(x)$ 在一个周期内的表达式为

$$f(x) = \begin{cases} x, & -1 \leqslant x < 0, \\ 1, & 0 \leqslant x < \dfrac{1}{2}, \\ -1, & \dfrac{1}{2} \leqslant x < 1. \end{cases}$$

解 因为

$$a_0 = \int_{-1}^1 f(x) dx = \int_{-1}^0 x dx + \int_0^{\frac{1}{2}} dx + \int_{\frac{1}{2}}^1 (-1) dx = -\frac{1}{2},$$

$$a_n = \int_{-1}^1 f(x) \cos n\pi x dx = \int_{-1}^0 x \cos n\pi x dx + \int_0^{\frac{1}{2}} \cos n\pi x dx + \int_{\frac{1}{2}}^1 (-\cos n\pi x) dx$$

$$= \left(\frac{x}{n\pi} \sin n\pi x + \frac{1}{n^2 \pi^2} \cos n\pi x\right) \Big|_{-1}^0 + \frac{\sin n\pi x}{n\pi} \Big|_0^{\frac{1}{2}} - \frac{\sin n\pi x}{n\pi} \Big|_{\frac{1}{2}}^1$$

$$= \frac{1}{n^2 \pi^2} [1 - (-1)^n] + \frac{2}{n\pi} \sin \frac{n\pi}{2} \quad (n = 1, 2, \cdots),$$

$$b_n = \int_{-1}^{1} f(x)\sin n\pi x \, dx = \int_{-1}^{0} x\sin n\pi x \, dx + \int_{0}^{\frac{1}{2}} \sin n\pi x \, dx + \int_{\frac{1}{2}}^{1} (-\sin n\pi x) \, dx$$

$$= \left(-\frac{x}{n\pi}\cos n\pi x + \frac{1}{n^2\pi^2}\sin n\pi x \right)\Big|_{-1}^{0} - \frac{\cos n\pi x}{n\pi}\Big|_{0}^{\frac{1}{2}} + \frac{\cos n\pi x}{n\pi}\Big|_{\frac{1}{2}}^{1}$$

$$= \frac{1}{n\pi} - \frac{2}{n\pi}\cos\frac{n\pi}{2} = \frac{1}{n\pi}\left(1 - 2\cos\frac{n\pi}{2}\right) \quad (n = 1,2,\cdots),$$

所以

$$\frac{f(0^+) + f(0^-)}{2} = \frac{1}{2}, \qquad \frac{f\left(\frac{1}{2}^+\right) + f\left(\frac{1}{2}^-\right)}{2} = 0.$$

由狄利克雷定理,有

$$f(x) = -\frac{1}{4} + \sum_{n=1}^{\infty} \left\{ \left[\frac{1-(-1)^n}{n^2\pi^2} + \frac{2}{n\pi}\sin\frac{n\pi}{2} \right]\cos n\pi x + \frac{1}{n\pi}\left(1 - 2\cos\frac{n\pi}{2}\right)\sin n\pi x \right\},$$

其中 $x \neq 2k, 2k+\frac{1}{2}(k=0,\pm 1,\pm 2,\cdots)$. 而 $f(x)$ 在间断点 $x=2k$ 处, 右边级数收敛于 $\frac{1}{2}$;

在间断点 $x=2k+\frac{1}{2}$ 处, 右边级数收敛于 0.

(四) 同步练习

1. 设 $f(x)$ 是周期为 2π 的周期函数, 它在 $(-\pi,\pi]$ 上的表达式为 $f(x) = \begin{cases} 2, & -\pi < x \leqslant 0, \\ x^3, & 0 < x \leqslant \pi. \end{cases}$ 试问: $f(x)$ 的傅里叶级数在点 $x=-\pi$ 处收敛于何值?

2. 写出函数 $f(x) = \begin{cases} -1, & -\pi < x \leqslant 0, \\ x^2, & 0 < x \leqslant \pi \end{cases}$ 的傅里叶级数的和函数.

3. 设函数 $f(x) = \begin{cases} -x, & -\pi < x \leqslant 0, \\ 2x, & 0 < x < \pi, \end{cases}$ 试求它的傅里叶级数.

4. 将周期函数 $f(x)$ 展开成傅里叶级数, 其中 $f(x)$ 在一个周期内的表达式为
$$f(x) = \begin{cases} 2x+1, & -3 \leqslant x \leqslant 0, \\ 1, & 0 < x < 3. \end{cases}$$

5. 设函数 $f(x) = x+1(0 \leqslant x \leqslant \pi)$, 试分别将 $f(x)$ 展开成正弦级数和余弦级数.

同步练习简解

1. 解 所给函数满足狄利克雷定理的条件, $x=-\pi$ 是它的间断点, 在点 $x=-\pi$ 处, $f(x)$ 的傅里叶级数收敛于 $\dfrac{f(-\pi^-) + f(-\pi^+)}{2} = \dfrac{1}{2}(2+\pi^3)$.

2. 解 $f(x)$ 满足狄利克雷定理的条件, 根据狄利克雷定理, 在连续点处级数收敛于 $f(x)$; 在间断点 $x=0$ 和 $x=\pm\pi$ 处, 分别收敛于

$$\frac{f(0^-)+f(0^+)}{2} = -\frac{1}{2}, \qquad \frac{f(\pi^-)+f(\pi^+)}{2} = \frac{\pi^2-1}{2}, \qquad \frac{f(-\pi^-)+f(-\pi^+)}{2} = \frac{\pi^2-1}{2}.$$

综上所述, 和函数

$$s(x) = \begin{cases} -1, & -\pi < x < 0, \\ x^2, & 0 < x < \pi, \\ -\dfrac{1}{2}, & x=0, \\ \dfrac{\pi^2-1}{2}, & x=\pm\pi. \end{cases}$$

3. 解 $a_0 = \frac{1}{\pi}\int_{-\pi}^{\pi} f(x)\mathrm{d}x = \frac{1}{\pi}\left(\int_{-\pi}^{0}(-x)\mathrm{d}x + \int_{0}^{\pi}2x\mathrm{d}x\right) = \frac{3}{2}\pi,$

$a_n = \frac{1}{\pi}\int_{-\pi}^{\pi} f(x)\cos nx\,\mathrm{d}x = \frac{1}{\pi}\left(\int_{-\pi}^{0}(-x\cos nx)\mathrm{d}x + \int_{0}^{\pi}2x\cos nx\,\mathrm{d}x\right)$

$= \begin{cases} 0, & n \text{ 为偶数,} \\ -\dfrac{6}{n^2\pi}, & n \text{ 为奇数} \end{cases} \quad (n=1,2,\cdots),$

$b_n = \frac{1}{\pi}\int_{-\pi}^{\pi} f(x)\sin nx\,\mathrm{d}x = \frac{1}{\pi}\left(\int_{-\pi}^{0}(-x\sin nx)\mathrm{d}x + \int_{0}^{\pi}2x\sin nx\,\mathrm{d}x\right)$

$= \frac{(-1)^{n-1}\pi}{n} \quad (n=1,2,\cdots),$

故所求傅里叶级数为

$$f(x) = \frac{a_0}{2} + \sum_{n=1}^{\infty} a_n\cos nx + \sum_{n=1}^{\infty} b_n\sin nx$$

$$= \frac{3}{4}\pi - \frac{6}{\pi}\sum_{n=0}^{\infty}\frac{\cos(2n+1)x}{(2n+1)^2} + \sum_{n=1}^{\infty}(-1)^{n-1}\frac{\pi\sin nx}{n}, \quad x \in (-\pi,\pi).$$

4. 解 $a_0 = \frac{1}{3}\int_{-3}^{3} f(x)\mathrm{d}x = \frac{1}{3}\left[\int_{-3}^{0}(2x+1)\mathrm{d}x + \int_{0}^{3}\mathrm{d}x\right] = -1,$

$a_n = \frac{1}{3}\int_{-3}^{3} f(x)\cos\frac{n\pi x}{3}\mathrm{d}x = \frac{1}{3}\int_{-3}^{0}(2x+1)\cos\frac{n\pi x}{3}\mathrm{d}x + \frac{1}{3}\int_{0}^{3}\cos\frac{n\pi x}{3}\mathrm{d}x$

$= \frac{6}{n^2\pi^2}[1-(-1)^n] \quad (n=1,2,\cdots),$

$b_n = \frac{1}{3}\int_{-3}^{3} f(x)\sin\frac{n\pi x}{3}\mathrm{d}x = \frac{1}{3}\int_{-3}^{0}(2x+1)\sin\frac{n\pi x}{3}\mathrm{d}x + \frac{1}{3}\int_{0}^{3}\sin\frac{n\pi x}{3}\mathrm{d}x$

$= \frac{6}{n\pi}(-1)^{n+1}\pi \quad (n=1,2,\cdots).$

而函数 $f(x)$ 在点 $x = 3(2k+1), k = 0, \pm1, \pm2, \cdots$ 处间断,故

$$f(x) = -\frac{1}{2} + \sum_{n=1}^{\infty}\left\{\frac{6}{n^2\pi^2}[1-(-1)^n]\cos\frac{n\pi x}{3} + (-1)^{n+1}\frac{6}{n\pi}\sin\frac{n\pi x}{3}\right\}$$

$$(x \neq 3(2k+1), k = 0, \pm1, \pm2, \cdots).$$

5. 解 将函数 $f(x)$ 进行奇延拓,则有

$$a_n = 0 \quad (n=0,1,2,\cdots),$$

$$b_n = \frac{2}{\pi}\int_{0}^{\pi} f(x)\sin nx\,\mathrm{d}x = \frac{2}{\pi}\int_{0}^{\pi}(x+1)\sin nx\,\mathrm{d}x$$

$$= \frac{2}{\pi}\cdot\frac{1-(-1)^n(1+\pi)}{n} \quad (n=1,2,\cdots).$$

故

$$f(x) = \frac{2}{\pi}\sum_{n=1}^{\infty}\frac{1-(-1)^n(1+\pi)}{n}\sin nx, \quad (0 < x < \pi).$$

将函数 $f(x)$ 进行偶延拓,则有

$$b_n = 0 \quad (n=1,2,\cdots),$$

$$a_n = \frac{2}{\pi}\int_{0}^{\pi} f(x)\cos nx\,\mathrm{d}x = \frac{2}{\pi}\int_{0}^{\pi}(x+1)\cos nx\,\mathrm{d}x$$

$$= \begin{cases} 0, & n = 2,4,6,\cdots, \\ \dfrac{-4}{n^2\pi}, & n = 1,3,5,\cdots, \end{cases}$$

$$a_0 = \frac{1}{\pi}\int_{-\pi}^{\pi} f(x)\mathrm{d}x = \frac{2}{\pi}\int_{0}^{\pi}(x+1)\mathrm{d}x = \pi+2.$$

故

$$f(x) = \frac{\pi+2}{2} - \frac{4}{\pi} \sum_{n=1}^{\infty} \frac{\cos(2n-1)x}{(2n-1)^2} \quad (0 \leqslant x \leqslant \pi).$$

复习题

一、填空题

1. $\lim\limits_{n\to\infty} u_n = 0$ 是级数 $\sum\limits_{n=1}^{\infty} u_n$ 收敛的_____条件.

2. 若级数 $\sum\limits_{n=1}^{\infty} u_n$ 绝对收敛,则级数 $\sum\limits_{n=1}^{\infty} u_n$ 必定_____;若级数 $\sum\limits_{n=1}^{\infty} u_n$ 条件收敛,则级数 $\sum\limits_{n=1}^{\infty} |u_n|$ 必定_____.

3. 对于级数 $\sum\limits_{n=1}^{\infty} \frac{\sqrt{n+2} - \sqrt{n-2}}{n^a}$,当 α _____时收敛;当 α _____时发散.

二、解答题

1. 判别下列级数的敛散性:

(1) $\sum\limits_{n=1}^{\infty} \frac{1}{\ln(n+1)}$;

(2) $\sum\limits_{n=1}^{\infty} \frac{(5n^2-1)^n}{(2n)^{2n}}$;

(3) $\sum\limits_{n=1}^{\infty} \frac{1}{n\sqrt[n]{n}}$;

(4) $\sum\limits_{n=1}^{\infty} \frac{n\sin^2\frac{n\pi}{6}}{3^n}$.

2. 讨论下列级数的敛散性. 收敛时,要说明是条件收敛还是绝对收敛:

(1) $\sum\limits_{n=1}^{\infty} \frac{\sin(2^n x)}{n!}$;

(2) $\sum\limits_{n=1}^{\infty} (-1)^{n+1} \frac{\sqrt{n}}{n+200}$.

3. 求下列幂级数的收敛域:

(1) $\sum\limits_{n=1}^{\infty} \frac{3^n + (-2)^n}{n}(x+1)^n$;

(2) $\sum\limits_{n=1}^{\infty} \frac{1}{n \cdot 3^n} x^{2n+1}$;

(3) $\sum\limits_{n=1}^{\infty} \frac{(x-1)^{2n}}{n}$;

(4) $\sum\limits_{n=1}^{\infty} \frac{\ln(n+1)}{n} x^{n-1}$.

4. 求幂级数 $\sum\limits_{n=1}^{\infty} \frac{n^2+1}{n} x^n$ 的收敛域及和函数,并求 $\sum\limits_{n=1}^{\infty} \frac{n^2+1}{n}\left(\frac{1}{2}\right)^n$ 的和.

5. 将下列函数展成 x 的幂级数:

(1) $\frac{1}{(2-x)^2}$;

(2) $x \arcsin x$.

6. 将函数 $f(x) = \frac{\pi-x}{2}(0 \leqslant x \leqslant \pi)$ 展开成正弦级数.

三、证明题

1. 设正项级数 $\sum\limits_{n=1}^{\infty} u_n$ 和 $\sum\limits_{n=1}^{\infty} v_n$ 都收敛,证明:级数 $\sum\limits_{n=1}^{\infty} (u_n + v_n)^2$ 收敛.

2. 设 $f(x)$ 为偶函数,$f(0)=1$,且在点 $x=0$ 的某个邻域内 $f(x)$ 具有三阶导数,证明:级数 $\sum\limits_{n=1}^{\infty} \left(f\left(\frac{1}{n}-1\right)\right)$ 收敛.

3. 设 $a_n = \int_0^{\frac{\pi}{4}} \tan^n x \, \mathrm{d}x$,证明:对于任意常数 $\lambda > 0$,级数 $\sum\limits_{n=1}^{\infty} \frac{a_n}{n^\lambda}$ 均收敛.

4. 设数列 $\{n^2 u_n\}$ 收敛,证明:级数 $\sum\limits_{n=1}^{\infty} u_n$ 收敛.

5. 设级数 $\sum\limits_{n=1}^{\infty} a_n^2$ 和 $\sum\limits_{n=1}^{\infty} b_n^2$ 均收敛,证明:级数 $\sum\limits_{n=1}^{\infty} a_n b_n$ 收敛.

历年考研真题

1. 级数 $\sum\limits_{n=0}^{\infty} (-1)^n \dfrac{2n+3}{(2n+1)!} = $ _____. (2018)

2. 幂级数 $\sum\limits_{n=1}^{\infty} (-1)^{n-1} nx^{n-1}$ 在区间 $(-1,1)$ 内的和函数 $s(x) = $ _____. (2017)

3. 已知函数 $f(x)$ 可导,且 $f(0)=1, 0 < f'(x) < \dfrac{1}{2}$,设数列 $\{x_n\}$ 满足 $x_{n+1} = f(x_n)$ $(n=1,2,\cdots)$. 证明:

(1) 级数 $\sum\limits_{n=1}^{\infty} (x_{n+1} - x_n)$ 绝对收敛;　　　　(2) $\lim\limits_{n\to\infty} x_n$ 存在,且 $0 < \lim\limits_{n\to\infty} x_n < 2$. (2016)

4. 设数列 $\{a_n\}, \{b_n\}$ 满足 $0 < a_n < \dfrac{\pi}{2}, 0 < b_n < \dfrac{\pi}{2}, \cos a_n - a_n = \cos b_n$,且级数 $\sum\limits_{n=1}^{\infty} b_n$ 收敛. 证明:

(1) $\lim\limits_{n\to\infty} a_n = 0$;　　　　(2) 级数 $\sum\limits_{n=1}^{\infty} \dfrac{a_n}{b_n}$ 收敛. (2014)

5. 设数列 $\{a_n\}$ 满足条件 $a_0 = 3, a_1 = 1, a_{n-2} - n(n-1)a_n = 0 (n \geqslant 2)$,$s(x)$ 是幂级数 $\sum\limits_{n=0}^{\infty} a_n x^n$ 的和函数.

(1) 证明:$s''(x) - s(x) = 0$;　　　　(2) 求 $s(x)$ 的表达式. (2013)

6. 求幂级数 $\sum\limits_{n=0}^{\infty} \dfrac{4n^2 + 4n + 3}{2n+1} x^{2n}$ 的收敛域及和函数. (2012)

7. 求幂级数 $\sum\limits_{n=1}^{\infty} \dfrac{(-1)^{n-1}}{2n-1} x^{2n}$ 的收敛域及和函数. (2010)

8. 设 a_n 为曲线 $y = x^n$ 与 $y = x^{n+1} (n=1,2,\cdots)$ 所围成区域的面积,记 $s_1 = \sum\limits_{n=1}^{\infty} a_n, s_2 = \sum\limits_{n=1}^{\infty} a_{2n-1}$,求 s_1 与 s_2 的值. (2009)

9. 将函数 $f(x) = 1 - x^2 (0 \leqslant x \leqslant \pi)$ 展开成余弦级数,并求级数 $\sum\limits_{n=1}^{\infty} \dfrac{(-1)^{n-1}}{n^2}$ 的和. (2008)

10. 设幂级数 $\sum\limits_{n=0}^{\infty} a_n x^n$ 在区间 $(-\infty, +\infty)$ 上收敛,其和函数 $y(x)$ 满足
$$y'' - 2xy' - 4y = 0, \quad y(0) = 0, \quad y'(0) = 1.$$

(1) 证明:$a_{n+2} = \dfrac{2}{n+1} a_n (n=0,1,2,\cdots)$;　　(2) 求 $y(x)$ 的表达式. (2007)

考研真题答案

1. 解　$\sum\limits_{n=0}^{\infty} (-1)^n \dfrac{2n+3}{(2n+1)!} = \sum\limits_{n=0}^{\infty} (-1)^n \dfrac{2n+1+2}{(2n+1)!}$

$$= \sum_{n=0}^{\infty} (-1)^n \frac{2n+1}{(2n+1)!} + \sum_{n=0}^{\infty} (-1)^n \frac{2}{(2n+1)!}$$

$$= \sum_{n=0}^{\infty} (-1)^n \frac{1}{(2n)!} + 2 \sum_{n=0}^{\infty} (-1)^n \frac{1}{(2n+1)!}$$

$$= \cos 1 + 2\sin 1.$$

注 此题利用了 $\sin x$ 及 $\cos x$ 的幂级数展开式.

2. 解 设 $s(x) = \sum_{n=1}^{\infty} (-1)^{n-1} n x^{n-1}$, 则在 $(-1, 1)$ 内有

$$\int_0^x s(t) \mathrm{d}t = \sum_{n=1}^{\infty} (-1)^{n-1} \int_0^x n t^{n-1} \mathrm{d}t = \sum_{n=1}^{\infty} (-1)^{n-1} x^n = \frac{x}{1+x},$$

于是

$$s(x) = \left(\frac{x}{1+x} \right)' = \frac{1}{(1+x)^2}.$$

3. 证 （1）依题意有

$$|x_{n+1} - x_n| = |f(x_n) - f(x_{n-1})| = |f'(\zeta)| |x_n - x_{n-1}| < \frac{1}{2} |x_n - x_{n-1}|$$

$$< \frac{1}{2^2} |x_{n-1} - x_{n-2}| < \cdots < \frac{1}{2^{n-1}} |x_2 - x_1| \quad (\zeta \text{ 介于 } x_n \text{ 与 } x_{n-1} \text{ 之间}).$$

显然,级数 $\sum_{n=1}^{\infty} \frac{1}{2^{n-1}} |x_2 - x_1|$ 收敛,从而级数 $\sum_{n=1}^{\infty} (x_{n+1} - x_n)$ 绝对收敛.

（2）由（1）知级数 $\sum_{n=1}^{\infty} (x_{n+1} - x_n)$ 绝对收敛,从而其部分和的极限为

$$\lim_{n \to \infty} s_n = \lim_{n \to \infty} (x_{n+1} - x_1) = \lim_{n \to \infty} x_{n+1} - x_1,$$

故 $\lim_{n \to \infty} x_n$ 存在. 设 $\lim_{n \to \infty} x_n = a$, 由于 $f(x)$ 可导,从而 $f(x)$ 连续,对 $x_{n+1} = f(x_n)$ 两端同时取极限,得 $a = f(a)$. 又 $f(a) - f(0) = f'(\zeta)a(\zeta$ 介于 0 与 a 之间),从而 $a - 1 = f'(\zeta)a$, 即 $a = \frac{1}{1 - f'(\zeta)}$. 再由条件 $0 < f'(x) < \frac{1}{2}$ 得

$$0 < a < 2, \quad \text{即} \quad 0 < \lim_{n \to \infty} x_n < 2.$$

4. 证 （1）因为级数 $\sum_{n=1}^{\infty} b_n$ 收敛,所以 $\lim_{n \to \infty} b_n = 0$. 又因为

$$0 \leqslant \frac{a_n}{b_n} = \frac{\cos a_n - \cos b_n}{b_n} \leqslant \frac{1 - \cos b_n}{b_n},$$

且 $\lim_{n \to \infty} \frac{1 - \cos b_n}{b_n} = \lim_{n \to \infty} \frac{\frac{1}{2} b_n^2}{b_n} = 0$. 于是,由夹逼准则得 $\lim_{n \to \infty} \frac{a_n}{b_n} = 0$, 从而 $\lim_{n \to \infty} a_n = 0$.

（2）因为

$$\lim_{n \to \infty} \frac{\frac{a_n}{b_n}}{b_n} = \lim_{n \to \infty} \frac{a_n}{b_n^2} = \lim_{n \to \infty} \frac{1 - \cos b_n}{b_n^2} \cdot \frac{a_n}{1 - \cos b_n} = \frac{1}{2} \lim_{n \to \infty} \frac{a_n}{1 - \cos b_n}$$

$$= \frac{1}{2} \lim_{n \to \infty} \frac{a_n}{1 + a_n - \cos a_n} = \frac{1}{2},$$

所以由已知级数 $\sum\limits_{n=1}^{\infty} b_n$ 收敛, 以及正项级数的比较审敛法可知, 级数 $\sum\limits_{n=1}^{\infty} \dfrac{a_n}{b_n}$ 收敛.

5. 证 (1) 由幂级数的逐项求导性质得

$$s'(x) = \sum_{n=1}^{\infty} a_n n x^{n-1}, \quad s''(x) = \sum_{n=2}^{\infty} a_n n(n-1) x^{n-2}.$$

又由 $a_{n-2} - n(n-1)a_n = 0$ 得

$$s''(x) = \sum_{n=2}^{\infty} a_n n(n-1) x^{n-2} = \sum_{n=2}^{\infty} a_{n-2} x^{n-2} = \sum_{n=0}^{\infty} a_n x^n = s(x).$$

(2) 方程 $s''(x) - s(x) = 0$ 是二阶常系数齐次线性微分方程, 其特征方程为 $\lambda^2 - 1 = 0$, 解得 $\lambda = \pm 1$. 于是, 该微分方程的通解为 $s(x) = C_1 \mathrm{e}^x + C_2 \mathrm{e}^{-x}$. 将初始条件 $\begin{cases} s(0) = a_0 = 3, \\ s'(0) = a_1 = 1 \end{cases}$ 代入, 得 $C_1 = 2, C_2 = 1$, 故 $s(x)$ 的表达式为 $s(x) = 2\mathrm{e}^x + \mathrm{e}^{-x}$.

6. 解 观察原幂级数, 会发现该幂级数可分解为两个幂级数的代数和, 即

$$\sum_{n=0}^{\infty} \frac{4n^2 + 4n + 3}{2n+1} x^{2n} = \sum_{n=0}^{\infty} \left(2n+1 + \frac{2}{2n+1}\right) x^{2n} = \sum_{n=0}^{\infty} (2n+1) x^{2n} + \sum_{n=0}^{\infty} \frac{2}{2n+1} x^{2n}.$$

又

$$\sum_{n=0}^{\infty} (2n+1) x^{2n} = \left(\sum_{}^{} x^{2n+1}\right)' = \left(\frac{x}{1-x^2}\right)' = \frac{1+x^2}{(1-x^2)^2} \quad (-1 < x < 1),$$

而当 $x \neq 0$ 时, $\sum\limits_{n=0}^{\infty} \dfrac{2}{2n+1} x^{2n} = \dfrac{2}{x} \sum\limits_{n=0}^{\infty} \dfrac{1}{2n+1} x^{2n+1}$, 且

$$\left(\sum_{n=0}^{\infty} \frac{1}{2n+1} x^{2n+1}\right)' = \sum_{n=0}^{\infty} x^{2n} = \frac{1}{1-x^2},$$

即有

$$\sum_{n=0}^{\infty} \frac{1}{2n+1} x^{2n+1} = \int_0^x \frac{\mathrm{d}t}{1-t^2} = \frac{1}{2} \ln \frac{1+x}{1-x} \quad (-1 < x < 1, x \neq 0);$$

当 $x = 0$ 时,

$$\sum_{n=0}^{\infty} \frac{2}{2n+1} x^{2n} = 2.$$

故

$$\sum_{n=0}^{\infty} \frac{2}{2n+1} x^{2n} = \begin{cases} \dfrac{1}{x} \ln \dfrac{1+x}{1-x}, & x \in (-1, 0) \bigcup (0, 1), \\ 2, & x = 0. \end{cases}$$

当 $x = \pm 1$ 时, 原幂级数化为 $\sum\limits_{n=0}^{\infty} \dfrac{4n^2 + 4n + 3}{2n+1}$, 且 $\lim\limits_{n \to \infty} \dfrac{4n^2 + 4n + 3}{2n+1} = +\infty$, 从而该级数发散;

当 $x = 0$ 时, 原幂级数 $\sum\limits_{n=0}^{\infty} \dfrac{4n^2 + 4n + 3}{2n+1} x^{2n} = 3$. 故原幂级数的收敛域为 $(-1, 1)$, 其和函数为

$$s(x) = \begin{cases} \dfrac{1+x^2}{(1-x^2)^2} + \dfrac{1}{x} \ln \dfrac{1+x}{1-x}, & x \in (-1, 0) \bigcup (0, 1), \\ 3, & x = 0. \end{cases}$$

7. 解 利用比值审敛法求收敛区间. 因

$$\lim_{n \to \infty} \left| \frac{u_{n+1}(x)}{u_n(x)} \right| = \lim_{n \to \infty} \left| \frac{(2n-1) x^{2n+2}}{(2n+1) x^{2n}} \right| = x^2,$$

故当 $x^2<1$,即 $-1<x<1$ 时,该幂级数绝对收敛;当 $x=\pm1$ 时,原幂级数化为 $\sum\limits_{n=1}^{\infty}\dfrac{(-1)^{n-1}}{2n-1}$,由莱布尼茨审敛法知级数收敛. 于是,原幂级数的收敛域为 $[-1,1]$.

又 $\sum\limits_{n=1}^{\infty}\dfrac{(-1)^{n-1}}{2n-1}x^{2n}=x\sum\limits_{n=1}^{\infty}\dfrac{(-1)^{n-1}}{2n-1}x^{2n-1}$,令 $f(x)=\sum\limits_{n=1}^{\infty}\dfrac{(-1)^{n-1}}{2n-1}x^{2n-1}(-1<x<1)$,则

$$f'(x)=\sum\limits_{n=1}^{\infty}(-1)^{n-1}x^{2n-2}=\dfrac{1}{1+x^2},$$

且 $f(0)=0$,从而 $f(x)=\int_0^x\dfrac{\mathrm{d}t}{1+t^2}=\arctan x$. 于是,原幂级数的和函数为 $x\arctan x$,收敛域为 $[-1,1]$.

8. 解 显然曲线 $y=x^n$ 与 $y=x^{n+1}(n=1,2,\cdots)$ 的交点为 $(0,0)$ 和 $(1,1)$. 依题意知

$$a_n=\int_0^1(x^n-x^{n+1})\mathrm{d}x=\dfrac{1}{n+1}-\dfrac{1}{n+2}=\dfrac{1}{(n+1)(n+2)},$$

从而

$$s_1=\sum\limits_{n=1}^{\infty}a_n=\lim\limits_{N\to\infty}\sum\limits_{n=1}^{N}a_n=\lim\limits_{N\to\infty}\left(\dfrac{1}{2}-\dfrac{1}{3}+\cdots+\dfrac{1}{N+1}-\dfrac{1}{N+2}\right)=\lim\limits_{N\to\infty}\left(\dfrac{1}{2}-\dfrac{1}{N+2}\right)=\dfrac{1}{2},$$

$$s_2=\sum\limits_{n=1}^{\infty}a_{2n-1}=\sum\limits_{n=1}^{\infty}\left(\dfrac{1}{2n}-\dfrac{1}{2n+1}\right)=\dfrac{1}{2}-\dfrac{1}{3}+\dfrac{1}{4}-\dfrac{1}{5}+\dfrac{1}{6}-\cdots=\sum\limits_{n=2}^{\infty}(-1)^n\dfrac{1}{n}.$$

设函数 $f(x)=\dfrac{1}{2}x^2-\dfrac{1}{3}x^3+\dfrac{1}{4}x^4-\dfrac{1}{5}x^5+\dfrac{1}{6}x^6-\cdots=\sum\limits_{n=2}^{\infty}(-1)^n\dfrac{1}{n}x^n$,显然 $x\in[-1,1]$ 且 $f(0)=0$,则

$$f'(x)=x-x^2+x^3-x^4+x^5-\cdots=\dfrac{x}{1+x}.$$

于是 $f(x)=\int_0^x\dfrac{t}{1+t}\mathrm{d}t=x-\ln(1+x)$,从而 $s_2=f(1)=1-\ln 2$.

9. 解 显然 $f(x)$ 为偶函数,于是 $b_n=0(n=1,2,\cdots)$.

$$a_0=\dfrac{2}{\pi}\int_0^\pi(1-x^2)\mathrm{d}x=2\left(1-\dfrac{\pi^2}{3}\right),$$

$$a_n=\dfrac{2}{\pi}\int_0^\pi(1-x^2)\cos nx\,\mathrm{d}x=\dfrac{2}{\pi}\int_0^\pi\cos nx\,\mathrm{d}x-\dfrac{2}{\pi}\int_0^\pi x^2\cos nx\,\mathrm{d}x$$

$$=-\dfrac{2}{\pi}\int_0^\pi x^2\cos nx\,\mathrm{d}x=-\dfrac{2}{n\pi}\left(x^2\sin nx\Big|_0^\pi-\int_0^\pi 2x\sin nx\,\mathrm{d}x\right)$$

$$=-\dfrac{4}{n^2\pi}\int_0^\pi x\mathrm{d}(\cos nx)=-\dfrac{4}{n^2\pi}\left(x\cos nx\Big|_0^\pi-\int_0^\pi\cos nx\,\mathrm{d}x\right)$$

$$=\dfrac{4\cdot(-1)^{n+1}}{n^2}\quad(n=1,2,\cdots).$$

由狄利克雷定理得

$$f(x)=\dfrac{a_0}{2}+\sum\limits_{n=1}^{\infty}a_n\cos nx=1-\dfrac{\pi^2}{3}+4\sum\limits_{n=1}^{\infty}\dfrac{(-1)^{n+1}}{n^2}\cos nx\quad(0\leqslant x\leqslant\pi).$$

令 $x=0$ 得 $f(0)=1-\dfrac{\pi^2}{3}+4\sum\limits_{n=1}^{\infty}\dfrac{(-1)^{n+1}}{n^2}=1$,故 $\sum\limits_{n=1}^{\infty}\dfrac{(-1)^{n-1}}{n^2}=\dfrac{\pi^2}{12}$.

10. 证 (1) 由题设得

$$y = \sum_{n=0}^{\infty} a_n x^n, \quad y' = \sum_{n=1}^{\infty} n a_n x^{n-1}, \quad y'' = \sum_{n=2}^{\infty} n(n-1) a_n x^{n-2} = \sum_{n=0}^{\infty} (n+2)(n+1) a_{n+2} x^n,$$

代入方程 $y'' - 2xy' - 4y = 0$ 及条件 $y(0) = 0, y'(0) = 1$,得

$$\sum_{n=0}^{\infty} (n+2)(n+1) a_{n+2} x^n - 2 \sum_{n=1}^{\infty} n a_n x^n - 4 \sum_{n=0}^{\infty} a_n x^n = 0, \quad a_0 = 0, \quad a_1 = 1, \quad a_2 = 0,$$

即

$$\sum_{n=0}^{\infty} (n+2)(n+1) a_{n+2} x^n - 2 \sum_{n=0}^{\infty} n a_n x^n - 4 \sum_{n=0}^{\infty} a_n x^n = 0.$$

比较同次项系数,得

$$a_{n+2} = \frac{2}{n+1} a_n \quad (n = 0, 1, 2, \cdots).$$

(2) 由 $a_0 = 0, a_1 = 1, a_2 = 0, a_{n+2} = \dfrac{2}{n+1} a_n, n = 0, 1, 2, \cdots,$得

$$a_{2n} = 0, \quad a_{2n+1} = \frac{2}{2n} a_{2n-1} = \frac{2}{2n} \cdot \frac{2}{2n-2} \cdot a_{2n-3} = \cdots = \frac{1}{n!} a_1 = \frac{1}{n!}.$$

于是

$$y(x) = \sum_{n=0}^{\infty} a_{2n+1} x^{2n+1} = \sum_{n=0}^{\infty} \frac{1}{n!} x^{2n+1} = x \sum_{n=0}^{\infty} \frac{1}{n!} (x^2)^n = x e^{x^2}.$$

复习题参考答案

第7章 向量代数与空间解析几何

一、1. B. **2.** C. **3.** B. **4.** B. **5.** D.

二、1. $a \perp b$. **2.** a 与 b 同向. **3.** $a \cdot b = 0$. **4.** $a \times b = 0$. **5.** $-\dfrac{7}{3}$. **6.** 9. **7.** -1.

8. $(-12, -4, 18)$.

提示：1. 解 由题意可知 $|a+b|^2 = |a-b|^2$，即 $(a+b) \cdot (a+b) = (a-b) \cdot (a-b)$，从而 $|a|^2 + |b|^2 + 2a \cdot b = |a|^2 + |b|^2 - 2a \cdot b$，得 $a \cdot b = 0$，故 $a \perp b$.

2. 解 由题意可知 $|a+b|^2 = (|a| + |b|)^2$，即

$$|a|^2 + |b|^2 + 2a \cdot b = |a|^2 + |b|^2 + 2|a| \cdot |b|,$$

从而 $2|a||b|\cos\angle(a,b) = 2|a||b|$，得 $\cos\angle(a,b) = 1$，即 $a = b$ 或 $a = \mathbf{0}$ 或 $b = \mathbf{0}$. 故 a 与 b 同向.

8. 解 坐标原点到已知平面 Π 的距离为

$$d_0 = \frac{|121|}{\sqrt{6^2 + 2^2 + (-9)^2}} = 11.$$

过坐标原点且与 Π 垂直的直线 L 的方程为 $\begin{cases} x = 6t, \\ y = 2t, \\ z = -9t. \end{cases}$

取 L 上一点 $P(6t, 2t, -9t)$，令点 P 到 Π 的距离为

$$d_1 = \frac{|6 \cdot 6t + 2 \cdot 2t - 9 \cdot (-9t) + 121|}{\sqrt{6^2 + 2^2 + (-9)^2}} = 11, \quad 得 \quad t = 0 \quad 或 \quad t = -2,$$

其中 $t = 0$ 对应于坐标原点，$t = -2$ 对应于坐标原点的对称点. 故坐标原点关于 Π 的对称点是 $(-12, -4, 18)$.

三、1. ×. **2.** ×. **3.** √. **4.** ×. **5.** √.

提示：5. 解 $a \cdot (b-c) = 0, a \times (b-c) = \mathbf{0}$，则 $a \perp (b-c)$ 且 $a \parallel (b-c)$. 由 $a \neq \mathbf{0}$ 可知 $b - c = \mathbf{0}$，故 $b = c$.

四、1. **解** 因为 $\overrightarrow{AB} = \{3, -2, -6\}, \overrightarrow{CD} = \{6, 2, 3\}$，所以 $\overrightarrow{AB}$ 在 $\overrightarrow{CD}$ 上的投影为

$$\mathrm{Prj}_{\overrightarrow{CD}} \overrightarrow{AB} = \frac{\overrightarrow{AB} \cdot \overrightarrow{CD}}{|\overrightarrow{CD}|} = \frac{3 \times 6 + (-2) \times 2 + (-6) \times 3}{\sqrt{6^2 + 2^2 + 3^2}} = -\frac{4}{7}.$$

2. 解 利用向量积的性质，得垂直于 a 与 b 的向量

$$c = a \times b = \begin{vmatrix} -4 & -1 \\ -1 & 1 \end{vmatrix} i + \begin{vmatrix} -1 & 3 \\ 1 & 2 \end{vmatrix} j + \begin{vmatrix} 3 & -4 \\ 2 & -1 \end{vmatrix} k = -5i - 5j + 5k,$$

则所求单位向量 $\pm c^0 = \pm \dfrac{\sqrt{3}}{3}(-i - j + k)$.

记 a 与 b 的夹角为 θ，则

$$\sin\theta = \frac{|a \times b|}{|a||b|} = \frac{5\sqrt{3}}{\sqrt{26} \cdot \sqrt{6}} = \frac{5\sqrt{13}}{26}.$$

3. 解 设该四面体的四顶点依次为 A, B, C, D，则由题意知 $\overrightarrow{AB} = \{0, 1, 2\}, \overrightarrow{AD} = \{2, -2, 1\}$. 于是，由 A, B, D 三点所确定的三角形面积为

$$S_{\triangle ABD} = \frac{1}{2} \mid \overrightarrow{AB} \times \overrightarrow{AD} \mid = \frac{1}{2} \mid 5\boldsymbol{i} + 4\boldsymbol{j} - 2\boldsymbol{k} \mid = \frac{3\sqrt{5}}{2}.$$

同理,可求得其他三个三角形的面积依次为

$$S_{\triangle ABC} = \frac{1}{2}, \quad S_{\triangle ACD} = \sqrt{2}, \quad S_{\triangle BCD} = \sqrt{3}.$$

因此,该四面体的表面积为 $S = \frac{1}{2} + \sqrt{2} + \sqrt{3} + \frac{3\sqrt{5}}{2}$.

4. 解 设动点为 $M(x,y,z)$,则 $\overrightarrow{M_0M} = \{x-1, y-1, z-1\}$. 因 $\overrightarrow{M_0M} \perp \boldsymbol{n}$,故 $\overrightarrow{M_0M} \cdot \boldsymbol{n} = 0$,即
$$2(x-1) + 3(y-1) - 4(z-1) = 0,$$
整理得 $2x + 3y - 4z - 1 = 0$,此即为动点 M 的轨迹方程.

5. 解 (1) 可取所求直线的一个方向向量为 $\boldsymbol{s} = \{3, -1, 2\}$,故所求直线方程为
$$\frac{x-2}{3} = \frac{y+3}{-1} = \frac{z-4}{2}.$$

(2) 所求直线平行于两已知平面,且两平面的法线向量 $\boldsymbol{n}_1$ 与 $\boldsymbol{n}_2$ 不平行,从而所求直线平行于两平面的交线. 于是,直线的一个方向向量为
$$\boldsymbol{s} = \boldsymbol{n}_1 \times \boldsymbol{n}_2 = \begin{vmatrix} \boldsymbol{i} & \boldsymbol{j} & \boldsymbol{k} \\ 1 & 0 & 2 \\ 0 & 1 & -3 \end{vmatrix} = \{-2, 3, 1\},$$
故所求直线方程为
$$\frac{x}{-2} = \frac{y-2}{3} = \frac{z-4}{1}.$$

(3) 所求直线与已知直线平行,则其方向向量可取为 $\boldsymbol{s} = \{2, -1, 3\}$,故所求直线方程为
$$\frac{x+1}{2} = \frac{y-2}{-1} = \frac{z-1}{3}.$$

6. 解 (1) 因为直线的方向向量为 $\boldsymbol{s} = \{-2, -7, 3\}$,平面的法线向量 $\boldsymbol{n} = \{4, -2, -2\}$,所以
$$\boldsymbol{s} \cdot \boldsymbol{n} = (-2) \times 4 + (-7) \times (-2) + 3 \times (-2) = 0.$$
而直线上的点 $(-3, -4, 0)$ 不在平面上,故直线与平面平行.

(2) 因直线方向向量等于平面的法线向量,故直线垂直于平面.

(3) 因为直线的方向向量 $\boldsymbol{s} = \{3, 1, -4\}$,平面的法线向量 $\boldsymbol{n} = \{1, 1, 1\}$,所以
$$\boldsymbol{s} \cdot \boldsymbol{n} = 3 \times 1 + 1 \times 1 + (-4) \times 1 = 0.$$
而直线上的点 $(2, -2, 3)$ 在平面上,故直线在平面上.

7. 解 因直线的方向向量为
$$\boldsymbol{s} = \begin{vmatrix} \boldsymbol{i} & \boldsymbol{j} & \boldsymbol{k} \\ 1 & -2 & 1 \\ 1 & 1 & -1 \end{vmatrix} = \boldsymbol{i} + 2\boldsymbol{j} + 3\boldsymbol{k},$$
故可取所求平面的法线向量为 $\boldsymbol{n} = \{1, 2, 3\}$.

因此,所求平面方程为
$$1 \times (x-1) + 2(y+2) + 3(z-1) = 0, \quad 即 \quad x + 2y + 3z = 0.$$

8. 解 设过两平面的交线的平面束方程为
$$2x - 3y + z - 3 + \lambda(x + 3y + 2z + 1) = 0,$$
其中 λ 为待定常数. 又因为所求平面过点 $(1, -2, 3)$,将该点代入上述方程,得
$$2 \times 1 - 3 \times (-2) + 3 - 3 + \lambda[1 + 3 \times (-2) + 2 \times 3 + 1] = 0,$$
解得 $\lambda = -4$. 故所求平面方程为
$$2x + 15y + 7z + 7 = 0.$$

9. 解 直线 L 的方向向量 $\boldsymbol{s} = \{-2, 1, 3\}$,平面 Π 的法线向量 $\boldsymbol{n} = \{2, -1, 5\}$,则过直线 L 且垂直于平面

Π 的平面 Π_1 的法线向量为

$$\boldsymbol{n}_1 = \boldsymbol{s} \times \boldsymbol{n} = \begin{vmatrix} \boldsymbol{i} & \boldsymbol{j} & \boldsymbol{k} \\ -2 & 1 & 3 \\ 2 & -1 & 5 \end{vmatrix} = \{8,16,0\} = 8\{1,2,0\},$$

从而平面 Π_1 的方程为

$$(x-1) + 2(y-3) = 0, \quad \text{即} \quad x + 2y - 7 = 0.$$

故直线 L 在平面 Π 上的投影方程为

$$\begin{cases} 2x - y + 5z - 3 = 0, \\ x + 2y - 7 = 0. \end{cases}$$

10. 解　由已知,所求平面 Π 的法线向量为 $\boldsymbol{n} = \{-1,2,1\} \times \{0,1,-2\} = \{-5,-2,-1\}$,则可设 Π 的方程为 $5x + 2y + z + D = 0$. 又点 $M_1(1,0,-1)$ 和点 $M_2(-2,1,2)$ 到 Π 的距离相等,即有

$$\frac{|5-1+D|}{\sqrt{25+4+1}} = \frac{|-10+2+2+D|}{\sqrt{25+4+1}}, \quad \text{解得} \quad D = 1,$$

故所求平面方程为

$$5x + 2y + z + 1 = 0.$$

五、1. 证　以向量 $\boldsymbol{a},\boldsymbol{b}$ 为邻边的平行四边形的两条对角线分别为 $\boldsymbol{a}+\boldsymbol{b}$ 和 $\boldsymbol{a}-\boldsymbol{b}$,且 $\boldsymbol{a}+\boldsymbol{b} = \{3,-1,0\}$, $\boldsymbol{a}-\boldsymbol{b} = \{1,3,-2\}$,又

$$(\boldsymbol{a}+\boldsymbol{b}) \cdot (\boldsymbol{a}-\boldsymbol{b}) = 3 \times 1 + (-1) \times 3 + 0 \times (-2) = 0,$$

故 $(\boldsymbol{a}+\boldsymbol{b}) \perp (\boldsymbol{a}-\boldsymbol{b})$.

2. 证　中点 M,N,P 的坐标分别为 $M\left(1,1,\frac{3}{2}\right), N\left(-1,3,-\frac{1}{2}\right), P(0,1,3)$,则 $\overrightarrow{MN} = \{-2,2,-2\}$, $\overrightarrow{MP} = \left\{-1,0,\frac{3}{2}\right\}$,从而

$$\overrightarrow{MN} \times \overrightarrow{MP} = \begin{vmatrix} 2 & -2 \\ 0 & \frac{3}{2} \end{vmatrix} \boldsymbol{i} + \begin{vmatrix} -2 & -2 \\ \frac{3}{2} & -1 \end{vmatrix} \boldsymbol{j} + \begin{vmatrix} -2 & 2 \\ -1 & 0 \end{vmatrix} \boldsymbol{k} = 3\boldsymbol{i} + 5\boldsymbol{j} + 2\boldsymbol{k}.$$

又因为 $\overrightarrow{AC} = \{-4,4,-4\}, \overrightarrow{BC} = \{-2,0,3\}$,所以

$$\overrightarrow{AC} \times \overrightarrow{BC} = \begin{vmatrix} 4 & -4 \\ 0 & 3 \end{vmatrix} \boldsymbol{i} + \begin{vmatrix} -4 & -4 \\ 3 & -2 \end{vmatrix} \boldsymbol{j} + \begin{vmatrix} -4 & 4 \\ -2 & 0 \end{vmatrix} \boldsymbol{k} = 12\boldsymbol{i} + 20\boldsymbol{j} + 8\boldsymbol{k}.$$

故

$$\overrightarrow{MN} \times \overrightarrow{MP} = \frac{1}{4}(\overrightarrow{AC} \times \overrightarrow{BC}).$$

3. 证　因为 $\overrightarrow{AB} = \{1,3,4\}, \overrightarrow{AC} = \{2,6,8\}$,显然 $\overrightarrow{AC} = 2\overrightarrow{AB}$,所以

$$\overrightarrow{AB} \times \overrightarrow{AC} = \overrightarrow{AB} \times 2\overrightarrow{AB} = 2(\overrightarrow{AB} \times \overrightarrow{AB}) = \boldsymbol{0}.$$

故 A,B,C 三点共线.

第8章　多元函数微分法及其应用

一、1. B.　**2.** C.　**3.** D.　**4.** A.

二、1. 2.　**2.** 1,不存在.　**3.** $D = \{(x,y) \mid x \leqslant x^2 + y^2 < 2x\}$.

4. $y = x + 1$.　**5.** $\dfrac{\sqrt{2}(\ln 2 - 1)}{2}$.

三、1. 解　当点 (x,y) 沿直线 $y = kx$ 趋于点 $(0,0)$ 时,极限

$$\lim_{(x,y) \to (0,0)} \frac{x+y}{x-y} = \lim_{\substack{x \to 0 \\ y = kx}} \frac{x+kx}{x-kx} = \frac{1+k}{1-k}$$

与 k 有关,从而上述极限不存在.

2. 解 令函数 $G(x,y,z) = F\left(\dfrac{y}{x}, \dfrac{z}{x}\right)$,则 $G(x,y,z) = 0$. 于是

$$\frac{\partial G}{\partial x} = -\frac{y}{x^2}F_1' - \frac{z}{x^2}F_2', \quad \frac{\partial G}{\partial y} = \frac{1}{x}F_1', \quad \frac{\partial G}{\partial z} = \frac{1}{x}F_2',$$

$$\frac{\partial z}{\partial x} = -\frac{G_x}{G_z} = \frac{yF_1' + zF_2'}{xF_2'}, \quad \frac{\partial z}{\partial y} = -\frac{G_y}{G_z} = -\frac{F_1'}{F_2'}.$$

故

$$x\frac{\partial z}{\partial x} + y\frac{\partial z}{\partial y} = z.$$

3. 解

$$\frac{\partial u}{\partial s} = \frac{2s(s^2 - t^2) - 2s(s^2 + t^2)}{(s^2 - t^2)^2} = -\frac{4st^2}{(s^2 - t^2)^2},$$

$$\frac{\partial u}{\partial t} = \frac{2t(s^2 - t^2) + 2t(s^2 + t^2)}{(s^2 - t^2)^2} = \frac{4s^2 t}{(s^2 - t^2)^2},$$

$$\mathrm{d}u = -\frac{4st^2}{(s^2 - t^2)^2}\mathrm{d}s + \frac{4s^2 t}{(s^2 - t^2)^2}\mathrm{d}t = -\frac{4st}{(s^2 - t^2)^2}(t\mathrm{d}s - s\mathrm{d}t).$$

4. 解

$$\frac{\mathrm{d}z}{\mathrm{d}x} = \frac{\partial z}{\partial u} \cdot \frac{\mathrm{d}u}{\mathrm{d}x} + \frac{\partial z}{\partial v} \cdot \frac{\mathrm{d}v}{\mathrm{d}x} = -\frac{1}{\sqrt{1 - (u - v)^2}} \cdot 12x^2 + \frac{1}{\sqrt{1 - (u - v)^2}} \cdot 3$$

$$= \frac{3(1 - 4x^2)}{\sqrt{1 - x^2(4x^2 - 3)^2}}.$$

5. 解 原方程可化为 $\mathrm{e}^{y\ln\cos x} + \mathrm{e}^{x\ln\sin y} = 1$,此方程两端同时对 x 求导数,得

$$\mathrm{e}^{y\ln\cos x}\left(y'\ln\cos x + y\frac{-\sin x}{\cos x}\right) + \mathrm{e}^{x\ln\sin y}\left(\ln\sin y + x\frac{\cos y}{\sin y}y'\right) = 0,$$

即

$$\cos^y x(y'\ln\cos x - y\tan x) + \sin^x y(\ln\sin y + x\cot y \cdot y') = 0.$$

故

$$y' = \frac{\cos^y x \cdot y\tan x - \sin^x y \cdot \ln\sin y}{\cos^y x \cdot \ln\cos x + \sin^x y \cdot x\cot y}.$$

6. 解 设函数 $F(x,y,z) = \cos z - x\sin z - y^2$,则

$$F_x = -\sin z, \quad F_y = -2y, \quad F_z = -\sin z - x\cos z.$$

于是

$$\frac{\partial z}{\partial x} = -\frac{F_x}{F_z} = -\frac{-\sin z}{-\sin z - x\cos z} = \frac{-1}{1 + x\cot z},$$

$$\frac{\partial z}{\partial y} = -\frac{F_y}{F_z} = -\frac{-2y}{-\sin z - x\cos z} = \frac{-2y}{\sin z + x\cos z},$$

$$\frac{\partial^2 z}{\partial x\partial y} = \frac{\partial}{\partial y}\left(\frac{\partial z}{\partial x}\right) = \frac{\partial}{\partial y}\left(\frac{-1}{1 + x\cot z}\right) = -\frac{x\csc^2 z \cdot \dfrac{\partial z}{\partial y}}{(1 + x\cot z)^2}$$

$$= -\frac{\dfrac{x}{\sin^2 z} \cdot \dfrac{-2y}{\sin z + x\cos z}}{\left(\dfrac{\sin z + x\cos z}{\sin z}\right)^2} = \frac{2xy}{(\sin z + x\cos z)^3}.$$

7. 解 设函数 $F(x,y,z) = \arctan\dfrac{y}{x} - z$,则曲面在点 $\left(1,1,\dfrac{\pi}{4}\right)$ 处的法向量为

$$\boldsymbol{n} = \langle F_x, F_y, F_z\rangle\Big|_{\left(1,1,\frac{\pi}{4}\right)} = \left\{\frac{-y}{x^2 + y^2}, \frac{x}{x^2 + y^2}, -1\right\}\Big|_{\left(1,1,\frac{\pi}{4}\right)} = \left\{-\frac{1}{2}, \frac{1}{2}, -1\right\}.$$

于是,在点 $\left(1,1,\dfrac{\pi}{4}\right)$ 处的切平面方程为

$$x - y + 2z - \frac{\pi}{2} = 0,$$

法线方程为

$$\frac{x-1}{1} = \frac{y-1}{-1} = \frac{z - \frac{\pi}{4}}{2}.$$

8. 解 由题设，与 l 同方向的单位向量为

$$\boldsymbol{e}_l = \langle \cos 60°, \cos 45°, \cos 60° \rangle = \left\{ \frac{1}{2}, \frac{\sqrt{2}}{2}, \frac{1}{2} \right\}.$$

又因为 $f_x = y+z, f_y = x+z, f_z = y+x$，所以由 f_x, f_y, f_z 在点 $(1,1,2)$ 处连续可得

$$\left. \frac{\partial f}{\partial l} \right|_{(1,1,2)} = f_x(1,1,2)\cos 60° + f_y(1,1,2)\cos 45° + f_z(1,1,2)\cos 60°$$

$$= 3 \times \frac{1}{2} + 3 \times \frac{\sqrt{2}}{2} + 2 \times \frac{1}{2} = \frac{5 + 3\sqrt{2}}{2}.$$

9. 解 因为

$$\left. \frac{\partial u}{\partial x} \right|_{(1,1,1)} = y^2 z^3 \Big|_{(1,1,1)} = 1, \quad \left. \frac{\partial u}{\partial y} \right|_{(1,1,1)} = 2xyz^3 \Big|_{(1,1,1)} = 2, \quad \left. \frac{\partial u}{\partial z} \right|_{(1,1,1)} = 3xy^2 z^2 \Big|_{(1,1,1)} = 3,$$

所以方向导数为

$$\left. \frac{\partial u}{\partial l} \right|_{(1,1,1)} = \cos \alpha + 2\cos \beta + 3\cos \gamma.$$

由梯度的定义得

$$\mathbf{grad}u = \left. \frac{\partial u}{\partial x} \right|_{(1,1,1)} \boldsymbol{i} + \left. \frac{\partial u}{\partial y} \right|_{(1,1,1)} \boldsymbol{j} + \left. \frac{\partial u}{\partial z} \right|_{(1,1,1)} \boldsymbol{k} = \boldsymbol{i} + 2\boldsymbol{j} + 3\boldsymbol{k},$$

则

$$|\mathbf{grad}u| = \sqrt{1^2 + 2^2 + 3^2} = \sqrt{14}.$$

$\mathbf{grad}u$ 的三个方向余弦为

$$\cos \alpha = \frac{1}{\sqrt{14}}, \quad \cos \beta = \frac{2}{\sqrt{14}}, \quad \cos \gamma = \frac{3}{\sqrt{14}}.$$

10. 解 因为 $\dfrac{\partial g}{\partial x} = yf_1' + xf_2', \dfrac{\partial g}{\partial y} = xf_1' - yf_2'$，从而

$$\frac{\partial^2 g}{\partial x^2} = y(yf_{11}'' + xf_{12}'') + f_2' + x(yf_{21}'' + xf_{22}''),$$

$$\frac{\partial^2 g}{\partial y^2} = x(xf_{11}'' - yf_{12}'') - f_2' - y(xf_{21}'' - yf_{22}''),$$

所以

$$\frac{\partial^2 g}{\partial x^2} + \frac{\partial^2 g}{\partial y^2} = (x^2 + y^2)(f_{11}'' + f_{22}'').$$

11. 解 由题意知，方程组确定隐函数组 $z = z(x), y = y(x)$。在方程组两端同时对 x 求导数，得

$$\begin{cases} 1 + \dfrac{\mathrm{d}y}{\mathrm{d}x} + \dfrac{\mathrm{d}z}{\mathrm{d}x} + 2z\dfrac{\mathrm{d}z}{\mathrm{d}x} = 0, \\ 1 + 2y\dfrac{\mathrm{d}y}{\mathrm{d}x} + \dfrac{\mathrm{d}z}{\mathrm{d}x} + 3z^2\dfrac{\mathrm{d}z}{\mathrm{d}x} = 0, \end{cases} \quad \text{整理得} \quad \begin{cases} \dfrac{\mathrm{d}y}{\mathrm{d}x} + (1+2z)\dfrac{\mathrm{d}z}{\mathrm{d}x} = -1, \\ 2y\dfrac{\mathrm{d}y}{\mathrm{d}x} + (1+3z^2)\dfrac{\mathrm{d}z}{\mathrm{d}x} = -1. \end{cases}$$

当 $\begin{vmatrix} 1 & 1+2z \\ 2y & 1+3z^2 \end{vmatrix} \neq 0$ 时，

$$\frac{\mathrm{d}y}{\mathrm{d}x} = \frac{\begin{vmatrix} -1 & 1+2z \\ -1 & 1+3z^2 \end{vmatrix}}{\begin{vmatrix} 1 & 1+2z \\ 2y & 1+3z^2 \end{vmatrix}} = \frac{2z - 3z^2}{3z^2 - 4yz - 2y + 1},$$

$$\frac{\mathrm{d}z}{\mathrm{d}x} = \frac{\begin{vmatrix} 1 & -1 \\ 2y & -1 \end{vmatrix}}{\begin{vmatrix} 1 & 1+2z \\ 2y & 1+3z^2 \end{vmatrix}} = \frac{2y-1}{3z^2-4yz-2y+1}.$$

12.解 设所求点为 (x,y,z),则该点到点 $A(1,1,1)$ 和 $B(2,3,-1)$ 的距离的平方和为
$$u = (x-1)^2 + (y-1)^2 + (z-1)^2 + (x-2)^2 + (y-3)^2 + (z+1)^2.$$
构造拉格朗日函数
$$L(x,y,z) = (x-1)^2 + (y-1)^2 + (z-1)^2 + (x-2)^2 + (y-3)^2 + (z+1)^2 + \lambda(x+z),$$
令
$$\begin{cases} L_x = 2(x-1) + 2(x-2) + \lambda = 0, \\ L_y = 2(y-1) + 2(y-3) = 0, \\ L_z = 2(z-1) + 2(z+1) + \lambda = 0, \\ x+z = 0, \end{cases}$$
解得 $x = \frac{3}{4}, y = 2, z = -\frac{3}{4}$. 由于驻点唯一,根据问题本身性质可知,距离平方和最小的点必定存在,故所求点为 $\left(\frac{3}{4}, 2, -\frac{3}{4}\right)$.

第9章 重积分及其应用

一、**1.** B. **2.** A. **3.** C. **4.** C. **5.** B.

二、**1.解** (1) 显然积分区域 D 关于 x 轴,y 轴对称,则 $\iint\limits_D x\mathrm{d}\sigma = 0, \iint\limits_D \sin y\mathrm{d}\sigma = 0$. 故

$$原式 = \iint\limits_D (x^2+19)\mathrm{d}\sigma = \frac{1}{2}\iint\limits_D (x^2+y^2)\mathrm{d}x\mathrm{d}y + 19\pi R^2$$

$$= \frac{1}{2}\int_0^{2\pi}\mathrm{d}\theta\int_0^R \rho^3\mathrm{d}\rho + 19\pi R^2 = \frac{\pi}{4}R^4 + 19\pi R^2.$$

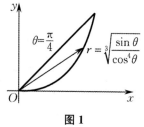

图 1

(2) 积分区域 D 如图1阴影部分所示. 令 $x = \rho\cos\theta, y = \rho\sin\theta$,则 D 可表示为 $0 \leqslant \theta \leqslant \frac{\pi}{4}, 0 \leqslant \rho \leqslant \sqrt[3]{\frac{\sin\theta}{\cos^4\theta}}$. 故

$$原式 = \int_0^{\frac{\pi}{4}}\mathrm{d}\theta\int_0^{\sqrt[3]{\frac{\sin\theta}{\cos^4\theta}}}\rho^2\mathrm{d}\rho = \frac{1}{3}\int_0^{\frac{\pi}{4}}\frac{\sin\theta}{\cos^4\theta}\mathrm{d}\theta$$

$$= \frac{1}{9}\cos^{-3}\theta\Big|_0^{\frac{\pi}{4}} = \frac{1}{9}(2\sqrt{2}-1).$$

(3) 积分区域 $D = \{(x,y) \mid x^2+y^2 \leqslant 1, x \geqslant 0\}$ 关于 x 轴对称,且函数 $f(x,y) = \frac{1}{1+x^2+y^2}$ 是变量 y 的偶函数,函数 $g(x,y) = \frac{xy}{1+x^2+y^2}$ 是变量 y 的奇函数,从而

$$\iint\limits_D \frac{1}{1+x^2+y^2}\mathrm{d}x\mathrm{d}y = 2\iint\limits_{D_1} \frac{1}{1+x^2+y^2}\mathrm{d}x\mathrm{d}y = 2\int_0^{\frac{\pi}{2}}\mathrm{d}\theta\int_0^1 \frac{\rho}{1+\rho^2}\mathrm{d}\rho = \frac{\pi\ln 2}{2} \quad (D_1 \text{ 为 } D \text{ 的上半部分}),$$

$$\iint\limits_D \frac{xy}{1+x^2+y^2}\mathrm{d}x\mathrm{d}y = 0.$$

故

$$原式 = \iint\limits_D \frac{1}{1+x^2+y^2}\mathrm{d}x\mathrm{d}y + \iint\limits_D \frac{xy}{1+x^2+y^2}\mathrm{d}x\mathrm{d}y = \frac{\pi\ln 2}{2}.$$

(4) 原式 $= \int_0^{\frac{\pi}{2}} \mathrm{d}\theta \int_0^{\sin 2\theta} \rho\cos\theta \cdot \rho\sin\theta \cdot \rho\mathrm{d}\rho = \frac{1}{2} \int_0^{\frac{\pi}{2}} \sin 2\theta\mathrm{d}\theta \int_0^{\sin 2\theta} \rho^3\mathrm{d}\rho$

$$= \frac{1}{8} \int_0^{\frac{\pi}{2}} \sin^5 2\theta\mathrm{d}\theta = \frac{1}{15}.$$

2. 解 由题可知积分区域 Ω 在 xOy 面上的投影区域为

$$D_{xy} = \{(x,y) \mid x^2 \leqslant y \leqslant 1, -1 \leqslant x \leqslant 1\}.$$

故

$$原式 = \iint\limits_{D_{xy}} \mathrm{d}x\mathrm{d}y \int_0^{x^2+y^2} f(x,y,z)\mathrm{d}z = \int_{-1}^1 \mathrm{d}x \int_{x^2}^1 \mathrm{d}y \int_0^{x^2+y^2} f(x,y,z)\mathrm{d}z.$$

3. 解 (1) 积分区域 Ω 关于 xOy 面，yOz 面，zOx 面对称，则有

$$\iiint\limits_{\Omega} (xy + yz + zx)\mathrm{d}v = \iiint\limits_{\Omega} xy\mathrm{d}v + \iiint\limits_{\Omega} yz\mathrm{d}v + \iiint\limits_{\Omega} xz\mathrm{d}v = 0.$$

故

$$原式 = \iiint\limits_{\Omega} (x^2 + y^2 + z^2)\mathrm{d}v + 2\iiint\limits_{\Omega} (xy + yz + zx)\mathrm{d}v$$

$$= 2\int_0^1 \mathrm{d}z \iint\limits_{x^2+y^2 \leqslant 1} (x^2 + y^2)\mathrm{d}x\mathrm{d}y + 2\int_0^1 z^2\mathrm{d}z \iint\limits_{x^2+y^2 \leqslant 1} \mathrm{d}x\mathrm{d}y$$

$$= 2\int_0^1 \mathrm{d}z \int_0^{2\pi} \mathrm{d}\theta \int_0^1 \rho^3\mathrm{d}\rho + 2\pi \int_0^1 z^2\mathrm{d}z = \frac{5}{3}\pi.$$

(2) 积分区域 Ω 关于 yOz 面，zOx 面对称，则有

$$\iiint\limits_{\Omega} y^3\mathrm{d}v = \iiint\limits_{\Omega} x^3\mathrm{d}v = 0.$$

由 $\begin{cases} x^2 + y^2 + z^2 = 2z, \\ z = \sqrt{x^2 + y^2}, \end{cases}$ 得 $z = 1$. 故

$$原式 = \iiint\limits_{\Omega} x^3\mathrm{d}v + \iiint\limits_{\Omega} y^3\mathrm{d}v + \iiint\limits_{\Omega} z^3\mathrm{d}v$$

$$= \int_0^1 z^3\mathrm{d}z \iint\limits_{x^2+y^2 \leqslant z^2} \mathrm{d}x\mathrm{d}y + \int_1^2 z^3\mathrm{d}z \iint\limits_{x^2+y^2 \leqslant 2z-z^2} \mathrm{d}x\mathrm{d}y$$

$$= \pi \int_0^1 z^5\mathrm{d}z + \pi \int_1^2 z^3(2z - z^2)\mathrm{d}z = \frac{31\pi}{15}.$$

4. 解 平面方程为 $z = c - \frac{c}{a}x - \frac{c}{b}y$，它被三个坐标面所截得有限部分在 xOy 面上的投影区域 D_{xy} 为

由 x 轴、y 轴和直线 $\frac{x}{a} + \frac{y}{b} = 1$ 所围成的三角形闭区域. 故所求面积为

$$A = \iint\limits_{D_{xy}} \sqrt{1 + \left(\frac{\partial z}{\partial x}\right)^2 + \left(\frac{\partial z}{\partial y}\right)^2} \mathrm{d}x\mathrm{d}y = \iint\limits_{D_{xy}} \sqrt{1 + \frac{c^2}{a^2} + \frac{c^2}{b^2}} \mathrm{d}x\mathrm{d}y$$

$$= \frac{1}{ab} \sqrt{a^2b^2 + b^2c^2 + c^2a^2} \iint\limits_{D_{xy}} \mathrm{d}x\mathrm{d}y = \frac{1}{2} \sqrt{a^2b^2 + b^2c^2 + c^2a^2}.$$

5. 解 以圆心为坐标原点，直径为 x 轴建立坐标系. 设该矩形薄片的另一边长度为 l，则

$$\bar{y} = \frac{\iint\limits_{D} y\mathrm{d}\sigma}{A} = \frac{\int_{-R}^R \mathrm{d}x \int_{-l}^{\sqrt{R^2-x^2}} y\mathrm{d}y}{A} = \frac{\int_{-R}^R (R^2 - x^2 - l^2)\mathrm{d}x}{2A} = \frac{\frac{2}{3}R^3 - l^2R}{A}.$$

由题知 $\bar{y} = 0$，得 $l = \sqrt{\frac{2}{3}}R$.

6. 解 设薄片的面密度为常数 μ，则该薄片质量为

$$M = \iint_D \mu \, \mathrm{d}\sigma = \mu \int_0^{\sqrt{t}} \mathrm{d}x \int_{x^2}^t \mathrm{d}y = \mu \int_0^{\sqrt{t}} (t - x^2) \, \mathrm{d}x = \frac{2}{3} \mu t^{\frac{3}{2}}.$$

由质心坐标公式,有

$$\overline{x} = \frac{1}{M} \iint_D \mu x \, \mathrm{d}\sigma = \frac{\mu}{M} \int_0^{\sqrt{t}} x \, \mathrm{d}x \int_{x^2}^t \mathrm{d}y = \frac{3}{8} t^{\frac{1}{2}},$$

$$\overline{y} = \frac{1}{M} \iint_D \mu y \, \mathrm{d}\sigma = \frac{\mu}{M} \int_0^{\sqrt{t}} \mathrm{d}x \int_{x^2}^t y \, \mathrm{d}y = \frac{3}{5} t.$$

这是可变面积平面薄片质心的参数方程,消去参数 t,即得质心的直角坐标方程 $y = \frac{64}{15} x^2$.

7. 解   均匀薄片所占闭区域 $D = \{(x,y) \mid -\sqrt{y} \leqslant x \leqslant \sqrt{y}, 0 \leqslant y \leqslant 1\}$,则所求转动惯量为

$$I = \iint_D \mu (y+1)^2 \, \mathrm{d}\sigma = \mu \int_0^1 (y+1)^2 \, \mathrm{d}y \int_{-\sqrt{y}}^{\sqrt{y}} \mathrm{d}x$$

$$= 2\mu \int_0^1 \sqrt{y} \, (y+1)^2 \, \mathrm{d}y = \frac{368}{105} \mu.$$

8. 解   由被积表达式可以看出,先对 z 积分很难求出原函数,故需改变积分次序,可改为先对 y 积分. 由积分表达式知积分区域 Ω 由 $x=0, x=1, y=x, y=1, z=y, z=1$ 六个平面围成,实际由 $x=y, z=y, z=1$ 三个平面围成. Ω 在 zOx 面上的投影区域为

$$D_{zx} = \{(x,z) \mid 0 \leqslant x \leqslant 1, x \leqslant z \leqslant 1\}, \quad \text{且} \quad x \leqslant y \leqslant z.$$

故

$$\text{原式} = \int_0^1 \mathrm{d}x \int_x^1 \sqrt{1+z^4} \, \mathrm{d}z \int_x^z y \, \mathrm{d}y = \frac{1}{2} \int_0^1 \mathrm{d}x \int_x^1 \sqrt{1+z^4} (z^2 - x^2) \, \mathrm{d}z$$

$$= \frac{1}{2} \int_0^1 \mathrm{d}z \int_0^z \sqrt{1+z^4} (z^2 - x^2) \, \mathrm{d}x = \frac{1}{3} \int_0^1 z^3 \sqrt{1+z^4} \, \mathrm{d}z$$

$$= \frac{1}{12} \int_0^1 (1+z^4)^{\frac{1}{2}} \, \mathrm{d}(1+z^4) = \frac{1}{18} (2\sqrt{2} - 1).$$

三、证   原等式左端的二次积分等于二重积分 $\iint_D \mathrm{e}^{m(a-x)} f(x) \, \mathrm{d}x \mathrm{d}y$,其中

$$D = \{(x,y) \mid 0 \leqslant x \leqslant y, 0 \leqslant y \leqslant a\} = \{(x,y) \mid x \leqslant y \leqslant a, 0 \leqslant x \leqslant a\}.$$

于是交换积分次序即得

$$\int_0^a \mathrm{d}y \int_0^y \mathrm{e}^{m(a-x)} f(x) \, \mathrm{d}x = \int_0^a \mathrm{d}x \int_x^a \mathrm{e}^{m(a-x)} f(x) \, \mathrm{d}y = \int_0^a (a-x) \mathrm{e}^{m(a-x)} f(x) \, \mathrm{d}x.$$

第 10 章   曲线积分与曲面积分

一、**1.** C.   **2.** B.   **3.** D.   **4.** D.   **5.** A.

二、**1.** $2\pi a^{4043}$.   **2.** 0.   **3.** 4π.   **4.** $\frac{2}{3} \pi a^3$.   **5.** $(2y-2z)\boldsymbol{i} + (2z-2x)\boldsymbol{j} + (2x-2y)\boldsymbol{k}$.

三、**1. 解**   如图 2 所示,曲线 L 的圆弧部分的方程为 $x = a\cos\theta, y = a\sin\theta, \frac{\pi}{4} \leqslant \theta \leqslant \frac{3\pi}{4}$. 显然 L 关于 y 轴对称,可利用对称性得

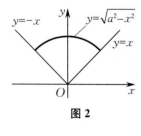

图 2

$$\text{原式} = \oint_L x \mathrm{e}^{x^2+y^2} \, \mathrm{d}s + \oint_L y \mathrm{e}^{x^2+y^2} \, \mathrm{d}s = 0 + \oint_L y \mathrm{e}^{x^2+y^2} \, \mathrm{d}s$$

$$= 2 \int_0^{\frac{a}{\sqrt{2}}} y \mathrm{e}^{2y^2} \cdot \sqrt{1+1} \, \mathrm{d}y + \int_{\frac{\pi}{4}}^{\frac{3\pi}{4}} a\sin\theta \cdot \mathrm{e}^{a^2} \cdot \sqrt{(-a\sin\theta)^2 + (a\cos\theta)^2} \, \mathrm{d}\theta$$

$$= \frac{\sqrt{2}}{2} \int_0^{\frac{a}{\sqrt{2}}} \mathrm{e}^{2y^2} \, \mathrm{d}(2y^2) + a^2 \mathrm{e}^{a^2} (-\cos\theta) \Big|_{\frac{\pi}{4}}^{\frac{3\pi}{4}}$$

$$= \frac{\sqrt{2}}{2} \mathrm{e}^{2y^2} \Big|_0^{\frac{a}{\sqrt{2}}} + \sqrt{2} a^2 \mathrm{e}^{a^2} = \frac{\sqrt{2}}{2} (\mathrm{e}^{a^2} - 1) + \sqrt{2} a^2 \mathrm{e}^{a^2}.$$

2. 解法一　设曲线 L 的参数方程为 $x = a\cos t, y = a\sin t$，其中 t 从 $\dfrac{\pi}{2}$ 变到 $-\dfrac{\pi}{2}$. 故

$$\text{原式} = \int_{\frac{\pi}{2}}^{-\frac{\pi}{2}} \left[a\cos t \cdot a^2 \sin^2 t \cdot a\cos t - a^2 \cos^2 t \cdot a\sin t \cdot (-a\sin t) \right] \mathrm{d}t$$

$$= -2a^4 \int_{-\frac{\pi}{2}}^{\frac{\pi}{2}} \sin^2 t \cos^2 t \, \mathrm{d}t = -\frac{1}{4}\pi a^4.$$

解法二　作有向线段 BA，其方程为 $BA: x = 0$，其中 y 从 $-a$ 变到 a，则有向曲线 L 与有向线段 BA 构成一条分段光滑的有向闭曲线，设它所围成的闭区域为 D. 利用格林公式，得

$$\oint_{L+BA} xy^2 \mathrm{d}y - x^2 y \mathrm{d}x = \iint_D (x^2 + y^2) \mathrm{d}x\mathrm{d}y = \int_{\frac{\pi}{2}}^{-\frac{\pi}{2}} \mathrm{d}\theta \int_0^a \rho^2 \cdot \rho \mathrm{d}\rho = -\frac{1}{4}\pi a^4,$$

即

$$\int_L xy^2 \mathrm{d}y - x^2 y \mathrm{d}x + \int_{BA} xy^2 \mathrm{d}y - x^2 y \mathrm{d}x = -\frac{1}{4}\pi a^4.$$

而 $\displaystyle\int_{BA} xy^2 \mathrm{d}y - x^2 y \mathrm{d}x = 0$，故

$$\int_L xy^2 \mathrm{d}y - x^2 y \mathrm{d}x = -\frac{1}{4}\pi a^4.$$

3. 解　曲面 Σ 在 xOy 面上的投影区域为 $D_{xy} = \{(x,y) \mid x + y \leqslant 1, x \geqslant 0, y \geqslant 0\}$，此时曲面方程可表示为 $z = 1 - x - y$. 故

$$\mathrm{d}S = \sqrt{1 + (-1)^2 + (-1)^2} \, \mathrm{d}x\mathrm{d}y = \sqrt{3} \, \mathrm{d}x\mathrm{d}y,$$

$$\iint_{\Sigma} xyz \mathrm{d}S = \iint_{D_{xy}} xy(1-x-y)\sqrt{3} \, \mathrm{d}x\mathrm{d}y = \sqrt{3} \int_0^1 \mathrm{d}x \int_0^{1-x} xy(1-x-y) \mathrm{d}y = \frac{\sqrt{3}}{120}.$$

4. 解　作辅助平面 $\Sigma_1 : z = 0 \, (x^2 + y^2 \leqslant 1)$，取下侧. 设 Σ 和 Σ_1 所围成的闭区域为 Ω，由高斯公式，得

$$\iint_{\Sigma} yz \mathrm{d}z\mathrm{d}x = \oiint_{\Sigma + \Sigma_1} yz \mathrm{d}z\mathrm{d}x - \iint_{\Sigma_1} yz \mathrm{d}z\mathrm{d}x = \iiint_{\Omega} z \mathrm{d}x\mathrm{d}y\mathrm{d}z - 0 = \frac{\pi}{4}.$$

5. 解　曲线 Γ 的参数方程为 $x = \cos t, y = \dfrac{\sqrt{2}}{2}\sin t, z = \dfrac{\sqrt{2}}{2}\sin t$，其中 t 从 0 变到 2π. 故

$$I = \int_0^{2\pi} \left[\frac{\sqrt{2}}{2}\sin t \cdot (-\sin t) + \frac{\sqrt{2}}{2}\sin t \cdot \frac{\sqrt{2}}{2}\cos t + \cos t \cdot \frac{\sqrt{2}}{2}\cos t \right] \mathrm{d}t$$

$$= \int_0^{2\pi} \left(-\frac{\sqrt{2}}{2}\sin^2 t + \frac{1}{2}\sin t\cos t + \frac{\sqrt{2}}{2}\cos^2 t \right) \mathrm{d}t = \int_0^{2\pi} \left(\frac{\sqrt{2}}{2}\cos 2t + \frac{1}{4}\sin 2t \right) \mathrm{d}t = 0.$$

6. 解　Σ 的方程为 $z = \sqrt{x^2 + y^2} \, (0 \leqslant z \leqslant 2)$，$\Sigma$ 在 xOy 面上的投影区域为 $D_{xy} = \{(x,y) \mid x^2 + y^2 \leqslant 4\}$，且

$$\mathrm{d}S = \sqrt{1 + \left(\frac{x}{\sqrt{x^2+y^2}} \right)^2 + \left(\frac{y}{\sqrt{x^2+y^2}} \right)^2} \, \mathrm{d}x\mathrm{d}y = \sqrt{2} \, \mathrm{d}x\mathrm{d}y.$$

故

$$\text{原式} = \iint_{D_{xy}} (x^2 + y^2)\sqrt{2} \, \mathrm{d}x\mathrm{d}y = \sqrt{2} \int_0^{2\pi} \mathrm{d}\theta \int_0^2 \rho^2 \cdot \rho \mathrm{d}\rho = 8\sqrt{2}\pi.$$

7. 解　Σ 的方程为 $z = \dfrac{1}{2}(x^2 + y^2) \, (0 \leqslant z \leqslant 2)$，取外侧. 作辅助平面 $\Sigma_1 : z = 2 \, (x^2 + y^2 \leqslant 4)$，取上侧. 设 Σ 和 Σ_1 所围成的闭区域为 Ω，由高斯公式，得

$$\text{原式} = \oiint_{\Sigma + \Sigma_1} (z^2 + x)\mathrm{d}y\mathrm{d}z - z\mathrm{d}x\mathrm{d}y - \iint_{\Sigma_1} (z^2 + x)\mathrm{d}y\mathrm{d}z - z\mathrm{d}x\mathrm{d}y$$

$$= \iiint_{\Omega} (1 + 0 - 1)\mathrm{d}x\mathrm{d}y\mathrm{d}z - \iint_{\Sigma_1} (z^2 + x)\mathrm{d}y\mathrm{d}z - z\mathrm{d}x\mathrm{d}y$$

$$= -\iint_{\Sigma_1} (z^2 + x)\mathrm{d}y\mathrm{d}z + \iint_{\Sigma_1} z\mathrm{d}x\mathrm{d}y = 0 + \iint_{D_{xy}} 2\mathrm{d}x\mathrm{d}y = 8\pi,$$

这里 $D_{xy} = \{(x,y) \mid x^2 + y^2 \leqslant 4\}$.

8. 解 因锥面螺线在点 (x,y,z) 处的线密度函数为 $\rho(x,y,z) = \dfrac{1}{x^2+y^2+z^2}$,故锥面螺线的质量为

$$M = \int_\Gamma \rho(x,y,z)\mathrm{d}s = \int_\Gamma \frac{1}{x^2+y^2+z^2}\mathrm{d}s$$

$$= \int_0^\pi \frac{1}{(\mathrm{e}^\theta\cos\theta)^2 + (\mathrm{e}^\theta\sin\theta)^2 + (\mathrm{e}^\theta)^2} \cdot \sqrt{(\mathrm{e}^\theta\cos\theta - \mathrm{e}^\theta\sin\theta)^2 + (\mathrm{e}^\theta\cos\theta + \mathrm{e}^\theta\sin\theta)^2 + (\mathrm{e}^\theta)^2}\,\mathrm{d}\theta$$

$$= \frac{\sqrt{3}}{2}\int_0^\pi \mathrm{e}^{-\theta}\mathrm{d}\theta = \frac{\sqrt{3}}{2}(1 - \mathrm{e}^{-\pi}).$$

9. 解 令 $P = yf(x), Q = f(x)$. 因曲线积分与路径无关,有 $\dfrac{\partial P}{\partial y} = \dfrac{\partial Q}{\partial x}$,则 $\dfrac{\mathrm{d}f(x)}{\mathrm{d}x} = f(x)$,故 $f(x) = C\mathrm{e}^x$,其中 C 是任意常数. 再由条件 $f(0) = 1$ 可得 $C = 1$,故 $f(x) = \mathrm{e}^x$ 为所求的函数.

10. 解 令 $P = x^2 + 3y, Q = 3x + y^2$,则 $\dfrac{\partial P}{\partial y} = 3 = \dfrac{\partial Q}{\partial x}$ 在整个 xOy 面内恒成立. 故在整个 xOy 面内,

$(x^2 + 3y)\mathrm{d}x + (3x + y^2)\mathrm{d}y$ 是某一函数 $u(x,y)$ 的全微分,即有

$$(x^2 + 3y)\mathrm{d}x + (3x + y^2)\mathrm{d}y = \mathrm{d}u.$$

上述等式的左边重新组合,得

$$x^2\mathrm{d}x + y^2\mathrm{d}y + 3(y\mathrm{d}x + x\mathrm{d}y) = \mathrm{d}u, \quad 即 \quad \mathrm{d}\left(\frac{x^3}{3} + \frac{y^3}{3}\right) + \mathrm{d}(3xy) = \mathrm{d}u.$$

因此,所求函数为

$$u(x,y) = \frac{1}{3}x^3 + 3xy + \frac{1}{3}y^3 + C.$$

四、证 这里 $P = x^2yz^2, Q = -xy^2z^2, R = (1+xyz)z, \dfrac{\partial P}{\partial x} = 2xyz^2, \dfrac{\partial Q}{\partial y} = -2xyz^2, \dfrac{\partial R}{\partial z} = 1 + 2xyz$. 由高斯公式,得

$$\oiint\limits_\Sigma x^2yz^2\mathrm{d}y\mathrm{d}z - xy^2z^2\mathrm{d}z\mathrm{d}x + (1+xyz)z\mathrm{d}x\mathrm{d}y = \iiint\limits_\Omega (2xyz^2 - 2xyz^2 + 1 + 2xyz)\mathrm{d}x\mathrm{d}y\mathrm{d}z$$

$$= \iiint\limits_\Omega (1+2xyz)\mathrm{d}x\mathrm{d}y\mathrm{d}z = \int_0^{2\pi}\mathrm{d}\theta\int_0^a \rho\mathrm{d}\rho\int_0^{a^2-\rho^2}(1 + 2z\rho^2\sin\theta\cos\theta)\mathrm{d}z$$

$$= \int_0^{2\pi}\mathrm{d}\theta\int_0^a \rho\mathrm{d}\rho\int_0^{a^2-\rho^2}\mathrm{d}z + \int_0^{2\pi}\sin2\theta\mathrm{d}\theta\int_0^a\rho^3\mathrm{d}\rho\int_0^{a^2-\rho^2}z\mathrm{d}z$$

$$= \int_0^{2\pi}\mathrm{d}\theta\int_0^a \rho\mathrm{d}\rho\int_0^{a^2-\rho^2}\mathrm{d}z + 0 = \int_0^{2\pi}\mathrm{d}\theta\int_0^a(a^2-\rho^2)\rho\mathrm{d}\rho.$$

又因为 Ω 在 xOy 面上的投影区域为 $D = \{(x,y) \mid x^2 + y^2 \leqslant a^2\}$,所以 Ω 的体积为

$$V = \iiint\limits_\Omega \mathrm{d}x\mathrm{d}y\mathrm{d}z = \iint\limits_D (a^2 - x^2 - y^2)\mathrm{d}x\mathrm{d}y = \int_0^{2\pi}\mathrm{d}\theta\int_0^a(a^2-\rho^2)\rho\mathrm{d}\rho,$$

故

$$\oiint\limits_\Sigma x^2yz^2\mathrm{d}y\mathrm{d}z - xy^2z^2\mathrm{d}z\mathrm{d}x + (1+xyz)z\mathrm{d}x\mathrm{d}y = V.$$

第 11 章　无穷级数

一、1. 必要. **2.** 收敛,发散. **3.** $> \dfrac{1}{2}, \leqslant \dfrac{1}{2}$.

二、1. 解 (1) 因为

$$\lim_{n\to\infty}\frac{\dfrac{1}{\ln(n+1)}}{\dfrac{1}{n}} = \lim_{n\to\infty}\frac{n}{\ln(n+1)} = \lim_{x\to+\infty}\frac{x}{\ln(1+x)} = \lim_{x\to+\infty}\frac{1}{\dfrac{1}{1+x}}$$

$$= \lim_{x \to +\infty} (1+x) = +\infty,$$

而级数 $\sum_{n=1}^{\infty} \frac{1}{n}$ 发散,所以原级数发散.

(2) 记 $u_n = \frac{(5n^2-1)^n}{(2n)^{2n}}$. 因 $\lim_{n \to \infty} \sqrt[n]{u_n} = \frac{5}{4} > 1$,故原级数发散.

(3) 因为 $\lim_{n \to \infty} \frac{\frac{1}{n\sqrt[n]{n}}}{\frac{1}{n}} = 1$,且级数 $\sum_{n=1}^{\infty} \frac{1}{n}$ 发散,所以原级数发散.

(4) 记 $u_n = \frac{n}{3^n}$. 因 $\lim_{n \to \infty} \frac{u_{n+1}}{u_n} = \frac{1}{3} < 1$,故级数 $\sum_{n=1}^{\infty} u_n$ 收敛. 又 $0 < \frac{n\sin^2\frac{n\pi}{6}}{3^n} \leqslant \frac{n}{3^n}$,故原级数收敛.

2. 解 (1) 记 $a_n = \frac{1}{n!}$,则 $\lim_{n \to \infty} \frac{a_{n+1}}{a_n} = 0$,从而级数 $\sum_{n=1}^{\infty} \frac{1}{n!}$ 收敛. 又 $0 \leqslant \left|\frac{\sin(2^n x)}{n!}\right| \leqslant \frac{1}{n!}$,故

$\sum_{n=1}^{\infty} \left|\frac{\sin(2^n x)}{n!}\right|$ 收敛,原级数绝对收敛.

(2) 令函数 $f(x) = \frac{\sqrt{x}}{x+200}$,$x \geqslant 1$,则 $f'(x) = \frac{200-x}{2\sqrt{x}(x+200)^2}$. 当 $x > 200$ 时,$f'(x) < 0$,则 $f(x)$ 在区

间 $[200, +\infty)$ 上单调减少. 又 $\lim_{x \to +\infty} f(x) = 0$,因此数列 $\left\{\frac{\sqrt{n}}{n+200}\right\}$ 在 $[200, +\infty)$ 上单调减少且 $\lim_{n \to \infty} \frac{\sqrt{n}}{n+200} =$

0,即级数 $\sum_{n=200}^{\infty} (-1)^{n+1} \frac{\sqrt{n}}{n+200}$ 收敛,从而级数 $\sum_{n=1}^{\infty} (-1)^{n+1} \frac{\sqrt{n}}{n+200}$ 收敛. 又 $\lim_{n \to \infty} \frac{\frac{\sqrt{n}}{n+200}}{\frac{1}{\sqrt{n}}} = 1$,而级数 $\sum_{n=1}^{\infty} \frac{1}{\sqrt{n}}$ 发

散,故级数 $\sum_{n=1}^{\infty} \frac{\sqrt{n}}{n+200}$ 发散. 因此,原级数条件收敛.

3. 解 (1) 记 $u_n(x) = \frac{3^n + (-2)^n}{n} (x+1)^n$,则

$$\rho(x) = \lim_{n \to \infty} \sqrt[n]{|u_n(x)|} = \lim_{n \to \infty} \frac{3}{\sqrt[n]{n}} \sqrt[n]{1 + \left(-\frac{2}{3}\right)^n} |x+1| = 3|x+1|.$$

令 $\rho(x) = 1$,得 $x_1 = -\frac{4}{3}$,$x_2 = -\frac{2}{3}$. 而

$$\sum_{n=1}^{\infty} \frac{3^n + (-2)^n}{n} \left(-\frac{1}{3}\right)^n = \sum_{n=1}^{\infty} \left(\frac{(-1)^n}{n} + \frac{1}{n}\left(\frac{2}{3}\right)^n\right) 收敛,$$

$$\sum_{n=1}^{\infty} \frac{3^n + (-2)^n}{n} \left(\frac{1}{3}\right)^n = \sum_{n=1}^{\infty} \left(\frac{1}{n} + \frac{1}{n}\left(\frac{2}{3}\right)^n\right) 发散,$$

故收敛域为 $\left[-\frac{4}{3}, -\frac{2}{3}\right)$.

(2) 记 $u_n(x) = \frac{1}{n \cdot 3^n} x^{2n+1}$,则 $\rho(x) = \lim_{n \to \infty} \left|\frac{u_{n+1}(x)}{u_n(x)}\right| = \frac{x^2}{3}$. 令 $\rho(x) = 1$,得 $x_1 = -\sqrt{3}$,$x_2 = \sqrt{3}$. 而级数

$\sum_{n=1}^{\infty} \frac{\sqrt{3}}{n}$ 和 $\sum_{n=1}^{\infty} \frac{-\sqrt{3}}{n}$ 均发散,故收敛域为 $(-\sqrt{3}, \sqrt{3})$.

(3) 记 $u_n(x) = \frac{(x-1)^{2n}}{n}$,则 $\rho(x) = \lim_{n \to \infty} \left|\frac{u_{n+1}(x)}{u_n(x)}\right| = (x-1)^2$. 令 $\rho(x) = 1$,得 $x_1 = 0$,$x_2 = 2$. 而级数

$\sum_{n=1}^{\infty} \frac{1}{n}$ 发散,故收敛域为 $(0,2)$.

(4) 记 $a_n = \frac{\ln(n+1)}{n}$,则 $\rho = \lim_{n \to \infty} \left|\frac{a_{n+1}}{a_n}\right| = 1$,从而收敛半径 $R = \frac{1}{\rho} = 1$. 而级数 $\sum_{n=1}^{\infty} \frac{\ln(n+1)}{n}$ 发散,级

数 $\sum\limits_{n=1}^{\infty}(-1)^{n-1}\dfrac{\ln(n+1)}{n}$ 收敛,故收敛域为 $[-1,1)$.

4. 解 记 $a_n=\dfrac{n^2+1}{n}$,则 $\rho=\lim\limits_{n\to\infty}\left|\dfrac{a_{n+1}}{a_n}\right|=1$,从而收敛半径 $R=\dfrac{1}{\rho}=1$. 又级数 $\sum\limits_{n=1}^{\infty}\dfrac{n^2+1}{n}$ 和

$\sum\limits_{n=1}^{\infty}(-1)^n\dfrac{n^2+1}{n}$ 均发散,故收敛域为 $(-1,1)$.

令和函数 $s(x)=\sum\limits_{n=1}^{\infty}\dfrac{n^2+1}{n}x^n$,$s_1(x)=\sum\limits_{n=1}^{\infty}nx^n$,$s_2(x)=\sum\limits_{n=1}^{\infty}\dfrac{x^n}{n}$,$x\in(-1,1)$,则

$$s_1(x)=x\left(\sum_{n=1}^{\infty}x^n\right)'=x\left(\frac{x}{1-x}\right)'=\frac{x}{(1-x)^2},$$

$$s_2'(x)=\sum_{n=1}^{\infty}x^{n-1}=\frac{1}{1-x},\quad s_2(0)=0,$$

$$s_2(x)=\int_0^x s_2'(t)\mathrm{d}t+s_2(0)=-\ln(1-x).$$

故

$$s(x)=s_1(x)+s_2(x)=\frac{x}{(1-x)^2}-\ln(1-x),\quad -1<x<1.$$

取 $x=\dfrac{1}{2}$,则

$$\sum_{n=1}^{\infty}\frac{n^2+1}{n}\left(\frac{1}{2}\right)^n=s\left(\frac{1}{2}\right)=2+\ln 2.$$

5. 解 (1) $\dfrac{1}{(2-x)^2}=\left(\dfrac{1}{2-x}\right)'=\dfrac{1}{2}\left(\dfrac{1}{1-\frac{x}{2}}\right)'$

$$=\frac{1}{2}\left(\sum_{n=0}^{\infty}\left(\frac{x}{2}\right)^n\right)'=\sum_{n=1}^{\infty}\frac{n}{2^{n+1}}x^{n-1},\quad |x|<2.$$

(2) 令函数 $f(x)=\arcsin x$,则

$$f'(x)=\frac{1}{\sqrt{1-x^2}}=(1-x^2)^{-\frac{1}{2}}=1+\sum_{n=1}^{\infty}\frac{(2n-1)!!}{2^n\cdot n!}x^{2n}=1+\sum_{n=1}^{\infty}\frac{(2n-1)!!}{(2n)!!}x^{2n},\quad |x|<1.$$

于是

$$f(x)=\int_0^x f'(t)\mathrm{d}t+f(0)=x+\sum_{n=1}^{\infty}\frac{(2n-1)!!}{(2n)!!}\cdot\frac{x^{2n+1}}{2n+1},\quad |x|\leqslant 1,$$

从而

$$x\arcsin x=x^2+\sum_{n=1}^{\infty}\frac{(2n-1)!!}{(2n)!!}\cdot\frac{x^{2n+2}}{2n+1},\quad |x|\leqslant 1.$$

6. 解 将函数 $f(x)$ 进行奇延拓,则有

$$a_n=0\quad(n=0,1,2,\cdots),$$

$$b_n=\frac{2}{\pi}\int_0^{\pi}f(x)\sin nx\,\mathrm{d}x=\frac{1}{\pi}\int_0^{\pi}(\pi-x)\sin nx\,\mathrm{d}x=\frac{1}{n}\quad(n=1,2,\cdots).$$

故

$$f(x)=\sum_{n=1}^{\infty}\frac{1}{n}\sin nx,\quad x\in(0,\pi].$$

三、1. 证 由级数 $\sum\limits_{n=1}^{\infty}u_n$ 和 $\sum\limits_{n=1}^{\infty}v_n$ 均收敛可知,级数 $\sum\limits_{n=1}^{\infty}(u_n+v_n)$ 收敛,从而 $\lim\limits_{n\to\infty}(u_n+v_n)=0$. 故存在 N,

当 $n>N$ 时,$0\leqslant u_n+v_n<1$,则 $0\leqslant(u_n+v_n)^2\leqslant(u_n+v_n)$. 由级数 $\sum\limits_{n=1}^{\infty}(u_n+v_n)$ 收敛可知级数 $\sum\limits_{n=N+1}^{\infty}(u_n+v_n)$

收敛,从而级数 $\sum\limits_{n=N+1}^{\infty}(u_n+v_n)^2$ 收敛,故级数 $\sum\limits_{n=1}^{\infty}(u_n+v_n)^2$ 收敛.

2. 证　由 $f(x)$ 为偶函数知 $f'(0)=0$. 利用泰勒公式, 有

$$f\left(\frac{1}{n}\right)=f(0)+f'(0)\frac{1}{n}+f''(0)\frac{1}{2n^2}+o\left(\frac{1}{n^2}\right),$$

即

$$f\left(\frac{1}{n}\right)-1=f''(0)\frac{1}{2n^2}+o\left(\frac{1}{n^2}\right),$$

从而 $\displaystyle\lim_{n\to\infty}\frac{\left|f\left(\frac{1}{n}\right)-1\right|}{\frac{1}{n^2}}=\frac{|f''(0)|}{2}$. 又级数 $\displaystyle\sum_{n=1}^{\infty}\frac{1}{n^2}$ 收敛, 故级数 $\displaystyle\sum_{n=1}^{\infty}\left|f\left(\frac{1}{n}\right)-1\right|$ 收敛, 因此级数

$\displaystyle\sum_{n=1}^{\infty}\left(f\left(\frac{1}{n}\right)-1\right)$ 收敛.

3. 证　因为 $\displaystyle a_{n+2}+a_n=\int_0^{\frac{\pi}{4}}\tan^n x\,\mathrm{d}(\tan x)=\frac{1}{n+1}$, 且 $a_n>0, n\geqslant 1$, 所以 $0<a_n<\dfrac{1}{n+1}<\dfrac{1}{n}$, 从而 $0<$

$\dfrac{a_n}{n^\lambda}<\dfrac{1}{n^{1+\lambda}}$. 故由级数 $\displaystyle\sum_{n=1}^{\infty}\frac{1}{n^{1+\lambda}}(\lambda>0)$ 收敛可知, 级数 $\displaystyle\sum_{n=1}^{\infty}\frac{a_n}{n^\lambda}$ 收敛.

4. 证　由数列 $\{n^2 u_n\}$ 收敛可知, $\{n^2 u_n\}$ 有界, 从而存在 $M>0$, 使得

$$|n^2 u_n|\leqslant M,\quad 即\quad |u_n|\leqslant\frac{M}{n^2}.$$

由级数 $\displaystyle\sum_{n=1}^{\infty}\frac{M}{n^2}$ 收敛可知级数 $\displaystyle\sum_{n=1}^{\infty}|u_n|$ 收敛, 故级数 $\displaystyle\sum_{n=1}^{\infty}u_n$ 收敛.

5. 证　由级数 $\displaystyle\sum_{n=1}^{\infty}a_n^2$ 和 $\displaystyle\sum_{n=1}^{\infty}b_n^2$ 均收敛可知, 级数 $\displaystyle\sum_{n=1}^{\infty}\frac{1}{2}(a_n^2+b_n^2)$ 收敛. 又 $0\leqslant|a_n b_n|\leqslant\dfrac{1}{2}(a_n^2+b_n^2)$, 故

级数 $\displaystyle\sum_{n=1}^{\infty}|a_n b_n|$ 收敛, 从而级数 $\displaystyle\sum_{n=1}^{\infty}a_n b_n$ 收敛.

图书在版编目(CIP)数据

高等数学同步学习指导.下/庄容坤,罗辉主编.—北京:北京大学出版社,2021.2
ISBN 978-7-301-31937-6

Ⅰ.①高… Ⅱ.①庄… ②罗… Ⅲ.①高等数学—高等学校—教学参考资料 Ⅳ.①O13

中国版本图书馆 CIP 数据核字(2021)第 015462 号

书　　　名	高等数学同步学习指导(下)	
	GAODENG SHUXUE TONGBU XUEXI ZHIDAO (XIA)	
著作责任者	庄容坤　罗　辉　主编	
责 任 编 辑	尹照原	
标 准 书 号	ISBN 978-7-301-31937-6	
出 版 发 行	北京大学出版社	
地　　　址	北京市海淀区成府路 205 号　100871	
网　　　址	http://www.pup.cn	
电 子 信 箱	zpup@pup.cn	
新 浪 微 博	@北京大学出版社	
电　　　话	邮购部 010-62752015　发行部 010-62750672　编辑部 010-62752021	
印 　刷　 者	湖南省众鑫印务有限公司	
经 　销　 者	新华书店	
	787 毫米×1092 毫米　16 开本　14.25 印张　356 千字	
	2021 年 2 月第 1 版　2021 年 11 月第 3 次印刷	
定　　　价	42.00 元	